无线网络规划与优化

WUXIAN WANGLUO GUIHUA YU YOUHUA

方 明 姚中阳 阳 春◎编著

中国铁道出版社有限公司
CHINA RAILWAY PUBLISHING HOUSE CO., LTD.

内容简介

本书是面向新工科5G移动通信“十三五”规划教材中的一种。本书从LTE无线网络规划理念、优化方法开始，逐步介绍LTE无线网络规划与优化的知识内容。全书分为理论篇、实战篇、工程篇，主要内容包括认知LTE网络、LTE无线网络规化、LTE网络规划流程与目标、LTE测试数据统计与分析、网络规划软件的应用、LTE无线网络后台分析、LTE网络簇优化和全网优化、LTE网络测试事件分析等。

本书在结构安排上突出循序渐进的特点，在内容上突出实用性和指导性，并在具体案例分析中嵌入关键技术进行介绍。本书适合作为高等教育通信类专业的教材，也可作为网规网优工程人员的参考用书。

图书在版编目(CIP)数据

无线网络规划与优化/方明，姚中阳，阳春编著．—北京：中国铁道出版社有限公司，2020.3(2022.12重印)
面向新工科5G移动通信“十三五”规划教材
ISBN 978-7-113-26341-6

Ⅰ.①无… Ⅱ.①方…②姚…③阳… Ⅲ.①无线网-网络规划-高等学校-教材②无线网-最优设计-高等学校-教材 Ⅳ.①TN92

中国版本图书馆CIP数据核字(2019)第290215号

书　　名：无线网络规划与优化
作　　者：方　明　姚中阳　阳　春

策　　划：韩从付　　　　**编辑部电话：**(010)63549501
责任编辑：周海燕　刘丽丽　冯彩茹
封面设计：MXK DESIGN STUDIO
责任校对：张玉华
责任印制：樊启鹏

出版发行：中国铁道出版社有限公司(100054，北京市西城区右安门西街8号)
网　　址：http://www.tdpress.com/51eds/
印　　刷：三河市航远印刷有限公司
版　　次：2020年3月第1版　2022年12月第3次印刷
开　　本：787 mm×1 092 mm　1/16　**印张：**17.25　**字数：**377千
书　　号：ISBN 978-7-113-26341-6
定　　价：49.80元

编
委
会

序 1

FOREWORD

全球经济一体化促使信息产业高速发展,给当今世界人类生活带来了巨大的变化,通信技术在这场变革中起着至关重要的作用。通信技术的应用和普及大大缩短了信息传递的时间,优化了信息传播的效率,特别是移动通信技术的不断突破,极大地提高了信息交换的简洁化和便利化程度,扩大了信息传播的范围。目前,5G通信技术在全球范围内引起各国的高度重视,是国家竞争力的重要组成部分。中国政府早在"十三五"规划中已明确推出"网络强国"战略和"互联网 +"行动计划,旨在不断加强国内通信网络建设,为物联网、云计算、大数据和人工智能等行业提供强有力的通信网络支撑,为工业产业升级提供强大动力,提高中国智能制造业的创造力和竞争力。

近年来,为适应国家建设教育强国的战略部署,满足区域和地方经济发展对高学历人才和技术应用型人才的需要,国家颁布了一系列发展普通教育和职业教育的决定。2017年10月,习近平同志在党的十九大报告中指出,要提高保障和改善民生水平,加强和创新社会治理,优先发展教育事业。要完善职业教育和培训体系,深化产教融合、校企合作。2010年7月发布的《国家中长期教育改革和发展规划纲要(2010—2020年)》指出,高等教育承担着培养高级专门人才、发展科学技术文化、促进社会主义现代化建设的重大任务,提高质量是高等教育发展的核心任务,是建设高等教育强国的基本要求。要加强实验室、校内外实习基地、课程教材等基本建设,创立高校与科研院所、行业、企业联合培养人才的新机制。《国务院关于大力推进职业教育改革与发展的决定》指出,要加强实践教学,提高受教育者的职业能力,职业学校要培养学生的实践能力、专业技能、敬业精神和严谨求实作风。

现阶段,高校专业人才培养工作与通信行业的实际人才需求存在以下几个问题:

一、通信专业人才培养与行业需求不完全适应

面对通信行业的人才需求,应用型本科教育和高等职业教育的主要任务是培养更多更好的应用型、技能型人才,为此国家相关部门颁布了一系列文件,提出了明确的导向,但现阶段高等职业教育体系和专业建设还存在过于倾向学历化的问题。通信行业因其工程性、实践性、实时性等特点,要求高职院校在培养通信人才的过程中必须严格落实国家制定的"产教融合,校企合作,工学结合"的人才培养要求,引入产业资源充实课程内容,使人才培养与产业需求有机统一。

二、教学模式相对陈旧，专业实践教学滞后比较明显

当前通信专业应用型本科教育和高等职业教育仍较多采用课堂讲授为主的教学模式，学生很难以“准职业人”的身份参与教学活动。这种普通教育模式比较缺乏对通信人才的专业技能培训。应用型本科和高职院校的实践教学应引入“职业化”教学的理念，使实践教学从课程实验、简单专业实训、金工实训等传统内容中走出来，积极引入企业实战项目，广泛采取项目式教学手段，根据行业发展和企业人才需求培养学生的实践能力、技术应用能力和创新能力。

三、专业课程设置和课程内容与通信行业的能力要求多有脱节，应用性不强

作为高等教育体系中的应用型本科教育和高等职业教育，不仅要实现其“高等性”，也要实现其“应用性”和“职业性”。教育要与行业对接，实现深度的产教融合。专业课程设置和课程内容中对实践能力的培养较弱，缺乏针对性，不利于学生职业素质的培养，难以适应通信行业的要求。同时，课程结构缺乏层次性和衔接性，并非是纵向深化为主的学习方式，教学内容与行业脱节，难以吸引学生的注意力，易出现“学而不用，用而不学”的尴尬现象。

新工科就是基于国家战略发展新需求、适应国际竞争新形势、满足立德树人新要求而提出的我国工程教育改革方向。探索集前沿技术培养与专业解决方案于一身的教程，面向新工科，有助于解决人才培养中遇到的上述问题，提升高校教学水平，培养满足行业需求的新技术人才，因而具有十分重要的意义。

本套书是面向新工科5G移动通信“十三五”规划教材，第一期计划出版15本，分别是《光通信原理及应用实践》《数据通信技术》《现代移动通信技术》《通信项目管理与监理》《综合布线工程设计》《数据网络设计与规划》《通信工程设计与概预算》《移动通信室内覆盖工程》《光传输技术》《光宽带接入技术》《分组传送技术》《WLAN无线通信技术》《无线网络规划与优化》《5G移动通信技术》《通信全网实践》等教材。套书整合了高校理论教学与企业实践的优势，兼顾理论系统性与实践操作的指导性，旨在打造移动通信教学领域的精品丛书。

本套书围绕我国培育和发展通信产业的总体规划和目标，立足当前院校教学实际场景，构建起完善的移动通信理论知识框架，通过融入中兴教育培养应用型技术技能专业人才的核心目标，建立起从理论到工程实践的知识桥梁，致力于培养既具备扎实理论基础又能从事实践的优秀应用型人才。

本套书的编者来自中兴通讯股份有限公司、广东省新一代通信与网络创新研究院、南京理工大学、中兴教育管理有限公司等单位，包括广东省新一代通信与网络创新研究院院长朱伏生、中兴通讯股份有限公司牟永建、中兴教育管理有限公司常务副总裁吕其恒、中兴

教育管理有限公司舒雪姣、兰剑、刘拥军、阳春、蒋志钊、陈程、徐志斌、胡良稳、黄丹、袁彬、杨晨露等。

本套书如有不足之处，请各位专家、老师和广大读者不吝指正。希望通过本套书的不断完善和出版，为我国通信教育事业的发展和应用型人才培养做出更大贡献。

张光义

2019年8月

序 2

FOREWORD

现今,ICT(信息、通信和技术)领域是当仁不让的焦点。国家发布了一系列政策,从顶层设计引导和推动新型技术发展,各类智能技术深度融入垂直领域为传统行业的发展添薪加火;面向实际生活的应用日益丰富,智能化的生活实现了从“能用”向“好用”的转变;“大智物云”更上一层楼,从服务本行业扩展到推动企业数字化转型。中央经济工作会议在部署2019年工作时提出,加快5G商用步伐,加强人工智能、工业互联网、物联网等新型基础设施建设。5G牌照发放后已经带动移动、联通和电信在5G网络建设的投资,并且国家一直积极推动国家宽带战略,这也牵引了运营商加大在宽带固网基础设施与设备的投入。

5G时代的技术革命使通信及通信关联企业对通信专业的人才提出了新的要求。在这种新形势下,企业对学生的新技术和新科技认知度、岗位适应性和扩展性、综合能力素质有了更高的要求。为此,2015年在世界电信和信息社会日以及国际电信联盟成立150周年之际,中兴通讯隆重地发布了信息通信技术的百科全书,浓缩了中兴通讯从固定通信到1G、2G、3G、4G、5G所有积累下来的技术。同时,中兴教育管理有限公司再次出发,面向教育领域人才培养做出规划,为通信行业人才输出做出有力支撑。

本套书是中兴教育管理有限公司面向新工科移动通信专业学生及对通信感兴趣的初学人士所开发的系列教材之一。以培养学生的应用能力为主要目标,理论与实践并重,并强调理论与实践相结合。通过校企双方优势资源的共同投入和促进,建立以产业需求为导向、以实践能力培养为重点、以产学结合为途径的专业培养模式,使学生既获得实际工作体验,又夯实基础知识,掌握实际技能,提升综合素养。因此,本套书注重实际应用,立足于高等教育应用型人才培养目标,结合中兴教育管理有限公司培养应用型技术技能专业人才的核心目标,在内容编排上,将教材知识点项目化、模块化,用任务驱动的方式安排项目,力求循序渐进、举一反三、通俗易懂,突出实践性和工程性,使抽象的理论具体化、形象化,使之真正贴合实际、面向工程应用。

本套书编写过程中,主要形成了以下特点:

(1)系统性。以项目为基础、以任务实战的方式安排内容,架构清晰、组织结构新颖。先让学生掌握课程整体知识内容的骨架,然后在不同项目中穿插实战任务,学习目标明确,实战经验丰富,对学生培养效果好。

(2)实用性。本套书由一批具有丰富教学经验和多年工程实践经验的企业培训师编写,既解决了高校教师教学经验丰富但工程经验少、编写教材时不免理论内容过多的问题,又解决了工程人员实战经验多却无法全面清晰阐述内容的问题,教材贴合实际又易于学习,实用性好。

(3)前瞻性。任务案例来自工程一线,案例新、实践性强。本套书结合工程一线真实案例编写了大量实训任务和工程案例演练环节,让学生掌握实际工作中所需要用到的各种技能,边做边学,在学校完成实践学习,提前具备职业人才技能素养。

本套书如有不足之处,请各位专家、老师和广大读者不吝指正。以新工科的要求进行技能人才培养需要更加广泛深入的探索,希望通过本套书的不断完善,与各界同仁一道携手并进,为教育事业共尽绵薄之力。

2019年8月

前言

PREFACE

无线通信的发展深刻地改变了人们的生活方式，已经成为推动国民经济发展、提升社会信息化水平的重要引擎。先进的无线网络技术和基础设施的发展是“中国制造2025”“互联网+”战略的基本保障。随着无线网络用户和业务的增加，对无线网络的性能也提出了更高的要求，无线网络规划和优化的工作显得更为重要。

本书编者均有LTE通信网络设计规划或运行维护的工作经历，及丰富的无线网络规划与优化实际工作经验。本书的编写遵循工学结合的开发理念，并以无线网络规划与优化岗位技能要求为目标，以工作过程为组织内容的主线。本书以项目化教学方式为基础，突出实操，同时又将无线网络系统的设计理念和优化方法相结合，做到融会贯通。所以，本书最大的特点在于把理论知识的教学通过一个个典型的任务让读者更深入地理解并掌握所学内容。

本书分为理论篇、实战篇、工程篇。理论篇主要介绍LTE网络的认知、LTE无线网络规划、LTE无线网络优化等内容；实战篇主要介绍LTE无线网规网优实战、LTE无线网络前台测试、LTE无线网络后台分析等内容；工程篇主要介绍LTE网络的单站优化方法、LTE网络簇优化和全网优化、LTE网络测试事件分析等内容。

本书由方明、姚中阳、阳春编著。在编著过程中，借鉴了国内外关于LTE无线网络规划优化方面的书籍、资料和技术文档，同时也得到了中兴通讯等设备厂商的大力支持和鼎力帮助，在此表示衷心的感谢！

由于时间仓促，加之编者水平有限，书中难免存在疏漏和不足之处，敬请广大读者和同行专家批评指正。

编　者
2019年8月

目录

CONTENTS

理论篇

实战篇

工程篇

理论篇

引言

1887 年的一天，赫兹在一间暗室里做实验。他在两个相隔很近的金属小球上加上高电压，随之便产生一阵阵噼噼啪啪的火花放电。这时，在他身后放着一个没有封口的圆环，当赫兹把圆环的开口处调小到一定程度时，便看到有火花越过缝隙。通过这个实验，他得出了电磁能量可以越过空间进行传播的结论。赫兹的发现公布之后，便成为近代科学技术史的一座里程碑，为了纪念这位杰出的科学家，电磁波的单位便命名为赫兹(Hz)。

1973 年美国摩托罗拉工程师马丁・库帕发明了世界上第一部商业化手机，而且是手机行业的开端。

47 年前，地球上出现了个网络。那时候，没有人能想象到今天近乎无限扩张的网络应用。网络技术的进步把人们带到了信息无处不在的时代。随着以笔记本电脑为代表的便携式终端的出现，人们开始不满足于使用依靠电缆连接的有线网络，于是，1997 年诞生了 IEEE802.11 无线网络标准协议，其协议根据传输速率的升级，已经从可传输 11 Mbit/s、25 Mbit/s、54 Mbit/s 演变到可传输 300 Mbit/s，甚至 600 Mbit/s 的 802.11n。

虽然无线网络已经有二十年的历史，但它还在不断发展并保持与时俱进。从拨号时代到宽频互联网的采用，再到智能手机，而现在我们已经进入物联网的初期，无线网络一直在不断开发，适应市场需求的新技术，在未来的很多年内，无线网络一定还会继续为我们提供更多便利。

学习目标

①了解 LTE 的定义和演进历程，熟悉 LTE 的主要设计目标和系统架构，掌握 LTE 各网元的功能、天线覆盖范围的计算，以及不同场景下天线的选型原则。

②了解 LTE 无线网络规划流程和整体部署策略，熟悉 LTE 无线网络衡量指标的类型、定义和范围。

③熟悉覆盖规划的流程和目标，掌握 LTE 无线网络规划工具的应用，以及 LTE 网络覆盖规划、容量规划和参数规划的原则和方法。

④熟悉 LTE 无线网络优化流程、评估的基本概念和总体原则，掌握业务测试时需要用到的专业术语、测试规范与要求及基本指标定义。

⑤熟悉 LTE 无线网络中接入性、移动性、保持性等指标的类型、定义、取值范围以及影响因素，掌握覆盖类和干扰类问题的定位分析方法和解决方案。

⑥了解 LTE 无线网络各接口协议，熟悉 LTE 基本信令流程，掌握接入失败、切换失败和掉话问题的分析思路与方法。

知识体系

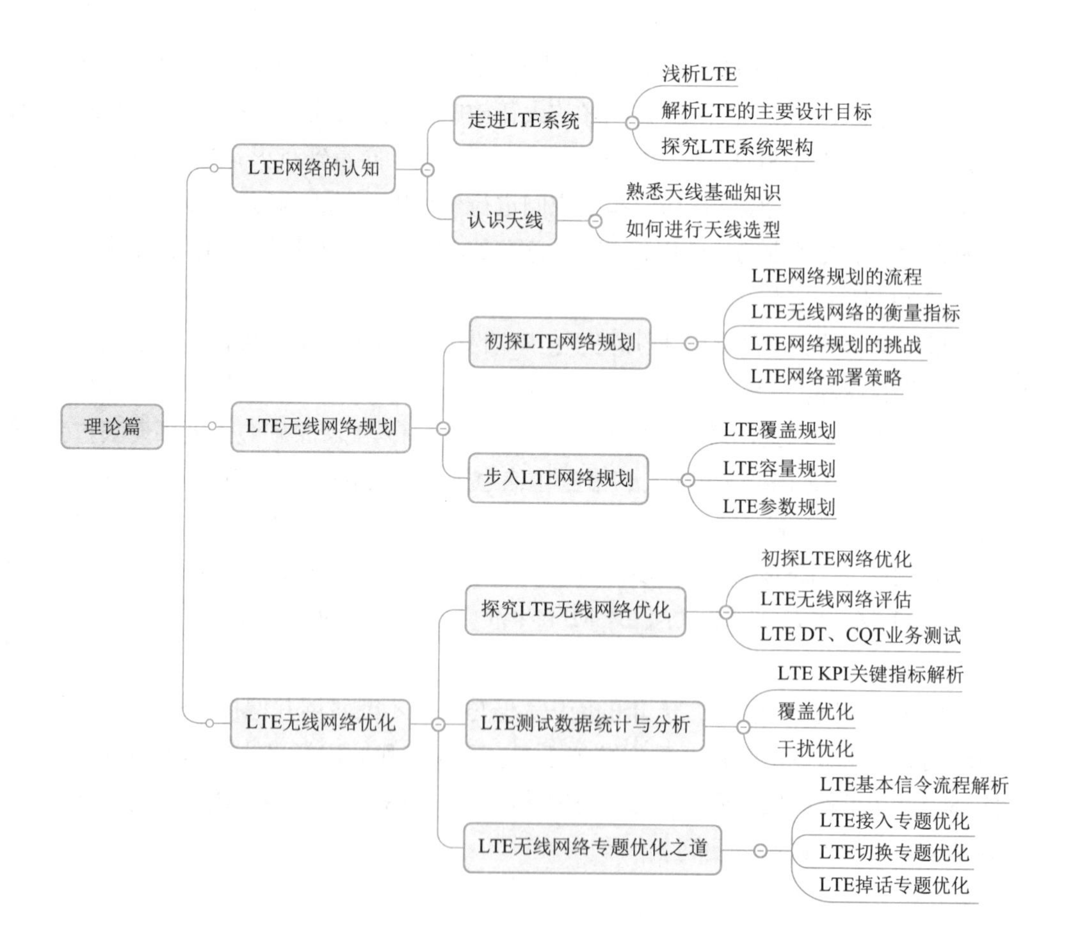

项目一 认知LTE网络

任务一 走进LTE系统

任务描述

本任务介绍了LTE的概念、LTE的发展与演进,LTE的频谱分配和主要设计目标。探究了LTE的系统架构,充分认识LTE系统架构的各个组成部分。

任务目标

- 了解LTE的定义、LTE的演进历程和发展前景。
- 熟悉LTE频谱、频点的概念与频段范围,以及LTE各主要性能指标的特点与内涵。
- 掌握LTE的系统架构以及各网元的功能、天线覆盖范围的计算。

任务实施

一、浅析LTE

1. 定义LTE

在电视、网站和大街上,随处都可看到运营商的广告,如图1.1所示。

图1.1 某运营LTE网络广告

(1)LTE 的定义

LTE(Long Term Evolution,长期演进)是 3GPP(3rd Generation Partnership Project,第 3 代合作伙伴计划)主导制定的无线通信技术,是基于 GSM/EDGE 和 UMTS/HSPA 技术的移动设备和数据终端的高速无线通信标准。

3GPP 当年制订了两大演进计划:LTE 和 SAE(System Architecture Evolution,系统架构演进),LTE 负责无线接口演进,SAE 负责系统架构演进。LTE 关注的核心是无线接口和无线组网架构的技术演进问题,它使用不同的无线接口以及核心网络改进来增加容量和速度。

LTE 通常称作 4G LTE,但是正如 LTE 的 Advanced Release 8 和 9 协议所规定的那样,它不符合 4G 无线业务的技术标准。

(2)LTE 的两种制式:TDD-LTE 和 FDD-LTE

TDD 代表时分双工,也就是说上、下行在同一频段上按照时间分配交叉进行;而 FDD 代表频分双工,则是上、下行分处不同频段同时进行。

TDD 相对 FDD 的优势:

① 可灵活配置频率,使用 FDD 系统不易使用的零散频段。

② 可以通过调整上、下行时隙转换点,提高下行时隙比例,可很好地支持非对称业务。

③ 具有上、下行信道一致性,基站的收发可共用部分射频单元,降低设备成本。

④ 接收上、下行数据时,不需收发隔离器,只需一个开关即可,降低设备的复杂度。

⑤ 具有上、下行信道互惠性,可更好地采用传输预处理技术,如预 RAKE 技术、联合传输(JT)技术、智能天线技术等,能有效地降低移动终端的处理复杂性。

TDD 相对 FDD 的不足:

① 由于 TDD 方式的时间资源分别分给了上行和下行,因此 TDD 方式的发射时间大约只有 FDD 的一半。如果 TDD 要发送和 FDD 同样多的数据,就要增大 TDD 的发送功率。

② TDD 系统上行受限,因此 TDD 基站的覆盖范围明显小于 FDD 基站。

③ TDD 系统收发信道同频,无法进行干扰隔离,系统内和系统间存在干扰。

④ 为避免与其他无线系统之间的干扰,TDD 需预留较大的保护带,影响整体频谱利用效率。

(3)LTE 产生的驱动力

移动宽带化进程和宽带无线化进程的融合为 LTE 的产生奠定了技术基础,如图 1.2 所示。无线接入网的网元之间使用 IP 技术进行数据传输,即移动通信网 IP 化是二者融合的网络基础。通信网 IP 化最重要的技术基础是 IP 网支持 QoS 保证,将 IP 网效率高的优点和通信网 QoS 保证的特点结合起来。

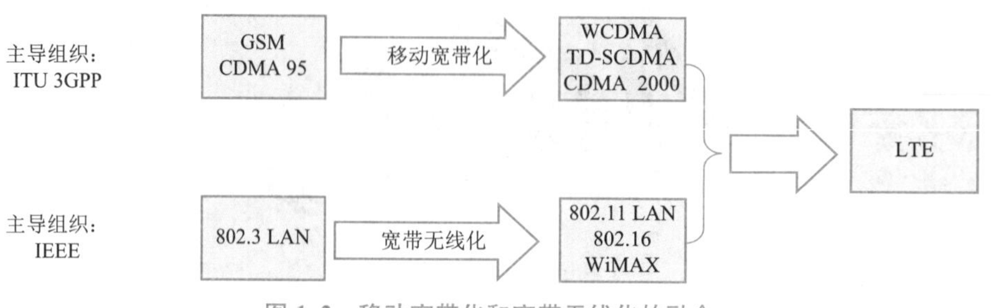

图 1.2 移动宽带化和宽带无线化的融合

随着通信技术、广电技术、互联网技术三网融合进程的快速发展，通信产业的价值链从封闭走向开放，无线通信业务数据化、多媒体化成为必然，数字洪水的时代已悄然来临。未来无线通信的主体不止是人与人之间的通信，还会扩展到人与物、物与物之间，爆发的无线通信需求，为LTE 的发展奠定了坚实的市场基础。

3GPP 组织执意把 LTE 打造成为未来较长时间内领先的无线制式，最直接的压力来自WiMAX(Worldwide Interoperability for Microwave Access，全球微波接入互操作)。

当时 3GPP 制定的 3G WCDMA 可以实现上行 128 kbit/s，下行 14.4 Mbit/s 传输速率时，IEEE 制定的 WiMAX(802.16)号称在 20 MHz 带宽情况下，可以实现上行 30 Mbit/s，下行70 Mbit/s。虽然 IEEE 的 WiMAX(802.16)宣称的速率只是理论上的极限速率，但是这也给3GPP 对 WCDMA 未来的信心构成了重大的负面影响。于是 3GPP LTE 的产生如箭在弦上，不得不发。

除了应对 WiMAX 阵营的竞争这个主要原因外，增加收入和降低网络成本也是发展 LTE的原因所在。

2. 遍历 LTE 发展与演进

移动通信发展的最终目标是实现任何人可以在任何时候、任何地方与其他任何人以任何方式进行通信。蜂窝移动通信系统从 20 世纪 70 年代发展至今，根据其发展历程和发展方向，可划分为 4 个阶段，即：第一代，模拟蜂窝通信系统，简称 1G；第二代，数字蜂窝移动通信系统，简称 2G；第三代，IMT-2000，简称 3G；第四代，IMT-Advanced，简称 4G，第五代，IMT-2020，简称 5G。

1)移动通信网络演进过程

移动通信从 2G、3G、4G 到 5G 的发展过程，是从低速语音业务到高速多媒体业务发展的过程。3GPP 组织逐渐完善 R8 的 LTE 标准：2008 年 12 月 R8 LTE RAN1 冻结，2008 年 12 月R8 LTE RAN2、RAN3、RAN4 完成功能冻结，2009 年 3 月 R8 LTE 标准完成，此协议的完成能够满足 LTE 系统首次商用的基本功能。

3GPP 组织于 2016 年在 R14 阶段启动了 5G 愿景、需求及技术方案的研究工作。在 2017年 12 月举行的 3GPP 第 78 次全会会议上，RAN 发布了 5G 新空口(NR)非独立建网(NSA)标准，SA 发布了面向独立组网的 5G 新核心网架构和流程标准。在 2018 年 6 月 14 日召开的3GPP 第 80 次全会会议上，RAN 正式宣布冻结并发布的 5G NR SA(独立组网)标准，CT 正式发布 5G 新核心网的详细设计标准。这标志着 5G 第一个完整标准体系的完成，它能够实现 5G NR 的独立部署，提供端到端的 5G 全新能力，将全面满足通信与垂直行业对 5G 的需求与期望，为运营商和产业合作伙伴带来新的商业模式。5G 移动网络技术将在 2020 年左右实现商用化。

无线通信技术发展和演进过程如图 1.3 所示。

2)3G 技术演进过程

在 1985 年，国际电信联盟(ITU)提出了第三代移动通信系统的概念，当时被称为未来公共陆地移动通信系统。后来考虑该系统预计在 2000 年左右开始商用，且工作于 2 000 MHz 的频段，故1996年ITU采纳日本等国的建议，将FPLMTS更名为国际移动通信系统IMT-2000。

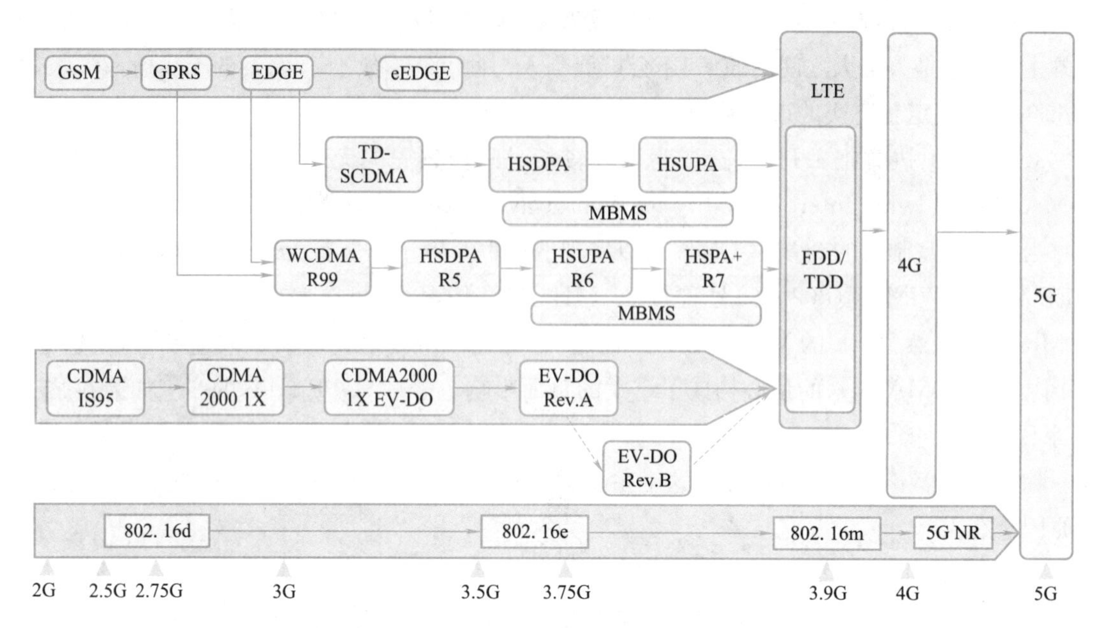

图1.3 无线通信技术发展和演进过程

国际上最具代表性的第三代移动通信技术标准有3种，它们分别是CDMA2000、WCDMA和TD-SCDMA。其中，CDMA2000和WCDMA属于FDD方式；TD-SCDMA属于TDD方式，并且其上、下行工作于同一频率。

3种3G制式的对比如表1.1所示。

表1.1 3种3G制式的对比

比较项目	CDMA2000	WCDMA	TD-SCDMA
继承基础	窄带CDMA	GSM	GSM
同步方式	同步	异步	同步
码片速率	1.228 8 Mcps	3.84 Mcps	1.28 Mcps
系统带宽	1.25 MHz	5 MHz	1.6 MHz
核心网	ANSI-41	GSM MAP	GSM MAP
语音编码方式	QCELP，EVRC，VMR-WB	AMR	AMR

3）LTE技术的演进过程

（1）LTE项目启动的背景

①基于CDMA技术的3G标准在通过HSDPA以及Enhanced Uplink等技术增强之后，可以保证未来几年内的竞争力，但需要考虑如何保证在更长时间内的竞争力。

②在OFDM、多天线、调度、反馈等技术领域的研究成熟度已基本可以支撑标准化和产品开发的需要。

③基于通信产业对“移动通信宽带化”的认识和应对“宽带接入移动化”挑战的需要，移动通信与宽带无线接入（BWA）技术的逐步融合，应对WiMAX标准的市场竞争。

(2)LTE 标准进展

LTE 项目的时间进展过程如图 1.4 所示。3GPP 组织于 2004 年 12 月开始 LTE 相关的标准工作,LTE 是关于 UTRAN 和 UTRA 改进的项目。3GPP 标准制定分为 LTE 研究阶段(Study Item,SI)和 LTE 工作阶段(Work Item,WI)。LTE 研究阶段原定于 2006 年 6 月完成,最终于 2006 年 9 月完成,延迟了 3 个月;工作阶段原定于 2007 年 6 月完成,但直到 2008 年底才基本完成。

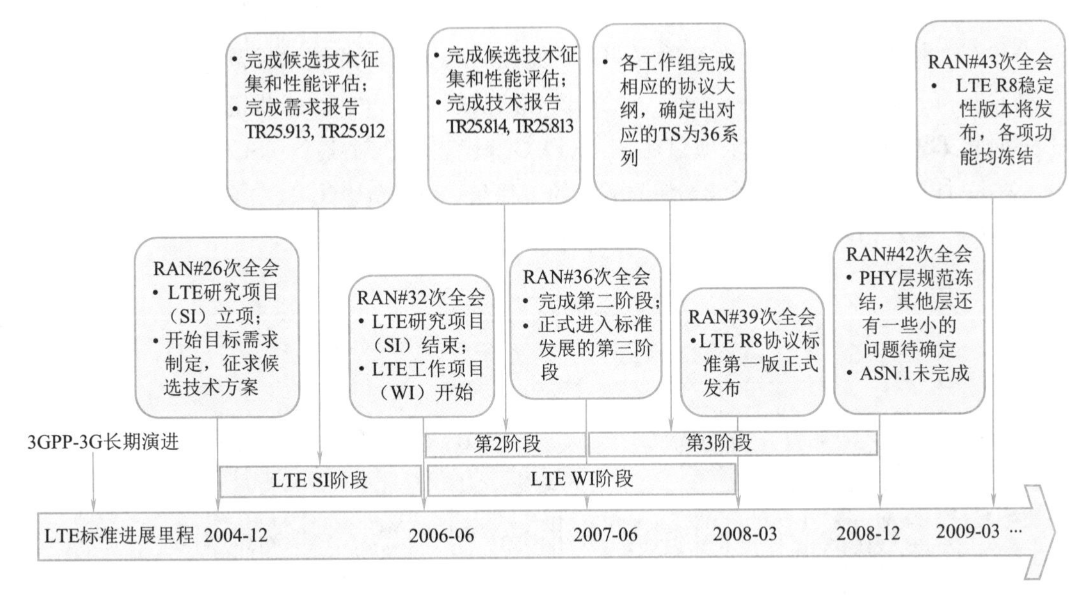

图 1.4　LTE 项目的时间进展过程

SI 又可称为第 1 阶段(Stage 1),这个阶段主要是以研究的形式确定 LTE 的基本框架和主要技术选择,对 LTE 标准化的可行性作出判断。WI 阶段包括第 2 阶段(Stage 2)和第 3 阶段(Stage 3)。Stage 2 是对 Stage 1 中初步讨论的系统基本框架进行确认,并进一步丰富系统的细节,形成规范 TR36.300。Stage 3 则最终完成 R8 LTE 规范。

LTE SI 阶段由于尚未对 LTE WI 正式立项,故沿用了原来 RAN 使用的 25 系列为 SI 各个研究报告编号,如需求报告(TR25.913)、RAN1 研究报告(TR25.814)、RAN2 研究报告(TR25.813)、RAN3 研究报告(R3.018)等一系列研究报告。2006 年 9 月,RAN 通过 LTE WI 立项申请,WI 正式开始。3GPP 将 36 系列的规范编号分配给了 LTE 专用,如 LTE 物理层总体描述(TS36.201)、复用和信道编码(TS36.212)、物理层提供的服务(TS36.302)、架构描述(TS36.401)等 30 多个 LTE 技术规范。

3GPP 以工作组(WG)的方式工作,与 LTE 直接相关的是 RAN1/2/3/4/5 工作组。

(3)3GPP 组织架构

3GPP 于 1998 年 12 月成立,是一个由无线工业及商贸联合会(ARIB)、中国通信标准化协会(CCSA)、欧洲电信标准研究所(ESTI)、电信行业解决方案联盟(ATIS)、电信技术协会(TTA)和电信技术委员会(TTC)合作成立的通信标准化组织。

按照 3GPP 成立之初确定的工作范畴,3GPP 只能开展和 IMT2000 相关的研究和标准化工作。2007年7月,3GPP合作伙伴(Organizational Partners,OP)会议专门通过了扩大3GPP工作范围的决议,使3GPP可以开展针对IMT-Advanced的工作,这项工作即先进LTE(LTE-Advanced)。

3GPP的基本组织结构如图1.5所示,主要分为4个技术规范组(Technical Specification Group,TSG)。

①TSG GERAN(GSM/EDGE RAN):负责GSM/EDGE无线接入网技术规范的制定。

②TSG RAN:负责3GPP除GERAN之外的无线接入网技术规范的制定。

③TSG SA(业务与系统方面):负责3GPP业务与系统方面的技术规范制定。

④TSG CT(核心网及终端):负责3GPP核心网及终端方面的技术规范定制。

在4个TSG之上,设立一个项目协调组(PCG),代表OP对4个TSG的工作进行管理和协调。在每个TSG下面,又包含3~5个不等的工作组(WG)负责该TSG各个方面的工作。每个TSG每年一般召开4次会议,每个WG每年一般也召开4次会议。

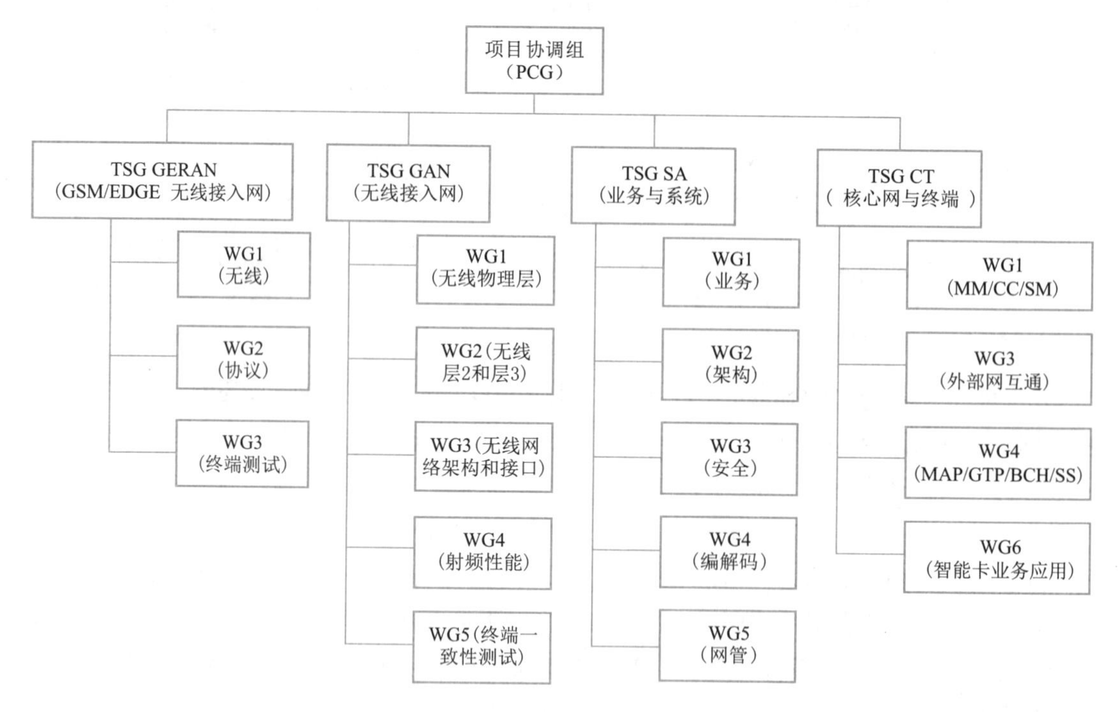

图1.5 3GPP的基本组织结构

相对WG会议,TSG的会议被称为全会(Plenary),TSG全会有设立研究和标准化项目的权力,研究项目又称为研究阶段(SI),标准化项目又称为工作阶段(WI)。SI只输出研究报告(TR),WI则输出技术规范(TS)。一个重要的课题通常会先经过SI阶段的研究,然后再进入WI阶段的标准化制定工作。TSG在设立了SI或WI后,会交由对口的WG去完成,WG在一阶段工作完成后会向TSG全会汇报该SI/WI的进展情况,以便TSG对这些SI/WI进行项目管理。例如,LTE就是一个由RAN1~RAN5各WG共同参与的项目,分成SI阶段和WI阶段。

3. 探究LTE网络的发展前景

2013年,全球多家运营商开始布局和商用LTE网络,LTE进入发展的快车道。在通信发达的美国、日本、韩国以及部分欧洲国家,LTE基本都达到全覆盖。LTE在全球发展呈现两种情况,一是投资建设、商用运营,如中国;二是深度优化,提升覆盖和容量,如美国。

美国通信运营商较多,其中处于LTE主导地位有4家,分别是Verizon无线、AT&T、Sprint和T-Mobile。2010年开始,Verizon无线开始部署LTE网络,是美国LTE网络规模最大、覆盖区域最广的运营商。迫于Verizon无线的压力,AT&T、Sprint也于2012年开始部署LTE网络,其网络规模仅逊于Verizon无线,占据着重要地位。2013年T-Mobile开始LTE的商用部署,但其重点发展HSPA+业务。美国LTE网发展已经非常成熟,主要的4家运营公司先后升级LTE为LTE Advanced,从业务类型、商场营销等方面开展全面竞争。

LTE在我国的发展晚于美、日、韩等通信技术先进的国家,2013年底工信部发放了TDD-LTE的牌照,但在当时仅中国移动开展了大规模建设、优化,以及后期商用;中国联通和中国电信仅仅以试验网之名进行验证性投资和建设。业界普遍认为,2014年工信部将进行LTE多牌照的发布,LTE将在国内掀起通信技术革新的新高潮,然而由于种种原因,LTE牌照发布一波三折,直到2015年2月27日,中国联通和中国电信才获得FDD-LTE牌照。也就是说,中国电信和中国联通对LTE的大规模投资和建设比中国移动整整晚了一年多。LTE在国内发展呈现出一家引领,两家追随的格局,国内LTE的竞争在2015年才真正开始,出现蓬勃生机。

除此之外,韩国、日本、新加坡均为早期发展LTE的国家,LTE网发展水平和情况与美国类似,均进入深度优化和升为LTE Advanced的阶段;而在全球其他区域LTE发展水平不一,有正在建设的、有试商用的、有商用发展阶段的。这种不平衡的发展展现出全球LTE的蓬勃生机。

基于LTE增强的LTE-Advanced已经在3GPP的R10版本正式发布,后续的版本R11、R12已经对LTE-Advanced进一步完善和增强。从标准准备和制订来看,R12并非LTE-Advanced的终结版本,R13的准备工作正在紧张进行中。3GPP每一个版本都在无线接入技术上引入更多的能力和进一步增强系统性能,同时扩大业务范围,应用在更广的领域。

(1)更高效、更节能

自从移动通信技术产生以来,能耗一直是令运营商、设备厂商和手机厂商头痛的问题;能耗往往与覆盖效果、通信质量密切相关,甚至在很多情况下需要以更高的能耗换取最佳的通信质量。在移动通信网络建设越来越复杂,网络节点越来越多的情况下,降低能耗成为一个非常重要的问题。首先,能源价格对于运营商而言是一项非常高的支出,作为运营商想要不断地压缩运营成本,就需要各通信节点以更低的能耗运行。其次,手机厂商为了给手机更多的电路空间和更大限度地增加待机时长,只能要求电池体积越来越小、容量越来越大、手机能耗越来越低。最后,通信设备厂商为了适应运营商对能耗的要求,不断提高自身的产品竞争力,就会不断地对产品进行改进,采用更高密度的集成设备,降低设备的能耗。

在2G时代,通信设备已经具有功率控制技术;在3G时代功率成为一种无线资源:这些都是在保证通信质量的前提下降低能耗的手段。在LTE网中，同样有功率控制技术；在以后的演进版本中更会增强此项技术，以达到空载时用非常低的能耗运行。

(2)物物通信得以实现

物联网已经是一项非常热门的技术，简单地说就是通过特定的接入手段(红外、蓝牙等)将所有的物品都接入互联网中进行分析和管理的技术。LTE在设计之初就付出巨大的精力来研究和实现物物通信，LTE的宽带化、低时延为物物通信提供了传输支撑；LTE产业化已经非常发达，各类芯片被广泛应用，只需要对物物(相应产品，如交通监控器、车载终端、水电表等)进行相应的改造就可实现LTE的接入并将采集相应的数据进行传输，或者接受相应的指令进行相应的动作。预计未来在交通、安防、电网等行业会较早实现；在其他行业，如医疗、矿山开采、农业生产等领域也会陆续应用。

(3)安全性更好

首先，LTE是全IP化的网络，随着智能终端和移动应用的增多，网络承载的负荷不断变大，严重威胁着网络的安全，随时有可能超过网络所能承载的负荷导致全网崩溃。其次，随着越来越多基于IP通信网络节点的接入，登录LTE网中的所有终端、网络节点都暴露在互联网中，更容易受到来自互联网的攻击。这就要求LTE网络要有强有力的安全机制，一方面能保障通信网络的正常运营，另一方面保障整张LTE网络不受攻击。目前来看，LTE采用了EPS方案，对终端和网络中的节点进行比较有效的保护，但互联网中的安全就像一个大盾牌，总会有矛攻破的时候，随着信息技术的发展，需要把更优秀的安全机制引入LTE网中。

(4)更智能

由于LTE网络规模越来越大，多种制式并存，在规划、优化、维护方面需要更大的投入。应运营商降低成本的要求，LTE网络需要具有很好的自维护能力、自优化能力，因此在LTE-Advanced中引入了自组织网络(Self-Organized Network，SON)概念，SON具有自规划、自配置、自优化和自修复四大功能，其主要目的是减少运营成本，增强操作效率，增强网络性能和稳定性。虽然SON功能在3GPP中已经做了相应的规范，但在实际应用中仍未达到预期效果。未来的LTE网络将在现有SON各项功能的基础上加强，根据LTE网的实际情况协调其他网络对LTE进行强有力的支撑；快速分析网络性能，动态地进行参数调整；快速判断故障，实现自我修复。

二、解析LTE的主要设计目标

1. 划分LTE的频谱

(1)E-UTRA的频谱划分

E-UTRA的频谱划分如表1.2所示。

表 1.2　E-UTRA 的频谱划分

EUTRA Operating Band	Uplink (UL) Operating Band BS receive UE transmit $f_{UL\_low}-f_{UL\_high}$			Downlink (DL) Operating Band BS transmit UE receive $f_{DL\_low}-f_{DL\_high}$			Duplex Mode
1	1 920 MHz	—	1 980 MHz	2 110 MHz	—	2 170 MHz	FDD
2	1 850 MHz	—	1 910 MHz	1 930 MHz	—	1 990 MHz	FDD
3	1 710 MHz	—	1 785 MHz	1 805 MHz	—	1 880 MHz	FDD
4	1 710 MHz	—	1 755 MHz	2 110 MHz	—	2 155 MHz	FDD
5	824 MHz	—	849 MHz	869 MHz	—	894 MHz	FDD
6	830 MHz	—	840 MHz	875 MHz	—	885 MHz	FDD
7	2 500 MHz	—	2 570 MHz	2 620 MHz	—	2 690 MHz	FDD
8	880 MHz	—	915 MHz	925 MHz	—	960 MHz	FDD
9	1 749.9 MHz	—	1 784.9 MHz	1 844.9 MHz	—	1 879.9 MHz	FDD
10	1 710 MHz	—	1 770 MHz	2 110 MHz	—	2 170 MHz	FDD
11	1 427.9 MHz	—	1 452.9 MHz	1 475.9 MHz	—	1 500.9 MHz	FDD
12	698 MHz	—	716 MHz	728 MHz	—	746 MHz	FDD
13	777 MHz	—	787 MHz	746 MHz	—	756 MHz	FDD
14	788 MHz	—	798 MHz	758 MHz	—	768 MHz	FDD
…							
17	704 MHz	—	716 MHz	734 MHz	—	746 MHz	FDD
…							
33	1 900 MHz	—	1 920 MHz	1 900 MHz	—	1 920 MHz	TDD
34	2 010 MHz	—	2 025 MHz	2 010 MHz	—	2 025 MHz	TDD
35	1 850 MHz	—	1 910 MHz	1 850 MHz	—	1 910 MHz	TDD
36	1 930 MHz	—	1 990 MHz	1 930 MHz	—	1 990 MHz	TDD
37	1 910 MHz	—	1 930 MHz	1 910 MHz	—	1 930 MHz	TDD
38	2 570 MHz	—	2 620 MHz	2 570 MHz	—	2 620 MHz	TDD
39	1 880 MHz	—	1 920 MHz	1 880 MHz	—	1 920 MHz	TDD
40	2 300 MHz	—	2 400 MHz	2 300 MHz	—	2 400 MHz	TDD

(2)中国频谱

2013 年 12 月 4 日，工信部颁发的是 TDD-LTE 牌照，中国移动获得 130 MHz 频谱资源，分别为 F 频段 39 频点 1 880～1 900 MHz、E 频段 40 频点 2 320～2 370 MHz、D 频段 38 频点 2 575～2 635 MHz。

中国电信获得 40 MHz 频谱资源，分别为 2 370～2 390 MHz、2 635～2 655 MHz；中国联通获得40 MHz的频谱资源，分别为 2 300～2 320 MHz、2 555～2 575 MHz。总的来看，分配的频谱主要集中在 2.3 GHz 和 2.6 GHz，这与国际 TDD-LTE 划分的整体情况吻合。

中国移动获得了 130 MHz 频谱，其中包括 D 频段(2 500～2 690 MHz)的 60 MHz 频谱。中国电信和中国联通分别获得了 40 MHz TDD-LTE 频谱，其中用于室内覆盖的 E 频段各 20 MHz，D 频段各 20 MHz。

2016 年 12 月，工信部正式下发同意中国联通调整部分频率用于 LTE 组网的批复。批复中指出，经研究同意中国联通调整 900 MHz、1 800 MHz 和 2 100 MHz 频段频率用于 LTE 组网，具体为 909～915 MHz(终端发)/954～960 MHz(基站发)、1 735～1 750 MHz(终端发)/1 830～1 845 MHz(基站发)、1 940～1 965 MHz(终端发)/2 130～2 155 MHz(基站发)。加上以前授权的频率，中国联通可以用于 FDD 组网的频率为 909～915 MHz(终端发)/954～960 MHz(基站发)、1 735～1 765 MHz(终端发)/1 830～1 860 MHz(基站发)、1 940～1 965 MHz(终端发)/2 130～2 155 MHz(基站发)。

2. 解析 LTE 主要设计目标

3GPP 要求 LTE 具备以下几个技术目标：

①宽带灵活配置：可以分配多种速率的带宽(1.4 MHz、3 MHz、5 MHz、10 MHz、15 MHz、20 MHz)。

②峰值速率更高：上行 50 Mbit/s，下行 100 Mbit/s。

③时延更小：控制面小于 100 ms，用户面小于 5 ms(单向)。

④支持高速：速度大于 350 km/h 的用户支持最少 100 kbit/s 的业务接入。

⑤简化结构：取消 CS(电路)域，取消 RNC(无线网络控制)节点。

对 LTE 所有的需求可以概括为网络性能更好、网络成本更低(相对 3G 网络来说)，如图 1.6所示。

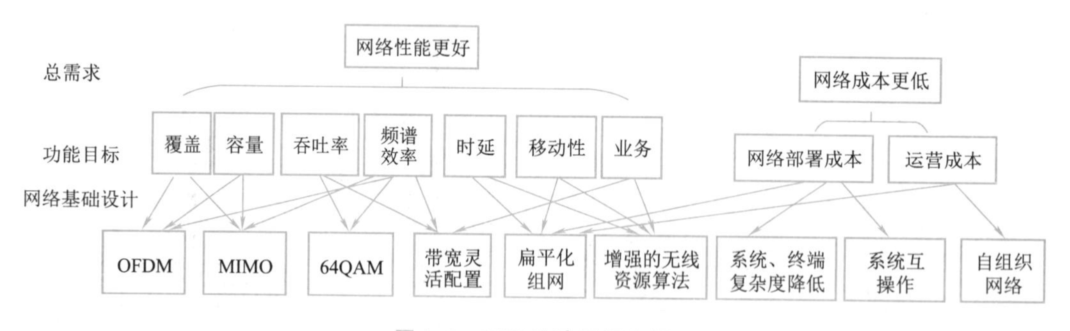

图 1.6 LTE 设计目标分解

(1)覆盖

在 5 km 范围内，能够满足 LTE 相关协议定义的吞吐率、频谱效率及移动性要求。在 30 km范围内，保证移动性需求的情况下，用户吞吐率允许轻微下降，频谱效率可以有明显下降。100 km 范围内不排除支持。

LTE 技术如果能够满足覆盖上的需求，可以极大地降低建网成本和运营成本。但是这将对 LTE 的发射功率和功放效率形成很大的挑战，尤其是上行方向，手机终端如何实现？这对终端、芯片、器件厂家也是个极大的考验。

(2)容量

容量频谱分配是 5 MHz 的情况下,期望每小区至少支持 200 个激活状态的用户。在更高的频谱分配情况下,期望每小区至少支持 400 个激活状态的用户。

(3)吞吐率及频谱效率

下行链路:在一个有效负荷的网络中,吞吐率、LTE 频谱效率(用每站址、每赫兹、每秒的比特数衡量)的目标是 R6 HSDPA 的 3～4 倍。此时 R6 HSDPA 是 1 发 1 收,而 LTE 是 2 发 2 收。

上行链路:在一个有效负荷的网络中,吞吐率、LTE 频谱效率(用每站址、每赫兹、每秒的比特数衡量)的目标是 R6 HSUPA 的 2～3 倍。此时 R6 HSUPA 是 1 发 2 收,LTE 也是 1 发 2 收。

关键技术实现:OFDM、MIMO 和高阶调制 64QAM。

(4)时延

从驻留状态到激活状态,也就是类似于从 R6 的空闲模式到 CELL_DCH 状态,控制面的传输延迟时间小于 100 ms,这个时间不包括寻呼延迟时间和 NAS 延迟时间;从睡眠状态到激活状态,也就是类似于从 R6 的 CELL_PCH 状态到 CELL_DCH 状态,控制面传输延迟时间小于 50 ms,这个时间不包括 DRX 间隔。

用户面延迟定义为一个数据包从 UE/RAN 边界节点(RAN edge node)的 IP 层传输到 RAN 边界节点/UE 的 IP 层的单向传输时间。这里所说的 RAN 边界节点指的是 RAN 和核心网的接口节点。

在"零负载"(即单用户、单数据流)和"小 IP 包"(即只有一个 IP 头,不包含任何有效载荷)的情况下,期望的用户面延迟不超过 5 ms。

网络架构扁平化、调度颗粒细微化是 LTE 实现低时延的主要技术手段。

(5)移动性

E-UTRAN 能为 0～15 km/h 移动速率的移动用户提供最优的网络性能,能为 15～120 km/h移动速率的移动用户提供高性能的服务,能为 120～350 km/h(甚至在某些频段下,可以达到 500 km/h)移动速率的移动用户保持蜂窝网络的移动性。

在 R6 CS 域提供的话音和其他实时业务在 E-UTRAN 中将通过 PS 域支持,这些业务应该在各种移动速率下都能够达到或者高于 UTRAN 的服务质量。E-UTRA 系统内切换造成的中断时间应等于或者小于 GERAN CS 域的切换时间。

超过 250 km/h 的移动速率是一种特殊情况(如高速列车环境),E-UTRAN 的物理层参数设计应该能够在最高 350 km/h 的移动速率(在某些频段甚至应该支持 500 km/h)下保持用户和网络的连接。

(6)业务支持

网页浏览、FTP、视频流、VoIP、实时视频、Push-to-X 以及 SON。SON 分为自配置、自维护和自优化。

(7)频谱灵活性

频谱灵活性一方面支持不同大小的频谱分配,譬如 E-UTRA 可以在不同大小的频谱中部署,包括 1.4 MHz、3 MHz、5 MHz、10 MHz、15 MHz 以及 20 MHz,支持成对和非成对频谱。

(8)与现有 3GPP 系统的共存和互操作

E-UTRA 与其他 3GPP 系统的互操作需求包括但不限于：

①E-UTRAN 和 UTRAN/GERAN 多模终端支持对 UTRAN/GERAN 系统的测量，并支持 E-UTRAN 系统和 UTRAN/GERAN 系统之间的切换。

②E-UTRAN 应有效支持系统间测量。

③对于实时业务，E-UTRAN 和 UTRAN 之间的切换中断时间应低于 300 ms。

④对于非实时业务，E-UTRAN 和 UTRAN 之间的切换中断时间应低于 500 ms。

⑤对于实时业务，E-UTRAN 和 GERAN 之间的切换中断时间应低于 300 ms。

⑥对于非实时业务，E-UTRAN 和 GERAN 之间的切换中断时间应低于 500 ms。

⑦处于非激活状态(类似 R6 Idle 模式或 Cell_PCH 状态)的多模终端只需监测 GERAN、UTRA 或 E-UTRA 中一个系统的寻呼信息。

(9)减小 CAPEX 和 OPEX

体系结构的扁平化和中间节点的减少使得设备成本(CAPEX)和维护成本(OPEX)得以显著降低。

为了降低运营成本，运营商还要求 LTE 具备自组织网络(SON)，即自规划、自配置、自优化、自维护的能力。

另外，LTE 在设计过程中，不强制要求网络同步(不依赖美国 GPS 进行同步)，这点类似于 WCDMA(软同步)，有别于同步要求相当严格的 TD-SCDMA(硬同步)。这里需要注意的是，任何无线系统都要求同步，只不过同步实现的途径不同。

三、探究 LTE 系统架构

1. 分析扁平化的网络架构

整个 TDD-LTE 系统由 3 部分组成：核心网(Evolved Packet Core，EPC)、接入网(eNodeB)、用户设备(UE)。其中，EPC 分为 3 部分：MME(Mobility Management Entity，负责信令处理部分)、S-GW(Serving Gateway，负责本地网络用户数据处理部分)、P-GW(PDN Gateway，负责用户数据包与其他网络的处理)。接入网(也称 E-UTRAN)由 eNodeB 构成，网络接口有 S1 接口(eNodeB 与 EPC 之间)、X2 接口(eNodeB 之间)、Uu 接口(eNodeB 与 UE 之间)。

LTE 采用与 2G、3G 均不同的空中接口技术，即基于 OFDM 技术的空中接口技术，并对传统 3G 的网络架构进行了优化，采用扁平化的网络架构，亦即接入网 E-UTRAN 不再包含 RNC，仅包含节点 eNodeB，提供 E-UTRA 用户面 PDCP/RLC/MAC/物理层协议的功能和控制面 RRC 协议的功能。LTE 的系统结构如图 1.7 所示。

在 LTE 架构中，没有了原有的 Iu 和 Iub 以及 Iur 接口，取而代之的是新接口 S1 和 X2。eNodeB 之间由 X2 接口互连，每个 eNodeB 又和演进型分组核心网 EPC 通过 S1 接口相连。S1 接口的用户面终止在服务网关 S-GW 上，S1 接口的控制面终止在移动性管理实体 MME 上。控制面和用户面的另一端终止在 eNodeB 上。

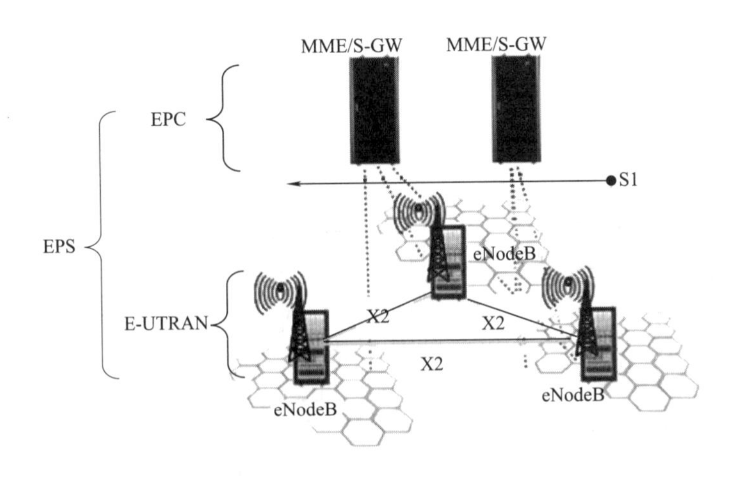

图 1.7 LTE 的系统结构

2. 划分各网元的职能划分

E-UTRAN 即 LTE 的接入网部分,包括 eNodeB 网元。SAE(系统架构演进)即 LTE 的核心网部分,包括 MME、S-GW、P-GW、PCRF 和 HSS。SAE 网络类似于 3G 网络中的软交换系统,将信令和业务分开承载,MME 负责信令部分,Serving GW 负责业务的承载,S-GW 是 LTE 内的锚点网关;P-GW 是无线网络的锚点,是到因特网的网关。

(1)eNodeB 的功能

LTE 的 eNodeB 除了具有原来 NodeB 的功能之外,还承担了原来 RNC 的大部分功能,包括物理层功能、MAC 层功能(包括 HARQ)、RLC 层(包括 ARQ 功能)、PDCP 功能、RRC 功能(包括无线资源控制功能)、调度、无线接入许可控制、接入移动性管理以及小区间的无线资源管理功能等。具体包括:

①无线资源管理:无线承载控制、无线接纳控制、连接移动性控制、上下行链路的动态资源分配(即调度)等功能。

②IP 头压缩和用户数据流的加密。

③当从提供给 UE 的信息无法获知到 MME 的路由信息时,选择 UE 附着的 MME。

④路由用户面数据到 S-GW。

⑤调度和传输从 MME 发起的寻呼消息。

⑥调度和传输从 MME 或 O&M 发起的广播信息。

⑦用于移动性和调度的测量和测量上报的配置。

⑧调度和传输从 MME 发起的 ETWS(即地震和海啸预警系统)消息。

E-UTRAN 和 EPC 的功能划分如图 1.8 所示。

(2)MME 的功能

MME 是 SAE 的控制核心,主要负责用户接入控制、业务承载控制、寻呼、切换控制等控制信令的处理。MME 功能与网关功能分离,这种控制平面/用户平面分离的架构,有助于网络部署、单个技术的演进以及全面灵活的扩容。具体包括:

①NAS 信令和 NAS 信令安全。

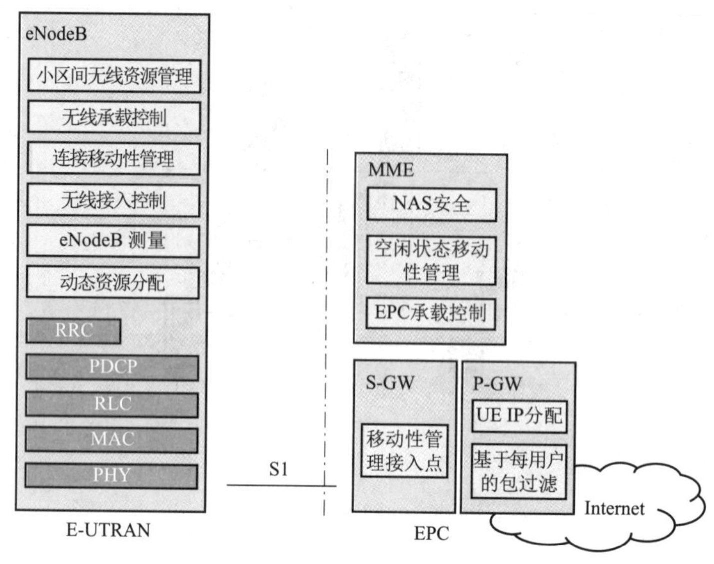

图 1.8 E-UTRAN 和 EPC 的功能划分

②AS 安全控制。

③3GPP 无线网络的网间移动信令。

④Idle 状态 UE 的可达性(包括寻呼信号重传的控制和执行)。

⑤跟踪区列表管理。

⑥P-GW 和 S-GW 的选择。

⑦切换中需要改变 MME 时的 MME 选择。

⑧切换到 2G 或 3GPP 网络时的 SGSN 选择。

⑨漫游。

⑩鉴权。

⑪包括专用承载建立的承载管理功能。

⑫支持 ETWS 信号传输。

(3)S-GW 的功能

S-GW 作为本地基站切换时的锚定点,主要负责在基站和公共数据网关之间传输数据信息;为下行数据包提供缓存;基于用户的计费等功能。具体包括:

①eNodeB 间切换时,本地的移动性锚点。

②3GPP 系统间的移动性锚点。

③E-UTRAN Idle 状态下,下行包缓冲功能及发起网络触发的业务请求。

④合法侦听。

⑤包路由和前转。

⑥上、下行传输层包标记。

⑦运营商间的计费,基于用户和 QCI 粒度统计。

⑧分别以 UE、PDN、QCI 为单位的上下行计费。

(4)P-GW 的功能

公共数据网关 P-GW 作为数据承载的锚定点,提供包转发、包解析、合法监听、基于业务的计费、业务的 QoS 控制，以及负责和非 3GPP 网络间的互联等功能。具体包括：

①基于每用户的包过滤(如借助深度包探测方法)。

②合法侦听。

③UE 的 IP 地址分配。

④下行传输层包标记。

⑤上下行业务级计费、门控和速率控制。

⑥基于聚合最大比特速率的下行速率控制。

(5)PCRF 的功能

PCRF(Policy and Charging Rules Function，策略与计费规则功能单元)是账号秘密认证和资源分配策略决策点，主要功能包括提供基于业务数据流的 QoS 控制、门控和计费控制等。

(6)HSS 的功能

HSS(Home Subscriber Server，归属用户签约服务器)类似 3G 中的 HLR，主要功能包括存储了 LTE/SAE 网络中用户所有与业务相关的数据。

大开眼界

国际、国内 4G 网络最新发展调查(截至 2018 年上半年)如表 1.3 所示。

表 1.3　国际、国内 4G 网络最新发展调查

国际、国内 4G 网络数据			
	移动用户数(户)	4G 移动用户数(户)	4G 站点数量(个)
全球	79 亿	29 亿	500 万
中国	15.1 亿	11 亿	336.9 万
国内三大运营商数据			
	中国移动	中国电信	中国联通
移动用户数(户)	9 亿	2.65 亿	2.94 亿
4G 用户数(户)	6.72 亿	2.06 亿	1.98 亿
4G 站点数(个)	110 万	135 万	95 万

LTE 网络架构的特点以及与 2G/3G 在网络架构上的不同如图 1.9 所示。

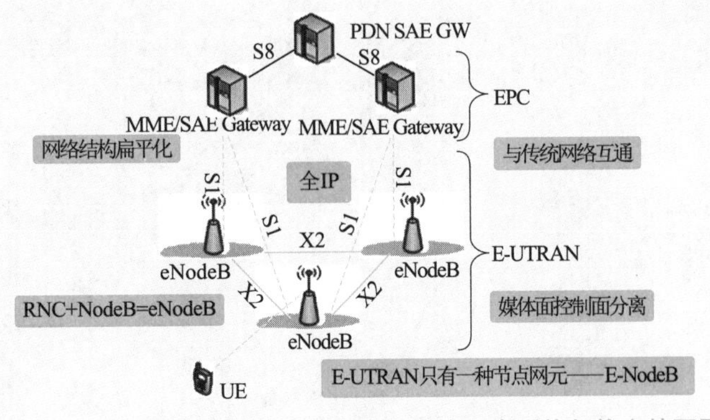

图 1.9　LTE 网络架构的特点以及与 2G/3G 在网络架构上的不同

任务小结

LTE是目前主流的移动通信系统，掌握LTE系统的基本理论知识是从事LTE网络规划与优化工作的前提。通过本任务的学习，应了解LTE的定义与演进历程，熟悉LTE频谱和频点的概念以及中国三大运营商的LTE频段范围；熟悉LTE无线网络各主要性能指标的特点与内涵，以及LTE网络架构的特点与2G/3G在网络架构上的不同点；掌握LTE网络架构的特点以及各网元的功能。

任务二　认识天线

任务描述

合理的天线设计是网络规划非常重要的一个环节，天线选型的正确与否将直接影响网络覆盖的效果，且天线调整又是解决网络优化覆盖问题的重要手段之一。本任务将介绍天线、天线参数表、天线覆盖范围的计算及不同无线场景下天线的选型原则。

任务目标

- 了解天线的定义和原理。
- 熟悉天线覆盖范围的计算方法。
- 能读懂天线的参数表，以及不同无线场景下天线的选型原则。

任务实施

一、熟悉天线基础知识

1. 了解天线原理

通信、雷达、导航、广播、电视等无线电设备，都是通过无线电波来传递信息的，都需要有无线电波的辐射和接收。在无线电设备中，用来辐射和接收无线电波的装置称为天线。天线为发射机或接收机与传播无线电波的媒质之间提供所需要的耦合。天线和发射机、接收机一样，也是无线电设备的一个重要组成部分。

(1)电磁波的传播

电磁波的传播如图1.10所示。

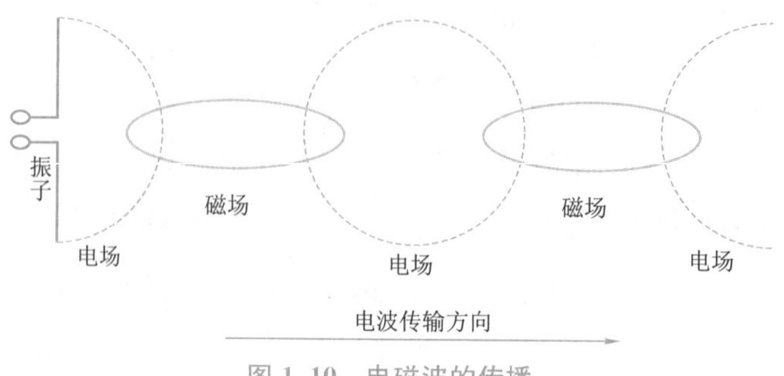

图1.10　电磁波的传播

无线电波的波长、频率和传播速度的关系。可用式 $\lambda=V/f$ 表示。在公式中，V 为速度，单位为米/秒(m/s)；f 为频率，单位为赫兹(Hz)；λ 为波长，单位为米(m)。由上述关系式不难看出，同一频率的无线电波在不同的媒质中传播时，速度是不同的，因此波长也不一样。

(2)天线辐射电磁波的基本原理

天线是将传输线中的电磁能转化成自由空间的电磁波或将空间电磁波转化成传输线中的电磁能的设备。因为天线是无源器件，所以仅起到转化作用而不能放大信号。

导线载有交变电流时，就可以形成电磁波的辐射，辐射的能力与导线的长短和形状有关。当导线的长度增大到可与波长相比拟时，导线上的电流大大增加，因而就能形成较强的辐射。通常将上述能产生显著辐射的直导线称为振子。如果两导线的距离很近，且两导线所产生的感应电动势几乎可以抵消，因而辐射很微弱。如果将两导线张开，这时由于两导线的电流方向相同，由两导线所产生的感应电动势方向相同，因而辐射较强。电磁波的传播如图 1.11所示。

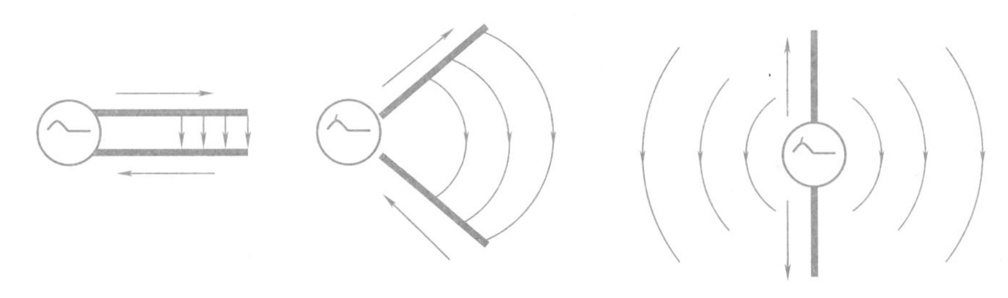

图 1.11　振子的角度与电磁波辐射能力的关系

(3)半波对称振子

两臂长度相等的振子称为对称振子，也称半波振子。每臂长度为 1/4 波长、全长为 1/2 波长的振子，称半波对称振子。半波对称振子如图 1.12 所示。

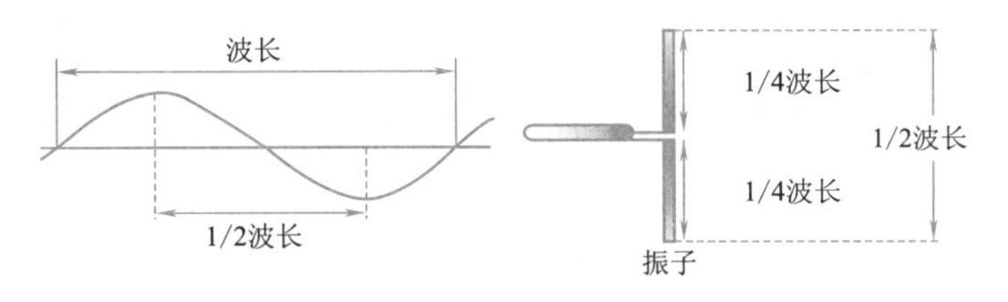

图 1.12　半波对称振子

对称振子是一种经典的、迄今为止使用最广泛的天线，单个半波对称振子可简单、独立地使用或用作抛物面天线的馈源，也可采用多个半波对称振子组成天线阵。天线需要多个半波对称振子组阵以得到更大的增益。

2. 解析天线参数

1)极化方式

天线的极化是指天线辐射时形成的电场强度方向。若地面为入射面，则当电波的电场方向垂直于地面时，我们就称它为垂直极化波。当电波的电场方向与地面平行时，则称它为水平极化波。垂直极化(Vertical)和水平极化(Horizontal)如图 1.13 所示。

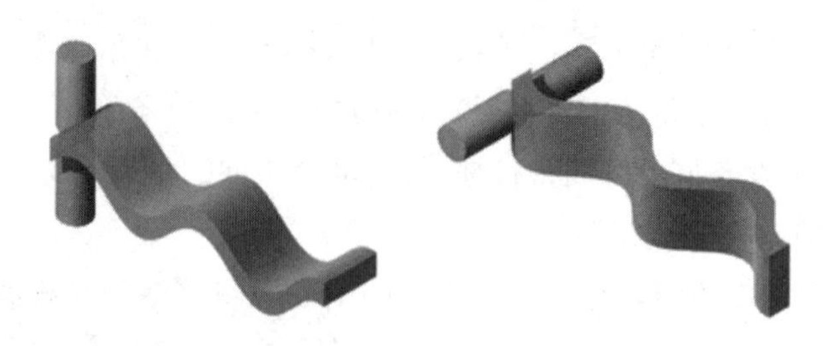

图 1.13 垂直极化和水平极化

双极化天线是由极化彼此正交的两根天线封装在同一天线罩中组成的，采用双极化天线，可以大大减少天线数目，简化天线工程安装，降低成本，且减少天线占地空间。在双极化天线中，通常使用+45°和−45°正交双极化天线。双极化天线如图 1.14 所示。

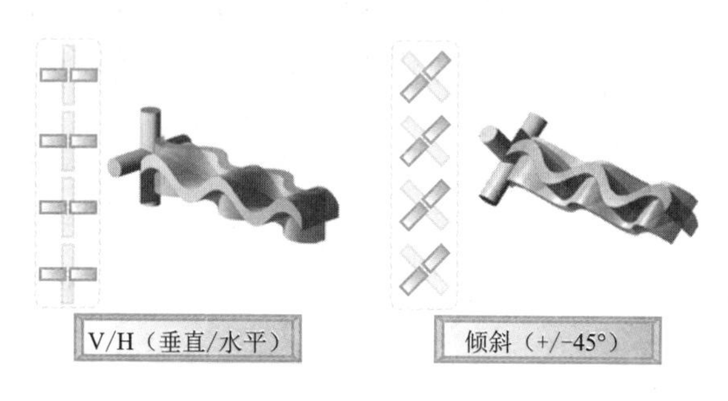

图 1.14 双极化天线

实际工程中，一般单极化天线多采用垂直极化；双极化天线多采用±45°双线极化。双极化天线有两个端口，单极化天线仅一个端口。实际工程中，采用空间分集需要多个单极化天线，而采用极化分集则只需要一个双极化天线。双极化天线和单极化天线如图 1.15 所示。

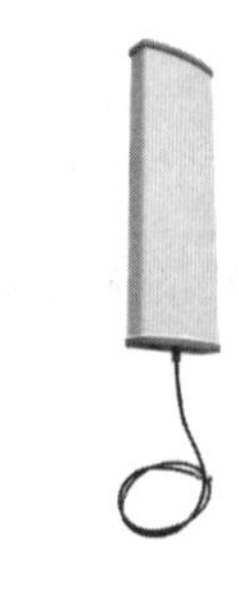

图 1.15 双极化天线和单极化天线

双极化天线和单极化天线典型应用场景的对比如表 1.4 所示。

表 1.4 双极化天线和单极化天线典型应用场景的对比

类 型	作 用	举 例	性能差距
干扰受限系统	主要应用于密集城区，站间距较小。干扰是影响网络性能的主要因素	MIMO 双流；MIMO 单流；RANK 自适应	性能基本相当
功率受限系统	以增加覆盖，克服衰落为主要目的，如郊区、农村广覆盖等	发射分集，接收分集	性能差距不大
带宽受限系统	信道条件(CQI)较好，基站间没有形成连续覆盖，基站的站间距比较大，用户数比较稀少	MIMO 双流	10λ 单极化天线性能优于双极化天线，性能提升在 20%左右

2)阻抗

天线可以看作是一个谐振回路。一个谐振回路当然有其阻抗。对阻抗的要求就是匹配,和天线相连的电路必须具有与天线一样的阻抗。和天线相连的是馈线,天线的阻抗和馈线阻抗必须一样,才能达到最佳效果。如图 1.16 所示,移动通信系统目前使用的天线阻抗是 50 Ω。

线缆
50 Ω
天线
50 Ω

图 1.16　最佳匹配效果

3)半功率角

半功率角就是在主瓣最大辐射方向两侧,辐射强度降低 3 dB(功率密度降低一半)的两点间的夹角(又称波束宽度或主瓣宽度)。波瓣宽度越窄,方向性越好,作用距离越远,抗干扰能力越强。

在板状定向天线的参数中,波束宽度又有垂直波束宽度和水平波束宽度,如图 1.17 所示。

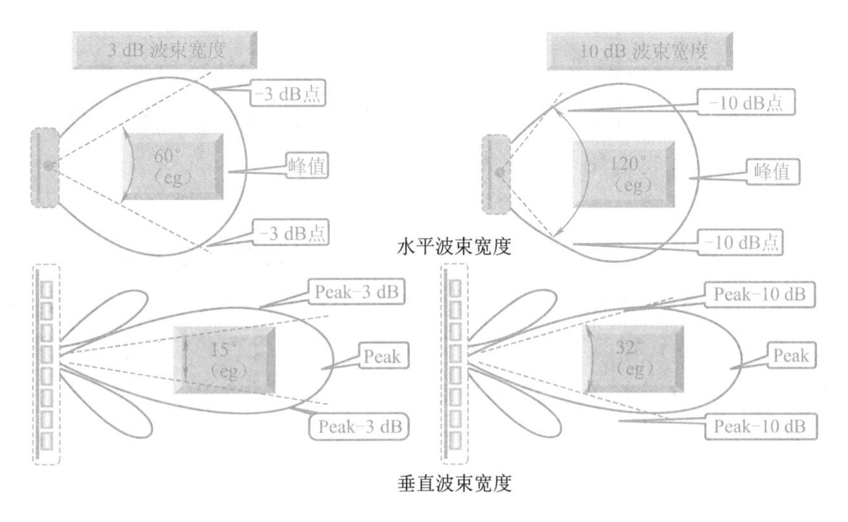

图 1.17　波束宽度

4)倾角

天线的倾角是指电波的倾角,而不是天线振子本身机械上的倾角。倾角反映了天线接收哪个高度角来的电波最强。倾角类型有无下倾、机械下倾、固定电子下倾、可调电子下倾、遥控可调电子下倾和机械电调可组合使用等。对于定向天线,可通过机械方式调整倾角。全向天线的倾角是通过电子下倾来实现的。

电子下倾的原理是通过改变共线阵天线振子的相位,改变垂直分量和水平分量的幅值大小,改变合成分量场强强度,从而使天线的垂直方向图下倾。由于天线各方向的场强强度同时增大和减小,保证在改变倾角后天线方向图变化不大,使主瓣方向覆盖距离缩短,同时又使整个方向图在服务区内减小覆盖面积但又不产生干扰。

所谓机械调整天线指的是通过调整夹具的方法实现下倾角度的调整;电调天线指的是通过拉杆的调节控制天线内置的调节装置调整天线下倾角度。电调天线和机械调整天线如图 1.18 所示。

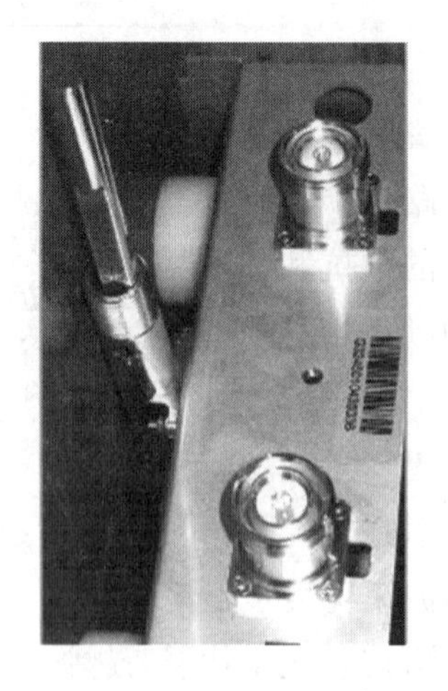

图 1.18　电调天线和机械调整天线

5)前后比

前后比是主瓣最大值与后瓣最大值之比,表明了天线对后瓣抑制的好坏。

选用前后比低的天线,天线的后瓣有可能产生越区覆盖,导致切换关系混乱,产生掉话。一般在 25～30 dB 之间,应优先选用前后比为 30 dB 的天线。

6)驻波比

驻波比(Voltage Standing Wave Ratio,VSWR)是表示天馈线与基站匹配程度的指标。它的产生是由于入射波能量传输到天线输入端后未被全部辐射出去,产生反射波,叠加而成的。一般要求天线的驻波比小于 1.5,驻波比越小越好,但工程上没有必要追求过小的驻波比。

如图 1.19 所示,假设基站发射功率是 10 W,反射回 0.5 W,由此可计算出回波损耗(Return Loss,RL):

$$RL=10\lg(10/0.5)=13\ \text{dB}$$

计算反射系数:

$$RL=-20\lg\Gamma,\ \Gamma=0.223\,8$$

计算驻波比:

$$VSWR=(1+\Gamma)/(1-\Gamma)=1.57$$

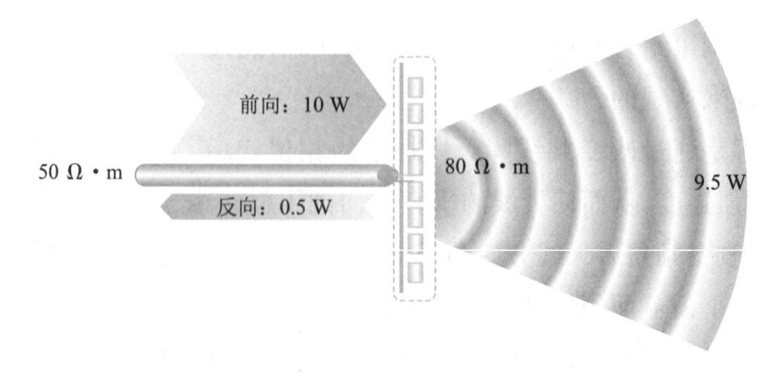

图 1.19　回波损耗

7)天线增益

天线增益一般为 0～20 dBi,用于室内微蜂窝覆盖的天线增益一般为 0～8 dBi;全向天线增益一般为 9～12 dBi,定向天线增益一般为 15.5～18.5 dBi。天线增益超过 20 dBi 时,仅用于道路覆盖。

(1)天线的方向性

天线的方向性是指天线向一定方向辐射电磁波的能力。对于接收天线而言,方向性表示天线对不同方向传来的电波所具有的接收能力。天线的方向性的特性曲线通常用方向图来表示。方向图可用来说明天线在空间各个方向上所具有的发射或接收电磁波的能力。

所谓的全向天线是指一种在水平方向图上表现为 360°都均匀辐射,也就是平常所说的无方向性,在垂直方向图上表现为有一定宽度的波束,一般情况下波瓣宽度越小,增益越大,如图 1.20所示。

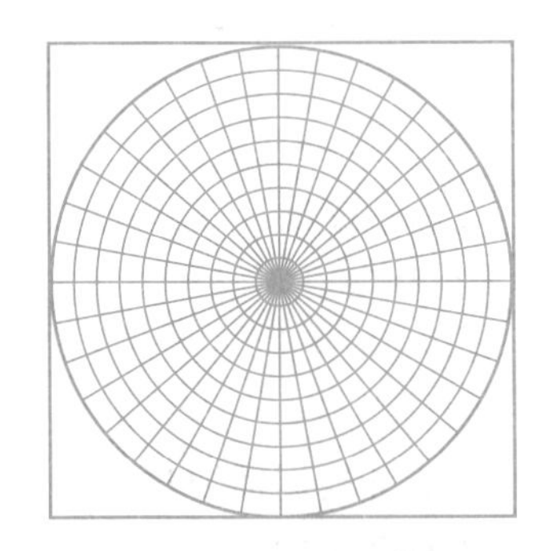
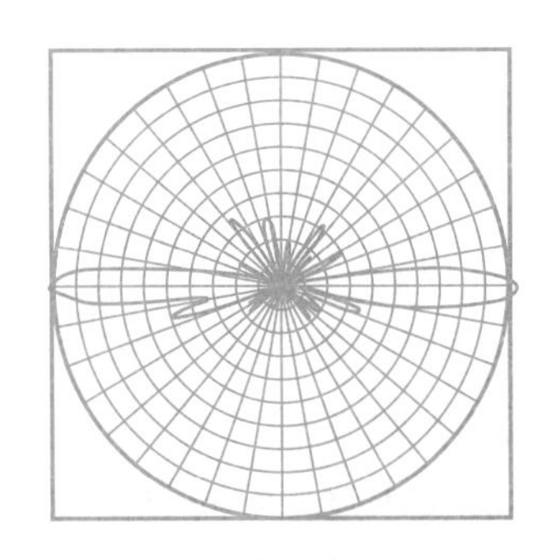

图 1.20　全向天线的水平方向图和垂直方向图

定向天线在水平方向图上表现为一定角度的范围辐射,也就是平常所说的有方向性;在垂直方向图上表现为有一定宽度的波束,同全向天线一样,波瓣宽度越小,增益越大,如图 1.21 所示。

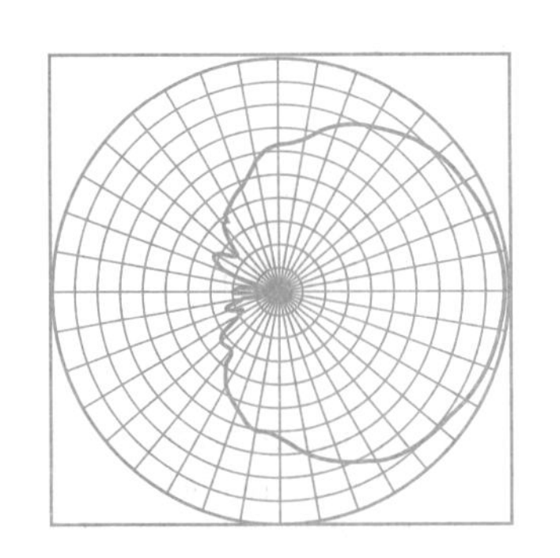
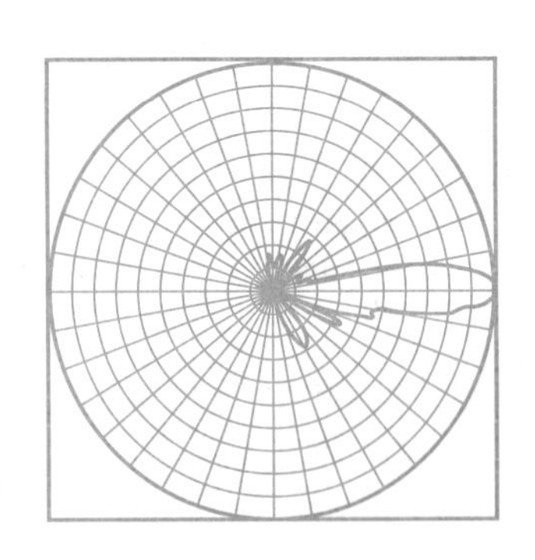

图 1.21　定向天线的水平方向图和垂直方向图

(2)天线增益

天线本身不增加所辐射信号的能量,它只是通过天线振子的组合并改变其馈电方式把能量集中到某一个方向。天线增益是指天线将发射功率往某一指定方向集中辐射的能力。

增益是指在输入功率相等的条件下,实际天线与理想的辐射单元在空间同一点处所产生的场强的平方之比,即功率之比(功率与场强的平方成正比)。增益一般与天线方向图有关,方向图主瓣越窄，后瓣、副瓣越小，增益越高。

(3)提高天线增益的措施

板状天线的高增益是通过多个基本振子排列成天线阵而合成的。例如，1 个对称振子的接收功率是 1 mW，则 4 个对称振子组阵的接收功率就是 4 mW，相当于 GAIN＝10lg(4 mW/1 mW)＝6 dBi 的天线增益。

利用反射板可把辐射能控制聚焦到一个方向，反射面放在阵列的一边构成扇形覆盖天线。如图 1.22 所示，利用扇形覆盖天线，反射面把功率聚焦到一个方向进一步提高了增益。这里，扇形覆盖天线与单个对称振子相比的增益为 10lg(8 mW/1 mW)＝9 dBi。

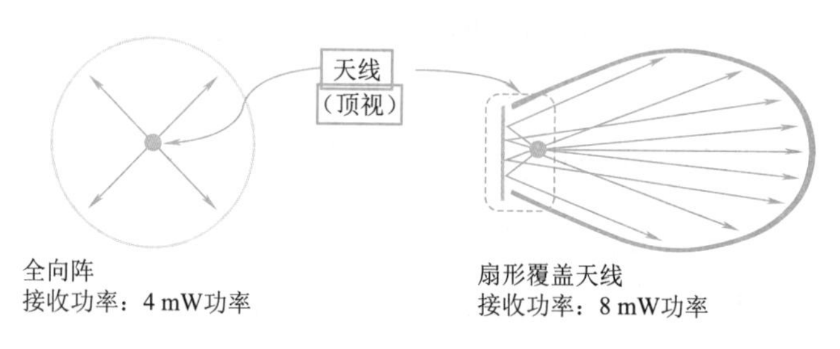

图 1.22　扇形覆盖天线的增益

8)实际天线参数举例

根据组网的要求建立不同类型的基站，而不同类型的基站可根据需要选择不同类型的天线。比如全向站采用了各个水平方向增益基本相同的全向型天线，而定向站采用了水平方向增益有明显变化的定向型天线。一般在市区选择水平波束宽度为 65°的天线，在郊区可选择水平波束宽度为 65°、90°或 120°的天线(按照站型配置和当地地理环境而定)，而在乡村选择能够实现大范围覆盖的全向天线则是最为经济的。

实际工程中，某全向天线参数和某定向天线参数如图 1.23 所示。

某全向天线参数	
电气性能指标（Electrical Specifications）	
频带（Frequency Range）/MHz	824~896
增益（Gain）/dBi	11
驻波比（VSWR）	＜1.4
极化（Polarization）	垂直 Vertical
水平波束宽度（Horizontal-3dB Beamwidth）(*)	360
垂直波束宽度（Vertical-3dB Beamwidth）(*)	8
预置电下倾角（Electrical Downtilt）(*)	3
不圆度（Non-Circularity）/dB	±0.5
三阶无源交调（IMD3）/dBc	≤107
输入阻抗（Impedance）/Ω	50
雷电保护（Lightning Protection）	直流接地（Direct Ground）
最大功率（Maximum input Power）/W	500

某定向天线参数	
电气性能指标（Electrical Specifications）	
频带（Frequency Range）/MHz	824~896
增益（Gain）/dBi	17
驻波比（VSWR）	＜1.4
极化（Polarization）	±45°
端口隔离（lsolation Between Two Ports）/dB	≥30
交叉极化鉴别率（Cross-Polar Discrimination）/dB	≥15
水平波束宽度（Horizontal-3dB Beamwidth）(*)	90
垂直波束宽度（Vertical-3dB Beamwidth）(*)	7
预置电下倾角（Electrical Downtilt）(*)	0
前后比（Front-to-Back Ratio）/dB	≥25
三阶无源交调（IMD3）/dBc	≤107
输入阻抗（Impedance）/Ω	50
接头型式（Connector Type）	7/16DIN（F）
雷电保护（Lightning Protection）	直流接地（Direct Ground）
最大功率（Maximum input Power）/W	500

图 1.23　扇形覆盖天线的增益

二、进行天线选型

1. 市区基站天线选型

1)应用环境特点

基站分布较密，要求单基站覆盖范围小，希望尽量减少越区覆盖的现象，减少基站之间的干扰，提高下载速率。

2)天线选型原则

(1)极化方式选择

由于市区基站站址选择困难，天线安装空间受限，建议选用双极化天线或宽频天线。

(2)方向图的选择

在市区主要考虑提高频率复用度，因此一般选用定向天线。

(3)半功率波束宽度的选择

为了能更好地控制小区的覆盖范围来抑制干扰，市区天线水平半功率波束宽度选择60°～65°。

(4)天线增益的选择

由于市区基站一般不要求大范围的覆盖距离，因此建议选用中等增益的天线。建议市区天线增益选用 15～18 dBi 增益的天线。若市区内用作补盲的微蜂窝天线增益可选择更低的天线。

(5)下倾角选择

由于市区的天线倾角调整相对频繁，且有的天线需要设置较大的倾角，而机械下倾不利于干扰控制，所以建议选用预置下倾角天线。可以选择具有固定电下倾角的天线，条件满足时也可以选择电调天线。

2. 郊区农村基站天线选型

1)应用环境特点

基站分布稀疏，业务量较小，对数据业务要求比较低，要求广覆盖。有的地方周围只有一个基站，覆盖成为最为关注的对象，这时应结合基站周围需覆盖的区域来考虑天线的选型。

2)天线选型原则

(1)方向图选择

如果要求基站覆盖周围的区域，且没有明显的方向性，基站周围话务分布比较分散，此时建议采用全向基站覆盖。同时需要注意的是：全向基站由于增益小，覆盖距离不如定向基站远。同时全向天线在安装时要注意塔体对覆盖的影响，并且天线一定要与地平面保持垂直。如果运营商对基站的覆盖距离有更远的覆盖要求，则需要用定向天线来实现。一般情况下，应当采用水平面半功率波束宽度为 90°、105°、120°的定向天线。

(2)天线增益的选择

视覆盖要求选择天线增益，建议在郊区农村地区选择较高增益(16～18 dBi)的定向天线或 9～11 dBi 的全向天线。

(3)下倾方式的选择

在郊区农村地区对天线的下倾调整不多，其下倾角的调整范围及特性要求不高，建议选用机械下倾天线；同时，天线挂高在 50 m 以上且近端有覆盖要求时，可以优先选用零点填充的天线来避免塔下黑问题。

3. 公路覆盖基站天线选型

1)应用环境特点

该环境下业务量低、用户高速移动,此时重点解决的是覆盖问题。一般来说它要实现的是带状覆盖,故公路的覆盖多采用双向小区;在穿过城镇、旅游点的地区也综合采用全向小区;然后是强调广覆盖,要结合站址及站型的选择来决定采用的天线类型。不同的公路环境差别很大,一般来说有较为平直的公路,如高速公路、铁路、国道、省道等,推荐在公路旁建站,采用 S1/1/1 或 S1/1 站型,配以高增益定向天线实现覆盖。有蜿蜒起伏的公路如盘山公路、县级自建的山区公路等,需要结合公路附近的乡村覆盖,选择高处建站。

在初始规划进行天线选型时,应尽量选择覆盖距离广的高增益天线进行广覆盖。

2)天线选型原则

(1)方向图选择

以覆盖铁路、公路沿线为目标的基站,可以采用窄波束高增益的定向天线。可根据布站点的道路局部地形起伏和拐弯等因素来灵活选择天线形式。

(2)天线增益的选择

定向天线增益可选 17～22 dBi 的天线,全向天线的增益选择 11 dBi。

(3)下倾方式的选择

公路覆盖一般不设下倾角,建议选用价格较便宜的机械下倾天线,在 50 m 以上且近端有覆盖要求时,可以优先选用零点填充(大于 15%)的天线来解决塔下黑问题。

(4)前后比

由于公路覆盖的大多数用户都是快速移动用户,所以为保证切换的正常进行,定向天线的前后比不宜太高。

4. 山区覆盖基站天线选型

1)应用环境特点

在偏远的丘陵山区,山体阻挡严重,电波的传播衰落较大,覆盖难度大。通常为广覆盖,在基站很广的覆盖半径内分布零散用户,业务量较小。基站或建在山顶上、山腰间、山脚下、或山区里的合适位置,需要区分不同的用户分布、地形特点来进行基站选址、选型、选择天线,比较常见的有盆地型山区建站、高山上建站、半山腰建站、普通山区建站等。

2)天线选型原则

(1)方向图选择

视基站的位置、站型及周边覆盖需求来决定方向图的选择,可以选择全向天线,也可以选择定向天线。对于建在山上的基站,若需要覆盖的地方位置相对较低,则应选择垂直半功率角较大的方向图,更好地满足垂直方向的覆盖要求。

(2)天线增益选择

视需覆盖的区域的远近选择中等天线增益,全向天线(9～11 dBi)或定向天线(15～18 dBi)。

(3)倾角选择

在山上建站,需覆盖的地方在山下时,要选用具有零点填充或预置下倾角的天线。预置下倾角的大小视基站与需覆盖地方的相对高度做出选择,相对高度越大,预置下倾角也应选择更大一些的天线。

5. LTE 天线选型的建议

根据以上选择，结合 LTE 的特殊情况，建议 LTE 天线选型原则如表 1.5 所示。

表 1.5 LTE 天线选型原则

参数 / 地物类型	市区	郊区	公路	山区
天线挂高(m)	20～30	30～40	>40	>40
天线增益(dBi)	15～18	18	>18	15～18
水平波瓣角(°)	60～65	90\105\120	根据实际情况	根据实际情况
机械下倾	N	N	Y	Y
电子下倾	Y	Y	N	N
极化方式	双极化	双极化	单极化	单极化
发射天线个数	1、2	1、2	2	2
是否采用宽频天线	可以	可以	可以	可以

一般情况下，LTE 的站址选择均利用现有的设施，因此，是否有足够空间来安装 LTE 天线、高度是否满足 LTE 规划是面临的最大问题。实际工程采用哪种极化方式，是否采用宽频天线、下倾角方式等技术参数，需要对现有设施进行详细勘查后，根据实际情况进行合理规划。

由于 LTE 存在 MIMO 技术，目前常用的包括 2T2R 和 4T4R 情况。考虑到建站成本等因素，对于 2T2R 情况，一般采用双极化天线；对于 4T4R 情况，一般采用 2 个双极化天线，天线之间距离 1～2λ 即可，对应 2.6 GHz 大约 30～50 cm 之间。当存在多个制式共存时，建议采用宽频天线，从而节省设备商的投入以及安装空间。

大开眼界

任何传播模型的估计都是默认工作在天线方向图覆盖范围内的，而方向图的覆盖范围在天线无下倾角时是无限的，实际覆盖范围完全取决于传播模型估计；在天线有下倾角时是有范围的，可以得出天线高度、下倾角和覆盖距离三者之间的关系为：$\alpha=\arctan(H/S)+\beta/2$，$\alpha$ 为下倾角，β 为垂直波束宽度，H 为天线高度，S 为方向图覆盖范围，如图 1.24 所示。

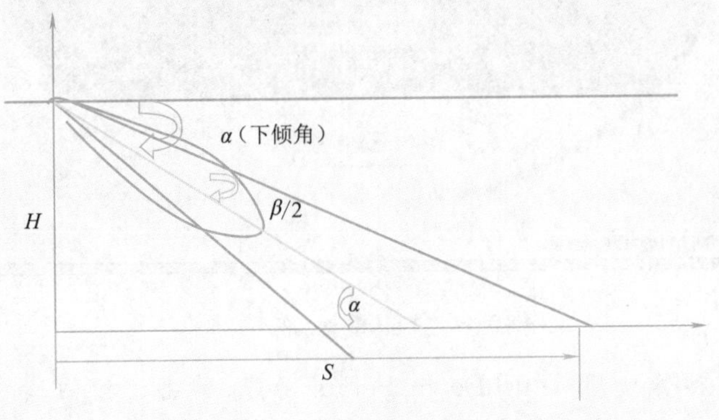

图 1.24 天线高度、下倾角和覆盖距离三者之间的关系

对高话务量区也可通过调整基站天线的俯仰角改善照射区的范围，使基站的业务接入能力加大；而对低话务量区也可通过调整基站天线的俯仰角加大照射区范围，吸入更多的话务量，这样可以使整个网络的容量扩大，通话质量提高，如图 1.25 所示。

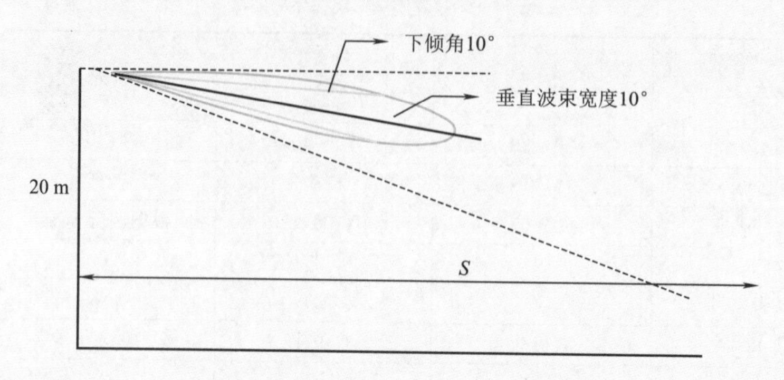

图 1.25　调整基站天线的倾角改变覆盖范围

在实际工程项目中，一般使用 RadioTool 软件来估算天线覆盖距离，RadioTool 软件界面如图 1.26 所示。

图 1.26　RadioTool 软件界面

天线覆盖距离估算使用 TouchDown Points 功能，单击该按钮，打开图 1.27 所示的界面。

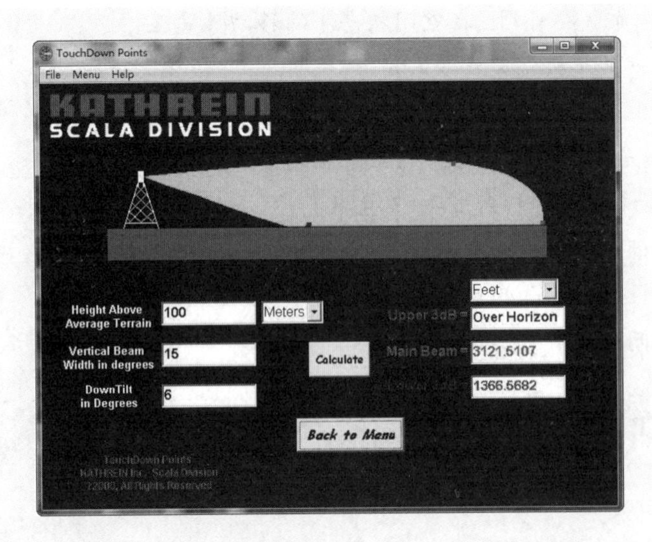

图 1.27　TouchDown Points 界面

在天线高度、垂直波束角度和下倾角中分别输入 100(单位选择米)、15 和 6，右边会显示计算出的覆盖远点距离 3 121.510 7 m 和 1 366.568 2 m。

任务小结

在无线电设备中，用来辐射和接收无线电波的装置称为天线。天线是将传输线中的电磁能转化成自由空间的电磁波或将空间电磁波转化成传输线中的电磁能的设备。天线是无源器件，仅仅是转化作用而不能放大信号。

决定天线性能的参数包括极化方式、阻抗、半功率角、倾角、前后比、驻波比和天线增益等。能够理解天线参数表、掌握天线覆盖范围的计算方法。

市区、郊区、公路和山区环境特点不同，针对不同地域的网络覆盖需求，应具备合理的天线选型能力。

思考与练习

1. LTE 需求和目标包括________、________、________、________。
2. ________和________技术可以提高频谱效率。
3. LTE 要求下行速率达到________，上行速率达到________。
4. 无线通信系统主要由________、接收机和天线三大部分组成。
5. 无线通信方式主要有单工、半双工和________三种方式。
6. HSS 与 MME 之间的接口是________。
7. eNodeB 和 eNodeB 之间的接口称为________。

8. ________负责控制UE在空闲状态下的移动性管理。

9. 实际工程中,一般单极化天线多采用________极化天线。

10. 移动通信系统目前使用的天线阻抗全部是________Ω。

11. ________是表示天馈线与基站匹配程度的指标。________是由于入射波能量传输到天线输入端后未被全部辐射出去,产生反射波,叠加而成的。

12. 每臂长度为(1/4)波长、全长为(1/2)波长的振子,称为________振子。

13. 请简单描述TDD和FDD的区别。

14. 八天线相比两天线有哪些优势?

实践活动:调研TDD—LTE网络产业化现状

一、实践目的

1. 熟悉我国TDD-LTE的产业化情况。
2. 了解TDD-LTE作为我国4G主流技术之一所带来的影响。

二、实践要求

通过调研、搜集网络数据等方式完成。

三、实践内容

1. 调研我国TDD-LTE技术产业联盟情况。
2. 调研中国移动TDD-LTE的发展情况,完成以下内容的补充:

时间:

用户数:

设备总投资:

供应商:

3. 分组讨论:针对TDD-LTE作为我国4G主流技术之一所带来的影响,从正反两个角度进行讨论,提出TDD-LTE产业化的利与弊。

项目二 进行LTE无线网络规划

任务一　初探 LTE 网络规划

任务描述

LTE 无线网络规划是网络建设、维护、优化的前提,任何通信运营企业,无论从战略的角度还是提供业务需求的角度,都要求认真规划好自己的无线网。本任务即介绍 LTE 无线网络规划流程和 LTE 无线网络衡量指标,还包括 LTE 网络规划面临的挑战及网络整体部署策略。

任务目标

- 了解 LTE 无线网络规划流程,以及整体部署策略。
- 熟悉 LTE 无线网络衡量指标的类型、定义和范围。
- 掌握 Google Earth 在网络规划中的应用。

任务实施

一、熟悉 LTE 无线网络规划的流程

优秀的无线网络规划是 3C1Q(覆盖、容量、成本和质量)的最佳平衡。LTE 网络规划基本流程图如图 2.1 所示。

1)需求分析

在规划前,需要进行需求分析。需求分析的目的是为网络规划提供规划依据。根据运营商的要求,确定规划区的覆盖区域划分以及与之相对应的用户(数)密度分布,确定业务区域划分以及规划设计所要达到的容量目标、质量目标。在客户提出的规划要求的基础上进行需求分析。了解规划区的地物、地貌,研究话务量的分布,提出满足客户提出的覆盖、容量等要求的规划策略。

2)传播模型测试和校正

无线传播模型测试与校正是移动通信网络建设的重要步骤,在无线网络规划过程中,无线传播模型帮助设计者了解预选站址在实际环境下的传播效果。设计者可以通过将传播模型运

用在规划仿真软件中的方法来预测出所规划的基站的各种系统性能指标。但需要知道的是，由于实际环境中电磁波多径传播的复杂性，因此能够完全准确地反映实际传播环境的模型是不存在的，只可能是尽可能地接近实际情况。

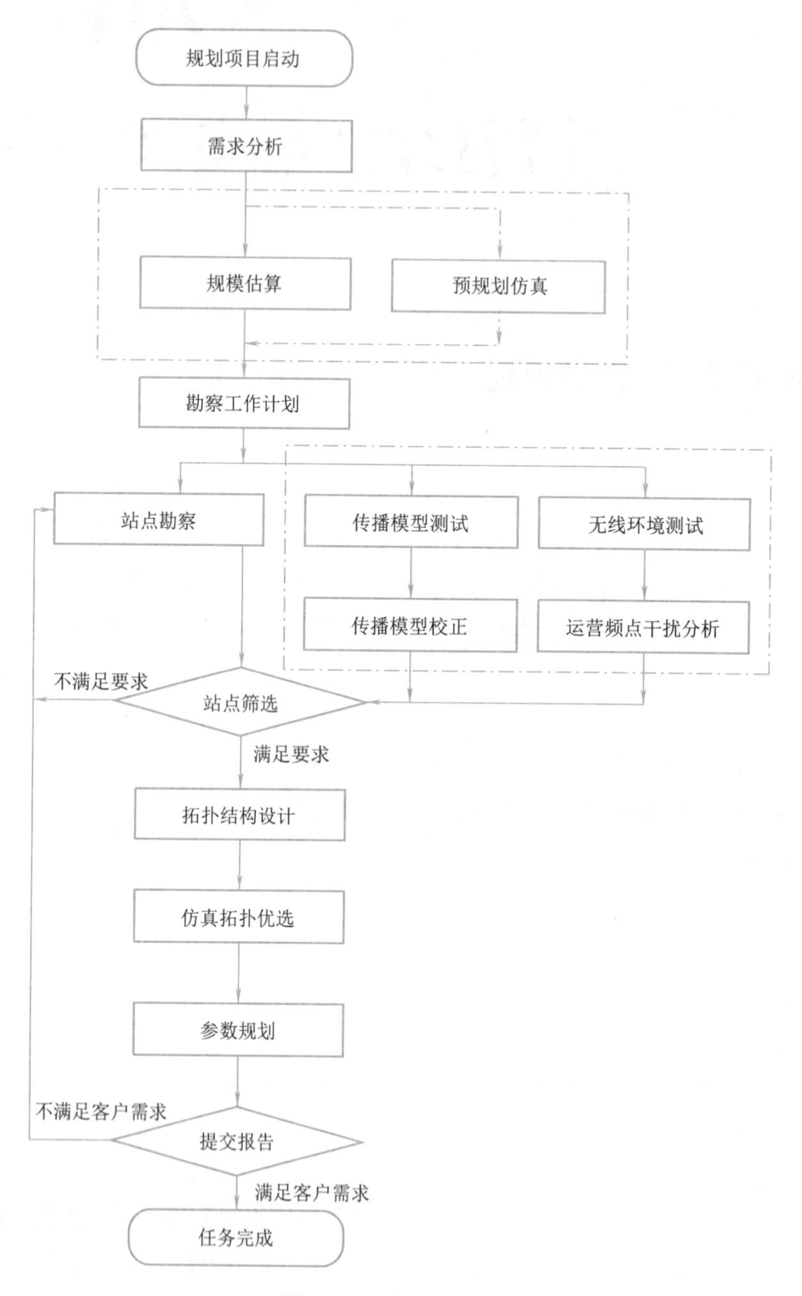

图 2.1　网络规划流程

在实际移动通信系统中，由于移动台不断运动，传播信道不仅受到多普勒效应的影响，而且还受地形、地物的影响，另外移动系统本身的干扰和外界干扰也不能忽视。基于移动通信系统的上述特性，严格的理论分析很难实现，往往需要对传播环境进行近似、简化。但简化后，会导致理论模型误差较大。

因此，就需要针对各个地区不同的地理环境进行测试，通过分析与计算等手段对传播模型的参数进行修正，最终得出最能反映当地无线传播环境的、最具有理论可靠性的传播模型，从而提高覆盖预测的准确性。

3）规模估算

在预规划阶段，需要达到的目标是给出预测的基站数量和配置。通常的做法是从覆盖与容量两方面进行综合考虑。首先通过无线链路预算结合传播模型，得到每种待规划业务的覆盖半径，再由待覆盖面积计算所需站点数；然后根据语音与数据业务的等效处理模型，结合各自的业务模型，将各种业务折合成某种虚拟的等效业务，从而得出为了支持所给业务容量所需的站点数。取覆盖与容量两方面需求的最大者，即可对网络的规模有初步的认知。但该结果在很大程度上是不准确的，估算过程中诸多参数的取值差异会导致输出结果的较大差异性。

4）网络仿真

为了进一步确认和分析预规划阶段给出的基站数目和相应配置的无线性能，需要通过网络规划仿真工具对规划结果进行评估。通过仿真工具，可以有效地模拟现实网络的性能，对规模估算的结论加以印证，通过物理调整和参数调整，使得网络性能最优化，并输出仿真报告，指导后期的网络建设和优化。

5）站点勘测和设计

在完成了仿真工具设计之后，需要对规划的站址进行现场勘测，选择合适的建筑物作为最终的实施站址。基站站址选择是将工具设计的结果应用于具体的无线环境。同时还需要对站点进行天馈选择和站点设计，以满足实际的覆盖需求。选站的过程可以通过人工或者工具来完成。这些结果都可以通过返回工具重新仿真、预测、调整，直到满足要求。

6）系统参数规划

网络的站点确定之后，需要对系统的参数进行规划，包括下行基站各个信道的发射功率、频率、物理 ID 资源、切换参数等。

二、LTE 无线网络的衡量指标

LTE 无线网络衡量指标如表 2.1 所示。

表 2.1　LTE 无线网络衡量指标

指标项	定　　义	典型值	备　　注
RSRP	参考信号接收功率。测量带宽内的所有公共导频接收功率的线性平均，也就是一个导频 RE 的平均功率，与 RSCP 的定义有较大差异	−70～120 dBm	覆盖电平的衡量指标
RSRQ	参考信号接收质量。N * RSRP/(E-UTRAN Carrier RSSI)，N 为 RB 数。实际上等效于 RSRP/一个 RB 上的平均接收信号强度	最大值为−6 dB(2T2R)	与天线配置、导频功率配比、网络负载情况有关
小区中心 SINR	SINR 高于一定程度的区域认为是小区中心。不同负载情况下，由于网络 SINR 分布曲线不同，小区中心的 SINR 判断门限也会不同	15 dB 以上(100%馈入)	不同的负载率 SINR 分布不同，典型值也不同
小区边缘 SINR	SINR 低于一定程度的区域认为是小区边缘。不同负载情况下，由于网络 SINR 分布曲线不同，小区边缘的 SINR 判断门限也会不同	0 dB 以上(100%馈入)	不同的负载率 SINR 分布不同，典型值也不同

三、LTE 网络规划的挑战

挑战 1:用户对数据速率的要求永无止境,频谱资源的稀缺不可逆转。频谱效率是网络演进的最大动力,但与同频干扰是一对矛盾体。解决方案:采用紧密复用的频率规划和同频干扰解决方案。

挑战 2:新技术带来新的规划研究。解决方案:采用 MIMO 通道改造、提高 MIMO 天线间距,进行 ICIC(Inter-Cell Interface Coordination,小区间干扰消除技术)边缘频段规划。

挑战 3:运营商拥有大量 2G/3G 站点资源,新站址获得越来越困难,共站址甚至共天馈的需求日趋强烈。解决方案:基于 2G/3G 的站点选择,天馈、异系统干扰和多系统互操作。

可以采用自优化网络(Self-Optimizing Network,SON)来监护网络规划和网络优化工作,提升网络质量,降低运维成本。

四、LTE 网络部署策略

LTE 网络的部署策略,分为城区连续覆盖、热点连续覆盖、广覆盖 3 种场景。

1)城区连续覆盖

组网场景:类似 3G 初期部署思路,城区连续覆盖,城区和 2G/3G 重复覆盖,共站址。业务提供:解决城区业务需求,城区内 LTE 业务连续。

2)热点连续覆盖

组网场景:热点覆盖,不连续/局部连续组网,小区半径小,大量使用 Pico、Micro 基站。业务提供:解决热点高密度业务需求,LTE 业务非连续,依赖 2G/3G 补充。

3)广覆盖

组网场景:类似 2G 初期部署思路,全部地区连续覆盖,2G/3G 重复覆盖,共站址。业务提供:LTE 业务体验全网一致。

任务小结

本任务主要介绍了 LTE 网络规划基本流程、LTE 无线网络衡量指标,帮助读者积累关于规划的基础知识和技能。

任务二 步入 LTE 网络规划

任务描述

本任务介绍 LTE 覆盖规划、LTE 容量规划以及 LTE 参数规划的内容。LTE 覆盖规划是无线网络规划的核心内容,主要包括室外覆盖规划和室内覆盖规划。LTE 容量规划是在覆盖规划结果的基础上进行的,根据容量要求确定最终的目标基站数量和配置。LTE 参数规划是无线网络规划的最后内容,主要涉及 LTE 小区 ID 规划、跟踪区 TA、物理小区 ID PCI、PRACH 规划等。

任务目标

- 熟悉覆盖规划的流程、链路预算、传播模型、网络覆盖要求。
- 熟悉容量规划的流程及容量规划工具。
- 掌握 LTE 小区 ID 规划、跟踪区 TA、物理小区 ID PCI、PRACH 规划的原则。
- 掌握 MapInfo 软件在网络规划中的常规操作。

任务实施

一、探究 LTE 覆盖规划

1. 解析 LTE 室外链路预算

(1)室外链路预算流程

覆盖估算流程如图 2.2 所示。

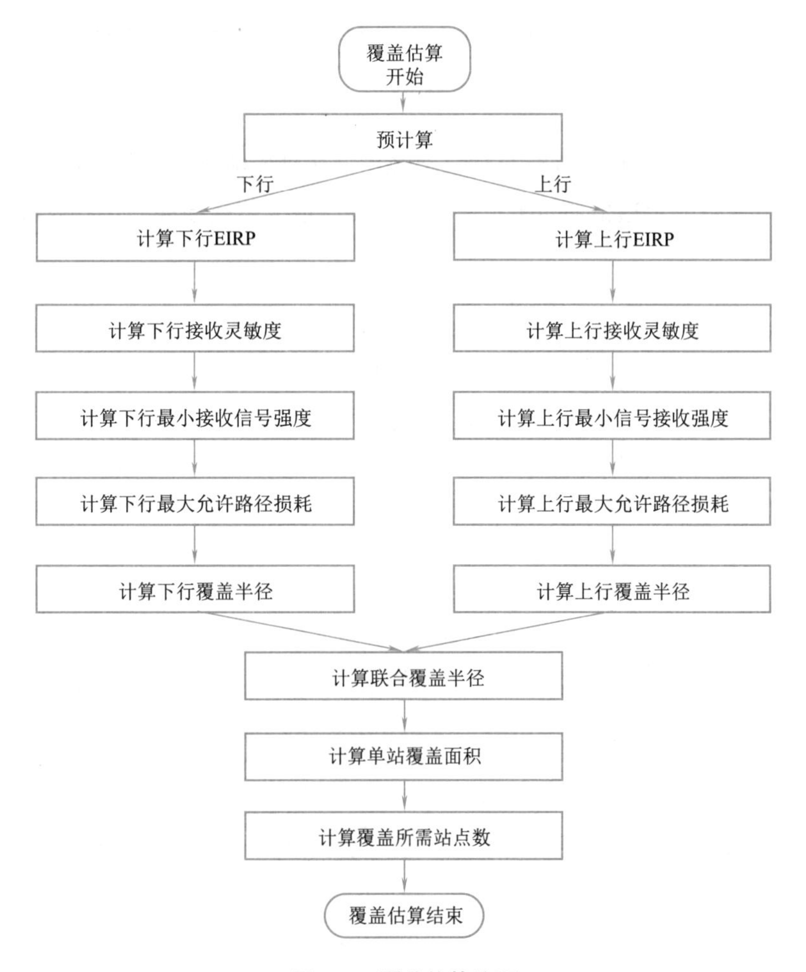

图 2.2　覆盖估算流程

①按要求输入相应的参数。

②上下行分别进行计算，先计算发送端 EIRP，接着计算接收端天线入口所需要的最低接收电平，两者相减（考虑相应的余量）得到路径损耗，再根据传播模型计算出相应的上下行小区半径。

③比较上下行半径，取较小值作为实际小区的半径（链路预算完成）。

④根据小区半径计算单个 eNodeB 覆盖区域的面积，如图 2.3 所示。

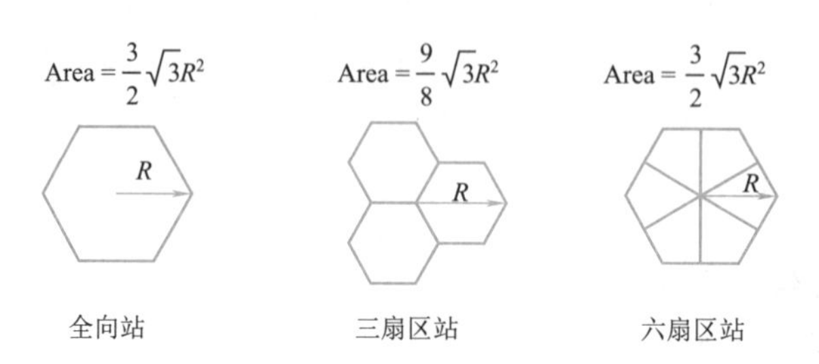

图 2.3　基站覆盖面积计算

⑤再结合规划区域面积计算需要的站点数。其中，所需站点数＝规划目标区域面积/单基站覆盖面积。

(2)链路预算的基本原理

链路预算通过对系统中前反向信号传播途径中的各种影响因素进行考察，对系统的覆盖能力进行估计，获得保持一定通信质量下行链路所允许的最大传播损耗（MAPL），如图 2.4 所示。

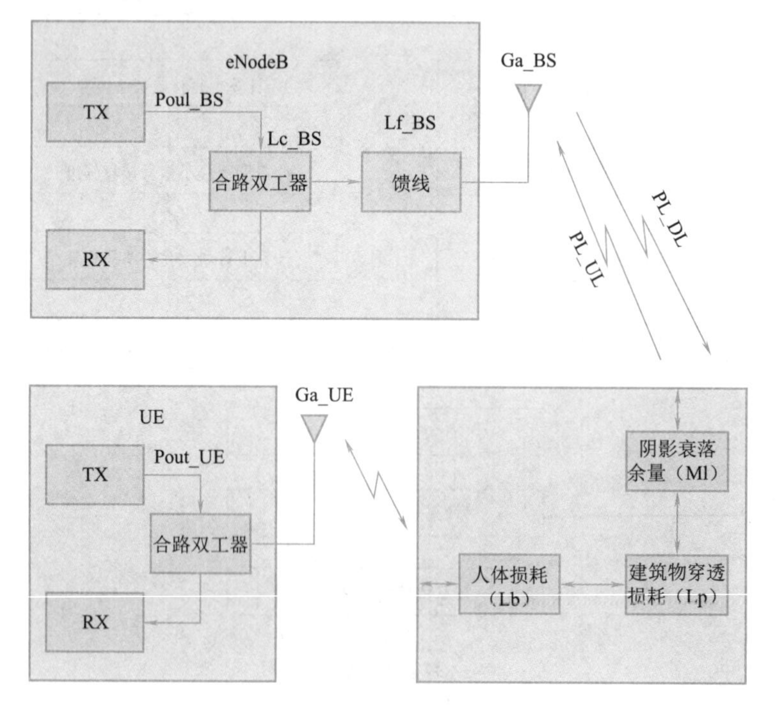

图 2.4　链路预算基本原理

(3)上、下行链路预算

上行链路预算如图 2.5 所示,PL_UL=Pout_UE+Ga_BS+Ga_UE−Lf_BS−Mf−MI−Lp−Lb−S_BS。

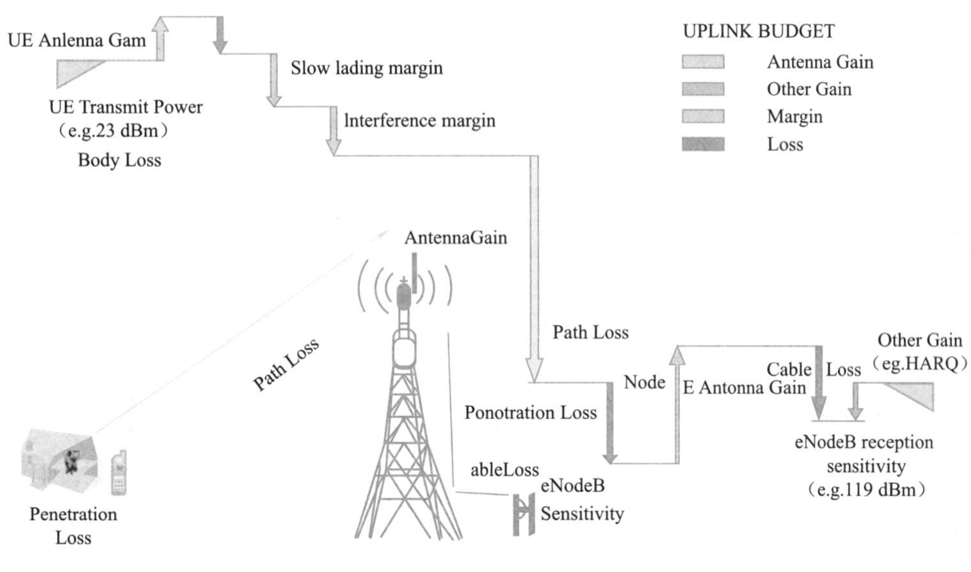

图 2.5　上行链路预算

下行链路元素跟上行链路元素基本一致,下行负载因子和下行干扰余良的取值与上行不同。下行链路预算如图 2.6 所示,PL_DL=Pout_UE−Lf_BS+Ga_BS+Ga_UE−Mf−MI−Lp−Lb−S_UE。

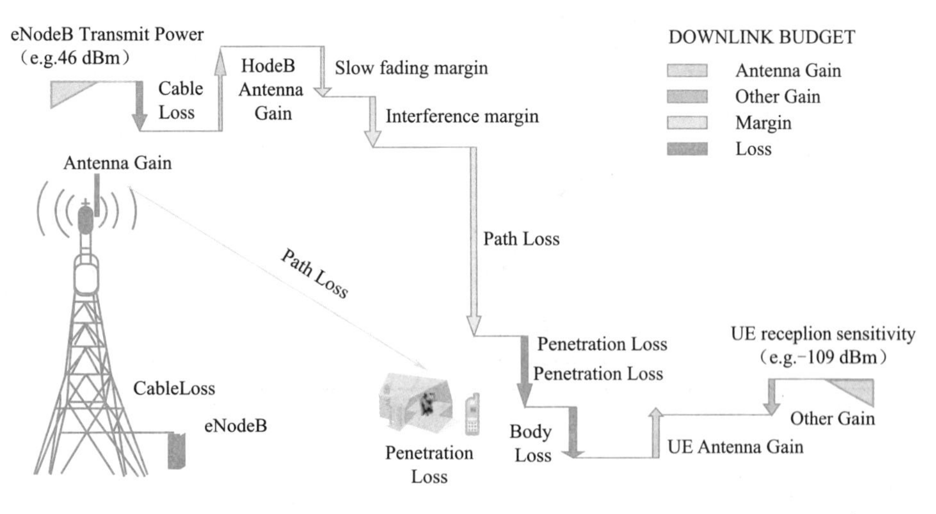

图 2.6　下行链路预算

(4)LTE 链路预算参数

LTE 链路预算参数如表 2.2 所示。

表 2.2 LTE 链路预算参数

参数名称	类型	参数含义	典型取值
TDD 上下行配比	公共	根据协议 36.2.11,TDD-LTE 支持 7 种不同的上下行配比	#1,2:2
TDD 特殊子帧配比	公共	特殊子帧(S)由 Dwpts、Gp 和 UPPTS 三部分组成,这 3 部分的时间比例等效为符号比例	#7,10:2:2
系统带宽	公共	根据协议,LTE 带宽分 6 种(1.4～20 MBit/s),不同带宽对应不同的 RB 数和子载波数	20 Mbit/s
人体损耗	公共	话音通话时通常取 3 dB,数据业务不取	0 dB
UE 天线增益	公共	UE 的天线增益为 0 dBi	0 dBi
基站接收天线增益	公共	基站发射天线增益	18 dBi
馈缆损耗	公共	包括从机顶到天线接头之间所有馈线、连接器的损耗,如果 RRU 上塔,则只有跳线损耗	1～4 dB
穿透损耗	公共	室内穿透损耗为建筑物紧挨外墙以外的平均信号强度与建筑物内部的平均信号强度之差,其结果包含了信号的穿透和绕射的影响,和场景关系很大	10～20 dB
阴影衰落标准差	公共	室内阴影衰落标准差的计算:假定室外路径损耗估计标准差为 X dB,穿透损耗估计标准差为 Y dB,则相应的室内用户路径损耗估计标准差＝sqrt(X^2＋Y^2)	6 月 12 日
边缘覆盖概率	公共	当 UE 发射功率达到最大,如果仍不能克服路径损耗,达到接收机最低接收电平要求时,这一链路就会中断/接入失败。小区边缘的 UE,如果设计其发射功率到达基站接收后,刚好等于接收机的最小接收电平,则实际的测量电平结果将以这个最小接收电平为中心,服从正态分布(视运营商而定)	90%
阴影衰落余量	公共	阴影衰落余量(dB)＝NORMSINV(边缘覆盖概率)＊阴影衰落标准(dB)	——
UE 最大发射功率	上行	UE 的业务信道最大发射功率一般就是其额定总发射功率	23 dBm
基站噪声系数	上行	评价放大器噪声性能好坏的一个指标,用 NF 表示,定义为放大器的输入信噪比与输出信噪比之比	4.5 dB
上行干扰余量	上行	与要求达到的上行 SINR、上行负载、邻区干扰因子相关	——
下行干扰余量	下行	与 UE/eNodeB 之间耦合损耗、下行负载、邻区干扰因子等相关	——
基站发射功率	下行	基站总的发射功率(链路预算中通常指单天线),下行 eNodeB 功率在全带宽上分配,上行功率在调度的 RB 上分配	43 dBm

2.解析 LTE 室内链路预算

(1)LTE 室内覆盖指标确定

LTE 可以提供多种业务,不同的区域类型要求提供不同的业务,不同的业务其室内覆盖指标要求也不一样,因此,要确定室内覆盖指标。首先要划分不同的业务覆盖区域类型,按对网络质量的要求,通常分为 3 类区域,各类场景下建议边缘区域要求详见表 2.3。

表 2.3　业务覆盖区域类型和边缘 RSRP 要求

区域类型	场　景	边缘 RSRP 要求
一类区域(1 024 kbit/s)	高档娱乐场所、高档办公楼、高档酒店、大型商场、候机厅/展厅	≥−105 dBm
二类区(512 kbit/s)	一般娱乐场所、一般办公楼、一般酒店、一般商场	≥−110 dBm
三类区(128 kbit/s)	停车场	≥−115 dBm

室内覆盖边缘场强的确定需要同时考虑两个方面：

①边缘场强应满足连续覆盖业务的最小接收信号强度(需要考虑所承载业务的接收灵敏度、不同场景的慢衰落余量、干扰余量、人体损耗等因素)。

②应大于室外信号在室内的覆盖强度，即设计余量，其典型经验值为 5～8 dB(不同的场景要求会有差异，如办公楼、酒店余量可以适当取大一些，停车场可以适当小一些)。

(2)LTE 室内覆盖半径确定

新建室内覆盖时，相同的室内覆盖场景对于高频段系统，由于穿透损耗大，天线覆盖半径会比低频段的天线覆盖半径小，半径设置可以参考 3G 频段的覆盖半径，如表 2.4 所示。

表 2.4　LTE 室内覆盖半径确定

区域类型	区域描述	天线类型	3G 天线覆盖半径	3G 天线覆盖半径
KTV 包房	墙壁较厚，门口旁有卫生间	吸顶天线	8～10 m	10～12 m
酒店、宾馆、餐厅包房	砖墙结构，门口旁有卫生间	吸顶天线	10～12 m	12～15 m
写字楼、超市	玻璃或货架间隔	吸顶天线	12～15 m	15～20 m
停车场/会议室/大厅	大部分空旷，中间有电梯厅、柱子，每层较高	壁挂天线	半径 15～20 m	半径 25 m
展厅	空旷，每层较高	壁挂天线	半径 50 m	半径 100 m
电梯	普通电梯	壁挂板状天线(朝电梯厅)	共覆盖 3 层	共覆盖 5 层
		壁挂锥状天线(朝上或下)	共覆盖 5 层	共覆盖 7 层

(3)计算天线口功率

室内传播模型应用较广的有 Keenan-Motley 模型和 ITU 推荐的 ITU-R P. 1238 室内传播模型，还有运营商推荐使用的 ITU-R P. 1238 室内传播模型。

从效果、均匀分布室内信号、防止信号泄露等方面分析，建议 LTE 室内分布系统的单天线功率按照穿透一面墙进行覆盖规划。

计算天线口功率实例：设天线覆盖半径 10 m，墙面损耗为 15 dB，工作频段为 2 300 MHz，带宽 20 MHz，慢衰落余量取 0 dB(前面边缘覆盖场强已经考虑)，边缘 RSRP 要求≥−105 dBm。ITU-R P. 1238 模型中 N 取 28，模型公式为：

$$L=20\lg f+N\lg d+L_{f(n)}-28\ \text{dB}+X_{\delta}$$

则空间传播损耗 PL=20lg 2 300+28lg 10+15 * 1−28+0=82 dB

天线口单导频功率－PL≥－105 dBm，则天线口单导频功率≥－105＋82＝－23 dBm，即：天线口总发射功率＝天线口单导频功率＋10lg 1200＝－23＋31＝8 dBm。所以，天线口功率≥8 dBm。

假设穿透二层墙，墙面损耗仍为15 dB，其他条件不变，则天线口功率≥23 dBm，已经超过电磁辐射安全标准15 dBm。

(4)有线分布系统损耗

根据有线分布系统损耗及天线口功率，就可以计算出基站发射功率。

室内覆盖系统有线部分的分布损耗是指从信号源到天线输入端的损耗，包括馈缆传输损耗、功分器耦合器的分配损耗、介质损耗(插入损耗)等。

分布损耗：分布损耗＝馈线传输损耗＋功分器/耦合器分配损耗＋器件插入损耗。

馈线损耗：100 m馈线的损耗如表2.5所示。

表2.5 馈线损耗(100 m)

馈线类型	700 MHz	900 MHz	1 700 MHz	1 800 MHz	2.1 GHz	2.3 GHz	2.5 GHz
LDF4 1/2"	6.009	6.855	9.744	10.058	10.961	11.535	12.09
FSJ4 1/2"	9.683	11.101	16.027	16.57	18.137	19.138	20.11
AVA5 7/8"	3.093	3.533	5.04	5.205	5.678	5.979	6.27
AL5 7/8"	3.421	3.903	5.551	5.73	6.246	6.573	6.89
LDP6 5/4"	2.285	2.627	3.825	3.958	4.342	4.588	4.828
AL7 13/8"	2.037	2.333	3.36	3.472	3.798	4.006	4.208

分配损耗：是基站功率在多个天线间分配时，对于某一个天线来讲，分配到其他天线的功率就是损耗。

器件插入损耗：插损包括功分器、耦合器等引入的器件热损耗和接头损耗两部分。

二、探究LTE容量规划

1. 分析LTE容量估算过程

1)容量估算流程

容量估算的最终目的是分析网络中的话务需求，确定需要的小区数量，根据基站的配置，从而得出基于容量要求的基站数量。

(1)分析网络中的话务需求

①辅助当前网络的“业务模型”和“话务模型”，估算当前网络总吞吐量需求。

②基于覆盖估算的结果进行仿真，仿真出单小区平均吞吐量。

(2)输出需要的基站数量

①网络总吞吐量÷小区平均吞吐量＝需要的小区数量。

②结合基站的配置，如S111(基站数量＝小区数量/3)、O1(基站数量＝小区数量)等，输出需要的基站数量。

容量估算流程如图2.7所示。

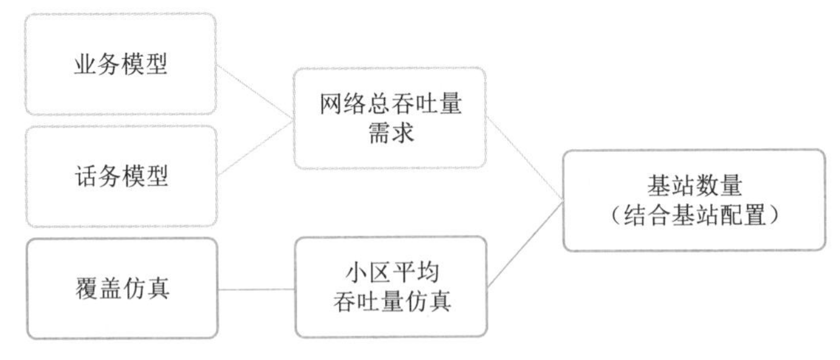

图 2.7　容量估算流程

2)网络吞吐量分析

容量估算的关键是进行网络总吞吐量的分析。估算公式:单用户吞吐量×忙时(BH)用户数=网络吞吐量;其中,单用户吞吐量可由业务模型、话务模型计算得出。

(1)业务模型

业务模型是基于用户行为,分析每种业务类型的数据速率。

典型 LTE 业务模型,如表 2.6 所示。

表 2.6　单用户 LTE 业务模型

参数	上　行				下　行			
	承载速率(kbit/s)	PPP 连接时长(s)	PPP 占空比	BLER	承载速率(kbit/s)	PPP 连接时长(s)	PPP 占空比	BLER

PPP 连接时长:每个会话中 RRC 连接时间长度。

PPP 占空比:RRC 连接态下数据包传输时长/PPP 会话持续时间长度。

BLRE:一次会话中统计的误码率。

基于以上业务模型,可以计算出每种业务一个 PPP 进程内的话务量:

$$\frac{\text{话务量}}{\text{进程}}=\frac{\text{承载速率}\times \text{PPP 连接时长}\times \text{PPP 占空比}}{1-\text{BLER}}$$

然后输出业务模型的分析结果,如表 2.7 所示。

表 2.7　单用户 LTE 业务模型分析结果

参数	上　行				下　行			
	承载速率(kbit/s)	PPP 连接时长(s)	PPP 占空比	BLER	承载速率(kbit/s)	PPP 连接时长(s)	PPP 占空比	BLER
VoIP	26.9	80	0.4	1%	26.9	80	0.4	1%
视频电话	62.53	70	1	1%	62.53	70	1	1%
视频会议	62.53	1 800	1	1%	62.53	1 800	1	1%
网络游戏	31.26	1 800	0.2	1%	125.06	1 800	0.4	1%
流媒体	31.26	3 600	0.1	1%	250.11	3 600	1	1%
IMS 信令	15.63	7	0.2	1%	15.63	7	0.2	1%
网页浏览	62.53	1 800	0	1%	250.11	1 800	0.1	1%
FTP 文件传输	140.69	600	1	1%	750.34	600	1	1%
Email	140.69	50	1	1%	750.34	50	1	1%
P2P 文件传输	250.11	1200	1	1%	750.34	1 200	1	1%

(2)话务模型

结合单用户 LTE 业务模型分析结果和常规场景下用户行为情况,分析出单用户的话务模型,如表 2.8 所示。

表 2.8 单用户 LTE 话务模型分析结果

业务类型 \ 用户行为	密集城区		普通城区	
	业务渗透率	BHSA	业务渗透率	BH SA
VoIP	100%	1.4	100%	1.3
视频电话	20%	0.2	20%	0.16
视频会议	20%	0.2	15%	0.15
网络游戏	30%	0.2	20%	0.2
流媒体	15%	0.2	15%	0.15
IMS 信令	40%	5	30%	4
网页浏览	100%	0.6	100%	0.4
FTP 文件传输	20%	0.3	20%	0.2
Email	10%	0.4	10%	0.3
P2P 文件传输	20%	0.2	20%	0.3

业务渗透率:业务类型比例。

BHSA:单用户忙时会话尝试。

(3)单用户吞吐量分析

基于前面的业务模型和话务模型,可以估算得到该模型下单用户的忙时平均吞吐量。

$$\text{单用户吞吐量(kbit/s)}=\frac{\left(\frac{\text{话务量}}{\text{进程}}\times \text{BHSA}\times\text{业务渗透率}\right)\times(1+\text{峰均比})}{3\ 600}$$

其中,峰均比的设置是用来满足 PS 业务的突发峰值,参考建议值如表 2.9 所示。

表 2.9 各场景典型峰均比参考值

场景	密集城区	普通城区	郊区	农村
典型峰均比	40%	20%	10%	0%

因此,单用户吞吐量分析结果仿真如表 2.10 所示(以密集城区场景为例,其余场景同理可得)。

表 2.10 单用户吞吐量分析结果

业务类型 \ 用户行为	密集城区			
	业务渗透率	BHSA	上行忙时吞吐率(bit/s)	下行忙时吞吐率(bit/s)
VoIP	100%	1.4	473	473
视频电话	20%	0.2	69	69
视频会议	20%	0.2	1 768	1 768
网络游戏	30%	0.2	265	2 122

续表

业务类型＼用户行为	密集城区			
	业务渗透率	BHSA	上行忙时吞吐率(bit/s)	下行忙时吞吐率(bit/s)
流媒体	15%	0.2	66	10 080
IMS 信令	40%	5	17	17
网页浏览	100%	0.6	1 326	5 305
FTP 文件传输	20%	0.3	1 990	10 611
Email	10%	0.4	111	0.3
P2P 文件传输	20%	0.2	4 716	177
合计	—	—	10 801	44 770

(4)网络吞吐量

网络吞吐量＝总用户数×单用户吞吐量

结合以上分析数据，可统计得出当前网络吞吐量结果，如表 2.11 所示。

表 2.11　网络吞吐量分析结果

	密集城区		普通城区		郊　区		农　村	
项目	上行(kbit/s)	下行(kbit/s)	上行(kbit/s)	下行(kbit/s)	上行(kbit/s)	下行(kbit/s)	上行(kbit/s)	下行(kbit/s)
总用户数	50 000		40 000		20 000		5 000	
网络吞吐量(kbit/s)	540 089.4	2 238 561	380 352.5	1 455 081.2	110 831.2	393 482.8	6 087.3	28 525.4

3)小区平均吞吐量

在完成 LTE 无线网络覆盖规划后，根据小区半径、小区边缘 SINR 以及整个小区的 SINR 概率分布(仿真获取)，可以计算出小区平均吞吐量。小区平均吞吐量计算方法如图 2.8 所示。

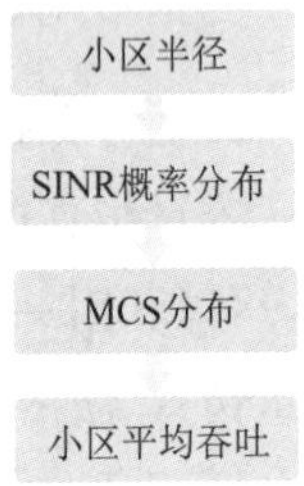

小区半径

SINR概率分布

MCS分布

小区平均吞吐

图 2.8　小区平均吞吐量计算方法

LTE 典型小区平均吞吐量的仿真条件如下：

①10 MHz 带宽、2T2R、频率复用度 1×3×1、2×20 W 输出功率、负载 50%。

②测试频段 2.1 GHz，该频率是理想城市网络频率之一。

所获取的 LTE 典型小区 MAC 层(空口协议栈第二层)的平均吞吐量结果，如表 2.12 所示。

表 2.12　LTE 典型小区 MAC 层仿真结果

场　景	密集城区		普通城区		郊　区		农　村	
	上行(kbit/s)	下行(kbit/s)	上行(kbit/s)	下行(kbit/s)	上行(kbit/s)	下行(kbit/s)	上行(kbit/s)	下行(kbit/s)
2.1 GHz	18.39	10.61	18.39	10.61	14.1	7.52	14.1	7.52

我们需要把所获取的 MAC 层小区平均吞吐量转换成 IP 层(空口协议栈第三层)小区平均吞吐量，即单小区平均吞吐量(IP 层)＝单小区平均吞吐量(MAC 层)×a×b×c；其中，a、b、c 是空口协议栈第二层到第三层的开销，参考值分别为 99.34%、99.34%、99.35%。

因此,最终获得的 LTE 典型小区平均吞吐量结果如表 2.13 所示。

表 2.13 LTE 典型小区平均吞吐量

场 景	密集城区		普通城区		郊 区		农 村	
	上行(kbit/s)	下行(kbit/s)	上行(kbit/s)	下行(kbit/s)	上行(kbit/s)	下行(kbit/s)	上行(kbit/s)	下行(kbit/s)
2.1 GHz	18	10.4	18	10.4	13.8	7.37	13.8	7.37

4)输出基站数量

结合以上获取的 LTE 当前网络吞吐量、LTE 典型小区平均吞吐量的结果,即可估算出所需的小区数量,小区数$=\frac{\text{网络吞吐量}}{\text{单小区平均吞吐量}}$,如表 2.14 所示。

表 2.14 LTE 小区数计算结果

项 目	密集城区		普通城区		郊 区		农 村	
	上行(kbit/s)	下行(kbit/s)	上行(kbit/s)	下行(kbit/s)	上行(kbit/s)	下行(kbit/s)	上行(kbit/s)	下行(kbit/s)
网络吞吐量(kbit/s)	540 089.4	2 238 560.5	380 352.5	1 455 081.2	110 831.2	393 482.8	6 087.3	28 525.4
小区平均吞吐(kbit/s)	18	10.4	18	10.4	13.8	7.37	13.8	7.37
单向小区数	29.301 725	210.201 369	20.635 443 8	136.632 474	7.843 014	52.138 47	0.430 77	3.779 761
小区数	211		137		53		4	

当基站配置为 3 扇区时,基站数=小区数;当基站配置为全向站时,基站数$=\frac{\text{小区数}}{3}$。

2. 进行 LTE 容量仿真

容量仿真也必须以特定的覆盖为基础,借助于一些规划软件(如 RND),在完成覆盖预测后,可以利用一些仿真软件进行容量仿真(如 U-NEX),通过仿真可以获取到单小区即单站的吞吐量仿真、激活用户数及用户状态仿真。

LTE 系统仿真中主要采用蒙特卡洛(Monte Carlo)方法,即通过一系列“快照”获得网络的整体性能。LTE 用户仿真状态如图 2.9 所示。

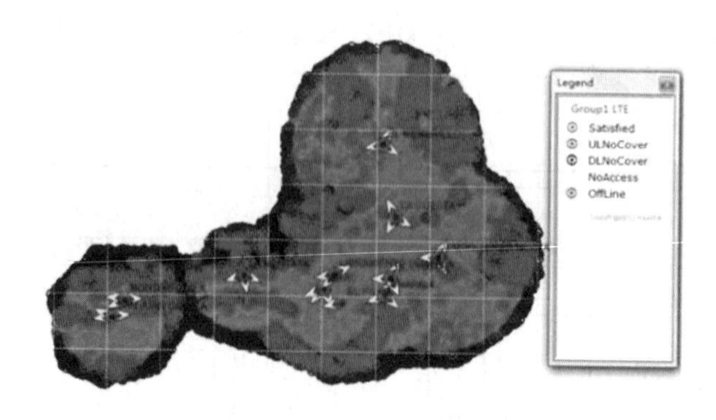

图 2.9 LTE 用户仿真状态

LTE 单站吞吐量仿真如图 2.10 所示。

Cell	MAC Throughput(DL)(kbit/s)	Application Throughput(Dl)(kbit/s)
JL1271L001	3 019.261 23	2 812.396 48
JL1271L002	3 135.939	2 906.041
JL1271L003	2 632.702 39	2 475.265 87
JL1272L002	2 016.556 15	1 859.827 76
JL1272L003	1 706.231 93	1 595.120 12
JL1272L001	1 432.360 84	1 326.342 65
JL1802L001	6 738.88	6 204.134 28
JL1802L002	5 814.478 52	5 368.953 61
JL1802L003	9 713.571	8 935.492
JL3514L001	1 625.731 93	1 505.745 12

图 2.10 LTE 单站吞吐量

三、探究 LTE 参数规划

1. 规划 LTE 小区 ID

与 CDMA 网的小区标识不同，LTE 小区标识主要由两部分组成：20 bit 的 eNodeB ID 和 8bit 的 Cell ID。LTE 的小区标识全网唯一，这一点与 CDMA 类似，再加上 PLMN（MCC＋MNC），可以保证全球唯一。

实际中，eNodeB 有 Local cell ID、Sector ID 和 Cell ID；实际中很容易混淆，建议实际规划时可以三者保持一致，都从 0 开始规划。

2. 规划 LTE TA

（1）TA 跟踪区

跟踪区（Tracking Area，TA）是 LTE 系统为 UE 的位置管理新设立的概念，类似于 2G/3G 中的位置区和路由区，是 LTE 系统中位置更新和寻呼的基本单位。跟踪区的大小（即一个跟踪区码 TAC 所覆盖的范围大小）在系统中是一个非常关键的因素。TAI 是 TA 的唯一标识，TAI＝MCC＋MNC＋TAC（共 6 字节）。

TA List 就是将一组 TA 组合成一个 List，在 UE Attach 或 TAU 过程中通知 UE。UE 收到 TAI List 后保存在本地，移动用户可以在该 List 包含的所有 TA 区内移动，而无须发起位置更新过程。当需要寻呼 UE 时，网络会在 List 包含的所有 TA 区内向 UE 发送寻呼消息。

TA 规划的目的主要是在 LTE 系统中尽量减少因位置改变而引起的位置更新信令。跟踪区的规划要确保寻呼信道容量不受限，同时对于区域边界的位置更新开销最小，而且要求易于管理。跟踪区规划作为 LTE 网络规划的一部分，与网络寻呼性能密切相关。跟踪区的合理规划，能够均衡寻呼负荷和 TA 位置更新信令流程，有效控制系统信令负荷。

（2）TA 规划原则

①跟踪区的划分不能过大或过小，原理与 CDMA 网类似。

②城郊与市区不连续覆盖时，郊区（县）使用单独的跟踪区，不规划在一个 TA 中。

③跟踪区规划应在地理上为一块连续的区域，避免和减少各跟踪区基站插花组网。

④寻呼区域不跨 MME 的原则。

⑤利用规划区域山体、河流等作为跟踪区边界，减少两个跟踪区下不同小区交叠深度，尽量使跟踪区边缘位置更新成本最低。

⑥实际中规划 TA 时，可参考现网 2G/3G 的 LAC 规划。

3. 规划 LTE PRACH

随机接入在 LTE 系统起着重要作用，是用户进行初始接入、切换、连接重建立、重新恢复上行同步的唯一策略。UE 在随机接入时需要选择前导序列，因此，合理规划前导序列是保障用户接入成功性的重要手段，使接入过程中的不确定性控制在可接受的范围内。

(1)PRACH 格式

3GPP 协议规定了 5 种 PRACH 帧格式，如图 2.11 所示。

PRACH

CP	Preamble	GT
T_{CP}	T_{SEQ}	T_{GT}

前导格式	CP长度(Ts/μs)	GT长度	T_{DS}(μs)	r(km)
0	3 168/103.13	2 976/96.88	6.25	14.53
1	21 024/684.38	15 840/515.63	16.67	77.34
2	6 240/203.13	6 048/196.88	6.25	29.53
3	21 024/684.38	21 984/715.63	16.67	100.16
4	448/14.583	288/9.375	5	1.406

图 2.11 LTE PRACH 帧格式

①格式 0 用于正常小区覆盖。

②格式 1、3 用于超远覆盖和 UE 高速移动场景。

③格式 2 用于较大覆盖小区和 UE 快速移动场景。

④格式 4 用于热点覆盖。

这 5 种格式均适用于 TDD 系统，但是 FDD 只能适用前 4 种格式。

(2)PRACH 根序列规则

LTE 小区前导序列是由 ZC 根序列循环移位(Ncs)生成的，每个小区前导序列为 64 个。PRACH 规划也就是 ZC 根序列的规划，目的是为小区分配 ZC 根序列索引以保证相邻小区使用该索引生成的前导序列不同，从而降低相邻小区使用相同的前导序列而产生的相互干扰。

在格式 0～3 下，ZC 根序列索引有 838 个，Ncs 取值有 16 种，此时 ZC 序列的长度是 839；在格式 4 下，ZC 根序列索引有 138 个，Ncs 取值有 7 种，此时 ZC 序列的长度是 139。

规划采用的 Ncs 值不宜过小，否则超过 Ncs 对应半径的用户将由于无法被识别出正确的前导码而导致无法接入。同时 Ncs 值不宜过大，即超过基站需要支持的接入半径，会造成基站的资源浪费。

4. 规划 LTE PCI

(1)PCI 规划

LTE 的物理小区标识(PCI)用于区分不同小区的无线信号，必须保证在相关小区覆盖范围内没有相同的物理小区标识。LTE 的小区搜索流程确定了采用小区 ID 分组的形式，首先通过

SSCH 确定小区组 ID，再通过 PSCH 确定具体的小区 ID。

PCI 在 LTE 中的作用有点类似 PN 偏移在 CDMA 网中的作用，因此规划的目的也类似，就是必须保证复用距离。二者的差别：PN 偏移值 0～511；PCI 偏移值为 0～503。另外，PCI 规划协议要求 mod 3 后每个 eNodeB 内应该为 0/1/2 形式，这和 CDMA 网的 PN 偏移值必须是 PN 增量的整数倍有些类似。

PCI 规划的目的就是为每个小区分配一个小区 ID，确保同频同小区 ID 的小区下行信号之间不会互相干扰，避免影响终端正确同步和解码正常服务小区的导频信道。若 PCI 规划不合理导致 PCI 复用距离不够（与 PCI 干扰），就会使一些非相关的导频信号产生干扰，在跟踪导频信号时会产生错误。如果错误发生在 UE 识别系统的呼叫过程中，就会导致切换到错误的服务小区，严重时甚至掉话。

（2）PCI 规划原则

在现网中不可避免地要对这 504 个 PCI 进行复用，这可能会造成相同 PCI 冲突，PCI 规划应注意以下原则：

①避免 PCI 冲突。同频情况下，覆盖相同方向的相邻小区 PCI 错开。

②对主小区有强干扰的其他同频小区，不能使用和主小区相同的 PCI。

③使邻小区下行导频采用的模 3（模 3：PCI 除以 3 取余数）错开。

④使邻小区上行导频序列组号采用的模 30 错开。

⑤需要考虑室内覆盖预留，多个城市需要考虑边界预留。对于可能导致越区覆盖的高站，需要单独设定较大的复用距离等。

（3）PCI 规划步骤

①设定 PCI 复用层数和距离。

②通过工具筛选不满足 PCI 复用条件的小区。

③使用预留的 PCI（PCI 组）对不满足复用条件的小区进行替换。

④调整完后，再次进行评估，确保满足要求。

5. 规划邻区

（1）邻区的作用

邻区规划的主要目的是保证在小区服务边界的手机能及时切换到信号最佳的邻小区，以保证通话质量和整网的性能。

如果因远离服务小区而信号减弱，不能及时切换到信号最佳小区，则基站和 UE 都需要加大发射功率来克服干扰，以满足服务质量要求。当功率增加到最大值，依旧无法满足服务质量时，就发生掉话。同时，在增大发射功率的过程中，整网干扰增加，导致网络容量和覆盖能力下降。因此，要保证稳定的网络性能，就必须进行邻区规划。

（2）邻区规划的原则

对于 LTE 邻区规划，有以下几个基本原则：

①邻近原则。如果两个小区相邻，那么它们要在彼此的邻区列表中。对于站点较少的业务区，可将所有扇区设置为邻区。

②互易性原则。如果小区 A 在小区 B 的邻区列表中,那么小区 B 也要在小区 A 的邻区列表中。在一些特殊场合,处理孤岛覆盖时,为了减少掉话,只配置单向邻区。如当高层室内覆盖的窗口处室外宏站小区的信号较强时,为了避免 UE 重选到室外小区发起呼叫后往室内走时很可能会产生掉话,可配置室外小区到室内的单向邻区,这样可以降低室外宏站小区的负荷。

③百分比重叠覆盖原则。确定一个终端可以接入的导频门限,在大于导频门限的小区覆盖范围内,如果两个小区重叠覆盖的区域比例达到一定程度(如 20%),将这两个小区分别置于彼此的邻区列表中。

6. 使用 MapInfo 规划参数

(1)MapInfo 的界面基本功能

MapInfo 是美国 MapInfo 公司的桌面地理信息系统软件,是一种数据可视化、信息地图化的桌面解决方案。MapInfo 含义是“Mapping+Information(地图+信息)”,即:地图对象+属性数据。MapInfo 是个功能强大,操作简便的地图信息系统,它具有图形的输入与编辑、图形的查询与显示、数据库操作、空间分析和图形的输出等基本操作。

(2)MapInfo 的界面基本功能

MapInfo 具有图形的输入与编辑、图形的查询与显示、数据库操作、空间分析和图形的输出等基本操作。系统采用菜单驱动图形用户界面的方式,为用户提供了多种工具条,用户通过菜单条上的命令或工具条上的按钮进入到对话状态。系统提供的查看表窗口为地图窗口、浏览窗口、统计窗口,及帮助输出设计的布局窗口,并可将输出结果方便地输出到打印机或绘图仪。

MapInfo Professional 11.5 主界面主要由主菜单、工具栏、地图显示窗口、快捷图标等部分组成,如图 2.12 所示。

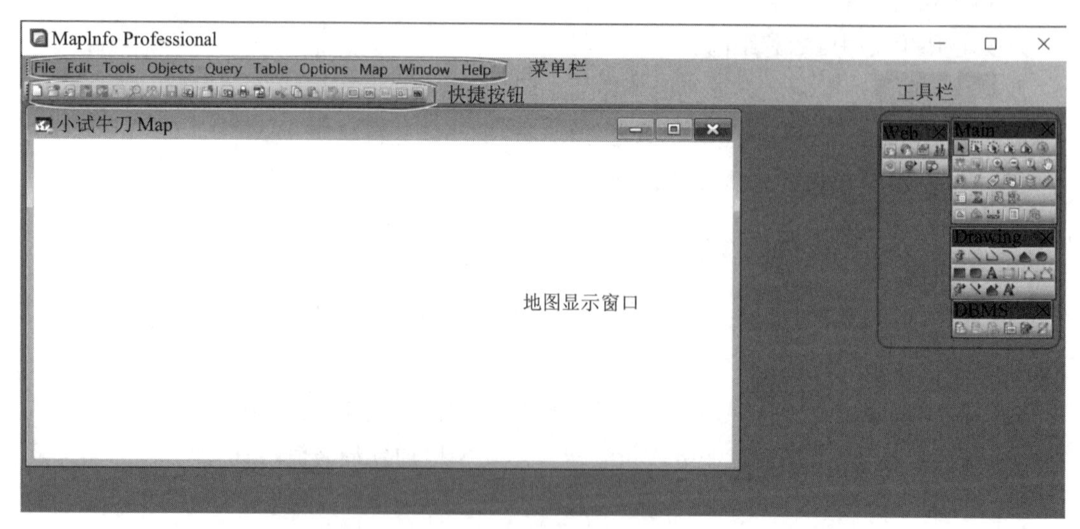

图 2.12 Mapinfo 主界面

(3)菜单栏

菜单栏包括文件、编辑、工具、对象、查询、表、选项、地图、窗口、帮助 10 个菜单。

(4)工具栏

工具栏包括常用工具栏、主工具栏、绘图工具栏、Web Services 工具栏、DBMS 工具栏、工具工具栏。在 6 个工具栏中提供了众多的工具按钮和命令，用户可以利用这些工具实现众多地图绘制。要调整工具栏，只需单击并拖放其边框即可，拖放标题栏可以移动；要锁定工具栏的位置，将其拖放到菜单栏下方即可。

(5)快捷按钮

快捷按钮中提供了多种工具，这些工具可以用在地图窗口中进行缩放、平移和移动对象。缩放可用于更近或更广地查看特定地理信息。平移可用于上下左右移动地图。在可编辑图层中移动所选对象将地图置于正确位置时非常实用。

地图窗口的缩放和平移还可以用鼠标滚轮或键盘中的方向键进行操作。

大开眼界

LTE 基本站型有以下几种：

LTE 宏站

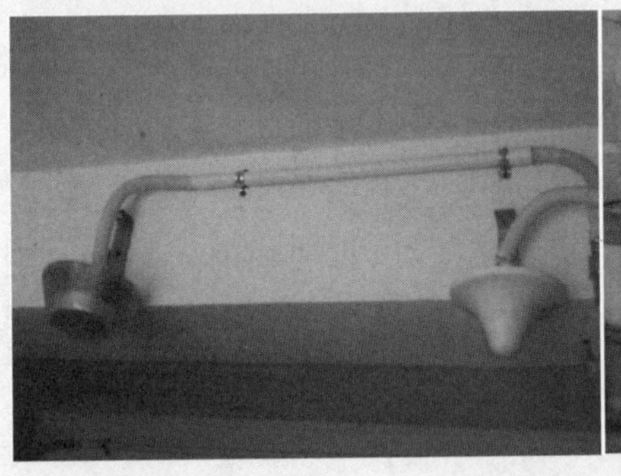

LTE 室分站

LTE 微站

任务小结

本次任务主要介绍了覆盖规划的流程，室内、外链路预算的方法，容量规划的流程和容量仿真工具，以及 LTE 小区 ID 规划、跟踪区 TA、物理小区 ID PCI、PRACH 规划。通过本任务的学习，应熟练掌握覆盖规划的思路，室外上、下行链路预算的区别，室外和室内覆盖规划的区别；熟悉容量规划的流程，掌握容量估算的思路和容量仿真工具。在参数规划阶段，应掌握 LTE 小区 ID 规划、跟踪区 TA、物理小区 ID PCI、PRACH 规划原则与策略。

思考与练习

1. LTE 网络参数规划包括____________、____________、____________、____________和____________。

2. 每个小区有____________个可用的随机接入前导码。

3. LTE 协议中规定 PCI 的数目是____________。

4. TAI(Tracking Area Identity)由 MCC、MNC 和____________组成。

5. LTE 中采用____________来区分不同的小区。

6. TAI(Tracking Area Identity)由____________、____________和____________组成。

7. LTE 网络中，每个小区中的 preamble 码有____________个。

8. 在 TDD-LTE 无线网络中，F 频段的路径损耗比 D 频段的路径损耗____________，深度覆盖能力____________。

9. 室外连续覆盖 F 频段 RSRP 要求________ dBm 以上，D 频段 RSRP 要求________ dBm 以上；50%负荷下，SINR 要求在________ dB 以上，对应的单用户下行速率为________ Mbit/s。

10. 室内分布系统：一般场景 RSRP 要求________ dBm 以上，SINR 要求________ dB 以上；业务需求较高的场景，RSRP 要求________ dBm 以上，SINR 要求________ dB 以上。

11. TDD-LTE 网络区域覆盖概率规划目标定为____________%区域满足定义的最小接收电平门限。

12. 小区____________吞吐量反映了一定网络负荷和用户分布情况下的基站承载效率，是网络规划重要的容量评价指标。

13. LTE 网络规划要求尽量符合蜂窝网络结构的要求，一般要求基站站址分布与标准蜂窝结构的偏差应小于站间距的____________%。

14. LTE 网络规划必须考虑在不同网络负载下网络需要达到的性能指标，一般建议建网初期应考虑在____________%网络负载条件下进行规划和设计。

15. 请简述 PCI 的配置原则。

16. LTE 网络规划流程的详细规划步骤中具体要确定(或输出)哪些内容？(至少 10 点)

17. 简述 LTE 系统中 TAC 规划的主要原则。

实践活动：调研高铁场景下 TDD-LTE 组网方案分析

一、实践目的

1. 熟悉高铁移动通信的业务特点。

2. 了解高铁移动通信面临的问题挑战。

二、实践要求

通过调研、搜集网络数据等方式完成。

三、实践内容

1. 调研我国高铁场景下 TDD-LTE 组网方案建设。

2. 调研 TDD-LTE 网络高铁场景下的设计与解决方案。

高铁通信面临的挑战：

采用的技术手段：

容量设计原则：

站点部署原则：

天线设计原则：

3. 分组讨论：如何构建高铁场景下最佳 TDD-LTE 组网方案。

项目三

剖析LTE无线网络优化

任务一　探究 LTE 无线网络优化

任务描述

本任务介绍了 LTE 无线网络优化流程，优化的各个阶段及实施步骤。LTE 网络评估的基本概念，包括无线网络评估的基本目标与无线网络评估的基本原则，以及具体测试时需要用到的专业术语、测试规范与要求，业务测试中涉及的基本指标的定义与要求。

任务目标

- 熟悉 LTE 无线网络优化流程，以及各阶段的主要工作任务。
- 熟悉 LTE 无线网络评估的基本概念和总体原则。
- 掌握测试相关的概念，熟悉测试规范与要求。
- 掌握 RSRP、RSRQ、SINR、RSSI 的概念及基本指标定义。

任务实施

一、初探 LTE 网络优化

1. 熟悉 LTE 无线网络优化的流程

LTE 无线网络优化的总体流程包括：项目准备与启动、单站验证、RF 优化、业务优化、网络验收。每一个阶段都有各自对应的工作内容，对应的信息输入与输出，并且在每一阶段的工作重点与关注的重点也会不同。图 3.1 所示为 LTE 无线网络优化的总体流程图。

2. 优化各阶段主要的工作内容

了解 LTE 无线网络优化总体流程后，再来学习一下网络优化各阶段主要的工作内容及各阶段的重点工作。

(1)项目准备与启动

项目准备与启动过程中需要准备以下内容：

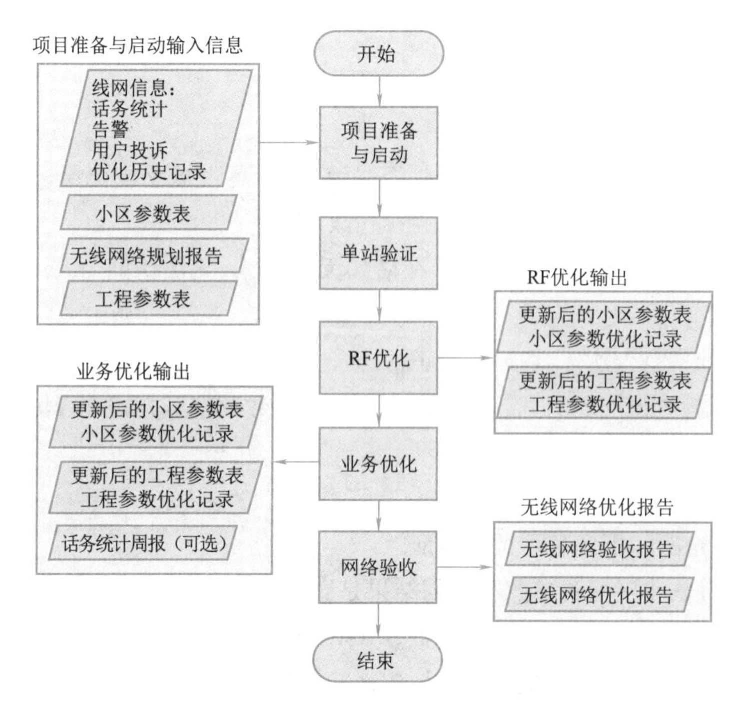

图 3.1　LTE 无线网络优化的总体流程图

①勘察规划设计，包括：《无线网络勘察报告》、《无线网络规划仿真报告》、《工程参数设计总表》和《小区参数设计总表》。

以上文档是规划设计的输出结果，优化要以规划为基础。

②工程信息，包括：

《工程参数总表》：内容有基站经纬度、天线挂高、天线方位角、下倾角、天线型号、天线是否共用。

《小区参数总表》：内容有小区频点、功率配置、传输资源和模式。

《工程实施进度表》：内容有站点开通进度、问题站点等。

以上数据是实际安装的结果，如果与规划设计不一致，在优化前要按照规划设计调整。

③支撑信息，包括：《VIP 区域信息表》、《用户投诉信息表》(从客服中心获取用户投诉详细数据)。

④网络表现，包括：

《小区状态及告警信息》：检查是否有影响业务的告警，是否存在驻波比异常、传输闪断、硬件故障等问题。

《话务统计数据》：核查 KPI 是否在正常范围内。

(2)单站验证

①根据测试目的不同，可选择不同业务测试类型(包括接入、数据业务上载、下载等)，通常采用以下测试：

a. 进行 PS 业务下行连续下载测试。

b. 进行 PS 业务上行连续上传测试。

c. 进行 PS 业务接入呼叫测试。

d. 进行 Attach/Detach 测试。

②测试内容。

a. 工程类:天线方位角、下倾角与规划是否一致,天馈是否接反或接错,天线近端是否被阻挡,天线挂高与规划是否一致,其他硬件是否存在故障。

b. 业务类:业务能否正常进行,是否存在诸如无法接入、无法访问 Internet、视频不流畅等问题。

c. 性能类:吞吐率是否达标,切换是否正常。

单站验证测试检查出问题后,需要通过工程整改、参数调整等方式进行优化。

③工作重点——验证。

a. 规划数据验证:

- 天线高度,方位角,下倾角测试和验证。
- 参数核查,确认小区配置参数与规划结果是否一致。若不一致需要及时进行修改,包括频率、邻区、PCI、功率、切换/重选参数、PRACH 相关参数等。

b. 小区功能性验证:各项基本业务测试、扇区间切换测试。

单站验证由优化工程师负责完成,开通一个基站完成一个基站的单站验证并输出单站验证报告。

(3)RF 优化

①流程与内容。

a. 前提条件:工程建设要连片建设,在建设 LTE 网络时,要重视网络规划仿真和站址布局,按照规划进行选址建站。

b. 在网络优化的 RF 优化阶段,包括有测试准备、数据采集、问题分析、调整实施 4 个步骤。其中后三步要根据优化目标的要求和实际优化效果,反复进行,直至网络状态满足优化目标 KPI 要求为止。

c. 对于 3G/LTE 双模网络,由于 3G 网络已经经过长期优化,LTE 的优化过程可以选择性地继承 3G 的成果,这对于站址、方位角、下倾角、邻区等的优化调整量相对较小。

RF 优化流程如图 3.2 所示。注意:一个簇包含 20~30 个基站;簇内开启 80%以上基站时可以启动簇优化。

②确定测试路线。路测之前,需确认测试路线。测试路线的确定需要考虑优化和测试目标。通常实验局的测试区域选定 19 个站点 57 个小区的标准模型,测试路线规划以测试中心站点为中心,需尽可能地遍历所有测试小区。

KPI 测试路线是 RF 优化测试路线中的核心路线,它的优化是 RF 优化工作的核心任务,后续工作如参数优化、指标测试,都将围绕它开展。

在路线规划中,应考虑以下因素:

a. 测试路线应包括主要街道、重要地点和 VIP 区域。

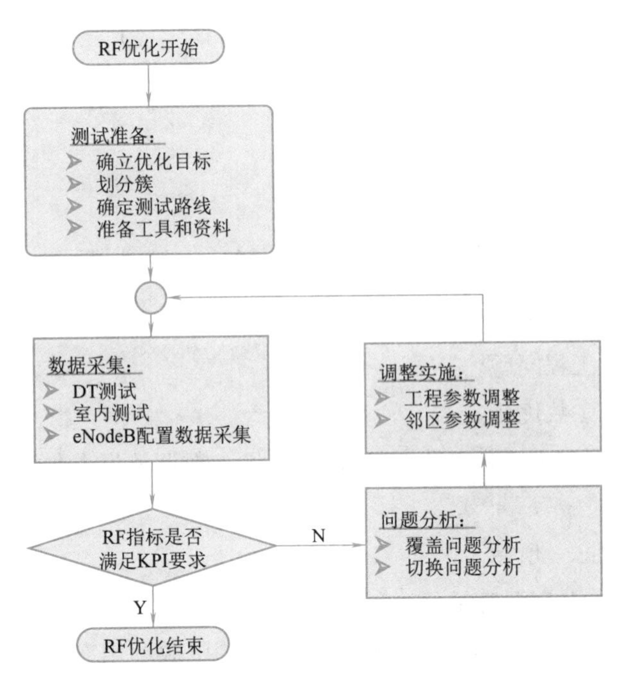

图 3.2　RF 优化流程

b. 为保证基本优化效果,测试路线应尽量包括所有小区,并且测试应遍历所有小区。

c. 为准确地比较性能变化,每次路测时固定使用相同的路测线路。

d. 重复测试线路要区分表示。在规划线路时会出现交叉和重复线路情况,此时可以使用不同颜色带方向的线条进行标注。

③优化调整。优化中与工程相关的调整实施有:

a. 天馈调整,指天线方位角和下倾角的调整。天馈调整是 RF 优化中最常用的优化手段,目的是为消除越区覆盖、弱覆盖、PCI 模 3 冲突小区等问题。

b. 天馈系统工程问题整改,指天馈接反或接错的整改、驻波比不达标的整改、天线过高的调整等工程安装问题的整改。整改处理后需进行验证测试。

c. 其他的站点硬件工程问题。

④工作重点——覆盖优化。

优化需要输出的内容有:

a. 对重点道路、重点区域有影响的未完好站点,反馈给客户催建、催开、催排障。

b. 簇优化报告。

c. 更新后的基站信息表。

注意:分簇优化时,簇内的道路尽可能遍历到。

(4)业务优化

①流程与主要关注点。

a. 业务优化流程包括:

● 优化工作准备(由运营商 & 服务商完成)。

● 信息采集，数据分析，调整优化，验证测试（由服务商完成）。

b. 业务优化主要关注点：

● 测试 KPI。

● VIP 关怀。

● 天馈调整优化。

● 用户投诉数据采集和问题分析。

● 系统外干扰源排查和解决。

● 其他的站点硬件工程问题。

● 邻区优化等小区参数优化。

注意，业务优化需要输出工程参数调整报告、小区参数调整报告和业务优化报告。

业务优化流程如图 3.3 所示。

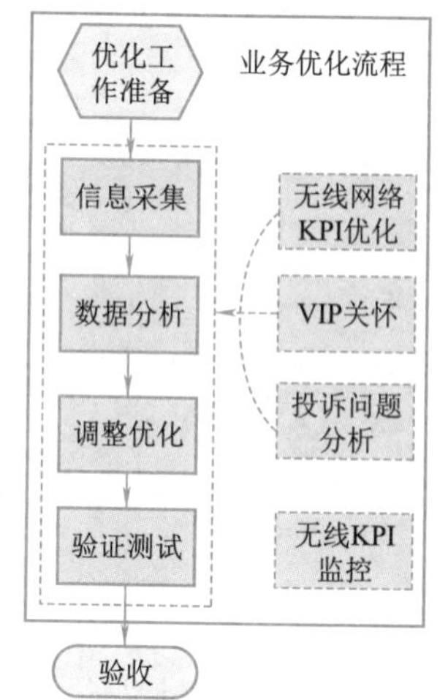

图 3.3　业务优化流程图

②业务优化主要内容：资源容量分析和优化。

资源容量分析主要针对无线接入网侧（E-Utran）侧资源利用率分析，评估网络当前资源利用情况是否会对网络的运营带来影响，以达到对网络资源拥塞风险预防的目的。

③ 相关分析内容包括如下：

a. 资源容量相关数据收集。收集目标分析网络的配置脚本、eNodeB 性能数据，为后续的资源容量分析做准备。

b. 无线资源容量利用率分析及建议。通过对网络用户面及无线资源利用率分析，分析网络设备能力是否能满足用户业务的需求，根据分析结果提出改进措施，并以此对网络做适当的调整，用以提升网络设备性能，达到设备价值最大化的目标。针对利用率很高的资源项，指出拥塞风险并给出优化建议。

c. 传输资源利用率分析及建议。针对 LTE 高速率高流量的特性，传输资源需要承受的流量冲击更加巨大，通过对 S1 和 X2 的用户面利用率分析来发现网络传输资源可能存在的拥塞情况，及时为传输资源扩容给出建议。

注意，业务优化需要输出资源容量分析优化报告。

（5）网络验收

网络验收根据各地市各运营商的具体规范要求而确定，不同运营商的不同项目验收标准会有略微差异。

二、评估 LTE 无线网络

1. 熟悉 LTE 无线网络评估的基本概念

（1）基本目标

网络评估的标准可以适用于评估各省、地市 LTE 网络性能、工程建设质量情况；评估端到端、客户感知的业务和网络质量情况；分析 LTE 网络性能、客户感知的网络和业务质量的短板区域和短板指标。

LTE 网络质量评估体系包含网络测试评估、网管指标评估、信令监测评估等。其中网络测试评估依托“自动测试系统”，面向 LTE 网络的特点，开展多场景、多网络、多业务的综合质量评价。通过“指标分析”、“多系统分析”和“业务与网络承载关联分析”等多种方法，分析定位 LTE 网络在语音及数据业务、各级网络、业务平台方面存在的短板，挖掘 LTE 网络在规划、建设、维护、优化方面存在的不足，进而更好地提升 LTE 网络品质。

无线网络覆盖目标基于网络建设所处阶段的不同，评估标准也会有所不同。下面以建网初期网络覆盖标准为例进行介绍。

(2)室外连续覆盖标准

室外连续覆盖标准针对不同的覆盖场景、不同场景下信号的穿透能力，定义了不同的 RSRP 门限、RS-SINR 门限、边缘用户速率等。

室外连续覆盖标准如表 3.1 所示。

表 3.1 室外连续覆盖标准

类型	穿透损耗	覆盖指标(95%概率)			边缘用户速率指标(50%负载)
		RSRP 门限(dBm)		RS-SINR 门限(dB)	
		F 频段	D 频段		
主城区	低	−100	−98	−3	1(Mbit/s)
主城区	高	−103	−101	−3	1(Mbit/s)
一般城区		−103	−101	−3	1(Mbit/s)
县城及郊区		−105	−103	−3	1(Mbit/s)

(3)室内分布系统覆盖标准

室内分布系统覆盖标准根据覆盖区域的不同，制定了不同的 RSRP 与 RS-SINR 目标值。

室内分布系统覆盖标准如表 3.2 所示。

表 3.2 室内分布系统覆盖标准

覆盖类型	覆盖区域	覆盖指标	
		RSRP 门限(dBm)	RS-SINR 门限(dB)
室内覆盖系统	一般要求	−105	6
	营业厅(旗舰店)、会议室、重要办公区等业务需求高的区域	−95	9

对于室内覆盖系统泄漏到室外的信号，要求室外 10 m 处应满足 RSRP≤−110 dBm 或室内小区外泄的 RSRP 比室外主小区 RSRP 低 10 dB(当建筑物距离道路不足 10 m 时，以道路靠建筑一侧作为参考点)。

2. 掌握总体原则

1)评估场景

评估应包括室外、室内多个场景,场景选择应和客户实际业务发生一致。

2)数据质量

评估应充分考虑数据质量和采集效率,使用自动化手段进行,评估期间最大限度降低人为干预。

3)评估维度

测试评估体系根据目标,总体上分为"网络性能评估"和"客户感知的业务质量评估"两个维度。核心内容、指导方向、指标输出方面各有侧重,相同点在于测试场景,而测试设备、方法、规范、指标等不尽相同。

(1)网络性能评估

核心内容:通过室内外网络遍历性测试,评估网络,特别是无线网主要业务的性能情况。网络性能指标排除了数据源、网间互联等因素,反映的是网络的极限能力,不代表客户的真实感知。

指导方向:反映网络覆盖、干扰、资源不足等方面的问题,指导网络规划建设,指导网络层面的性能和质量优化。

测试手段:自动测试平台、自动测试前端 ATU、网络测试仪表等。

主要指标:覆盖、干扰等网络指标;下载速率、呼叫成功率等主要业务指标;基站、小区遍历性指标。

(2)客户感知的业务质量评估

核心内容:按照客户真实的业务行为,如语音拨打、登录网站、看视频等,测试评估端到端实际的业务质量情况。

指导方向:在网络性能分析基础上,分析各种业务的端到端质量问题,指导基于业务的质量优化;指导面向竞争对手的业务质量优化。

测试手段:自动测试平台、商用终端、网络测试仪表等。

主要指标:基于浏览、下载、视频播放等业务的质量指标,如下载速率、登录时延、返回时延长等。

4)竞对评估

在端到端客户感知业务质量评估中,应使用流量和知名度的 TOP 网站或业务,同步进行竞争对手的业务质量对比评估。

5)保证公平

网络考核指标要尽可能做到公平,排除非网络原因带来的干扰,真正向着解决问题、提升质量的方向努力。

三、测试 LTE DT、CQT 业务

1. 熟悉测试相关的概念

无线网络只有通过实际网络质量的检查测试才能获得真正意义上的网络运行质量信息,才

能了解用户对网络质量的真实感受。通过 DT 测试和 CQT 测试，在现场模拟用户行为，结合专业测试工具进行分析，是获取无线网络性能、发现无线网络问题的主要方法。通过与竞争对手网络现场测试的综合对比，还可以了解本网络与竞争对手网络在网络性能上的差距。

1)DT 测试

DT(Driving Test)测试是使用测试设备沿指定的路线移动，进行不同类型的呼叫、数据业务测试，记录测试数据，统计网络测试指标。

DT 测试的测试方法：驱车进行语音、数据(FTP 及其他热点业务)测试，其中语音采用互拨方式，数据业务采用 FTP 不间断下载，依照客户方式使用热点业务等方式开展，测试过程中仪表记录经纬度、参数、信令等信息，测试路线应尽可能遍历测试区域内的主干道、次主干道、支路等道路。

2)CQT 测试

CQT(Call Quality Test)测试是在特定的地点使用测试设备进行一定规模的拨测呼叫、数据业务测试，记录测试数据，统计网络测试指标。

CQT 测试的测试方法：选取热点楼宇，测试人员携带终端进行语音及数据业务测试，测试范围涵盖窗边、走廊、办公室、楼梯口、电梯间等环境，每个测试点选取高中低楼层。

2. 掌握测试规范与要求

LTE 测试分为“网络性能测试”和“客户感知业务质量测试”，其中网络性能测试主要依靠自有服务器的 FTP 业务测试，验证 LTE 无线网络空口性能。客户感知业务质量测试包括语音业务质量测试和数据业务质量测试，数据业务质量测试通过商用测试终端进行 HTTP 浏览、视频流媒体、邮件发送等。

1)网络性能测试规范

(1)业务测试

①测试手段：终端，支持 LTE 测试、8 模以上。

②测试网络：LTE 网络(混网)。

③测试业务及方法。数据 FTP 上传、下载业务(混网)，如表 3.3 所示。

表 3.3 数据 FTP 上传下载业务

测试业务	测试方法
FTP 大数据量上传、下载业务	文件大小：TDD-LTE 网络 FTP 下载 500 MB 文件，TDD-LTE 网络 FTP 上传 200 MB文件
	线程设置：下载 5 线程、上传单线程
	业务间隔：15 s
	网络选择：混网测试，即 GSM/3G/ LTE 自由选网

(2)空闲态测试

①测试手段：终端，支持 LTE 测试、PCI 模 8 以上。

②测试网络：LTE 网络(锁网)。

③测试业务及方法。空闲态测试(锁 LTE 网),如表 3.4 所示。

表 3.4 空闲态测试

测试业务	测试方法
TDD-LTE 空闲态测试	IDLE 状态下锁 LTE 网测试,不做任何业务

2)客户感知测试规范

(1)语音 CSFB 业务测试

①测试手段:LTE 商用终端、测试仪表。

②测试网络:LTE 网络(混网)。

③测试业务及方法。语音 CSFB 拨打业务,如表 3.5 所示。

表 3.5 语音 CSFB 拨打业务

测试业务	测试方法
语音拨打业务	终端 A 拨打语音通话至终端 B,呼叫时长持续 30 s(从主叫收到 Connect 到上发 Disconnect 的过程持续 30 s)。每次间隔 30 s,如遇未接通或掉话则间隔 30 s 后开始下一次呼叫;不在软件中设置主叫未接通超时,主叫侧一直等待网络侧下发拆线指令

(2)数据业务测试

①测试手段:LTE 商用终端、测试仪表。

②测试网络:LTE 网络(混网)。

③测试业务及方法。数据业务,如表 3.6 所示。

表 3.6 数据业务

序号	测试业务	测试方法
1	短信发送业务	终端 A 发送短信 1 次给 B,短信超时为 30 s,完成后间隔 5 s 开始下一项测试任务
2	彩信发送业务	终端 A 发送彩信 1 次给 B,大小为 12 KB。彩信超时为 60 s,完成后间隔 10 s 开始下一项测试任务
3	FTP 小数据量上传业务	上传文件大小为 20 MB,单文件单线程上传,上传超时为 600 s(即若一次业务 600 s 仍没上传完则强制结束),若应用层从上传开始连续 30 s 无任何流量则视为失败,若之前有流量且应用层连续 60 s 无流量则判为掉线,断开拨号连接后间隔 10 s 进行下个测试项。单次业务最多可拨号 3 次,每次间隔 5 s。单次业务 FTP 最大登录次数为 3 次,每次间隔 5 s,FTP 登录超时为 20 s。竞对测试上传文件大小为 5 MB,单文件单线程上传,上传超时为 600 s,拨号及登录规范同上,任务完成后断开拨号连接,间隔 10 s 开始下一项测试任务
4	FTP 小数据量下载业务	下载文件大小为 50 MB,单文件 5 线程下载,下载超时为 600 s(即若一次业务 600 s 仍没下载完则强制结束),若应用层从下载开始连续 30 s 无任何流量则视为失败,若之前有流量且应用层连续 60 s 无流量则判为掉线,断开拨号连接后间隔 10 s 开始下一项测试任务。单次业务最多可拨号 3 次,每次间隔 5 s。单次业务 FTP 最大登录次数为 3 次,每次间隔 5 s,FTP 登录超时为 20 s。联通 H+下文件大小为 20 MB,单文件 5 线程下载,下载超时为 600 s,拨号及登录规范同 TDD-LTE,任务完成后断开拨号连接,间隔 10 s 开始下一项测试任务
5	HTTP 浏览业务	依次浏览 10 个公网门户网站。网站地址从网站库中选择,每次浏览网页间隔 2 s,浏览超时时间为 30 s。测试完成后断开拨号连接,间隔 10 s 开始下一项测试任务

续表

序号	测试业务	测试方法
6	HTTP 下载业务	HTTP 网站资源下载 1 次，下载超时为 120 s，若从下载开始连续 30 s 内应用层无任何流量则视为失败，若之前有流量且连续 30 s 应用层无流量则视为掉线，断开拨号连接，间隔 10 s 进行下一项测试任务。正常测试任务完成后断开拨号连接，间隔 10 s 进行下一项测试任务。下载资源文件大小建议在 25 MB 左右
7	流媒体业务	主流视频网站，如优酷，播放在线视频业务，视频时长 50 s 以内，点击视频后 30 s 内没有播放则视为加载失败，开始播放后 30 s 内无流量则视为失败浏览掉线，若点击视频开始播放后 60 s 没有结束则视为浏览失败，缓冲区总时长为 60 s，缓冲播放门限 5 s。测试任务完成后断开拨号连接，间隔 10 s 开始下一项测试任务。视频质量选择高清
8	邮件发送业务	发送邮箱为测试人员邮箱，加载 5 MB 附件，进行邮件发送测试 1 次，接收邮箱及密码为需自定义。发送超时 60 s，点击发送后 30 s 内应用层没有任何上传流量则视为失败，之前应用层有流量且 30 s 内没有上传流量则视为掉线。任务完成后断开拨号连接，间隔 10 s 进行下一项测试

注：5～8 项均需做竞对测试。

3）测试场景规范

（1）道路测试

LTE 道路测试主要采用测试设备进行网络性能测试、数据业务测试，采用商用终端进行语音 CSFB 测试、客户感知测试。主要测试方法及要求如下：

①测试区域。按照网格划分区域或选定区域（建设区域）进行测试。

②测试道路。城区范围包含背街小巷在内的所有 1～4 级道路；交通干线不包含铁路（重点是高速铁路和动车组）、高速公路、国道省道等；县城城区包括县城城区范围内的主要道路；农村及旅游景点包括乡镇、行政村、旅游景点及连接道路。

③测试路线。按照指定路线进行道路遍历性测试，合理规划路线，尽量减少重复道路测试。

④测试轨迹记录。测试仪表需配备相应的 GPS 设备进行测试轨迹记录。

⑤测试仪表及数据处理。必须使用集团集采的测试仪器仪表，数据处理采用集团自动路测平台、商用终端平台进行统一汇总统计。

⑥测试速度。城区保持正常行驶速度，不设置最高限速，平均车速需达到 20 km/h；高速测试按照高速公路实际限速正常行驶。

⑦渗透率。城区 1～4 级道路测试渗透率需达到 90%以上。

（2）室内测试

LTE 室内测试主要采用测试设备进行网络性能测试、数据业务测试，采用商用终端进行语音 CSFB 测试、客户感知测试。主要测试方法及要求如下：

①测试场景。楼宇按照使用性质分类较为复杂，主要分为党政军机关、办公楼、宾馆酒店、餐饮娱乐、交通枢纽、大型商超、学校、旅游景点、工业园区等。

各测试场景占比分别为：党政军机关占比 5%，办公楼占比 15%，宾馆酒店占比 15%，餐饮娱乐占比20%，交通枢纽占比5%，居民小区占比20%，商场、大型超市占比10%，学校占比10%。

②楼层选择。五层以下楼宇选取底层，共一层；二十层以下楼宇选取底层、高层各一层，共两层；二十层以上楼宇选取底层、中间层、高层各一层，共三层。

③测试区域。

a. 办公楼宇主要测试区域为客户接待区、办公区、休息区。

b. 居民小区主要测试区域为社区休闲区、体育活动区、楼宇楼道、电梯间。无法进楼的居民小区务必进行楼宇间道路测试，选取居民小区核心区域。

c. 宾馆酒店主要测试区域为大堂、休闲区、客房（有条件进入）。

d. 商场（大型超市）主要测试区域为服务台、休息区、休闲区、主要购物区域。

e. 餐饮娱乐场所主要测试区域为接待区、客户包房区域。

f. 工业园区的主要测试区域为员工宿舍、公共活动区域。

g. 学校的主要测试区域为主教学楼、宿舍楼和图书馆。

h. 交通枢纽的主要测试区域为机场大厅、到达区，火车站售票厅、休息区，大型地铁中转站点。

④GPS定位。测试人员进入楼宇前需首先进入GPS定位、上报测试点。

⑤测试仪表及数据处理。必须使用集团集采或业内成熟的测试仪器仪表，数据处理采用集团自动路测平台、商用终端平台进行统一汇总统计。

（3）测试时间

城区、干道、室内测试需在8:00—22:00进行；高速测试安排在每天7:30—19:30之间进行；铁路测试根据铁路客票情况安排。

3. 定义RSRP、RSRQ、SINR、RSSI

LTE无线网络测试过程中，需要重点关注一些参数，包括RSRP、SINR、RSRQ、RSSI等。这里更多地从实际工程角度出发，对这些参数进行阐述。

（1）RSRP

RSRP（Reference Signal Receiving Power，参考信号接收功率）用于衡量某扇区的参考信号的强度，在一定频域和时域上进行测量并滤波。可以用来估计UE离扇区的大概路损，LTE系统中测量的关键对象在小区选择中起决定作用。

通常说的RSRP是指CRS（Cell-specific reference signals）的RSRP。

单位：dBm；取值范围：−140 dBm至−40 dBm。

（2）SINR

一般情况下SINR（Signal to Interference plus Noise Ratio，信号与干扰加噪声比）是指CRS的SINR，即关注测量频率带宽内的小区，即小区的参考信号的无线资源的信号干扰噪声比。

单位：dB；取值范围：−20 dB至50 dB。

（3）RSRQ

RSRQ（Reference Signal Receiving Quality，参考信号接收质量）是小区参考信号功率相对小区所有信号功率（RSSI）的比值。

RSRQ计算方法为：$N\times\frac{RSRP}{RSSI}$，N为RSSI测量带宽内的RB数。

单位:dB;取值范围:−40 dB 至 0 dB。

(4)RSSI

RSSI(Received Signal Strength Indication,接收的信号强度指示)是终端接收到的所有信号(包括同频的有用信号和干扰、邻频干扰、热噪声等)功率的线性平均值,反映的是该资源上的负载强度。

虽然也是平均值,但是这里还包含了来自外部其他的干扰信号,因此通常测量的平均值要比带内真正有用信号的平均值高。

测量的参考点为 UE 的天线端口。

单位:dBm;取值范围(有效值):−93 dBm 至−113 dBm。

4.明确基本指标定义

LTE 无线网络测试指标很多,本节主要从覆盖类、干扰类、调度类、移动类、接入类和业务类 6 个方面给出 LTE 无线测试基本指标。每项基本指标从指标说明、计算公式和所属协议层 3 个方面给出详细说明。

1)业务类指标

(1)应用层平均下载速率(含掉线)

①指标说明:反映 LTE 系统下行传输性能的重要指标,单位为 kbit/s。

②指标定义:应用层总下载量(含掉线)/下载总时长(含掉线)。

③所属协议层:应用层。

(2)应用层平均下载速率(不含掉线)

①指标说明:反映 LTE 系统下行传输性能的重要指标,单位为 kbit/s。

②指标定义:应用层总下载量(不含掉线)/下载总时长(不含掉线)。

③所属协议层:应用层。

(3)应用层平均上传速率(含掉线)

①指标说明:反映 LTE 系统上行传输性能的重要指标,单位为 kbit/s。

②指标定义:应用层上行总传输数据量(含掉线)/上传总时长(含掉线)。

③所属协议层:应用层。

(4)应用层平均上传速率(不含掉线)

①指标说明:反映 LTE 系统上行传输性能的重要指标,单位为 kbit/s。

②指标定义:应用层上行传输数据量(不含掉线)/上传时长(不含掉线)。

③所属协议层:应用层。

2)覆盖类指标

(1)RSRP 连续弱覆盖里程占比

①指标说明:评估路测中参考信号 RSRP 接收功率情况,反映服务小区覆盖的主要指标。

②计算公式:LTE 连续弱覆盖里程/LTE 测试里程。

其中,弱覆盖里程的定义为持续 10 s 70%的采样点路段满足 RSRP<−105 dBm。

③所属协议层:物理层。

(2)RSRP 连续无覆盖里程占比

①指标说明:评估路测中参考信号 RSRP 接收功率情况,反映服务小区覆盖的主要指标。

②计算公式:LTE 连续无覆盖里程/LTE 测试里程。
其中,连续无覆盖里程的定义为持续 10 s 70%的采样点路段满足 RSCP<-115 dBm。

③所属协议层:物理层。

(3)LTE 覆盖率

①指标说明:评估测试区域 LTE 覆盖情况,反映网络的可用性。

②计算公式:LTE 条件采样点数/LTE 总采样点数。
其中:LTE 条件采样点数的定义为 RSRP>-110 dBm 且 SINR>=0 dB。

③所属协议层:物理层。

3)干扰类指标

①平均 SINR。

a. 指标说明:CRS-SINR 是参考信号干扰噪声比,用于评估路测中 LTE 平均干扰水平,反映网络质量的指标。

b. 计算公式:LTE SINR 采样值总和/LTE 总 SINR 采样点个数。

c. 所属协议层:物理层。

②边缘 SINR。

a. 指标说明:CRS-SINR 是参考信号干扰噪声比,用于衡量小区边缘的干扰情况及网络质量。

b. 指标定义:CRS-SINR 采样点 CDF(累计概率分布)5%对应的值。

c. 所属协议层:物理层。

③连续 SINR 质差里程占比。

a. 指标说明:CRS-SINR 是参考信号干扰噪声比,用于评估和衡量网络质量。

b. 指标定义:连续 SINR 质差里程/LTE 测试里程。
其中:SINR 质差里程定义为持续 10 s 且 70%的采样点 CRS-SINR<-1 dB 的连续路段。

c. 所属协议层:物理层。

4)调度类指标

①下行平均每时隙调度 PRB 个数。

a. 指标说明:描述下行频域的调度情况。

b. 指标定义:下行业务调度 PRB 个数总和/(已调度给 UE 的子帧数×2)。

c. 所属协议层:MAC 层。

②上行平均每时隙调度 PRB 个数。

a. 指标说明:描述上行频域的调度情况。

b. 指标定义:上行业务调度 PRB 个数总和/(已调度给 UE 的子帧数×2)。

c. 所属协议层:MAC 层。

③下行平均每秒调度 PRB 个数。

a. 指标说明:描述 UE 的资源分配情况。

b. 指标定义:下载过程中调度 PRB 总个数/总下载时长。

c. 所属协议层:MAC 层。

④上行平均每秒调度 PRB 个数。

a. 指标说明:描述 UE 的资源分配情况。

b. 指标定义:上行调度 PRB 总个数/总业务时长。

c. 所属协议层:MAC 层。

5)移动类指标

①LTE 网内切换指标。

a. 指标说明:网内切换尝试次数、网内切换成功次数、网内切换成功率、网内切换平均时延。

b. 指标定义:网内切换成功率=网内切换成功次数/网内切换尝试次数,网内切换平均时延=LTE 网内切换时延总和/LTE 网内切换成功次数。

其中,LTE 系统内切换的过程通过 RRC 重配置过程来实现,RRC Connection Configuration MESSAGE 中包含信元 Mobility Control Info,则为一次切换尝试; RRC Connection Configuration Complete 表示本次切换成功,记录一次切换成功。切换时延即一次切换请求开始到切换成功的时间。

c. 所属协议层:RRC。

②TA 跟踪统计指标。

a. 指标说明:TA 更新尝试次数、TA 更新成功次数、TA 更新时延。

b. 指标定义:TA 更新时延=TA 更新时延总和/TA 更新成功次数。

c. 所属协议层:RRC。

6)接入类指标

①ATTACH 成功率。

a. 指标说明:反映 LTE 系统接入性能的重要指标。

b. 指标定义:ATTACH 成功率=ATTACH 成功次数/ATTACH 尝试次数。

其中,以终端发起 Attach Request 作为一次 ATTACH 尝试,到终端发送 Attach Complete 作为一次 ATTACH 成功。

c. 所属协议层:NAS 层。

②ATTACH 平均时延。

a. 指标说明:反映 LTE 系统接入性能的重要指标。

b. 指标定义:ATTACH 平均时延=ATTACH 时延总和/ATTACH 成功次数。

其中,以终端发起 Attach Request 作为一次 ATTACH 尝试,到终端发送 Attach Complete 的时间记为时延。

c. 所属协议层:NAS 层。

③SERVICE 成功率。

a. 指标说明:反映 LTE 系统业务建立性能的重要指标。

b. 指标定义:SERVICE 建立成功次数/SERVICE REQUEST 次数。

其中,SERVICE 建立成功以 UE 上发 SERVICE REQUEST 后,收到包含无线承载建立信息的

RRC Connection Reconfiguration Complete 作为一次服务请求成功。

c. 所属协议层：NAS 层。

④ SERVICE 平均时延。

a. 指标说明：反映 LTE 系统业务建立性能的重要指标。

b. 指标定义：SERVICE 建立时延总和/SERVICE 建立成功次数。
其中，以 UE 上发送 Service Request 作为服务建立请求，以收到包含无线承载建立信息的 RRC Connection Reconfiguration 作为服务请求建立成功，两者时间差为服务请求建立时延。

c. 所属协议层：NAS 层。

大开眼界

一个优化项目一般分为三级结构，即项目负责人、优化组、优化工程师，项目越大每个优化组配置的工程师数量越多，优化项目的组织架构如图 3.4 所示。

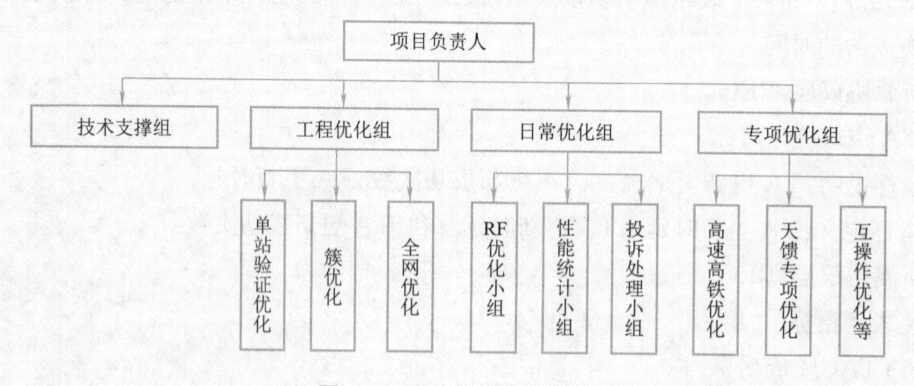

图 3.4 LTE 优化流程概况

项目负责人负责项目的实施，包括制订网络优化计划，负责项目优化的进度、监控优化的质量、负责各类报告报表的汇总、整理和归档，同时负责整个项目的沟通工作。

技术支撑组一般由设备厂家工程师组成，主要对技术方面进行支持，制定重要优化方案和策略，定期对项目工程师进行技术培训和技术交流。

工程优化组主要为网络建设初期工程服务，负责单站优化、簇优化和全网优化，工程优化结束后，大部分工程师转为日常优化工程师，留下少许人员继续做工程优化，主要负责新站入网相关工作。

日常优化组主要分为 RF 优化小组、性能统计小组和投诉处理小组，RF 优化主要进行路测和路测分析，处理覆盖、切换、干扰等方面的问题；性能统计小组负责 KPI 监控、问题小区处理、告警监控和配合处理一些投诉问题；投诉处理小组主要完成与用户的沟通，解决用户所反映的网络问题。

专项优化组主要是对一些特殊场景、性能专项提升等进行优化工作，专项优化的名目较多，主要根据网络实际情况或者运营商要求开展专项优化。

任务小结

熟悉 LTE 无线网络优化项目准备与启动、单站验证、RF 优化、业务优化、网络验收，以及优化各阶段主要工作内容，为后续的 LTE 网优工程实施奠定理论基础。

在熟悉 LTE 无线优化流程及各阶段的主要工作内容后，需要了解 LTE 网络评估的一些基本概念，包括 LTE 无线网络评估标准，分为室外标准与室内标准，以及在网络评估过程中要遵循相应的评估原则等内容。

任务二　进行 LTE 测试数据统计与分析

任务描述

LTE 测试数据统计与分析，统计的是评估无线网络质量的 KPI 指标，通过对这些指标的分析，可以定位网络中出现的问题，从而采取相应的解决方案。本任务将介绍 LTE 无线网络中接入性、移动性、保持性等指标的类型、定义、取值范围、影响因素以及网络中常出现的覆盖类和干扰类问题的定位分析方法和解决方案。

任务目标

- 熟悉接入性、移动性、保持性等相关指标的定义和范围。
- 熟悉覆盖类相关指标，掌握弱覆盖、越区覆盖的优化思路与方法。
- 熟悉 PCI 模 3 干扰的概念，掌握导频污染问题、重叠覆盖问题的优化思路与方法。
- 具备能独立针对覆盖和对干扰问题提出解决方法的能力。

任务实施

一、探究 LTE KPI 关键指标

在网络建设初期主要是工程优化，由于用户少、工程质量等问题，这个阶段的 KPI 优化没有太大的意义，关注点主要在 RF 调整上，只要特别关注 RRC、E-RAB 接入成功率、ERAB 掉话率、RSSI 指标即可；网络进入运维时期后，才是真正的 KPI 优化，也即是我们通常说的参数优化，通过各种参数的联合调整来降低某项指标，达到客户的要求。

KPI 数据来源于操作维护中心（OMC）的网管系统（NetNumen U31），对关键性能指标 KPI 数据进行分析，可得到各种指标的一个当前状态，这些指标的当前状态是评估网络性能的重要参考。当前我们关注的指标主要有网络保持性能、接入性能、移动性能、系统容量等；根据上述指标的当前值，判断并定位问题发生的区域、问题发生的范围、问题的严重程度，如某站点拥塞、某站点掉话率为 10%、最坏小区比例、超忙小区比例、接入成功率、呼叫时延、切换成功率、重建立成功率等。

关于 KPI 的分类，按照统计的来源将 KPI 分为业务 KPI 与网络 KPI。业务 KPI 是指通过外场路测测得的 KPI 数据；网络 KPI 是指通过后台综合网管统计得到的 KPI 数据。本文主要讨论的是网络 KPI，通过网络 KPI 来发现网络问题。一般解决问题是通过后台 KPI 数据、告警

数据、用户投诉、DT 测试联合起来进行分析定位，最终给出解决方案。KPI 联合问题定位如图 3.5所示。

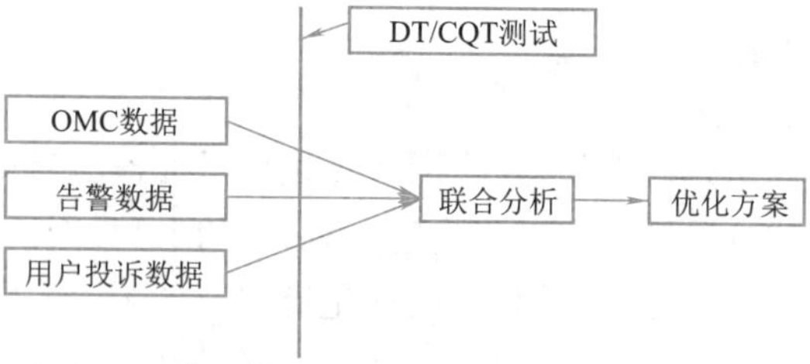

图 3.5　KPI 联合问题定位

1. 解析接入性指标

按照指标相关性分类，接入类的指标主要有 RRC 连接建立成功率、E-RAB 建立成功率、无线接通率等。

1)RRC 连接建立成功率

本指标反映 eNodeB 或者小区的 UE 接纳能力，RRC 连接建立成功意味着 UE 与网络建立了信令连接。RRC 连接建立，包括如位置更新、系统间小区重选、注册等的 RRC 连接建立。

(1)指标定义

RRC 连接建立成功率指标定义公式如下：

RRC 连接建立成功率＝RRC 连接建立成功次数/RRC 连接建立请求次数×100％

公式中分子和分母涉及的计数器都是 RRC Connection Request 消息中信元 Establishment cause 中的所有原因的计数。分子是 RRC 连接建立成功次数，分母是 RRC 连接建立尝试次数。对外公式都采用成功＋失败来表示请求，实际上也要参考或核对请求计数器。

(2)信令流程

RRC 连接建立信令流程如图 3.6 和图 3.7 所示。

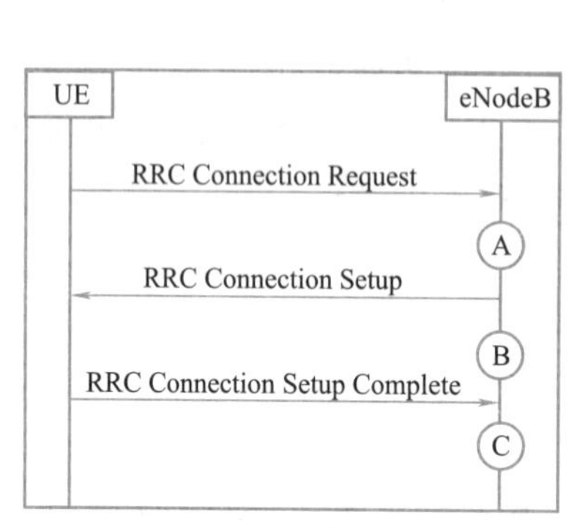

图 3.6　RRC 连接建立流程

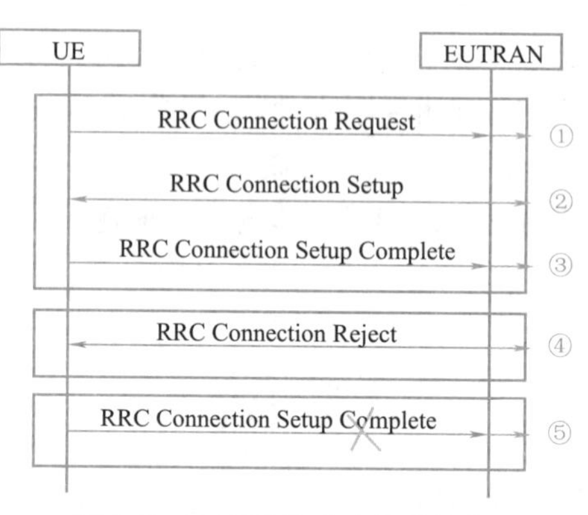

图 3.7　RRC 连接建立失败流程

(3)指标取值与质量等级

RRC 连接建立成功率指标取值与质量等级如表 3.7 所示。

表 3.7　RRC 连接建立成功率指标取值与质量等级

序号	统计对象	统计粒度/h	取值范围	质量等级
1	CLUSTER/Cell 级	24	小于 80％	差
2	CLUSTER/Cell 级	24	80％～98％	良
3	CLUSTER/Cell 级	24	大于 98％	优

(4)影响指标因素及优化思路

①设备故障(基站故障)。

优化手段：加大对全网设备故障、传输故障告警监控及故障的排查力度。

②终端问题。

优化手段:通过信令采集等手段对比 TOP 终端性能。

③空口信号质量(弱场接入)。

优化手段:通过天馈优化,覆盖优化,提升 RSRP、SINR 等。

④网络容量。

优化手段:调整小区最大接入用户。

⑤参数设置。

优化手段:PRACH 配置,优化最小接收电平、小区选择参数、小区重选参数、4G－3G 重选参数、邻区核查等手段提升。

⑥网内网外干扰。

网外干扰:如 CDMA、WCDMA、TDS 等干扰,通过扫频确定干扰,提升与 TDL 间离度等手段来尽量避免干扰;政府会议、学校考试等放置干扰器,则采取锁小区等手段来降低对指标的影响。

网内干扰:核查 PCI,减少因 PCI 模 3、模 6 干扰导致的 RRC 建立失败。

⑦室内外优化。

优化手段:通过路测等手段检查室分泄漏,降低因室分泄漏导致的乒乓重选或干扰导致的 RRC 建立失败。

2)E-RAB 建立成功率

该指标用于了解该小区内 UE 业务建立成功的概率,部分反映了该小区范围内用户发起的业务的感受度。

(1)指标定义

E-RAB 建立成功率指标定义公式如下:

E-RAB 建立成功率＝E-RAB 建立成功数/
E-RAB 建立请求数×100％

比较准确的做法:分子是 E-RAB 建立成功次数,分母是 ERAB 建立尝试次数。E-RAB 建立成功则是成功为用户分配了用户平面的连接,实际上也要参考或核对请求计数器。

(2)信令流程

E-RAB 建立信令流程如图 3.8 所示。

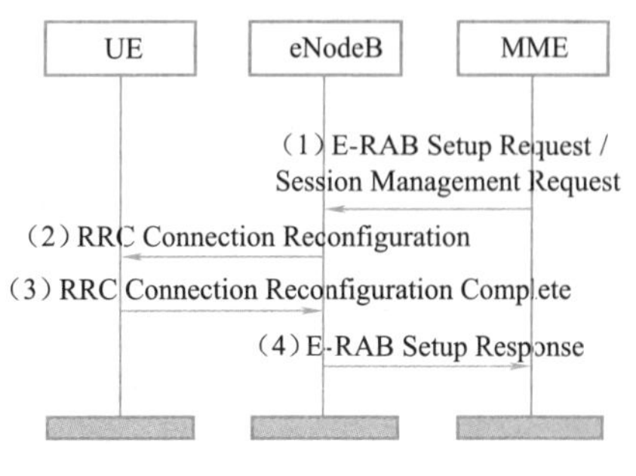

图 3.8 E-RAB 建立流程

(3)指标取值和质量等级

E-RAB 建立成功率指标取值和质量等级如表 3.8 所示。

表 3.8 E-RAB 建立成功率指标取值与质量等级

序号	统计对象	统计粒度/h	取值范围	质量等级
1	CLUSTER/Cell 级	24	小于 80％	差
2	CLUSTER/Cell 级	24	80％～98％	良
3	CLUSTER/Cell 级	24	大于 98％	优

(4)影响指标因素及优化思路

①设备故障。

优化手段:与 RRC 建立成功率优化。

②终端问题。

优化手段:与 RRC 建立成功率优化。

③空口信号质量。

优化手段:与 RRC 建立成功率优化。

④参数设置。

优化手段:通过调整 3G—4G 重定向、4G—4G 宏站—室分重选参数、4G—3G 重选参数、4G—3G重定向参数,核查修改 PCI 等。

⑤网内网外干扰。

优化手段:与 RRC 建立成功率优化。

⑥室内外优化。

优化手段:与 RRC 建立成功率优化。

注:以上优化手段能够根据厂家定义的 counter 作为基础来优化效果最佳。

3)无线接通率

该指标反映 UE 成功接入网络的性能,此 KPI 一般大于 98%,处于比较良好的水平。

(1)指标定义

无线接通率指标定义公式如下:

无线接通率=RRC 建立成功率×ERAB 建立成功率×100%

(2)信令流程

无线接通信令流程如图 3.9 所示。

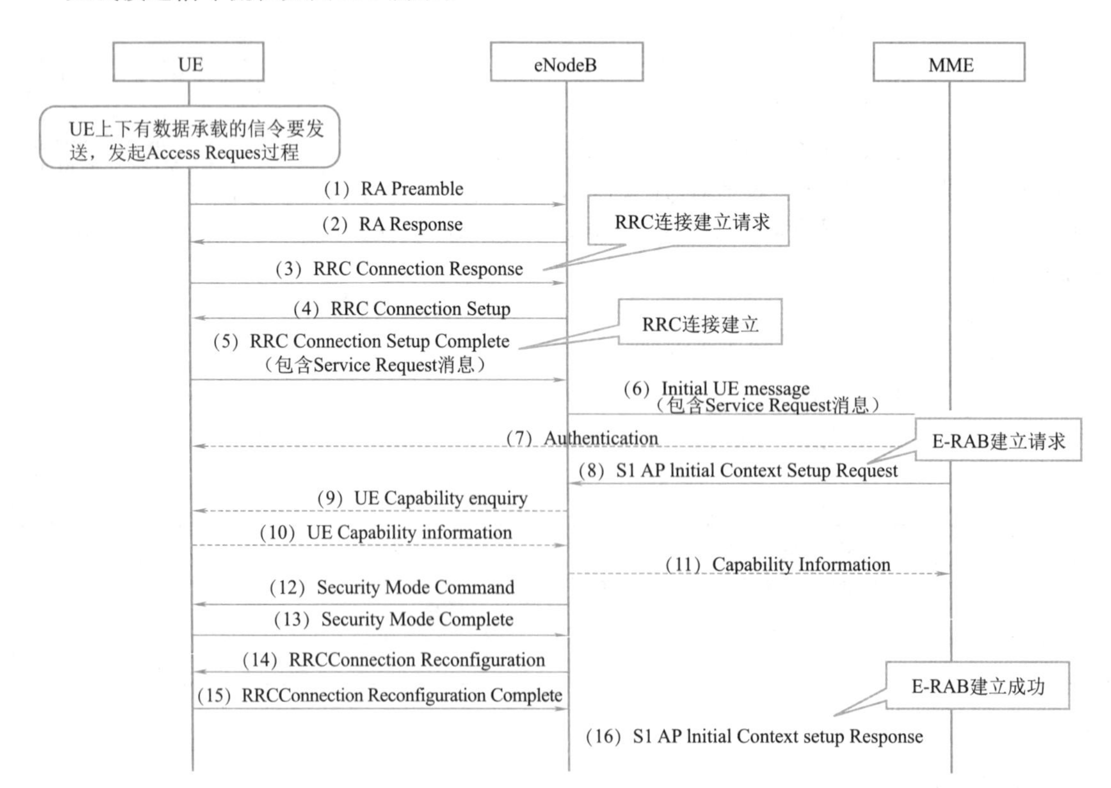

图 3.9 无线接通信令流程

无线接通率指标由 RRC 连接建立成功率以及 E-RAB 建立成功率组合而成，所以要从这两个指标着手分析，以提升无线接通率。

2. 解析移动性指标

网络优化中的移动性指标主要是切换成功率。切换(Handover)是移动通信系统的一个非常重要的功能。作为无线链路控制的一种手段，切换能使用户在穿越不同的小区时保持连续的通话。

切换成功率是指所有原因引起的切换成功次数与所有原因引起的切换请求次数的比值。切换的主要目的是保障通话的连续，提高通话质量，减小网内越区干扰，为 UE 用户提供更好的服务。

切换成功率是系统移动性管理性能的重要指标，切换过程不区分同频/异频。

(1)指标定义

切换成功率指标定义公式如下：

切换成功率＝(S1 切换成功次数＋X2 切换成功次数＋小区内切换成功次数)/(S1 切换尝试次数＋X2 切换请求次数＋小区内切换请求次数)×100%

(2)信令流程

①基站内小区间切换信令流程，如图 3.10 所示。

②基站间 X2 切换流程，如图 3.11 所示。

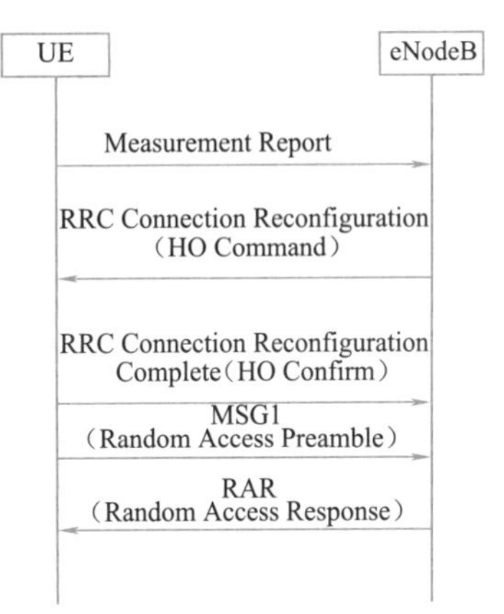

图 3.10 基站内小区间切换信令流程

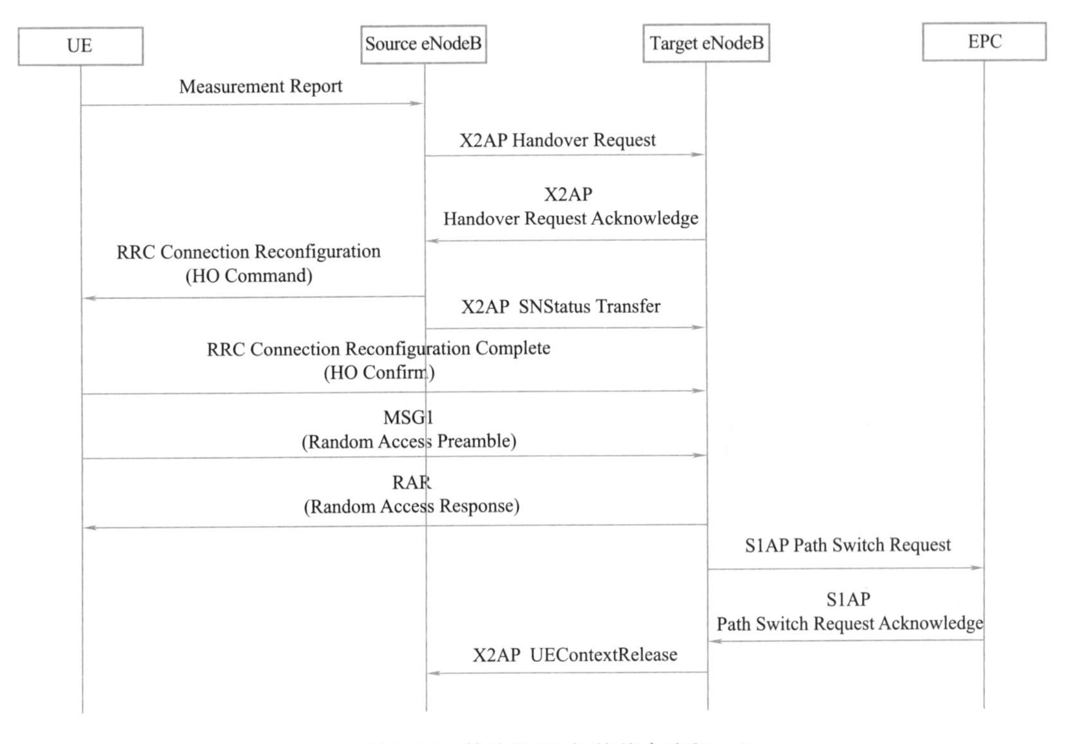

图 3.11 基站间 X2 切换信令流程

③基站间 S1 切换流程如图 3.12 所示。

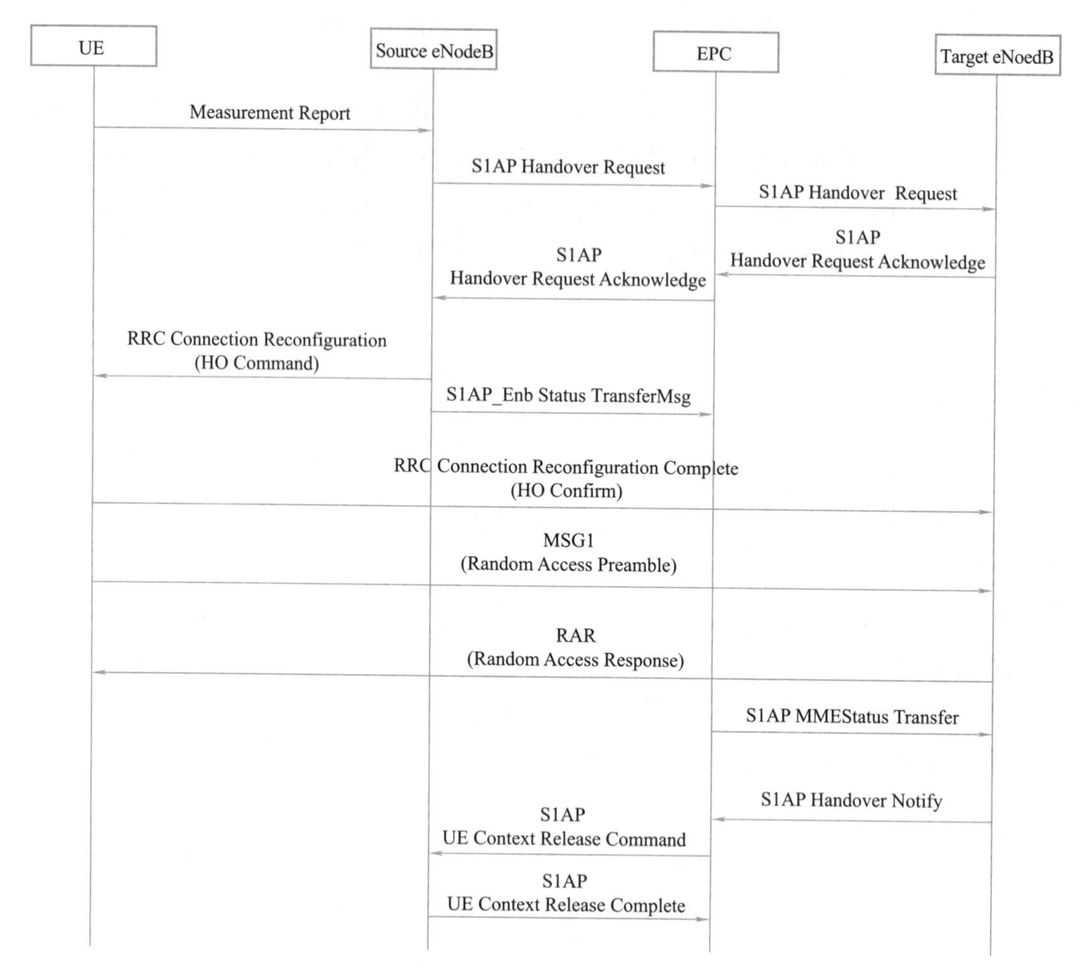

图 3.12 基站间 S1 切换信令流程

(3)指标取值与质量等级

切换成功率指标取值与质量等级如表 3.9 所示。

表 3.9 指标取值与质量等级

序号	统计对象	统计粒度/h	取值范围	质量等级
1	CLUSTER/Cell 级	24	小于 90%	差
2	CLUSTER/Cell 级	24	90%~98%	良
3	CLUSTER/Cell 级	24	大于 98%	优

(4)影响指标因素及优化思路

①设备故障。

优化手段:加大对全网设备故障、传输故障告警监控及故障的排查力度。

②终端问题。

优化手段:通过信令采集等手段对比 TOP 终端性能。

③空口信号质量。

优化手段：通过天馈优化、覆盖优化、提升 RSRP、SINR，梳理切换关系等。

④参数设置。

优化手段：过优化同频、异频切换测量、切换判决参数、小区最小接入电平等参数。

⑤邻区优化。

优化手段：定期核查 X2 告警，冗余邻区，对切换基数较小但失败分子较多邻区进行增删或禁止切换，核查邻区中是否有同 PCI 邻区等。

⑥CIO、A3、A5 触发定时器、迟滞等参数精细化调整。

优化手段：根据道路测试、场景对 CIO、A3、A5 事件定时器等参数进行精细化调整。

⑦网内外干扰。

网外干扰：如 CDMA、WCDMA、TDS 等干扰，通过扫频确定干扰，提升与 TDL 之间的隔离度等手段来尽量避免干扰；政府会议、学校考试等放置干扰器，则采取锁小区等手段来降低对指标的影响。

网内干扰：核查 PCI，减少因 PCI 模 3、模 6 干扰导致的切换失败等。

⑧室内外优化。

优化手段：根据室分场景进行室内外切换测量、判决、触发时延等参数进行精细化调整。

3. 解析保持性指标

保持性指标类网络优化中主要关注的指标有无线掉线率和 E-RAB 掉线率两种。

1）无线掉线率

无线掉线率反映了系统的业务通信保持能力，也反映了系统的稳定性和可靠性。UE 掉话是指由于异常原因被 UE 主动发起 RRC 释放的情况；公式统计的是异常原因的掉话率，现在归为正常释放的原因值包括用户不活动（inactive）、操作维护干预、过载控制导致的释放、CCO、重定向，其他情况归为异常。

该指标指示了 UE Context 异常释放的比例。异常请求释放上下文数通过 UE Context Release Request 中包含异常原因的消息个数统计；初始上下文建立成功次数通过包含建立成功信息的 Initial Context Setup Response 消息个数。

（1）指标定义

无线掉线率指标定义公式如下：

无线掉线率＝（eNodeB 请求释放上下文数－正常的 eNodeB 请求释放上下文数）/初始上下文建立成功次数×100％

即：无线掉线率＝eNodeB 异常请求释放上下文数/初始上下文建立成功次数×100％

（2）信令流程

eNodeB 请求释放上下文信令流程，如图 3.13所示：

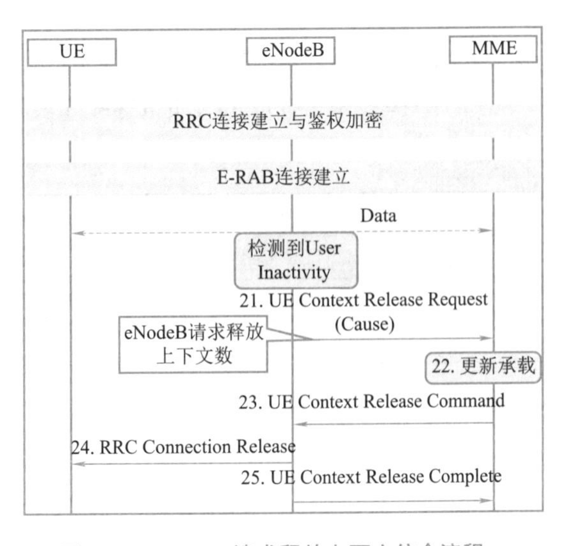

图 3.13　eNodeB 请求释放上下文信令流程

(3)指标取值与质量等级

无线掉线率指标取值与质量等级如表 3.10 所示。

表 3.10 指标取值与质量等级

序号	统计对象	统计粒度/h	取值范围	质量等级
1	CLUSTER/Cell 级	24	大于 1.5%	差
2	CLUSTER/Cell 级	24	1%～1.5%	良
3	CLUSTER/Cell 级	24	0.4%～1%	优

(4)影响指标因素及优化思路

①设备故障。

优化手段:加大对全网设备故障、传输故障告警监控及故障的排查力度。

②终端问题。

优化手段:通过信令采集等手段对比 TOP 终端性能。

③空口信号质量。

优化手段:通过天馈优化、覆盖优化、提升 RSRP、SINR 等减少因无线环境等因素造成的掉线。

④拥塞。

优化手段:调整最小接入电平、调整小区最大用户数、扩容等手段来提升。

⑤参数设置。

优化手段:小区选择、小区重选、UE 定时器等参数优化调整。

⑥模 3、模 6 干扰优化。

优化手段:核查 PCI,避免 PCI 对打,邻区中有相同 PCI 等。

2)E-RAB 掉线率

E-RAB 掉线率定义公式如下:

E-RAB 掉线率=(切出失败的 E-RAB 数+eNodeB 请求释放的 E-RAB 个数-正常的 eNodeB 请求释放的 E-RAB 数)/(遗留 E-RAB 个数+E-RAB 建立成功数+切换入 E-RAB 数)×100%

E-RAB 掉线率指标取值与质量等级如表 3.11 所示。

表 3.11 E-RAB 掉线率指标取值与质量等级

序号	统计对象	统计粒度/h	取值范围	质量等级
1	CLUSTER/Cell 级	24	大于 4.0%	差
2	CLUSTER/Cell 级	24	2.0%～4.0%	良
3	CLUSTER/Cell 级	24	小于 2.0%	优

E-RAB 掉线影响因素和优化思路与无线掉线率大致相同,此处不再赘述。

二、优化覆盖

覆盖优化主要消除网络中存在的 4 种问题:覆盖空洞、弱覆盖、越区覆盖和导频污染。覆盖空洞可以归入弱覆盖中，越区覆盖和导频污染都可以归为交叉覆盖，所以，从这个角度和现场可实施角度来讲，优化主要有两个内容：消除弱覆盖和交叉覆盖。

无线网络覆盖问题产生的原因主要有如下 5 类：

①无线网络规划的准确性。无线网络规划直接决定了后期覆盖优化的工作量和未来网络所能达到的最佳性能。

②实际站点与规划站点位置偏差。规划的站点位置是经过仿真能够满足覆盖要求，实际站点位置由于各种原因无法获取到合理的站点，导致网络在建设阶段就产生覆盖问题。

③实际工参和规划参数不一致。由于安装质量问题，出现天线挂高、方位角、下倾角、天线类型与规划的不一致，使得原本规划已满足要求的网络在建成后出现很多覆盖问题。

④覆盖区无线环境的变化。一种是无线环境在网络建设过程中发生了变化，个别区域增加或减少了建筑物，导致出现弱覆盖或越区覆盖。另外一种是由于街道效应和水面的反射导致形成越区覆盖和导频污染。这种要通过控制天线的方位角和下倾角，尽量避免沿街道直射，减少信号的传播距离。

⑤增加新的覆盖需求。覆盖范围的增加、新增站点、搬迁站点等原因，导致网络覆盖发生变化。

1. 定义覆盖类指标

在网络优化过程中，我们用 RSRP 重复覆盖率来表示信号的强弱；用 RSRQ 或者 SINR 来体现信号的质量。综合这两个参数我们得出一个重要的覆盖指标——覆盖率，覆盖率反应了网络的可用性，其公式定义如下：

$$F = RSRP \geqslant R \text{ 且 } RSRQ \geqslant S \qquad \text{（采样条件）}$$

$$RS\text{覆盖率} = \text{条件采样点数量}/\text{总采样点数量} \times 100\%$$

其中：RSRP 表示下行导频信号接收功率；RSRQ 表示接收导频信号的信号质量（一般体现在 SINR 上体现）；RSRP≥R 和 RSRQ≥S 表示是否满足条件，R 和 S 是 RSRP 和 RSRQ 在计算中的阈值。如果 RSRP≥R 和 RSRQ≥S 都满足，则 F 取值 1；若有一个不满足或都不满足，则 F 取值 0。

开展无线网络覆盖优化之前，首先确定优化的 KPI 目标，TDD-LTE 网络覆盖优化的目标 KPI 主要包括如下内容：

①RSRP：在覆盖区域内，TDD-LTE 无线网络覆盖率应满足 RSRP＞－105 dBm 的概率大于 95%。

②RSRQ：在覆盖区域内，TDD-LTE 无线网络覆盖率应满足 RSRQ＞－13.8 dB 的概率大于 95%。

③RS-CINR：在覆盖区域内，TDD-LTE 无线网络覆盖率应满足 RS-CINR＞0 dB 的概率大于 95%。

④PDCCH SINR：在覆盖区域内，TDD-LTE 无线网络覆盖率应满足 PDCCH SINR＞－1.6 dB的概率大于 95%。

⑤RSRP 的测试建议采用反向覆盖测试系统或者 SCANNER 在测试区域的道路上测试，当测

试天线放在车顶时，要求 RSRP＞－95 dBm 的覆盖率大于 95％；当天线放在车内时，要求 RSRP＞－105 dBm 的覆盖率大于 95％。RSRQ、RS-CINR、PDCCH SINR 建议采用 SCANNER 和专用测试终端路测获得。

2. 分析弱覆盖

覆盖空洞是指在连片站点中间出现的完全没有信号的区域。UE 终端的灵敏度一般为－124 dBm，考虑部分商用终端与测试终端灵敏度的差异，预留 5 dB 余量，则覆盖空洞定义为 RSRP＜－119 dBm 的区域。此处，我们把这类问题一起归为弱覆盖进行分析，不再另外区分。

1)弱覆盖的定义

弱覆盖一般是指有信号，但信号强度不能保证网络能够稳定地达到要求的 KPI 的情况。由于厂家和运营商网络技术各有不同，所以弱覆盖的定义执行的标准要求也不一致。

一般认为：天线在车外测得的 RSRP≤－95 dBm 的区域定义为弱覆盖区域，天线在车内测得的 RSRP＜－105 dBm 的区域定义为弱覆盖区域。

2)判断弱覆盖

(1)路测

采用测试工具进行现场测试，是发现弱覆盖最直接、最有效的方法。分 DT、CQT 两种，前者主要针对道路，了解“线”的连续覆盖情况；后者主要针对室内，了解“点”的深度覆盖情况。弱覆盖测试图如图 3.14 所示。

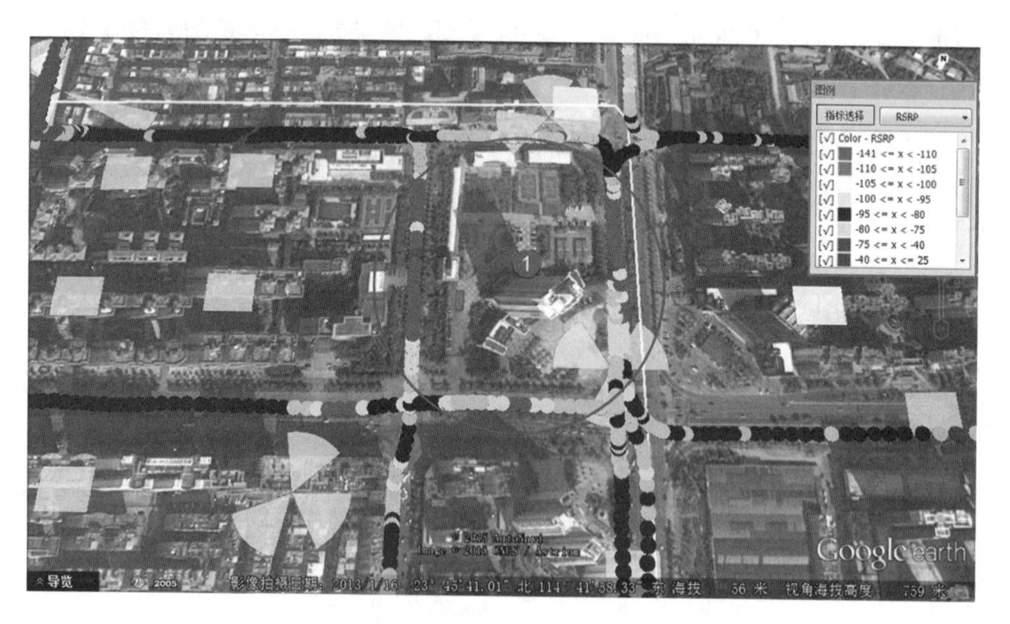

图 3.14 弱覆盖测试图

(2)KPI 指标统计

主要对重定向次数及 4G 向 2G/3G 高倒流比例进行统计。对于 4G 小区向 2G 小区的重定向，当前事件判决的 RSRP 门限为－122 dBm。因此，若 4G 小区向 2G 小区发起重定向，一般认为是 LTE 网络弱覆盖所致。高倒流小区为 4G 用户占用 2G/3G 网络的产生数据流量较高。

弱覆盖为产生高倒流的原因之一。弱覆盖 KPI 指标统计如表 3.12 所示。

表 3.12　弱覆盖 KPI 指标统计

归属区域	室内/外	语音话务量（爱尔兰）	TDD 系统分组域业务流量(MB)	G3 手机终端数据流量（含智能手机和非智能手机）	LTE 手机终端数据流量	LTE 手机数据流量比例
主城区	室外	34.124 16	660.961 2	8 646.71	3 734.28	30.16%
县城城关	室内	46.488 74	733.28	16 320.02	7 113.29	30.36%
主城区	室内	66.324 3	1 715.334	29 415.18	12 933.63	30.54%
主城区	室内	36.178 86	695.711	12 437.27	5 520.36	30.74%
县城城关	室外	16.250 78	692.748	8 527.44	4 058.18	32.24%

(3)MR 数据分析

通过对 MR(测量报告)数据的采集、解析，可栅格化地显示全网弱覆盖的区域。MR 数据分析如图 3.15 所示。

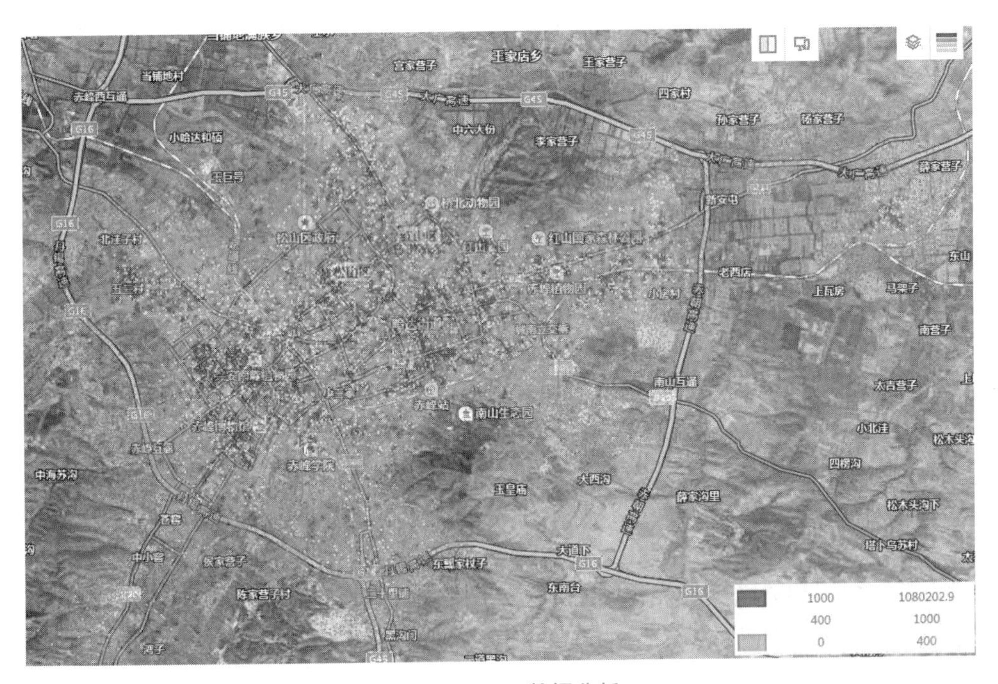

图 3.15　MR 数据分析

(4)站点覆盖仿真

结合基站站高、方位角、下倾角、地理环境等，应用仿真工具，可仿真出网络可能存在弱覆盖的区域。站点覆盖仿真如图 3.16 所示。

3)解决弱覆盖

解决弱覆盖问题，在保证基站及天馈系统工作正常、参数设置合理的情况下，大致有以下几种优化措施：

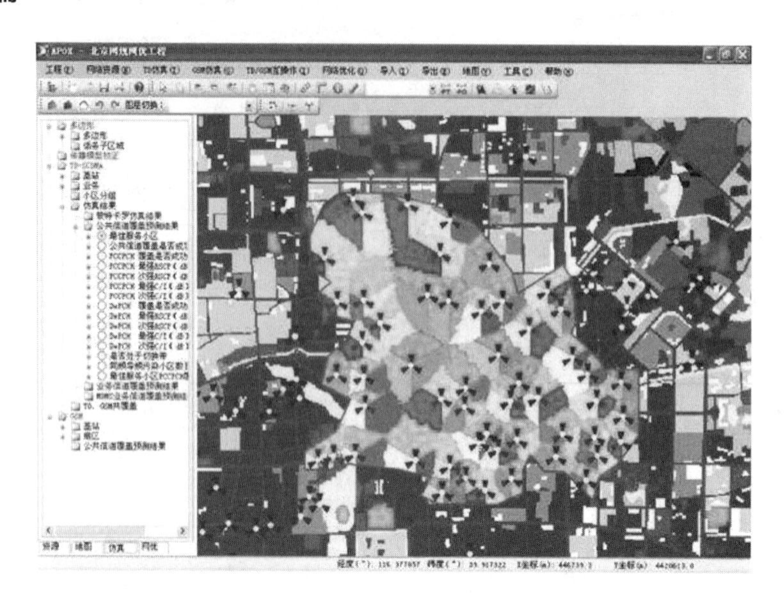

图 3.16　站点覆盖仿真

(1)减小天线下倾角

通过调整(减小)天线的机械或是电子倾角,增强扇区信号覆盖,从而达到提升弱覆盖区域信号强度的目的。该方法实施方便,是一种常用的优化弱覆盖的手段,但如果弱覆盖区域周边阻挡严重,则优化效果不是太明显。同时在调整过程中,应该逐步调整,避免过度调整导致过覆盖给其他区域带来干扰。

(2)调整天线方位角

通过调整天线的方位角,使天线的主瓣正对弱覆盖区域。该方法实施方便,是一种常用的优化弱覆盖的手段,但如果弱覆盖区域周边阻挡严重,则优化效果不是太明显。同时在调整过程中,注意避免造成其他区域的弱覆盖问题及干扰问题。

(3)增大 RS 的功率

通过加大 RS 的功率来加强覆盖,可快速实现。但由于 RS 所能增加的功率有限,因此在弱覆盖严重的区域优化效果不明显,同时加大功率需考虑对周边小区带来的干扰问题。

(4)升高或降低天线挂高

通过调整天线的相对高度来优化由于天线受到阻挡而形成弱覆盖的区域。由于该方案需要进行工程整改,实施较复杂,同时受馈线长度等的限制。

(5)站点搬迁

由于站点位置规划不合理或是后期受周边环境改变等因素的影响,使基站无法对周边形成有效覆盖。站点搬迁涉及重新立杆、走线,甚至重新规划、优化的问题,因此实施较复杂。

(6)新增站点或 RRU

主要用于经以上优化而无法解决的弱覆盖区域。涉及站点的规划、建设、成本投资问题,因此为最后的优化手段。

在解决弱覆盖问题时,优化手段由易到难,优先可考虑加功率、调整天线下倾角、方位角等,在前面优化手段均无法解决的条件下，再进行站点搬迁、新增站点。必要时可以采取多种措施相结合的方法解决问题。

3. 分析越区覆盖

在无线网络优化中经常会碰到越区覆盖问题和过覆盖问题。越区覆盖和过覆盖这两种问题区别不大，都是由于扇区信号覆盖过远引起的。

(1)过覆盖和越区覆盖的定义

过覆盖：由于基站天线挂高过高或下倾角过小引起的该小区覆盖距离过远，导致网络中存在过度的覆盖重叠，容易引起干扰和乒乓切换。

越区覆盖：当过覆盖越过其他小区覆盖到其他小区覆盖范围，并且有可能成为该区域的主导小区时，把这类覆盖过远称为越区覆盖。越区覆盖会导致孤岛效应(不连续覆盖)，伴随干扰、弱信号掉话、大量切换失败等情况出现。

(2)判断越区覆盖

①在 DT 测试中，可以通过测试软件直观看到 MS 与基站的距离，可以此来初步判定小区有没有存在过覆盖。

小区 cellC 由于某原因产生的场强越区覆盖在 cellB 中，而在 cellB 的邻近小区的拓扑结构表中未添加小区 cellC，那么用户在 cellC 中建立呼叫后，当他移动或者别的原因使 cellC 信号变弱，直至不可用时，由于无处可切换将产生切换失败甚至掉话。

还有一种情况，如果 cellC 的频点和 cellA 相同，甚至频点及 BSIC(Bose Station Identity code，基站识别码)和 cellA 相同，那么当用户从 cellB 移动到 cellC 覆盖的区域，将产生 cellB 向 cellA 的切换，结果就会发生切换失败。而当 cellC 和 cellA 覆盖范围重叠时，将有严重的同频干扰。在实际测试过程中，cellC 就算只是 cellA 的邻频也有可能导致这些共同覆盖区域由于场强都比较弱，相差在 −9 dBm 内，而有下行质量差的情况发生。DT 测试中越区覆盖在软件中的体现如图 3.17～图 3.19 所示。

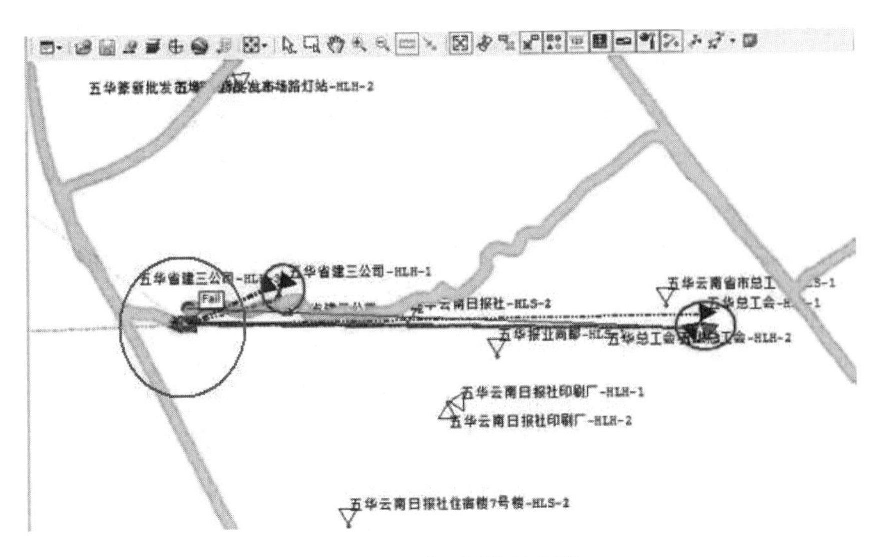

图 3.17　越区覆盖示意图 1

EARFCN	PCI[NID1,NID2]	小区名称	端口	RP(dBm)
38350(1890.0MHz)	62[20,2]	144996867(五华总工会-HLH-3)	Rx1Tx1	-85.79
38350(1890.0MHz)	48[16,0]	144871427(西山篆塘-HLH-3)	Rx1Tx1	-87.53
38350(1890.0MHz)	71[23,2]	144996610(五华省建三公司-HLH-2)	Rx1Tx1	-90.94
38350(1890.0MHz)	70[23,1]	144996611(五华省建三公司-HLH-3)	Rx1Tx1	-92.56
38350(1890.0MHz)	60[20,0]	144996865(五华总工会-HLH-1)	Rx1Tx1	-106.14
38350(1890.0MHz)	42[14,0]		Rx1Tx1	-108.75
38350(1890.0MHz)	69[23,0]	144996609(五华省建三公司-HLH-1)	Rx1Tx1	-110.22
38350(1890.0MHz)	111[37,0]	145206275(西山解放军总医院招待所-HLH-3)	Rx1Tx1	-110.43
38350(1890.0MHz)	61[20,1]	144996866(五华总工会-HLH-2)	Rx1Tx1	-111.22
38350(1890.0MHz)	112[37,1]	145206273(西山解放军总医院招待所-HLH-1)	Rx1Tx1	-111.68

图 3.18　越区覆盖示意图 2

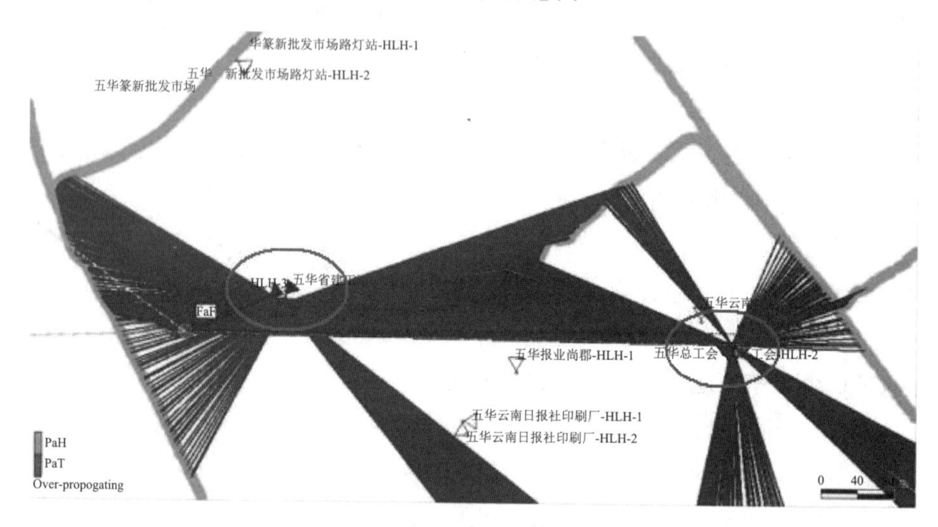

图 3.19　越区覆盖示意图 3

②由于越区覆盖吸收额外的话务，会造成越区的小区信道拥塞，影响用户的使用，而且会出现由于拥塞造成的比较多的掉话率较高、切换成功率较低等情况。

③越区覆盖的小区在很大比例上上下行不平衡，结果导致显示接收信号较强，但是无法通话，主叫拨号后无反应，被叫可以震铃但是无法通话。

(3)解决过覆盖和越区覆盖

过覆盖问题指网络中存在过度的覆盖重叠，过覆盖的现象就是信令拥塞以及由于干扰带来的掉话和切换频繁。主要是相对相邻的两个小区来讲出现重叠区域，根据区域大小说明过覆盖大小，而越区覆盖中间要存在其他小区。越区覆盖一定是过覆盖，但是过覆盖则不一定是越区覆盖，有可能是孤岛站。

过覆盖只要增大下倾角或减小功率，严格控制好切换带就能解决问题，下面主要说明越区覆盖问题的解决方案。

①首先考虑降低越区信号的信号强度。

a. 避免扇区天线的主瓣方向正对道路传播，可调整扇区的天线方位角，使天线主瓣方向与街道方向稍微形成斜角，利用建筑物的遮挡减少电波因街道两边的建筑反射而覆盖过远的情况。

b. 调整(增大)扇区天线的下倾角，如果条件允许优先调整电子下倾角，其次调整机械下倾角；要注意的是天线机械下倾角调整不要超过 10°，一般在 8°左右，超过 10°会使覆盖区域畸变，产生新的干扰问题。

c. 在保证业务正常的情况下，降低越区小区 RS 的发射功率。

d. 在条件允许的情况下，降低天线高度。

② 在覆盖不能缩小时，考虑增强该点被越区覆盖小区的信号并使其成为主服务小区。

③ 在上述两种方法都不行时，再考虑规避方法。

在孤岛形成的影响区域较小时，可以设置单边邻小区解决，即在越区小区中的邻小区列表中增加该孤岛附近的小区，而孤岛附近小区的邻小区列表中不增加孤岛小区；在越区形成的影响区域较大时，在 PCI 不冲突的情况下，可以通过互配邻小区的方式解决，但需慎用。

如碰到高站点（站高超过 50 m），天线下倾角已经调满（美化天线），功率也已经比较低，增加越区小区的邻区。如果越区站点无法解决，而对网络的负面影响很大时可以考虑先关闭掉站点，进行工程整改。

4. 分析无主导小区

(1) 了解无主导小区

无主导小区：指某一片区域内服务小区和邻区的接收电平相差不大，不同小区之间的下行信号在小区重选门限附近的区域，并且无主导覆盖的区域接收电平一般或者较差，在这种情况下由于网络频率复用的原因，导致服务小区的 SINR 不稳定，可能发生空闲态主导小区频繁重选、连接态频繁切换，无主导覆盖也可认为是弱覆盖的一种。

(2) 无主导小区解决思路

解决此类问题首先明确一个合适的小区作为主导小区，通过下倾角调整（减小）、增加 RS 发射功率等手段使其覆盖电平值 RSRP 尽量提升到－100 dBm 以上，再把其他小区信号强度减弱到合理情况（预留切换带）即可。

无主导小区问题中，当区域内的小区数目大于等于 4 个且最强小区与最弱小区电平值相差在 6 dB 内时即为导频污染问题。

三、优化干扰

1. 解析模 3 干扰

在 LTE 无线网络中主要存在模 3 干扰、模 6 干扰和模 30 干扰。

模 3 干扰：由于 PCI＝NCELLid＝3Nid(1)＋Nid(2)，如果相邻小区的 PCI 模 3 的值相同，那么相邻小区的 PSS 相同，就会造成 PSS 的相互干扰。这里的 PSS 相同，指的是 PSS 使用的 zadoff 序列相同。

模 6 干扰：在时域位置固定的情况下，下行小区特定的参考信号在频域上有 6 个频率移位（frequency shift）。如果相邻小区的 PCI 模 6 值相同，那么下行小区特定的参考信号在频域上的位置会重叠，就会造成参考信号间的相互干扰。

模 30 干扰：在 PUSCH 信道中携带了 DM-RS 和 SRS 信息，这两个参考信号对于信道估计和解调非常重要。它们是由 30 组基本的 ZC 序列构成，即有 30 组不同的序列组合。如果相邻小区的 PCI 模 30 值相同，则会使用相同的 ZC 序列，就会造成上行 DM-RS 和 SRS 的相互干扰。

模 6 和模 3 不能相同，即小区特有参考信号频率资源位置不能相同；另外，参考信号的位置和物理小区标识值有关，系统通过物理小区标识对 6 取模来计算正确的偏置，因此模 6 也不能相同。模 3 的干扰最为严重，主要就是由于 PCI 模 3 配置相同，导致 PSS 读取失败。

(1)关于模 3 干扰

结合现网 RF 优化经验，我们认为满足以下 3 个条件的模 3 干扰才需要进行相应的优化，模 3 干扰形成条件(需同时满足以下 3 个条件)：

①服务小区 PCI 与邻小区 PCI 模 3 相同。

②服务小区与邻小区 RSRP 差值小于 3 dB。

③服务小区 RSRP 大于－100 dBm。

(2)模 3 干扰解决思路

从上文的模 3 干扰形成条件可以对应得到模 3 干扰解决的思路：

①使两小区 PCI 的模 3 不等。

②减小两小区的重叠交叉覆盖区域。

针对路测数据中的模 3 干扰(零星的模 3 干扰忽略，一般优化 100 m 以上的模 3 干扰区域)，优化流程如下：

①排查服务小区与邻小区方位角是否对打(两个小区的方位角差值小于 45°)，对打会形成较大的重叠覆盖区域，如果存在，调整其中一个小区方位角，使模 3 错开。

②排查服务小区与邻小区下倾角是否存在越区覆盖，如果存在，调整一个小区下倾角。

③如果服务小区与邻小区的方位角、下倾均设置合理，则进行 PCI 对调、更换。

2. 分析导频污染优化

(1)导频污染的定义(形成条件)

导频污染问题的根本在于模 3 干扰，它的定义为：在网络中某一区域内 RSRP＞－90 dBm(天线在车内时为 RSRP＞－100 dBm)的小区信号个数≥4 个，且最强信号和最弱信号相差在 6 dBm以内，则认为该区域存在导频污染问题，如图 3.20 所示。

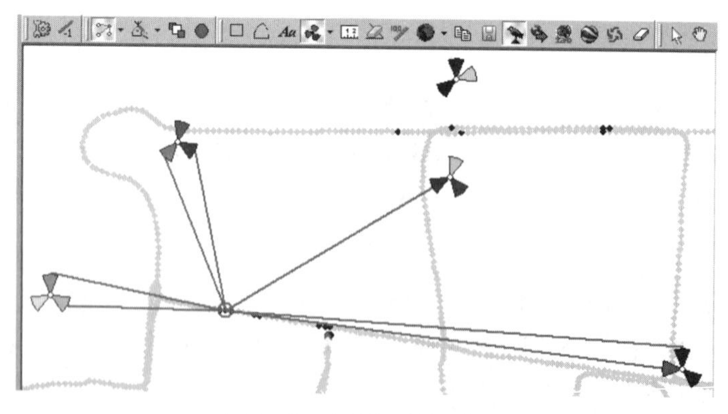

图 3.20 导频污染示意图

根据定义分解出形成导频污染的条件如下：

①强导频：RSRP＞－90 dBm(天线放在车顶，车内要求是－100 dBm)。

②信号过多：RSRP_number≥N，设定 N=4。

③无足够强主导频：最强导频信号和第(N)个强导频信号强度的差值如果小于某一门限值D，即定义为该地点没有足够强主导频，RSRP(fist)－RSRP(N)≤－D，设定 D=6 dBm。

(2)导频污染解决思路

① 明确主导小区，理顺切换关系。

② 调整下倾角、方位角、功率，使主服务小区在该区域 RSRP 足够大。

③ 降低其他小区在该区域的覆盖场强。

④ 导频污染严重的地方，可以考虑采用双通道 RRU 拉远来单独增强该区域的覆盖，使得该区域只出现一个足够强的导频。

3. 分析重叠覆盖

(1)重叠覆盖的定义(形成条件)

在 LTE 覆盖优化工作中，比较常见的是重叠覆盖。重叠覆盖是指覆盖区域内有两个或者以上的导频信号，导频信号强度相当。当它们的 PCI 中有模 3 相等时，则上升到模 3 干扰问题；当相当强度的导频的个数≥4 时，则上升到导频污染问题。

移动 TDD-LTE 中，重叠覆盖度(即定义邻小区 RSRP 与服务小区 RSRP 差值 6 dB 以内时，值为 0 定义为邻小区 RSRP 与服务小区 RSRP 差值>6 dB；值为 1 定义为存在 1 个邻小区的 RSRP 与服务小区 RSRP 差值<6 dB；值为 2 定义为存在 2 个邻小区的 RSRP 与服务小区 RSRP 差值<6；值为 3 即集团定义重叠覆盖。重叠覆盖例子参照表 3.13 所示。

表 3.13　重叠覆盖例子参照表

重叠覆盖度	RSRP 均值 (dBm)	SINR 均值 (dB)	DL code0 MCS Value #Average	DL code1 MCS Value #Average	PDCP Thrput D (Mbit/s)	采样点 (7 689)	百分比	累计百分比
0	−74.23	17.31	19.82	20.02	35.41	4 558	59.28%	100.07%
1	−79.17	10.56	16.76	14.61	22.16	1 801	23.42%	40.79%
2	−83.62	6.24	17.12	12.05	17.63	742	9.65%	17.36%
3	−85.67	4.75	16.61	11.2	16.16	357	4.64%	7.71%
4	−89.23	2.07	15.09	7.5	14.14	118	1.53%	3.07%
5 以上	−92.83	−1.3	12.12	0	9.97	113	1.47%	1.47%

重叠覆盖度：以服务小区 RSRP 为基准，差值在 6 dB 以内小区数。

重叠覆盖率：重叠覆盖度大于等于 3 的测试点占比。

重叠覆盖系数：以服务小区 RSRP 为基准，3 dB 以内的加 2，3～6 dB 之间的加 1，6 dB 以外的不计。

重叠覆盖度等于 3 时，下行吞吐率会下降至无重叠覆盖时的 49%；重叠覆盖等于 6 时，下行吞吐已降为无重叠覆盖的 29%，重叠覆盖会使 LTE 网络的业务性能受到严重的负面影响。

重叠系数等于 3 时(一个 3 dB 内干扰源，另一个 3～6 dB 干扰源)，下载速率降至无重叠的 57.63%。

(2)重叠覆盖问题关键点

避免重叠覆盖，关键要做好以下 3 点：

①站高控制:严格控制站高,避免越区干扰。

②站间距控制:严格避免 100 m 内的重叠覆盖站点。

③方向角控制:严格避免站内扇区夹角小于 90°,避免站间对打。

网络结构是干扰控制的基础,密集城区站高在 20～50 m 左右,站间距在 250～500 m 左右,下倾角在 2°～15°。此网络结构下网络的室外覆盖基本达标,对下列情况需要重点关注:

①超近站:密集城区小于 100 m、城区小于 150 m、郊区小于 200 m。

②超高站:建议对 50 m 及以上的高站进行核查处理。

③超低站:建议对小于 10 m 的站点核查,街道站、隧道站等特殊站型除外。

④下倾角:大于 16°或小于 2°的小区,并结合站高判断,重点关注站高大于 50 m 而下倾角小于 6°的小区。

⑤方位角:同站方位角小于 65°站点。

(3)重叠覆盖解决方案

重叠覆盖问题常用以下 3 种方法解决:

①更换站址、调节俯仰角和降低发射功率。根据排查结果,按照贡献大小排序,重点分析对于干扰贡献较大的站址,按照理想网络结构站址选择原则,重新选址,改善网络性能。

②对于与现网共天线的 LTE 网络,一般来说俯仰角需要进一步下压,以降低重叠覆盖影响,但俯仰角调整时,还须兼顾现网的移动性指标。

③对于完全无法调整的站址,可以采用降低发射功率的方式降低重叠覆盖影响。

大开眼界

在实际项目中,厂商通常都会提供一个详细的指标描述文档,对每个类别中的每个指标、每个 KPI 指标实现的公式、相应计数器的定义、每个指标的分类、指标的取值范围等都可以在这里找到;对于单个的计数器定义与说明,可以参考指标描述文档,其中会阐述各计数器的定义及触发点。

任务小结

无线网络 KPI 是网络质量的直接体现,KPI 监控也是我们发现问题的重要手段;KPI 监控与优化主要集中在运维期间,网络问题不能靠用户投诉来解决,对一些异常的事件必须第一时间发现并提出相应的解决方案,这样才能保证为用户提供良好的话音与数据业务。通过本任务的学习,应熟悉评估 LTE 无线网络指标的类型、定义、取值范围以及影响因素。

移动通信网络中涉及的覆盖问题主要表现为四个方面:覆盖空洞、弱覆盖、越区覆盖和导频污染。通过本任务的学习,应熟悉覆盖类相关指标,并针对覆盖类问题提出优化解决方法。

在网络建设初期,主要考虑解决覆盖问题;在网络建设的中后期,主要是考虑干扰问题。现行网络中比较常见的干扰有模 3 干扰。通过本任务的学习,应熟悉干扰相关的概念,并针对干扰类问题提出优化解决方法。

任务三　进行 LTE 无线网络专题优化

任务描述

在网络优化中，分析信令交互的过程是定位与分析网络问题的最有效方法之一。本任务首先对 LTE 基本信令流程进行解析，理解信令消息及字段，并将信令知识应用到具体的案例分析中。

接入失败、切换失败和掉话是网络优化中较常出现的问题，本任务将介绍 LTE 的开机流程、随机接入原理和接入问题的优化思路与方法，切换流程、分类及相关参数，切换问题的优化思路与方法，掉话原因分析的方法以及典型掉话问题产生的原因和解决方法。

任务目标

- 熟悉 LTE 系统架构与网元功能，掌握接口协议以及承载相关概念，领会 LTE 基本信令流程。
- 熟悉 UE 开机流程与随机接入流程，掌握接入失败问题的分析思路与方法，能独立针对接入问题提出解决方法。
- 熟悉 LTE 切换的流程，掌握重要切换参数及取值含义和切换问题的优化思路与方法，能独立针对切换问题提出解决方法。
- 熟悉 LTE 掉话基本概念及相关流程，掌握掉话原因的分析，能独立针对掉话问题提出解决方法。

任务实施

一、解析 LTE 基本信令流程

1. 熟悉 LTE 系统架构与网元功能

LTE 系统与以往移动通信系统相比，系统结构扁平化，引入全 IP 系统架构，无线接入网去除了 RNC，核心网去除了 CS 域；在无线接口方面，S1 接口和 X2 接口是两个新增加的接口。S1 接口是 eNodeB 和 MME/SGW 之间的接口，包括控制面和用户面。X2 接口是 eNodeB 之间相互通信的接口，也包括控制面和用户面两个部分。

下面详细介绍 LTE 系统架构与接口的相关概念与功能。

(1)LTE 系统架构

LTE 的系统架构分为两部分，包括演进后的核心网 EPC(MME/S-GW)和演进后的接入网 E-UTRAN。演进后的系统仅存在分组交换域。如图 3.21 所示。

LTE 接入网仅由演进后的节点 B(eNodeB)组成，提供到 UE 的 E-UTRA 控制面与用户面的协议终止点。eNodeB 之间通过 X2 接口进行连接，并且在需要通信的两个不同 eNodeB 之间总是会存在 X2 接口。LTE 接入网与核心网之间通过 S1 接口进行连接，S1 接口支持多对多联系方式。

与 3G 网络架构相比，接入网仅包括 eNodeB 一种逻辑节点，网络架构中节点数量减少，网络架构更加趋于扁平化。扁平化网络架构降低了呼叫建立时延以及用户数据的传输时延，也会降低 OPEX 与 CAPEX。

由于 eNodeB 与 MME/S-GW 之间具有灵活的连接(S1-flex)，UE 在移动过程中仍然可以驻留在相同的 MME/S-GW 上，有助于减少接口信令交互数量以及 MME/S-GW 的处理负荷。当 MME/S-GW 与 eNodeB 之间的连接路径相当长或进行新的资源分配时，与 UE 连接的 MME/S-GW 也可能会改变。

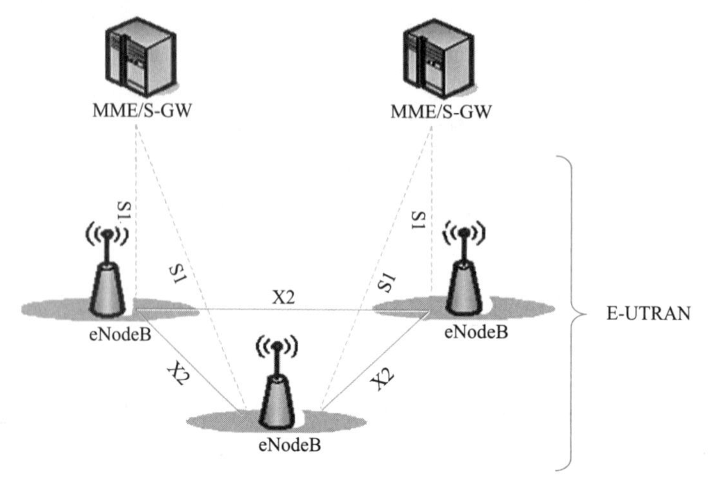

图 3.21　LTE 系统架构

(2)LTE 网元功能

与 3G 系统相比，由于重新定义了系统网络架构，核心网和接入网之间的功能划分也随之有所变化，需要重新明确以适应新的架构和 LTE 的系统需求。针对 LTE 的系统架构，网络功能划分如图 3.22 所示。

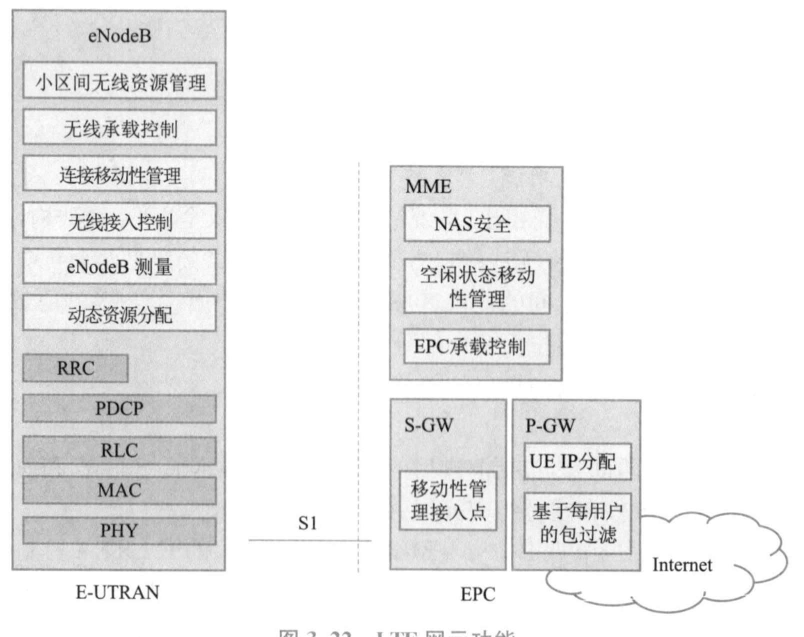

图 3.22　LTE 网元功能

eNodeB 的功能如下：

①无线资源管理相关的功能，包括无线承载控制、接纳控制、连接移动性管理、上/下行动态资源分配/调度等。

②IP 头压缩与用户数据流加密。
③UE 附着时的 MME 选择。
④提供到 S-GW 的用户面数据的路由。
⑤寻呼消息的调度与传输。
⑥系统广播信息的调度与传输。
⑦测量与测量报告的配置。
MME 的功能如下：
①寻呼消息分发，MME 负责将寻呼消息按照一定的原则分发到相关的 eNodeB。
②安全控制。
③空闲状态的移动性管理。
④SAE 承载控制。
⑤非接入层信令的加密与完整性保护。
⑥服务网关功能。
⑦终止由于寻呼原因产生的用户平面数据包。
⑧支持由于 UE 移动性产生的用户平面切换。

2. 了解 LTE 控制面与用户面协议架构

在无线通信系统中，负责传送和处理用户数据流工作的协议称为用户面；负责传送和处理系统协调信令的协议称为控制面。用户面如同负责搬运的码头工人，控制面就相当于指挥员，当两个层面不分离时，自己既负责搬运又负责指挥，这种情况不利于大货物处理，因此分工独立后，办事效率可成倍提升，在 LTE 网络中，用户面和控制面已明确分离开。

接口是指不同网元之间的信息交互时的节点，每个接口含有不同的协议，同一接口的网元之间使用相互明白的语言进行信息交互，称为接口协议，接口协议的架构称为协议栈。在 LTE 中有空中接口和地面接口，也有对应的协议和协议栈。子层、协议栈与流如图 3.23 所示。

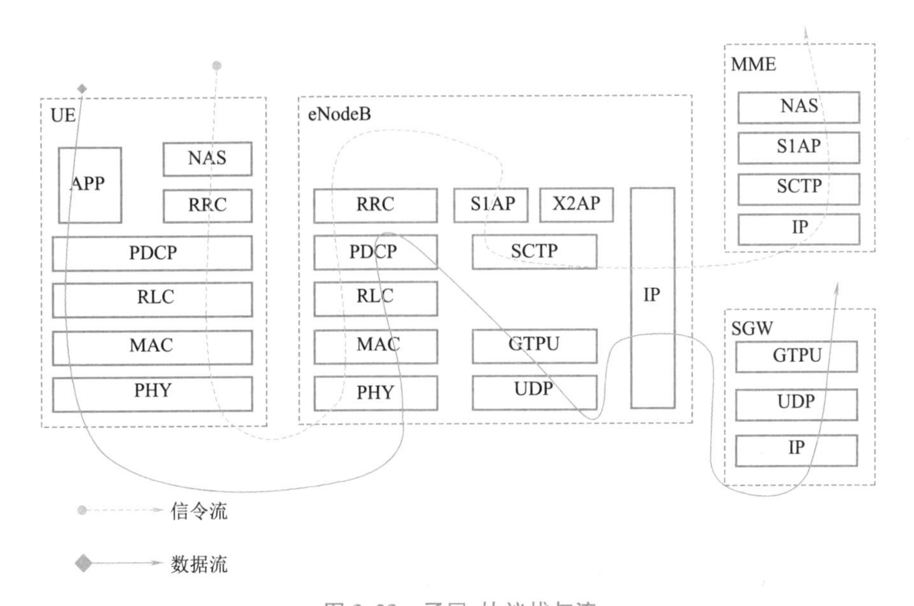

图 3.23　子层、协议栈与流

(1)控制面协议栈

控制面的特点如下:

①控制平面 RRC 协议数据的加解密和完整性保护功能,在 LTE 交由 PDCP 层完成。

②RRC 子层主要承担广播、无线接口寻呼、RRC 连接管理、无线承载控制、移动性管理、UE 测量上报和控制等功能。

③仅存在一个 MAC 实体。

控制面协议栈如图 3.24 所示。

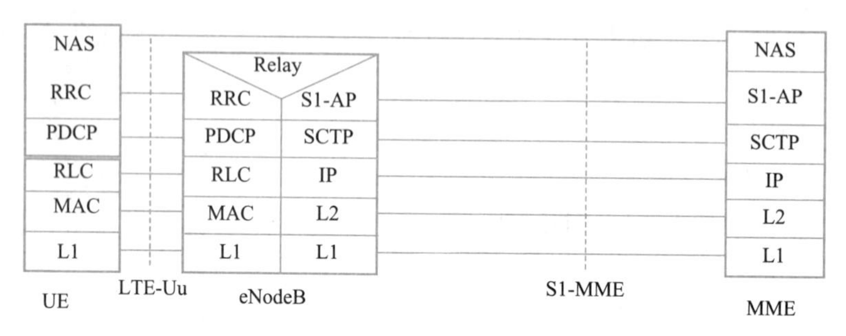

图 3.24 控制面协议栈

(2)用户面协议栈

用户面的特点如下:

①安全方面的功能,用户的加密和解密功能由 PDCP 子层完成。

②仅存在一个 MAC 实体。

用户面协议栈如图 3.25 所示。

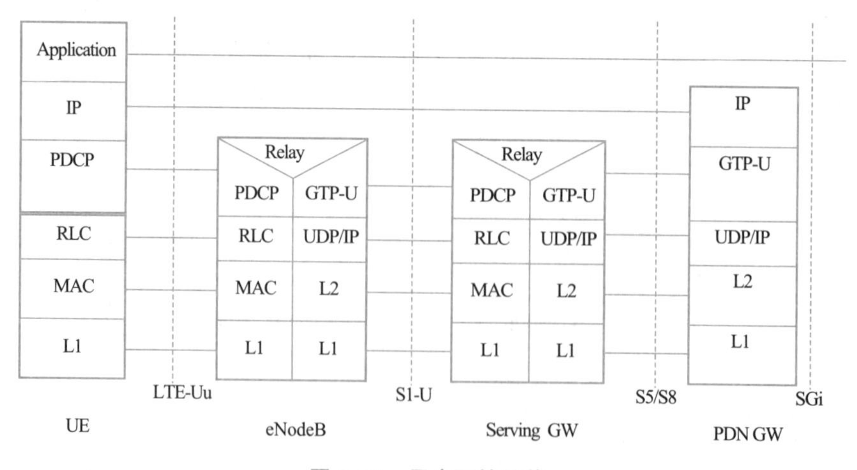

图 3.25 用户面协议栈

3. 理解 LTE 承载与连接的相关概念

(1)LTE 承载相关概念与架构

在 LTE 系统中,一个 UE 到一个 PGW 之间,具有相同 QoS 待遇的业务流称为一个 EPS 承载。EPS 承载中 UE 到 eNodeB 空口之间的一段称为无线承载 RB;eNodeB 到 SGW 之间的一段称为 S1 承载。无线承载与 S1 承载统称为 E-RAB。承载的位置关系如图 3.26 所示。

无线承载根据承载的内容不同分为 SRB(Signaling Radio Bearer)和 DRB(Data Radio Bearer)。

SRB 承载控制面(信令)数据,根据承载的信令不同分为以下三类:

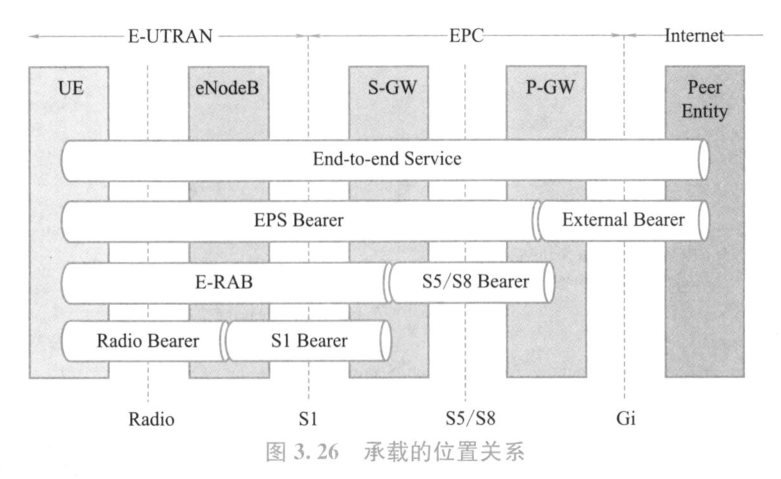

图 3.26　承载的位置关系

①SRB0:承载 RRC 连接建立之前的 RRC 信令,通过 CCCH 逻辑信道传输,在 RLC 层采用 TM 模式。

②SRB1:承载 RRC 信令(可能会携带一些 NAS 信令)和 SRB2 之间之前的 NAS 信令,通过 DCCH 逻辑信道传输,在 RLC 层采用 AM 模式。

③SRB2:承载 NAS 信令,通过 DCCH 逻辑信道传输,在 RLC 层采用 AM 模式,SRB2 优先级低于 SRB1,安全模式完成后才能建立 SRB2。

DRB 承载用户面数据,根据 QoS 的不同,UE 与 eNodeB 之间可能最多建立 8 个 DRB。

根据用户业务需求和 QoS 的不同可以分为 GBR/Non-GBR 承载、默认承载、专用承载,对承载的概念可以理解为"隧道""专有通道""数据业务链路"。

①GBR/Non-GBR 承载:在承载建立或修改过程中通过如 eNodeB 接纳控制等功能永久分配专用网络资源给某个保证比特速率(Guaranteed Bit Rate,GBR)的承载,可以确保该承载的比特速率。否则不能保证承载的速率不变,则是一个 Non-GBR 承载。

②默认承载(Default Bearer):一种满足默认 QoS 的数据和信令的用户承载,提供"尽力而为"的 IP 连接。默认承载为 Non-GBR 承载。默认承载为 UE 接入网络时首先建立的承载,该承载在整个 PDN 连接周期都会存在,为 UE 提供到 PDN 的"永远在线"的 IP 连接。

③专用承载:对某些特定业务所使用的 SAE 承载。一般情况下专用承载的 QoS 比默认承载高,专用承载可以是 GBR 或 Non-GBR 承载。

(2)连接的相关概念

UE-associated logical S1-connection:UE 相关 S1 逻辑连接,对于某个 UE-associated logical S1-connection 在 MME 侧用 MME UE S1 AP ID 标识,在 eNodeB 侧用 eNodeB UE S1 AP ID 标识,此连接可能在 S1 UE context 建立之前存在。

NAS signalling connection:NAS 信令连接,是 UE 与 MME 之间端到端的连接,NAS 信令连接包括"LTE-Uu"空口的 RRC 连接和 S1 口的 S1 AP 连接。

4. 掌握 LTE 基本信令流程

1)开机附着与去附着流程

(1)开机附着流程

UE 刚开机时,先进行物理下行同步,搜索测量进行小区选择,选择到一个合适或者可接纳的小区后,驻留并进行附着过程。附着流程图如图 3.27 所示。

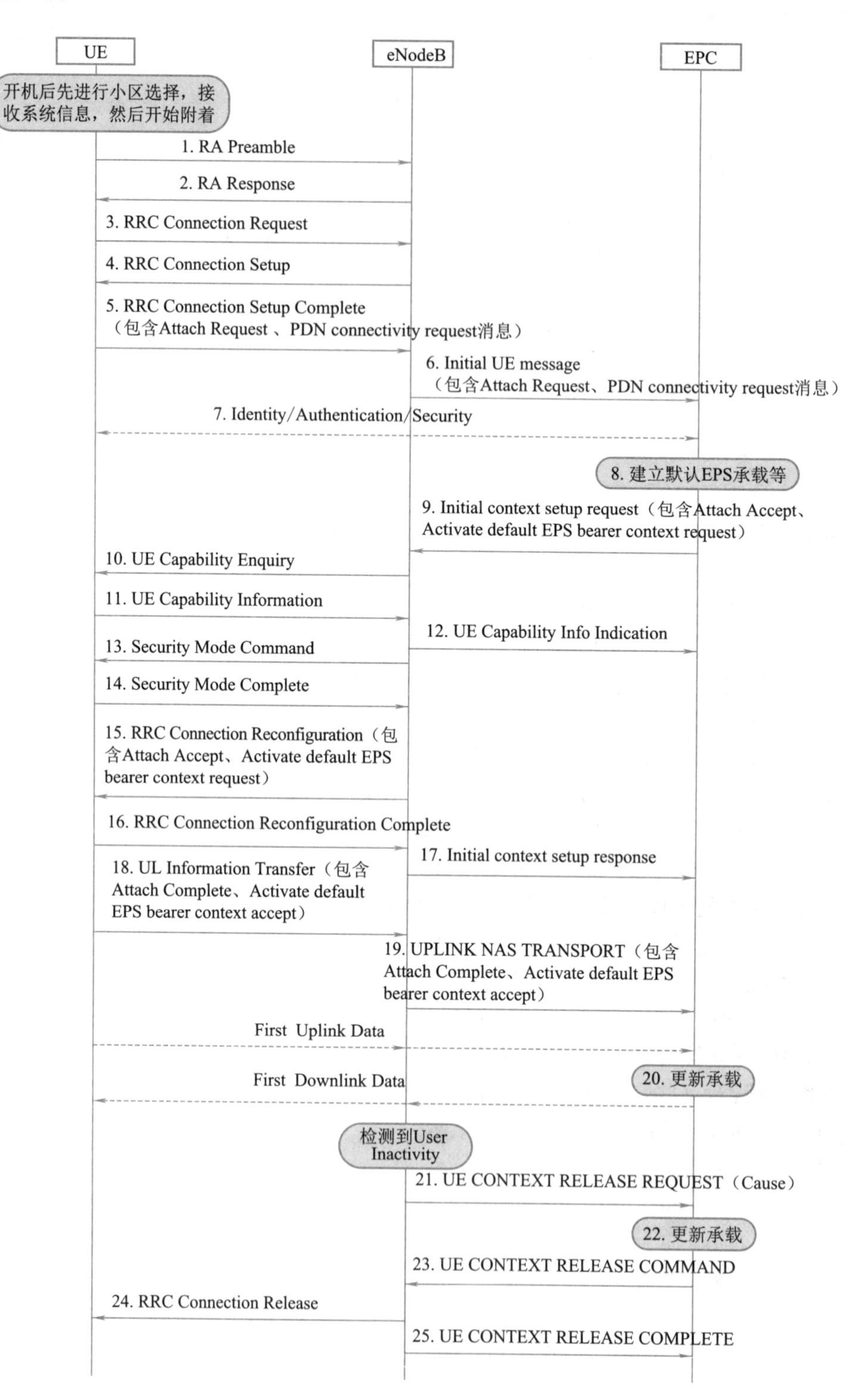

图 3.27　正常开机附着流程

开机附着流程主要步骤说明如下：

①步骤 1～5 会建立 RRC 连接，步骤 6 和步骤 9 会建立 S1 连接，完成这些过程即标志着

NAS signalling connection 建立完成。

②消息 7 的说明:UE 刚开机第一次 Attach,使用的 IMSI,无 Identity 过程;后续,如果有有效的 GUTI,使用 GUTI Attach,核心网才会发起 Identity 过程(为上下行直传消息)。

③消息 10～12 的说明:如果消息 9 带了 UE Radio Capability IE,则 eNodeB 不会发送 UE Capability Enquiry 消息给 UE,即没有步骤 10～12 的过程;否则会发送,UE 上报无线能力信息后,eNodeB 再发送 UE Capability Info Indication,给核心网上报 UE 的无线能力信息。

④消息 13～15 的说明:eNodeB 发送完消息 13,不需要等收到消息 14,便直接发送消息 15。

⑤消息 9 的说明:该消息为 MME 向 eNodeB 发起的初始上下文建立请求,请求 eNodeB 建立承载资源,同时带安全上下文,可能带用户无线能力、切换限制列表等参数。UE 的安全能力参数是通过 Attach Request 消息带给核心网,核心网再通过该消息送给 eNodeB。UE 的网络能力(安全能力)信息改变时,需要发起 TAU。

(2)去附着流程

①关机去附着流程。UE 关机时,需要发起去附着流程,来通知网络释放其保存的该 UE 的所有资源,流程图如图 3.28 所示。

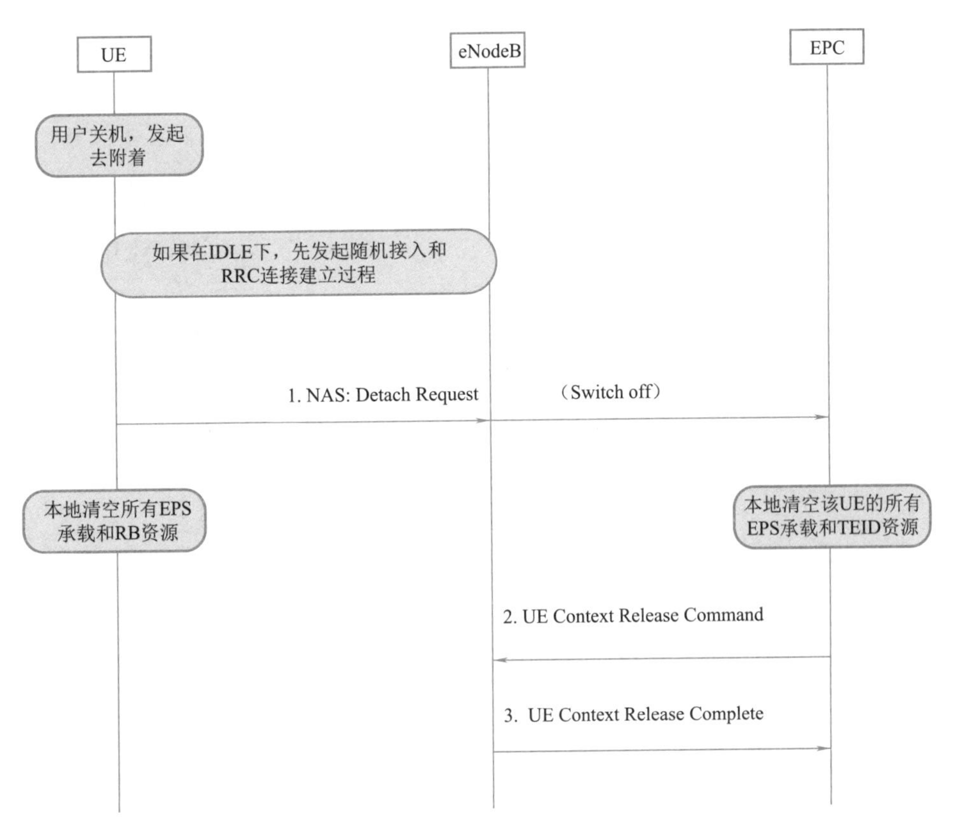

图 3.28　关机去附着流程

②非关机去附着流程。

a. IDLE 下发起的非关机去附着如图 3.29 所示。

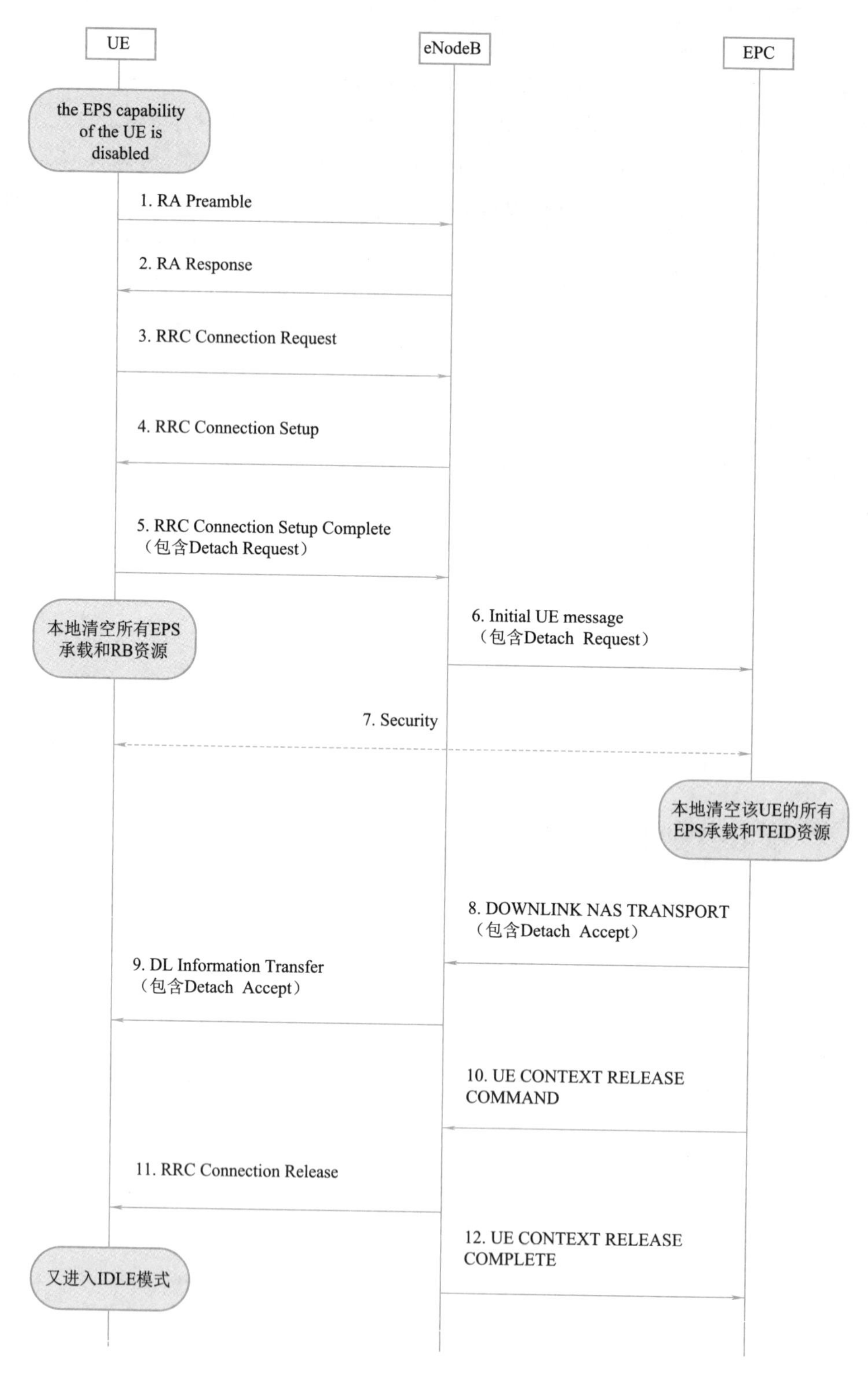

图 3.29 IDLE 下发起的非关机去附着流程

b. CONNECTED 下发起的非关机去附着如图 3.30 所示。

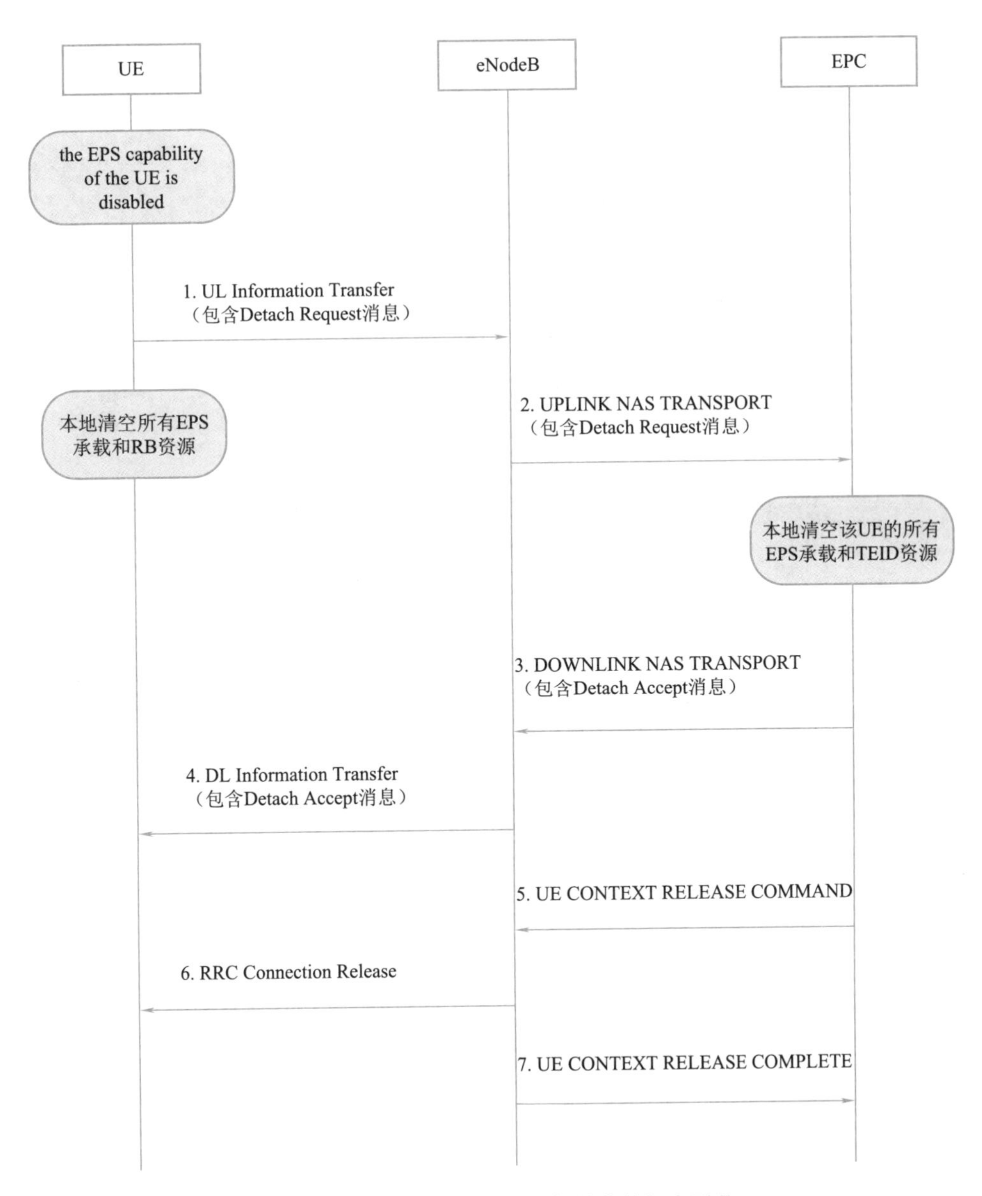

图 3.30　CONNECTED 下发起的非关机去附着

2)UE 发起的 Service Request 流程

UE 在 IDLE 模式下,需要发送或接收业务数据时,发起 Service Request 流程。

当 UE 发起 Service Request 时,需先发起随机接入过程,Service Request 由 RRC Connection Setup Comlete 携带上去,整个流程类似于主叫过程。

当下行数据到达时,网络侧先对 UE 进行寻呼,随后 UE 发起随机接入过程,并发起 Service Request 流程;当下行数据到达时,发起的 Service Request 类似于被叫接入。

Service Request 流程就是完成 Initial context setup,在 S1 接口上建立 S1 承载,在 Uu 接口上建立数据无线承载,打通 UE 到 EPC 之间的路由,为后面的数据传输做好准备。

UE 发起的 Service Request 流程如图 3.31 所示。

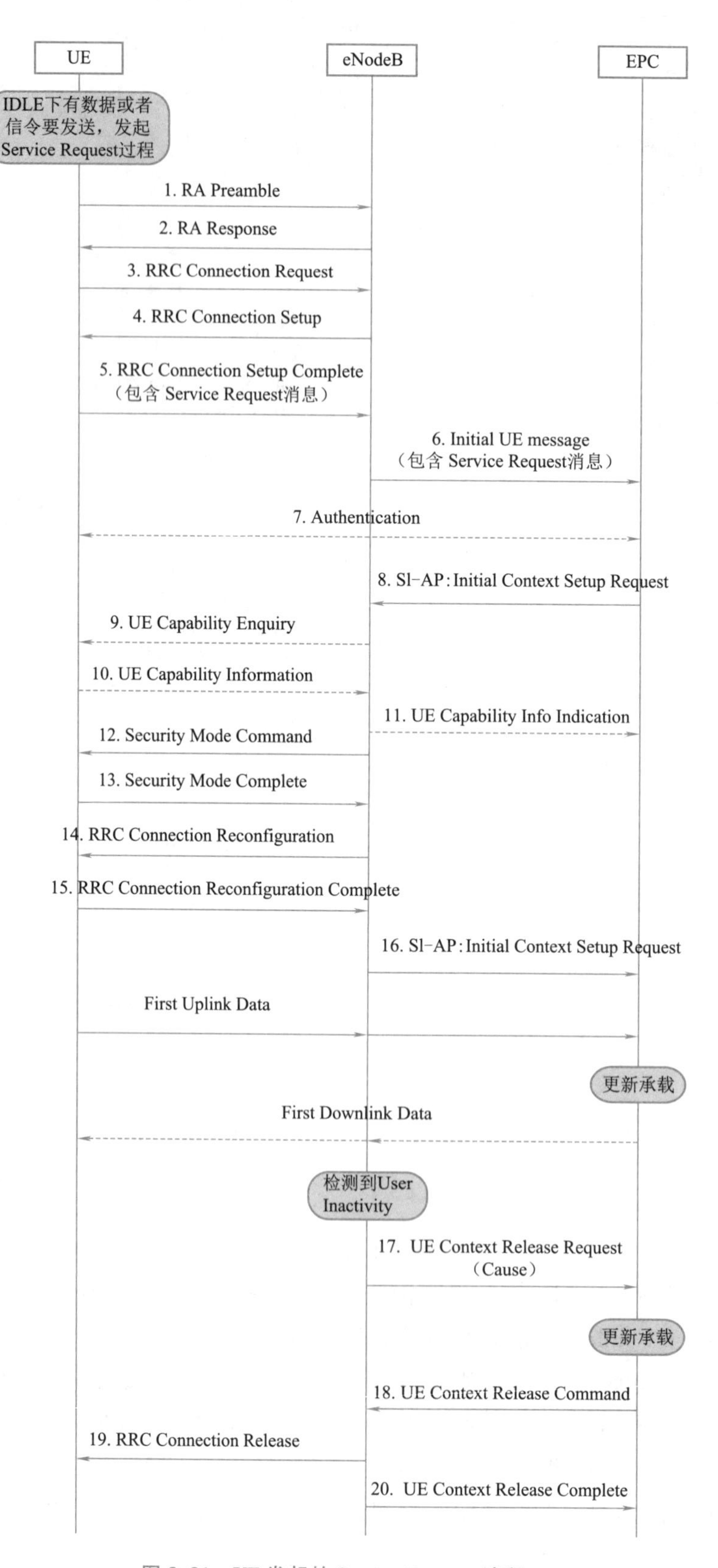

图 3.31 UE 发起的 Service Request 流程

Service Request 流程主要步骤说明：

①信令 1～5 是建立 RRC 连接的过程。

②信令 9～10 是 UE 安全能力查询的过程。

③信令 12～13 是安全模式的过程。

④信令 14～15 是 RRC 连接重配置的过程。

⑤信令 17～20 是数据传输完毕后，对 UE 去激活过程，涉及 UE Context Release 流程。

3)LTE 寻呼流程

(1)S_TMSI 寻呼

UE 在 IDLE 模式下，当网络需要给该 UE 发送数据(业务或者信令)时，发起寻呼过程，流程图如图 3.32 所示。

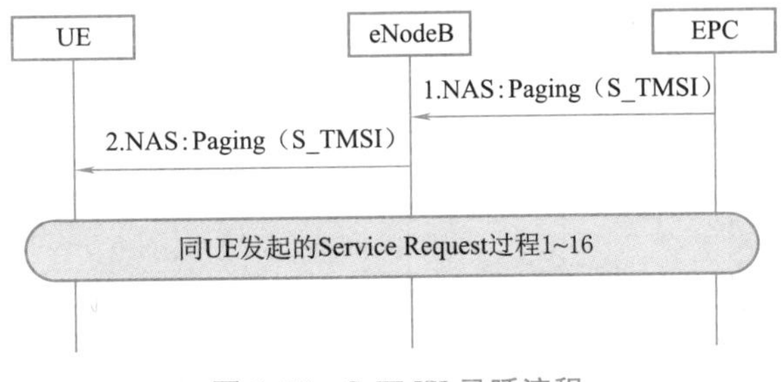

图 3.32　S_TMSI 寻呼流程

(2)IMSI 寻呼

当网络发生错误需要恢复时(如 S-TMSI 不可用)，可发起 IMSI 寻呼，UE 收到后执行本地 Detach，然后再开始 Attach。IMSI 寻呼流程如图 3.33 所示。

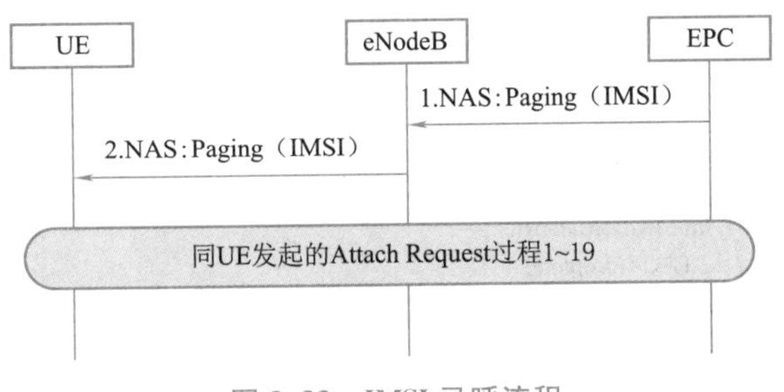

图 3.33　IMSI 寻呼流程

4)TAU 流程

为了确认移动台的位置，LTE 网络覆盖区将被分为许多个跟踪区(Tracking Area，TA)，功能与 3G 的位置区(LA)和路由区(RA)类似，是 LTE 系统中位置更新和寻呼的基本单位。

TA 用 TA 码标识，一个 TA 可包含一个或多个小区，TAC 在这些小区的 SIB1 中广播，与 LAC、RAC 类似，网络运营时用 TAI 作为 TA 的唯一标识，TAI 由 MCC、MNC 和 TAC 组成，共计 6 字节。TAI LIST 长度为 8～98 字节，最多可包含 16 个 TAI，UE 附着成功时获取一组 TAI LIST(具体与 UE 关机前的状态有关)，移动过程中只要进入的 TAI LIST 中没有的 TA 就发生位置更新，把新的 TA 更新到 TAI LIST 中，如果表中已经存在 16 个 TA，则替换掉最旧的那个；如果 UE 在移动过程中进入一个 TAI list 表单中的 TA 时，不发生位置更新。TA 更新成功与否直接关系到寻呼成功率问题，在 LTE 网络中为了实现 CSFB 流程，附着和位置更新都是联合的。根据位置更新发生的时机，空闲态一般设置有激活和不激活的两种位置更新。设置激活就是位置更新后可立即进行数据传输。

(1)空闲态不设置“ACTIVE”的 TAU 流程(见图 3.34)

这种状态就是 UE 不做业务，只是位置更新，比如周期性位置更新、移动性位置更新等。

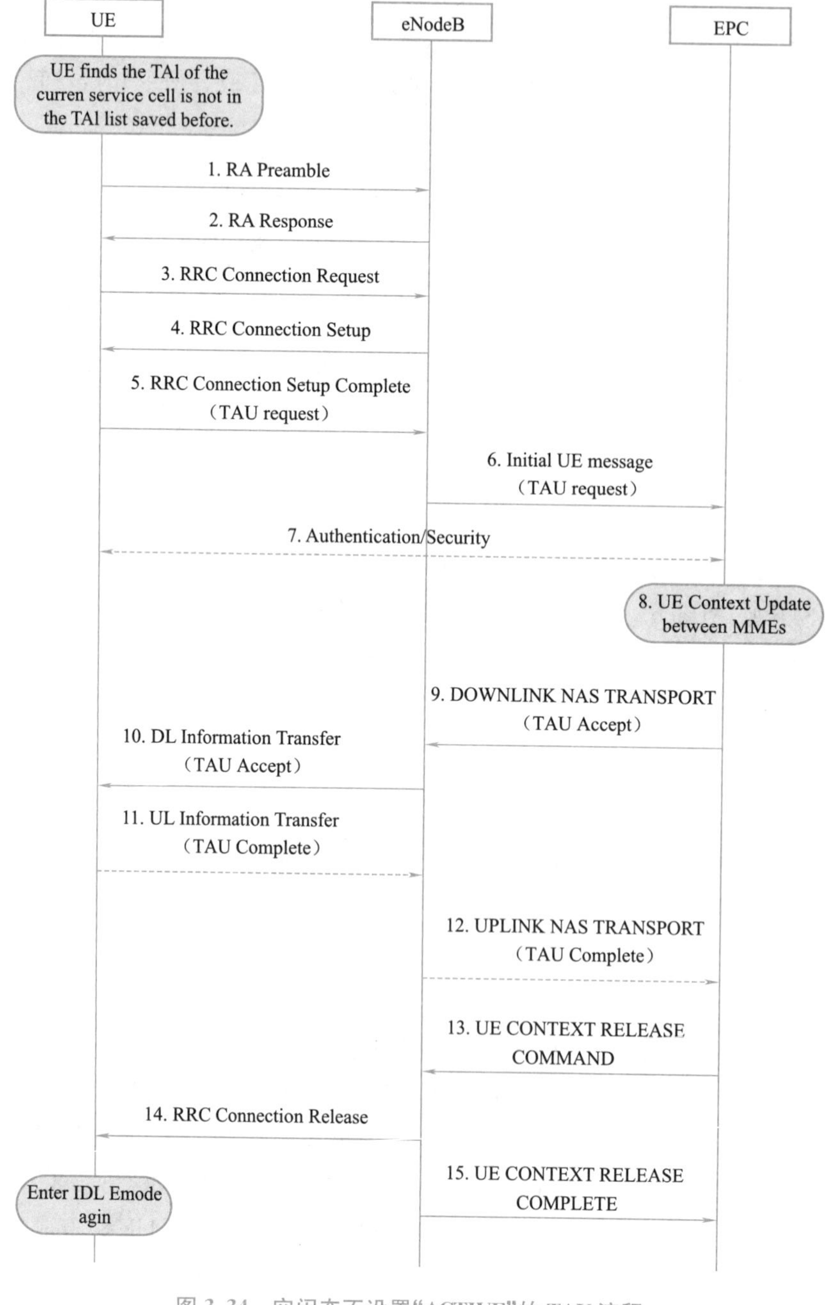

图 3.34 空闲态不设置“ACTIVE”的 TAU 流程

(2)空闲态设置“ACTIVE”的 TAU 流程(见图 3.35)

这种状态为做业务前或承载发生改变时正好有位置更新命令。

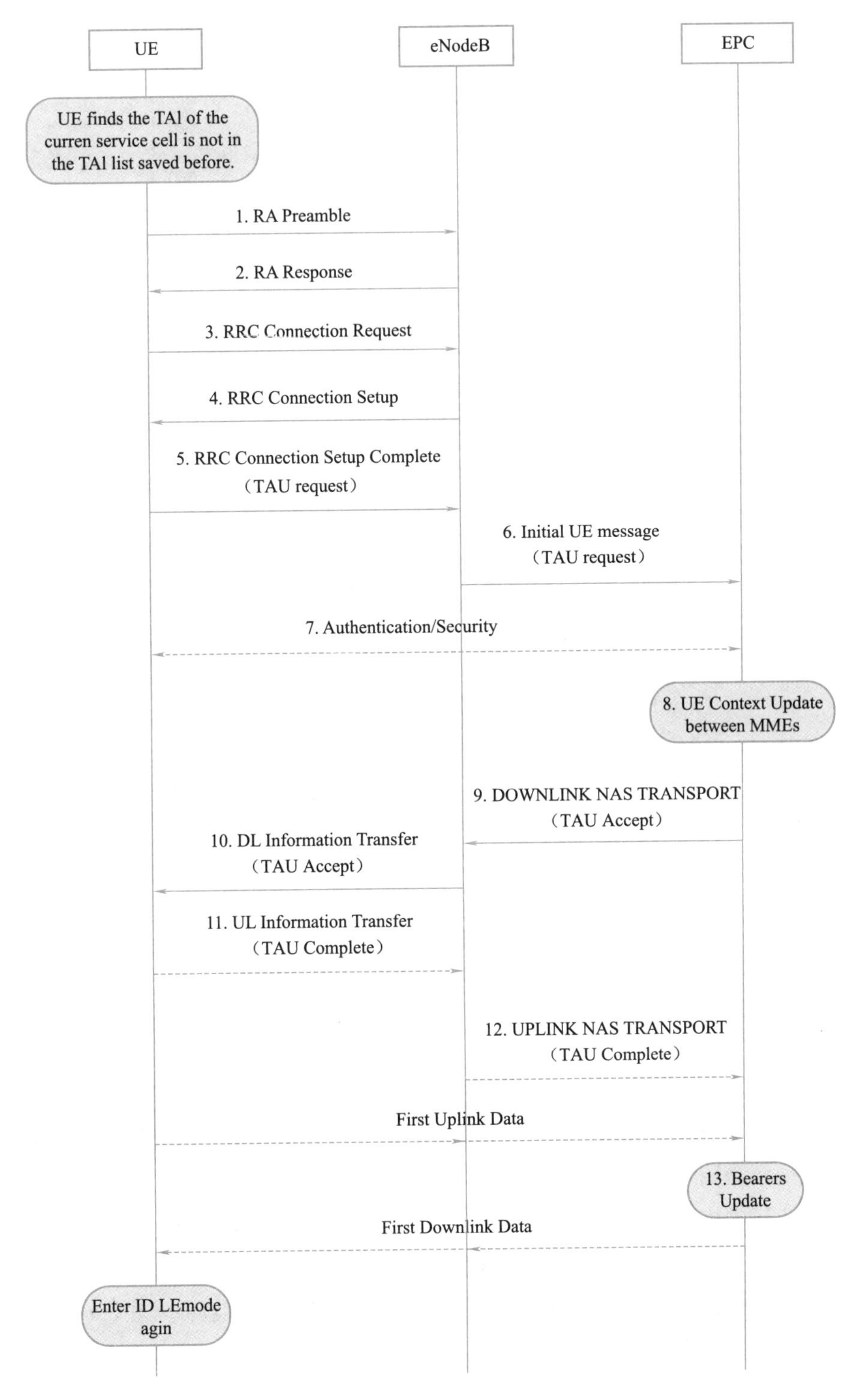

图 3.35 空闲态设置“ACTIVE”的 TAU 流程

(3)连接态 TAU 流程

连接态 TAU 流程如图 3.36 所示。

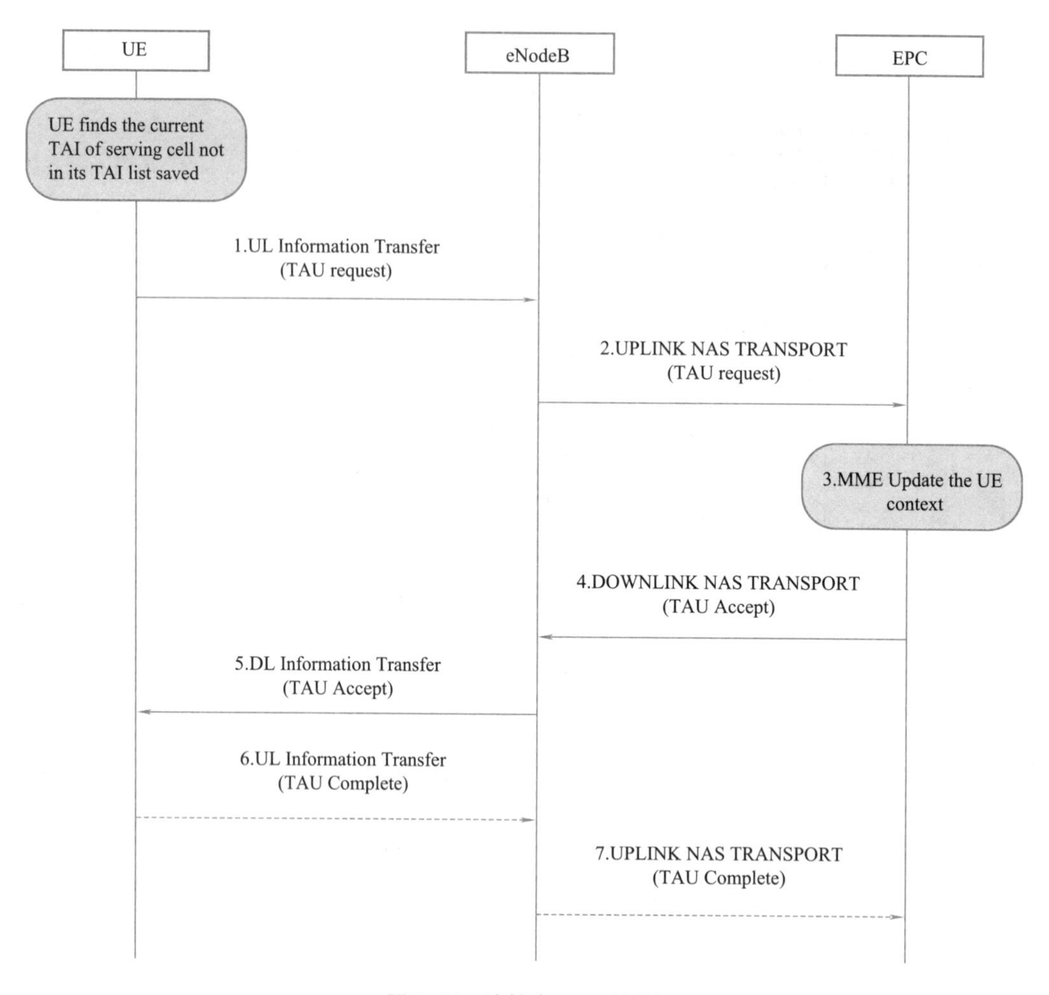

图 3.36　连接态 TAU 流程

5)LTE 切换流程

(1)切换的含义及目的

当正在使用网络服务的用户从一个小区移动到另一个小区,或由于无线传输业务负荷量调整、激活操作维护、设备故障等原因,为了保证通信的连续性和服务的质量,系统需要将该用户与原小区的通信链路转移到新的小区上,这个过程就是切换。

本文中所描述的均为 LTE 系统内切换,系统间切换需要 UE 支持,并不做详细描述。在 LTE 系统中,切换可分为站内切换、站间切换(或基于 X2 口切换、基于 S1 口切换),当 X2 接口数据配置完善且工作良好的情况下就会发生 X2 切换,否则基站间就会发生 S1 切换。一般来说 X2 切换的优先级高于 S1 切换。

(2)切换发生的过程

切换判决准备、测量报告控制和测量报告上报,基站根据不同的需要利用移动性管理算法给 UE 下发不同种类的测量任务，在 RRC 重配消息中携带 MeasConfig 信元给 UE 下发测量配置；UE 收到配置信息后，对测量对象实施测量，并用测量上报标准进行结果评估，当评估测量结果满足上报标准后向基站发送相应的测量报告，如 A2/A3 等事件。基站通过终端上报的测量报告判决是否执行切换。当判决条件达到时，执行以下步骤：

①切换准备：目标网络完成资源预留。

②切换执行：源基站通知 UE 执行切换；UE 在目标基站上连接完成。

③切换完成：源基站释放资源、链路，删除用户信息。

LTE 系统中，切换命令封装在消息 RRC_CONN_RECFG 信令消息中。

(3)站内切换流程(见图 3.37)

当 UE 所在的源小区和要切换的目标小区同属一个 eNodeB 时，发生 eNodeB 内切换。eNodeB 内切换是各种情形中最为简单的一种，因为切换过程中不涉及 eNodeB 与 eNodeB 之间的信息交互，也就是 X2、S1 接口上没有信令操作，只是在一个 eNodeB 内的两个小区之间进行资源配置，所以基站在内部进行判决，并且不需要向核心网申请更换数据传输路径。

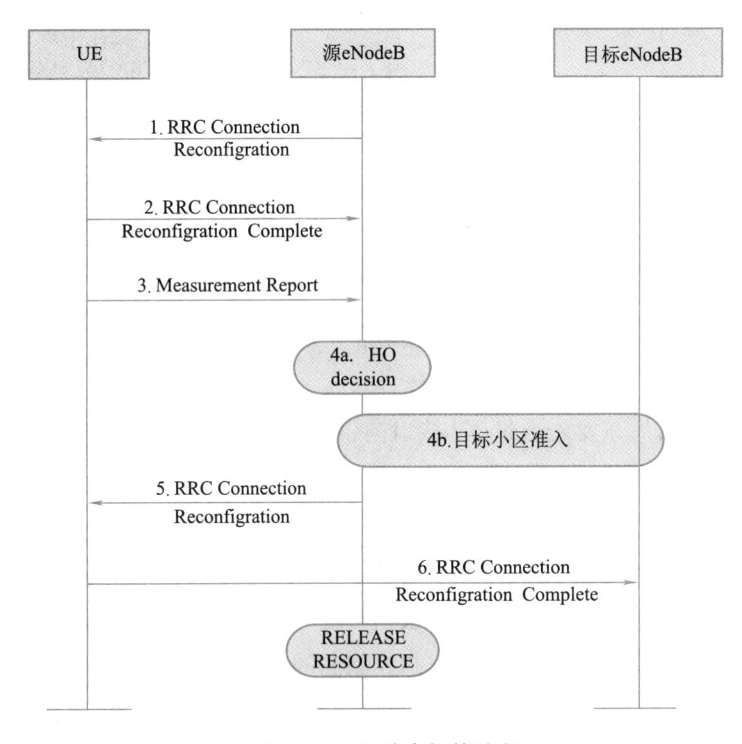

图 3.37　LTE 站内切换流程

站内切换流程说明：其中步骤 1～4 为切换准备阶段，步骤 5 和步骤 6 为切换执行阶段，步骤 7 为切换完成阶段。

(4)X2 切换流程(见图 3.38)

当 UE 所在的源小区和要切换的目标小区不属于同一 eNodeB 时，发生 eNodeB 间切换，eNodeB 间切换流程复杂，需要加入 X2 和 S1 接口的信令操作。X2 切换的前提条件是目标基站和源基站配置了 X2 链路，且链路可用。

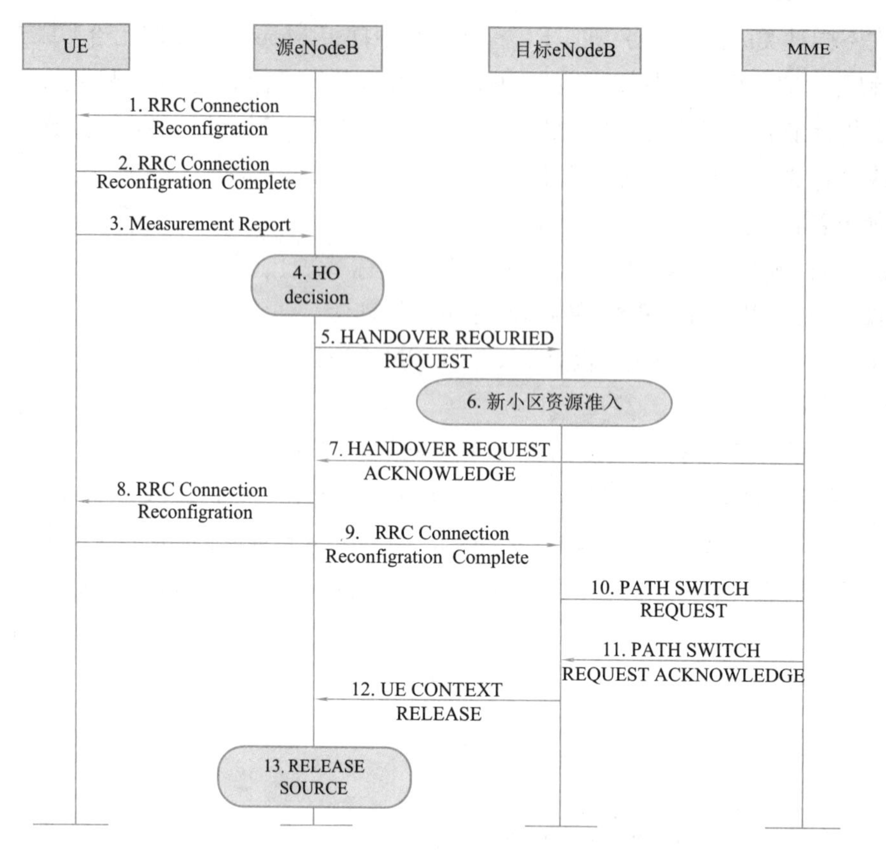

图 3.38 LTE X2 切换流程

X2 切换流程说明:其中步骤 1～7 为切换准备阶段,步骤 8 和步骤 9 为切换执行阶段,步骤 10～13 为切换完成阶段。

①在接到测量报告后需要先通过 X2 接口向目标小区发送切换申请(目标小区是否存在接入资源)。

②得到目标小区反馈后(此时目标小区资源准备已完成)才会向终端发送切换命令,并向目标侧发送带有数据包缓存、数据包缓存号等信息的 SNStatus Transfer 消息。

③待 UE 在目标小区接入后,目标小区会向核心网发送路径更换请求,目的是通知核心网将终端的业务转移到目标小区,更新用户面和控制面的节点关系。

④在切换成功后,目标 eNodeB 通知源 eNodeB 释放无线资源。X2 切换优先级大于 S1 切换,保证了切换时延更短,用户感知更好。

(5)S1 切换流程(见图 3.39)

S1 切换流程与 X2 切换类似,只不过所有的站间交互信令及数据转发都需要通过 S1 口到核心网进行转发,时延比 X2 口略大。协议 36.300 中规定 eNodeB 间切换一般都要通过 X2 接口进行,但当如下条件中的任何一个成立时则会触发 S1 接口的 eNodeB 间切换:

①源 eNodeB 和目标 eNodeB 之间不存在 X2 接口。

②源 eNodeB 尝试通过 X2 接口切换,但被目标 eNodeB 拒绝。

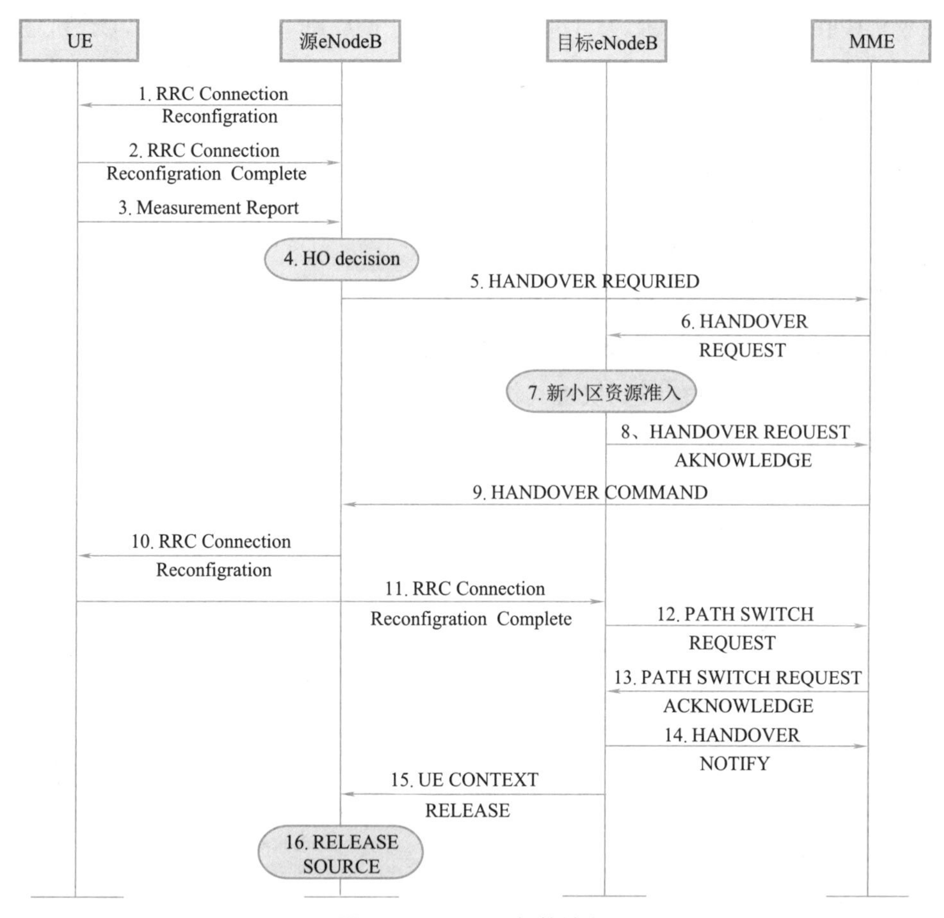

图 3.39　LTE S1 切换流程

S1 切换流程说明：其中步骤 1～9 为切换准备过程，步骤 10 和步骤 11 为切换执行过程，步骤 12～16 为切换完成过程。

从 LTE 网络结构来看，可以把两个 eNodeB 与 MME 之间的 S1 接口连同 MME 实体看作是一个逻辑 X2 接口。相较于通过 X2 接口的流程，通过 S1 接口切换的流程在切换准备过程和切换完成过程有所不同。

(6)异系统切换简介

E-UTRAN 的系统间切换可采用 GERAN 与 UTRAN 系统间切换相同的原则。

E-UTRAN 的系统间切换可采用以下原则：

①系统间切换是源接入系统网络控制的。源接入系统决定启动切换准备并按目标系统要求的格式提供必要的信息。也就是说，源系统去适配目标系统。真正的切换执行过程由源系统控制。

②系统间切换是一种后向切换，也就是说，目标 3GPP 接入系统中的无线资源在 UE 收到从源系统切换到目标系统的切换命令前已经准备就绪。

③为实现后向切换，当接入网(RAN)级接口不可用时，将使用核心网(CN)级控制接口。

异系统切换的情形发生在 UE 在 LTE 小区与非 LTE 小区之间的切换，切换过程中涉及的信令流主要集中在核心网。以 UE 从 UTRAN 切换到 E-UTRAN 为例说明，UE 所在的 RNC 向 UTRAN 的 SGSN 发送切换请求，SGSN 需要与 LTE 的 MME 之间进行消息交互，为业务在 E-UTRAN 上创建承载，同时需要 UE 具备双模功能，使 UE 的空口切换到 E-UTRAN 上来，最后再由 MME 通知 SGSN 释放源 UTRAN 上的业务承载。

6)LTE 专用承载流程

(1)LTE 专用承载建立流程(见图 3.40)

专用承载可以是 GBR 承载也可以是 Non-GBR 承载，专用承载建立流程可以为专用承载分配资源。E-RAB 承载必须在 UE RRC CONNECTED 态下执行；UE 和 EPC 均可发起，eNodeB 不可发起；UE 发起时，EPC 仅将其作为参考，有权接受或拒绝。当 EPC 接受时，可回复承载建立、修改流程。

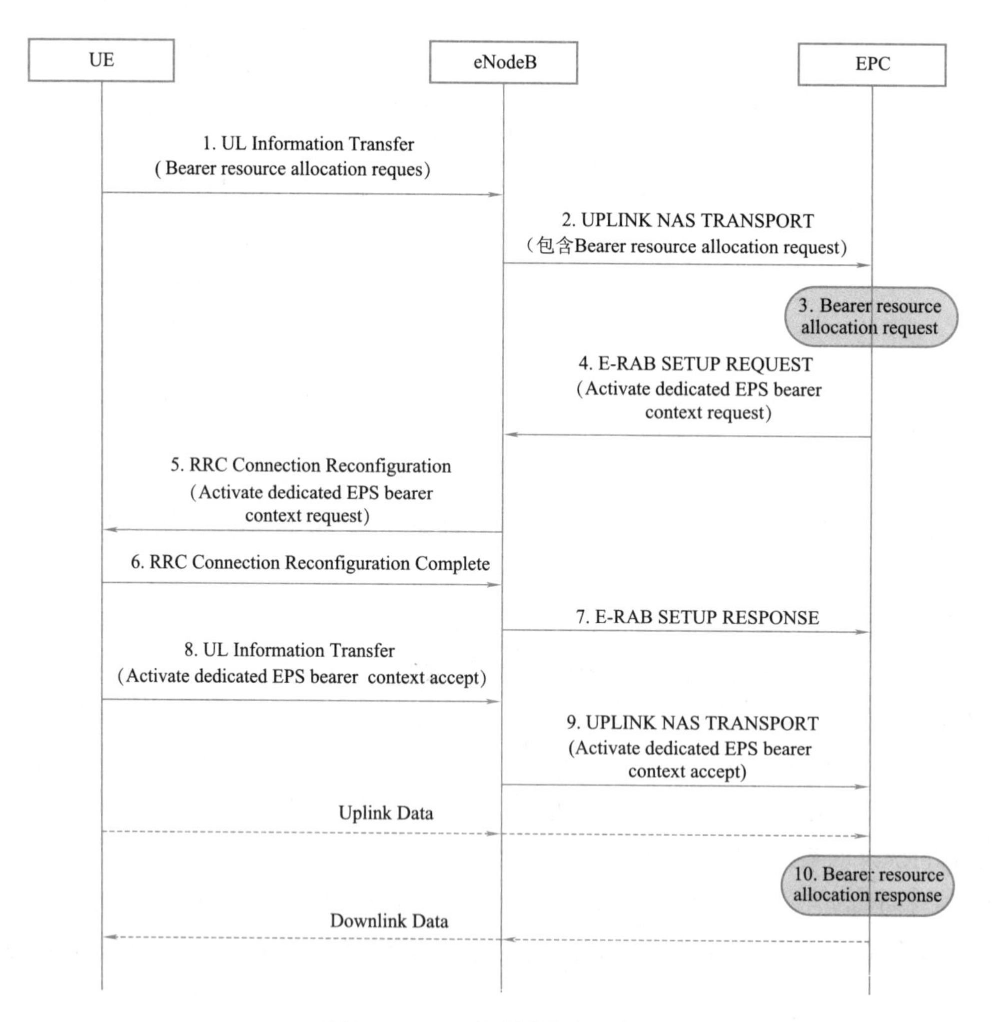

图 3.40　LTE 专用承载建立流程

专用承载建立过程如下：

①PDN-GW 根据 QoS 策略制定该 EPS 承载的 QoS 参数。

②S-GW 向 eNodeB 发送承载建立请求，包含 IMSI、QoS、TFT、TEID、LBI 等。

③MME 向 eNodeB 发送 E-RAB 建立请求，包含 E-RAB ID、QoS、S-GW TEID。

④eNodeB 接收建立请求消息后，建立数据无线承载。

⑤eNodeB 返回 E-RAB 建立响应消息，E-RAB 建立列表信息中包含成功建立的承载信息，E-RAB建立失败列表消息中包含没有成功建立的承载消息。

(2)LTE 专用承载修改流程(见图 3.41)

E-RAB 修改过程由 MME 发起，用于修改已经建立承载的配置。E-RAB 修改也必须在 CONNECTED 态下执行；UE 和 EPC 均可发起，eNodeB 不可发起；分为修改 QoS 和不修改 QoS 两种类型；UE 发起时，EPC 可回复承载建立、修改、释放流程。

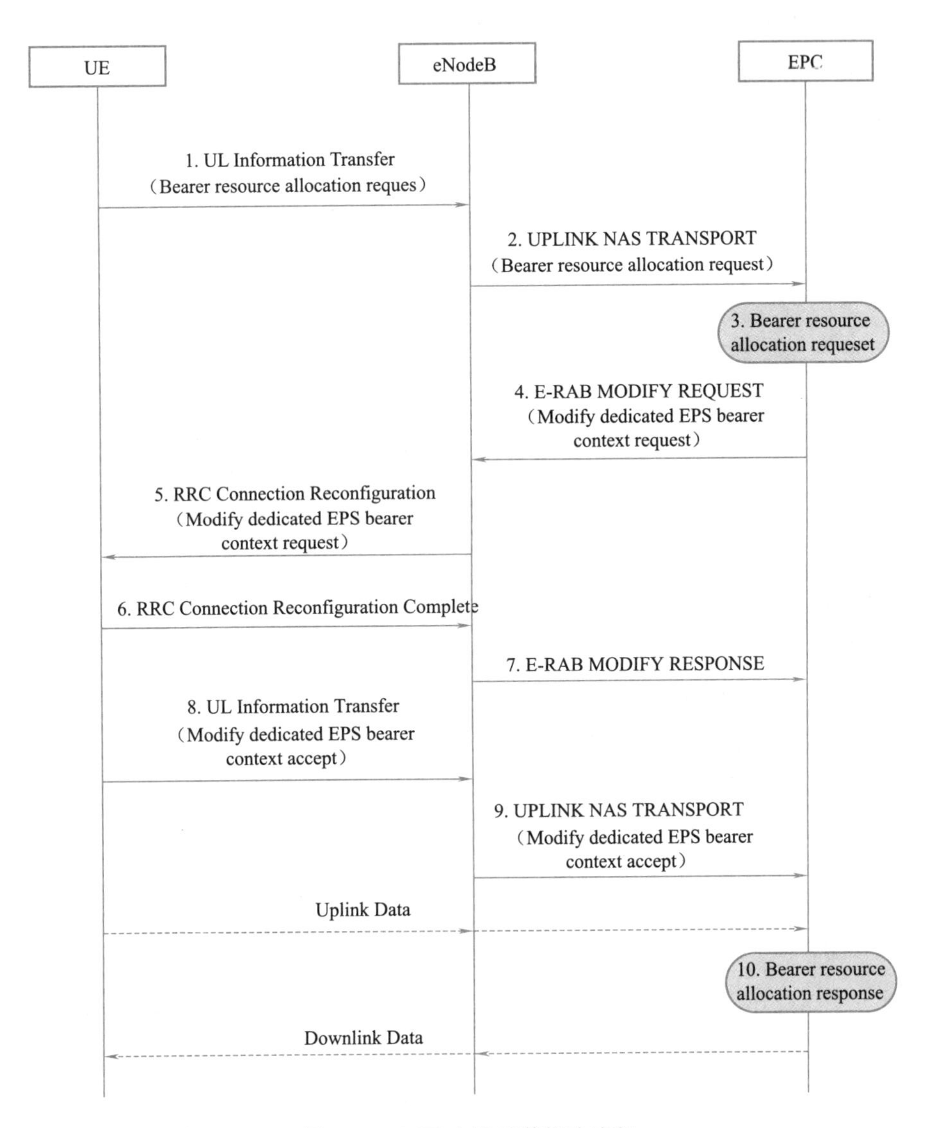

图 3.41　LTE 专用承载修改流程

专用承载修改过程如下：

①P-GW 发起承载修改请求，S-GW 将其发给 MME。

②MME 向 eNodeB 发送 E-RAB 修改请求消息，修改一个或多个承载，E-RAB 修改列表信息包含每个承载的 QoS。

③eNodeB 接收到 E-RAB 修改请求消息后，修改数据无线承载。

④eNodeB 返回 E-RAB 修改响应消息，E-RAB 修改列表信息中包含成功修改的承载信息，E-RAB修改失败列表消息中包含没有成功修改的承载消息。

(3)LTE 专用承载释放流程(见图 3.42)

UE 或 MME 均可发起对 PDN 连接释放的请求，此时可以删除该 PDN 下的专用承载(不包括默认承载)。PDN GW 和 MME 均可发起对 E-RAB 的释放流程；对于 PDN GW 发起的承载释放，可释放专用承载或该 PDN 地址下的所有承载；对于 MME 发起的承载释放，可释放某一专用承载，但不能释放该 PDN 下的默认承载。

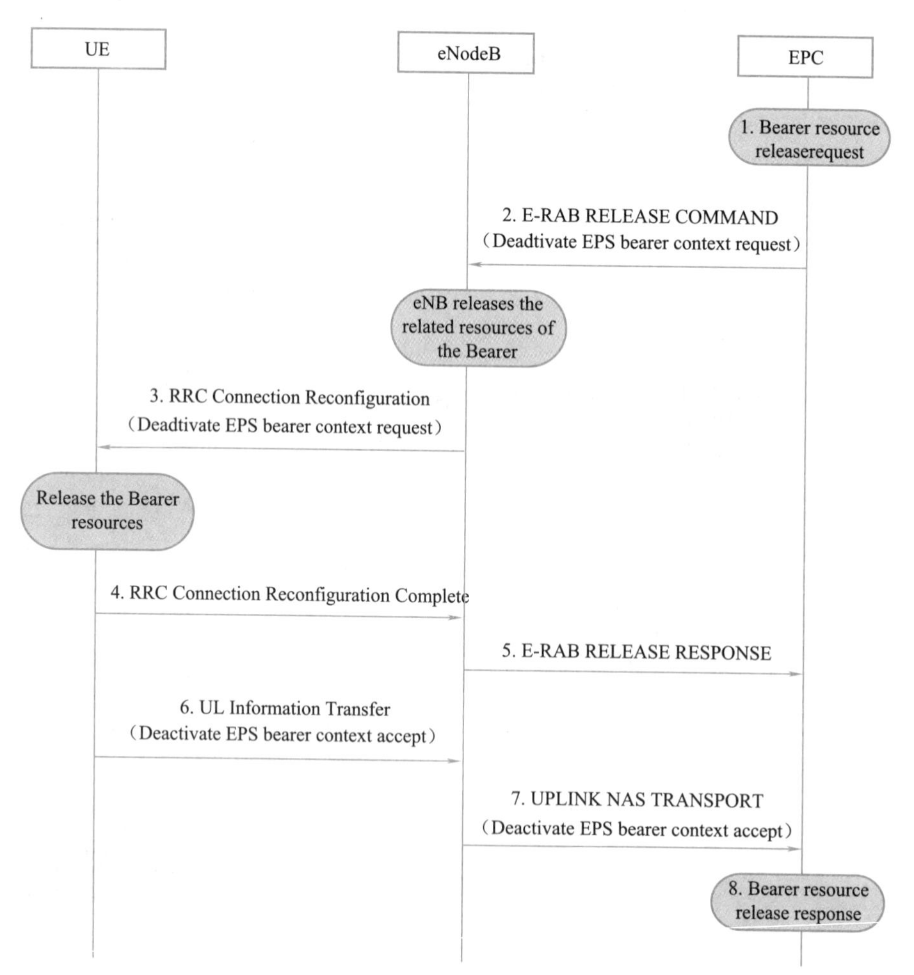

图 3.42 LTE 专用承载释放流程

无论 P-GW 或 MME 发起的释放过程，由 MME 向 eNodeB 发送 E-RAB 释放命令消息，释放一个或多个承载的 S1 和 Uu 接口资源；eNodeB 接收到 E-RAB 释放命令消息后，释放每一个承载的 S1 接口资源、Uu 接口上的资源和数据无线承载。

二、进行 LTE 接入专题优化

1. 熟悉 UE 开机流程与随机接入

1)手机搜索与同步流程

我们的 LTE 终端从开机到进入空闲态或者业务态都需要进行小区搜索与同步，请在学习小区搜索与同步流程之前，思考为什么要进行搜索与同步流程。

手机开机后，首先进行小区搜索，选择适合的小区驻留，然后进行下行同步，读取广播消息主信息块 MIB，然后读取 SIB 信息，读取到广播消息后手机需要到核心网注册，所以先进行上行同步过程，与基站进行上行同步，然后发起随机接入流程，如图 3.43 所示。

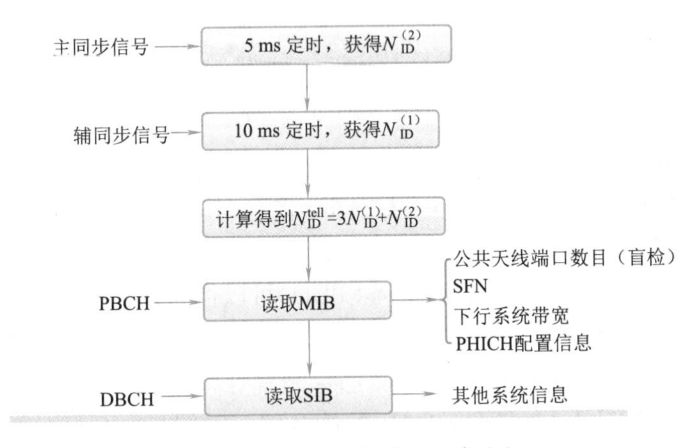

图 3.43　LTE 小区搜索与同步流程

小区搜索过程中的同步采用两步法同步，所谓的两步法同步是指首先通过 PSS 获得符号级同步，得到扇区标识；在符号同步的基础上，通过 SSS 获得无线帧同步，获得小区组标识。然后通过 PCI＝3×SSS＋PSS 获得小区标识。小区搜索与同步的具体流程如下：

(1)第一步

UE 开机后如果保存了上次关机时的频点和运营商信息，会首次在上次驻留的小区上进行尝试。如果 UE 在扫描的中心频点上没有发现小区，就会在划分给 LTE 系统的频带上做全频带扫描。当 UE 确定了中心频点以后，就在这个中心频点周围接收 PSS，PSS 信号被接收到后，可以得到小区的扇区标识。但是一个系统帧内有两个 PSS，且这两个 PSS 是相同的，因此 UE 不知道解出的 PSS 是哪个，所以只能得到 5 ms 时隙同步。

(2)第二步

UE 在完成 5 ms 时隙同步后，在 PSS 基础上向前搜索 SSS。UE 在检测到 SSS 之前，还不知道该小区是工作在 FDD 还是 TDD 模式下。如果 UE 同时支持 FDD 和 TDD，则会在两个可能的位置上去尝试解码 SSS。如果在 PSS 的前一个 symbol 上检测到 SSS，则小区工作在 FDD 模式下；如果在 PSS 的前 3 个 symbol 上检测到 SSS，则小区工作在 TDD 模式下。如果 UE 只支持 FDD 或 TDD，则只会在相应的位置上去检测 SSS，如果检测不到，则认为不能接入该小区，如图 3.44 所示。

检测到 SSS 后就可以确定 10 ms 的边界，实现帧同步，同时 SSS 携带小区组标识参数，再由之前的 PSS 携带的扇区标识参数，根据 PCI＝3×SSS＋PSS 获得小区标识，至此 UE 可以得知完整的小区 PCI。

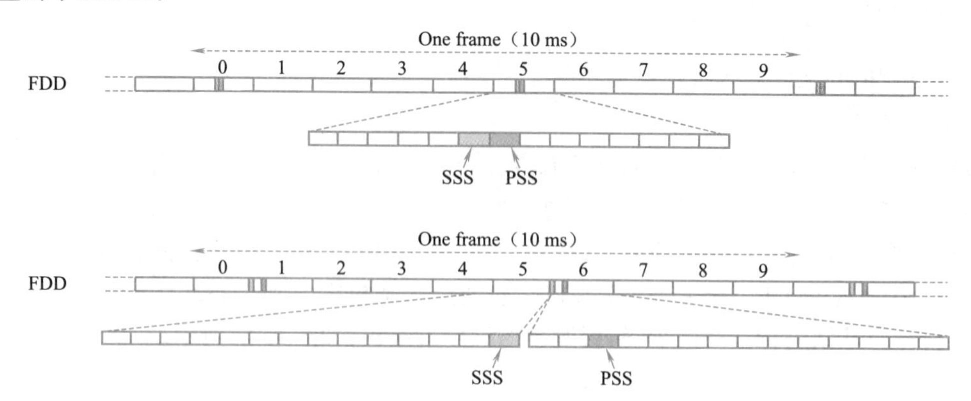

图 3.44 FDD-LTE 与 TDD-LTE 系统中 PSS 与 SSS 的位置

(3)第三步

UE 在获得帧同步后可以通过解调参考信号完成时隙与频率的精确同步，同时为解调物理广播信道(PBCH)做信道估计。PBCH 一共 24 bit 信息，其中 3 bit 用于指示 6 种可能带宽，3 bit 用于说明 PHICH 配置，8 bit 用于广播系统帧号，预留 10bit 的空闲位。另外，系统的天线端口数隐含在 PBCH 的 CRC 中，所以通过解调 PBCH，可以得到系统帧号、带宽信息、PHICH 的配置以及天线配置，这些系统信息，称为 MIB(Master Information Block，主信息块)。

(4)第四步

在接收了 PBCH 后，UE 已经完成了与 eNodeB 的定时同步，但是完成最终的小区搜索还需要进一步接收通过 DL-SCH 传输的不同系统信息块(System Information Blocks，SIB)。一个子帧中有关 DL-SCH 的系统信息的出现与否是通过被标记为特别系统信息 RNTI(SI-TNTI)的相关 PDCCH 传输来指示的。为了接收 SIB，首先要接收 PCFICH，根据小区的 PCI 可以算出 PCFICH 在频域的起始位置和分布情况，对 PCFICH 解码后可以知道 PDCCH 的占用 OFDM 数目。检测 PDCCH 的 CRC 中的 RNTI，如果为 SI-RNTI，则说明后面的 PDSCH 是一个 SIB，于是接收 PDSCH，译码后将 SIB 上报给高层协议栈，由 RRC 来判断是否接收到足够的 SIB，等接收到足够的 SIB 后结束整个小区搜索与同步过程。

系统消息广播的内容被划分为多个系统信息块，但是有一个“块”另外给起了个名字：主信息块(MIB)。因此系统广播信息就被划分为 MIB＋several SIBs，如图 3.45 所示。

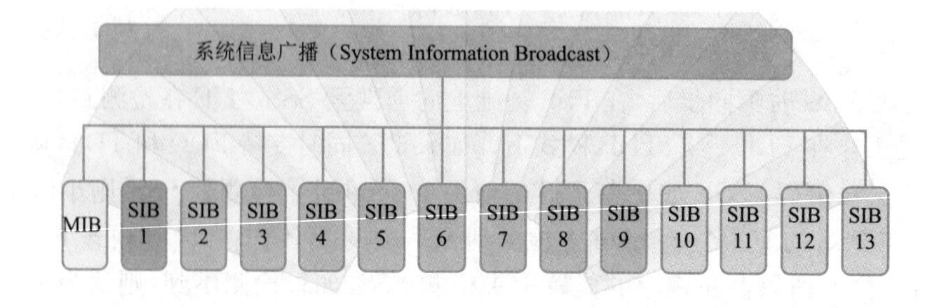

图 3.45 系统信息块的分类

主信息块与系统信息块携带的具体内容如图 3.46 所示。

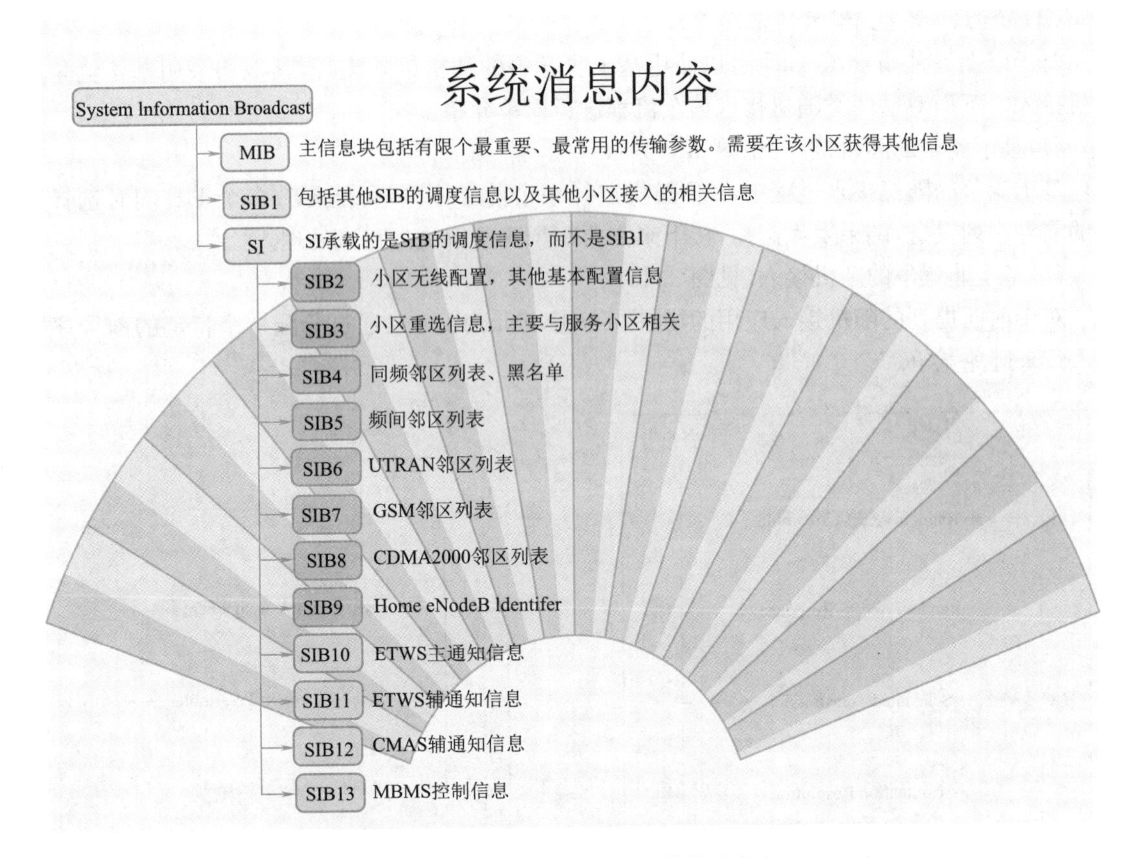

图 3.46 MIB 与 SIB 信息块携带的内容

2)随机接入流程

随机接入是 UE 与网络之间建立无线链路的必经过程。只有随机接入完成后，UE 与 eNodeB才能进行信息交互，完成诸如呼叫、资源请求、数据传输等操作。

随机接入过程分为基于竞争和基于非竞争的随机接入过程，随机接入的目的是：

请求初始接入：

①从空闲状态向连接状态转换。

②支持 eNodeB 之间的切换过程。

③取得/恢复上行同步。

④向 eNodeB 请求 UE ID。

⑤向 eNodeB 发出上行发送的资源请求。

在下面几种情况下，会发起随机接入过程：

①在 RRC_IDLE 状态时，发起的初始接入。

②在 RRC_CONNECTED 状态时，发起的连接重建立处理。

③小区切换过程中的随机接入。

④在 RRC_CONNECTED 状态时，下行数据到达发起的随机接入；如上行失步。

⑤在 RRC_CONNECTED 状态时，上行数据到达发起的随机接入；如上行失步或 SR 使用

PUCCH 资源(SR 达到最大传输次数)。

对于以上五种场景,③和④可以使用基于非竞争的随机接入流程,其他均采用基于竞争的随机接入。下面对这两类随机接入信令流程进行简单介绍。

(1)基于竞争的随机接入(见图 3.47)

基于竞争的随机接入过程中,UE 随机选择一个前导序列,可能导致多个 UE 同时选择相同的前导序列发送,结果发生碰撞,接下来需要一个竞争解决过程来处理。

(2)基于非竞争的随机接入(见图 3.48)

对于前面提到的随机接入应用的场景③和④,eNodeB 可以通过分配一个特定的前导序列给 UE 来避免竞争。

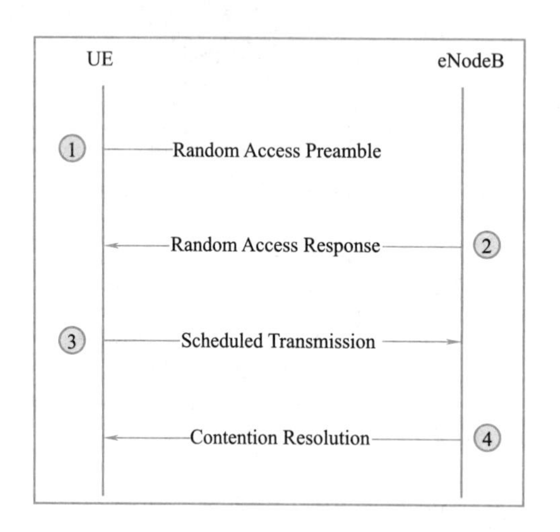

图 3.47 基于竞争的随机接入流程

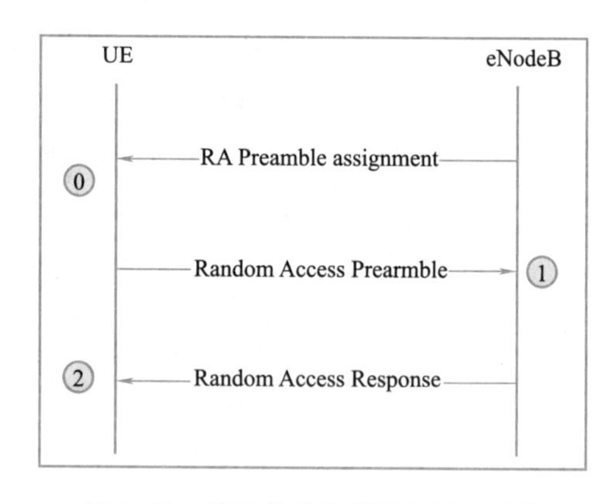

图 3.48 基于非竞争的随机接入流程

(3)竞争型和非竞争随机接入过程的区别

非竞争随机接入有 dedicate preamble 的下发,而竞争型随机接入没有 dedicate preamble 的下发。

非竞争随机接入分为三步,竞争型随机接入分四步。

2. LTE 初始接入流程

1)初始接入信令流程

UE 选择合适的小区进行驻留以后,就可以发起初始的随机接入过程。

LTE 中随机接入是一个基本的功能,UE 只有通过随机接入过程,与系统的上行同步以后,才能被系统调度来进行上行的传输。LTE 中的随机接入分为基于竞争的随机接入和基于无竞争的随机接入两种形式。初始的随机接入过程,是一种基于竞争的接入过程,可分为四个步骤:

①前导序列传输。

②随机接入响应。

③Msg 3 发送(RRC Connection Request)。

④冲突解决消息。

所谓 Msg3,其实就是第三条消息,因为在随机接入的过程中,这些消息的内容不固定,有时可能携带的是 RRC 连接请求,有时可能会携带一些控制消息甚至业务数据包,因此简称 Msg3。

(1)第一步:随机接入前导序列传输

LTE 中,每个小区有 64 个随机接入的前导序列,分别被用于基于竞争的随机接入(如初始接入)和基于非竞争的随机接入(如切换时的接入)。其中,用于竞争的随机接入的前导序列的数目个数为 number of RA-Preambles,在 SIB2 系统消息中广播。

用于竞争的随机前导序列,又被分为 GroupA 和 GroupB 两组。其中 GroupA 的数目由参数 preamblesGroupA 来决定,如果 GroupA 的数目和用于竞争的随机前导序列的总数的数目相等,就意味着 GroupB 不存在。GroupA 和 GroupB 的主要区别在于将要在 Msg3 中传输的信息的大小,由参数 messageSizeGroupA 表示。在 GroupB 存在的情况下,如果所要传输的信息的长度(加上 MAC 头部、MAC 控制单元等)大于 messageSizeGroupA,并且 UE 能够满足发射功率的条件下,UE 就会选择 GroupB 中的前导序列。

所谓 UE 满足发射功率指的是 UE 的路损＞PCMAX-preambleInitial Received TargetPower-deltaPreambleMsg3-messagePowerOffsetGroupB(36.321)。UE 通过选择 GroupA 或者 GroupB 里面的前导序列,可以隐式地通知 eNodeB 其将要传输的 Msg3 的大小。eNodeB 可以据此分配相应的上行资源,从而避免了资源浪费。eNodeB 通过 preamble initial Received Target Power 通知 UE 其所期待接收到的前导序列功率,UE 根据此目标值和下行的路径损耗,通过开环功控来设置初始的前导序列发射功率。

下行的路径损耗,可以通过 RSRP 的平均来得到。这样可以使得 eNodeB 接收到的前导序列功率与路径损耗基本无关,从而利于 NodeB 探测出在相同的时间一频率资源上发送的接入前导序列。发送了接入前导序列以后,UE 需要监听 PDCCH 信道,是否存在 eNodeB 回复的 RAR(Random Access Response)消息,RAR 的时间窗是从 UE 发送了前导序列的子帧加 3 个子帧开始,长度为 Ra-Response WindowSize 个子帧。如果在此时间内没有接收到回复给自己的 RAR,就认为此次接入失败。

如果初始接入过程失败,但是还没有达到最大尝试次数(preamble TransMax),那么 UE 可以在上次发射功率的基础上,功率提升 powerRampingStep,来发送此次前导,从而提高发送成功的机率。在 LTE 系统中,由于随机前导序列一般与其他的上行传输是正交的,因此,相对于 WCDMA 系统,初始前导序列的功率要求相对宽松一些,初始前导序列成功的可能性也高一些。

(2)第二步:随机接入响应(RAR)

当 eNodeB 检测到 UE 发送的前导序列,就会在 DL-SCH 上发送一个响应,包含:检测到的前导序列的索引号、用于上行同步的时间调整信息、初始的上行资源分配(用于发送随后的 Msg3),以及一个临时 C-RNTI,此临时的 C-RNT 将在步骤四(冲突解决)中决定是否转换为永久的 C-RNTI。UE 需要在 PDCCH 上使用 RA-RNTI(Random Access RNTI)来监听 RAR 消息。

$$\text{RA-RNTI}=1+t\_id+10\times f\_id$$

其中:

t_id:发送前导的 PRACH 的第一个 subframe 索引号($0\leqslant t\_id<10$)。

f_id:在这 subframe 里的 PRACH 索引,也就是频域位置索引,($0\leqslant f-id\leqslant 6$),不过对于 FDD 系统来说,只有一个频域位置,因此 f_id 永远为零。

RA-RNTI 与 UE 发送前导序列的时频位置一一对应。UE 和 eNodeB 可以分别计算出前导序列对应的 RA-RNTI 值。UE 监听 PDCCH 信道以 RA－RNTI 表征的 RAR 消息，并解码相应的 PDSCH 信道，如果 RAR 中前导序列索引与 UE 自己发送的前导序列相同，那么 UE 就采用 RAR 中的上行时间调整信息，并启动相应的冲突调整过程。

在 RAR 消息中，还可能存在一个 backoff 指示，指示了 UE 重传前导的等待时间范围。如果 UE 在规定的时间范围以内，没有收到任何 RAR 消息，或者 RAR 消息中的前导序列索引与自己的不符，则认为此次的前导接入失败。UE 需要推迟一段时间，才能进行下一次的前导接入。推迟的时间范围，就由 back off indictor 来指示，UE 可以在 0 到 BackoffIndicator 之间随机取值。这样的设计可以减少 UE 在相同时间再次发送前导序列的几率。

(3)第三步：Msg3 发送(RRC Connection Request)

UE 接收到 RAR 消息，获得上行的时间同步和上行资源。但此时并不能确定 RAR 消息是发送给 UE 自己而不是发送给其他的 UE。由于 UE 的前导序列是从公共资源中随机选取的，因此，存在不同的 UE 在相同的时间－频率资源上发送相同的接入前导序列的可能性。这样，它们就会通过相同的 RA-RNTI 接收到同样的 RAR。而且，UE 也无从知道是否有其他 UE 在使用相同的资源进行随机接入。为此，UE 需要通过随后的 Msg3 和 Msg4 消息，来解决这样的随机接入冲突。

Msg3 是第一条基于上行调度，通过 HARQ(Hybrid Automatic Repeat request)在 PUSCH 上传输的消息。其最大重传次数由 maxHARQ-Msg3TX 定义。在初始的随机接入中，Msg3 中传输的是 RRC Connection Request。如果不同的 UE 接收到相同的 RAR 消息，那么它们就会获得相同的上行资源，同时发送 Msg3 消息。为了区分不同的 UE，在 Msg3 中会携带一个 UE 特定的 ID，用于区分不同的 UE。在初始接入的情况下，这个 ID 可以是 UE 的 S-TMSI(如果存在的话)或者随机生成的一个 40 位的值(可以认为，不同 UE 随机生成相同的 40 位值的可能性非常小)。UE 在发完 Msg3 消息后就要立刻启动竞争消除定时器 mac-ContentionResolutionTimer(而随后每一次重传消息都要重启这个定时器)，UE 需要在此时间内监听 eNodeB 返回给自己的冲突解决消息。

(4)第四步：冲突解决消息

如果在 mac-ContentionResolutionTimer 时间内，UE 接收到 eNodeB 返回的 Contention-Resolution 消息，并且其中携带的 UE ID 与自己在 Msg3 中上报给 eNodeB 的相符，那么 UE 就认为自己赢得了此次的随机接入冲突，随机接入成功。并将在 RAR 消息中得到的临时 C-RNTI 置为自己的 C-RNTI。否则，UE 认为此次接入失败，并按照上面所述的规则进行随机接入的重传过程。值得注意的是，冲突解决消息 Msg4，也是基于 HARQ 的。只有赢得冲突的 UE 才发送 ACK 值，失去冲突或无法解码 Msg4 的 UE 不发送任何反馈消息。

初始接入具体信令流程如图 3.49 所示。

消息 1～5 随机接入过程，建立 RRC 连接。

消息 6～9 初始直传建立 S1 连接，完成这些过程即标志着 NAS signalling connection 建立完成。

消息 10～12UE Capability Enquiry 过程。

消息 13～14 安全模式控制过程。

消息 15～17 RRC Connection Reconfiguation，E-RAB 建立过程。

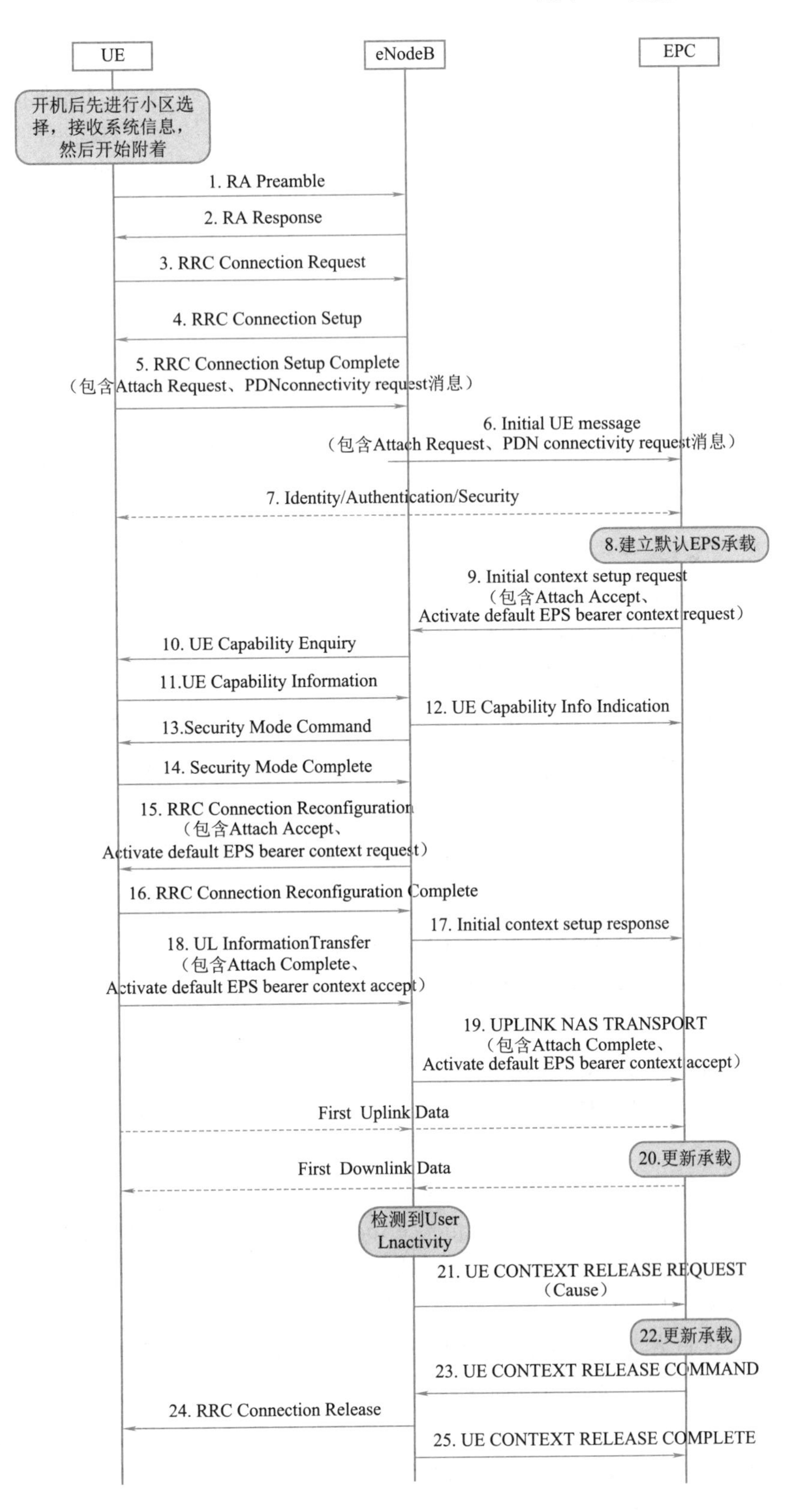

图 3.49　初始接入信令流程图

2)随机接入信令 IE 查看

在 LTE 系统中,随机接入过程直接影响接入时延,以下着重介绍 PRACH 相关信元的查看。

随机接入开始之前需要对接入参数进行初始化,此时物理层接受来自高层的参数、随机接入信道的参数以及产生前导序列的参数,UE 通过广播信息获取 PRACH 的基本配置信息。

RACH 所需的信息在 SIB2 的公共无线资源配置信息(radio Resource Config Common)发送,如图 3.50 所示。

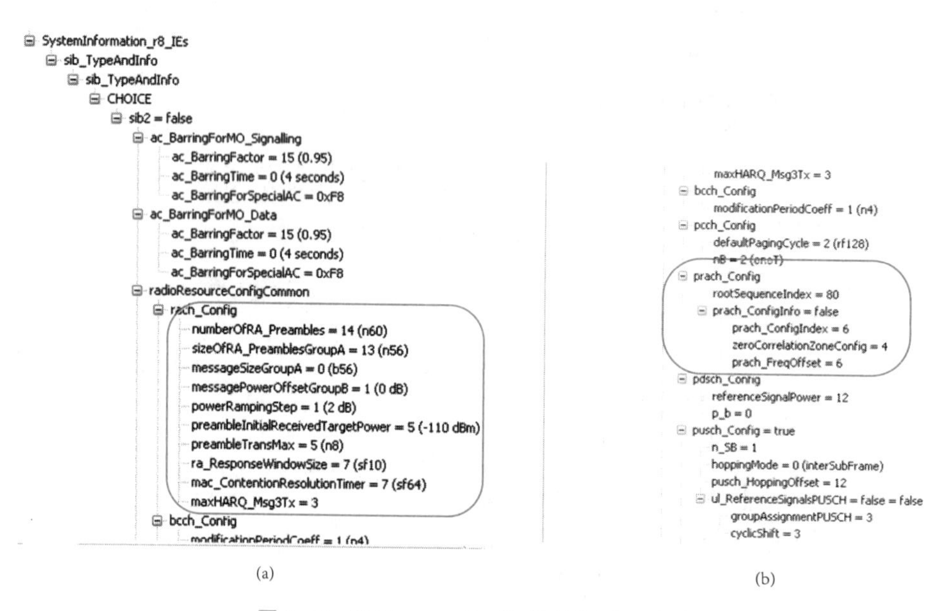

图 3.50 SIB2 rach_Config 和 SIB2 Prach_Config

图 3.50 主要包含以下参数信息:

①基于竞争的随机接入前导的签名个数 60,可用前导个数。

②Group A 中前导签名个数 56,中心用户可用的前导个数。

③PRACH 的功率攀升步长 Power Ramp Step 2 dB。

④PRACH 初始前缀目标接收功率。

PREAMBLE_INITIAL_RECEIVED_TARGET_POWER:−110 dBm,基站侧期望接收到的 PRACH 功率。

⑤PRACH 前缀重传的最大次数 PREAMBLE_TRANS_MAX 8。

⑥本小区的逻辑根序列索引 root Sequence Index 80,该参数为规划参数。

⑦随机接入前缀的发送配置索引 Prach Config Index 6。

⑧循环移位的索引参数 zeroCorrelationZoneconfig 4。

UE 获取 PRACH 相关配置后,发起随机接入,在 Msg1 消息中可以检验 UE 是否按照系统消息携带的参数进行随机接入,如图 3.51 所示。

根据小区下发的 PRACH config,UE 采用随机接入前导序列为 49,根序列为 649 进行接入。可以看到 UE 采用前导序列 format0,随机接入请求在系统帧 907\子帧 2 上发送,随机接入响应的接收窗从 SFN\SF:907\5 到 SFN\SF:908\5,窗长为 10 ms,与“随机接入响应窗口 RA-Response Window Size”配置 10sf 一致。

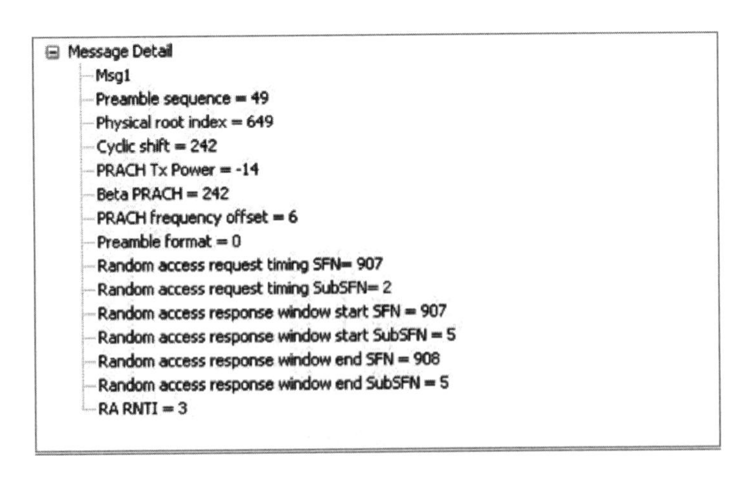
Message Detail
- Msg1
- Preamble sequence = 49
- Physical root index = 649
- Cyclic shift = 242
- PRACH Tx Power = -14
- Beta PRACH = 242
- PRACH frequency offset = 6
- Preamble format = 0
- Random access request timing SFN= 907
- Random access request timing SubSFN= 2
- Random access response window start SFN = 907
- Random access response window start SubSFN = 5
- Random access response window end SFN = 908
- Random access response window end SubSFN = 5
- RA RNTI = 3

图 3.51　CNT 中 Msg1 截图

3. 区分 LTE 接入问题类型

根据初始接入的信令流程分解 UE 接入过程为三个阶段：RRC 建立过程，初始直传和安全模式控制，E-RAB 建立过程。目前，E-RAB 建立几乎没有失败的现象，而随机接入过程出现的问题较多，导致 RRC 连接无响应，引起起呼失败。

1)随机接入问题分析(见图 3.52)

随机接入分为基于冲突的随机接入和基于非冲突的随机接入两个流程，其区别为针对两种流程选择随机接入前缀的方式。前者为 UE 从基于冲突的随机接入前缀中依照一定算法随机选择一个随机前缀；后者是基站侧通过下行专用信令给 UE 指派非冲突的随机接入前缀。初始接入采用基于竞争的随机接入(见图 3.53)，切换采用非竞争的随机接入。

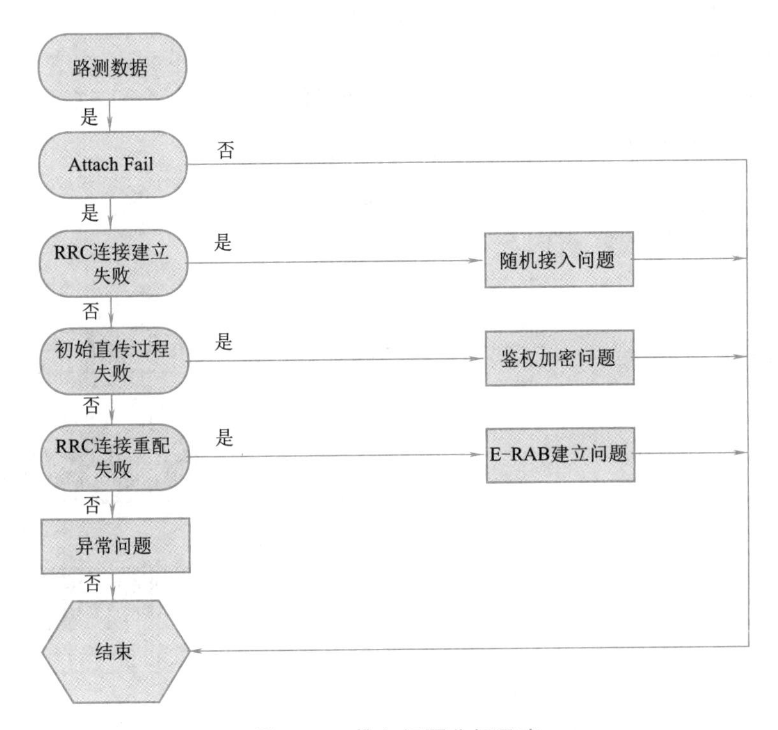

图 3.52　接入问题分析思路

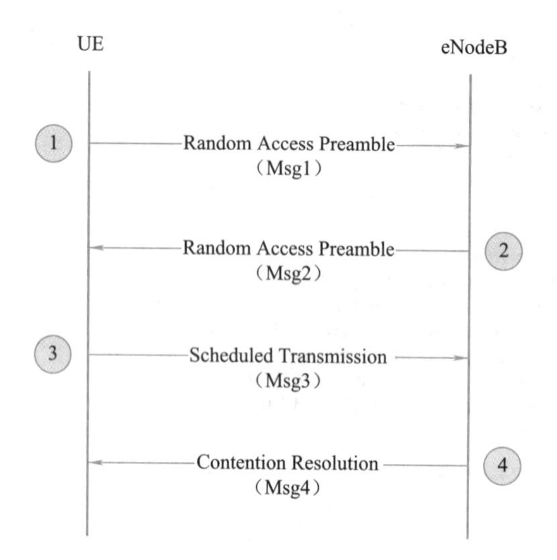

图 3.53 基于竞争的随机接入

Msg1：UE 在 PRACH 上发送随机接入前缀。

Msg2：ENB 的 MAC 层产生随机接入响应，并在 PDSCH 上发送。

Msg3：UE 的 RRC 层产生 RRC Connection Request 并映射到 PUSCH 上发送。

Msg4：RRC Connection Setuo 由 eNodeB 的 RRC 层产生，并映射到 PDSCH 上发送。

至此，基于竞争的随机接入冲突解决完成，UE 的 RRC 层生成 RRC Connection Set up Complete 并发往 eNodeB。从前台 UE 侧角度分析随机接入失败发生的阶段：

Msg1 发送后是否收到 Msg2。

Msg3 是否发送成功。

Msg4 是否正确接收。

（1）Msg1 发送后是否收到 Msg2（见图 3.54）

UE 发出 Msg1 后未收到 Msg2，UE 按照 Prach 发送周期对 Msg1 进行重发。若收不到 Msg2 的 PDCCH，可分别对上行和下行进行分析。

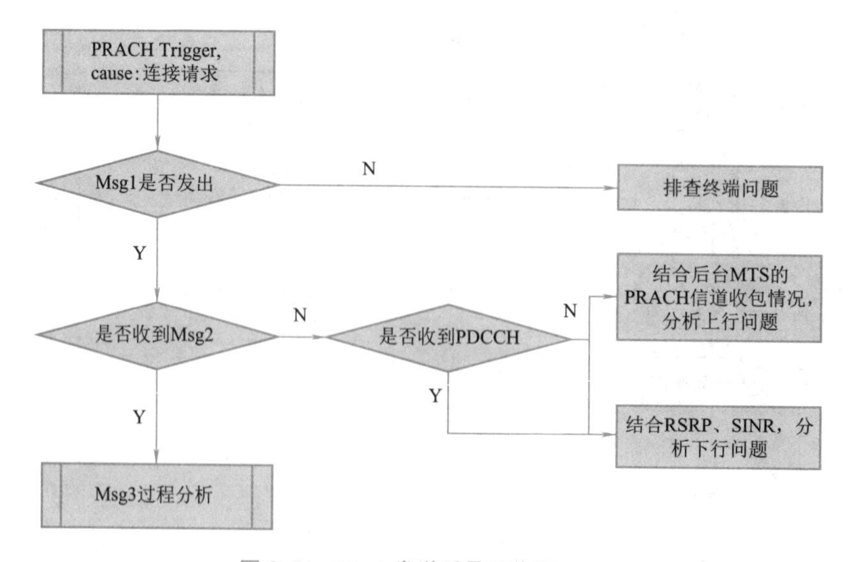

图 3.54 Msg1 发送后是否收到 Msg2

上行：

①结合后台 MTS 的 PRACH 信道收包情况，确认上行是否收到 Msg1。

②检查 MTS 上行通道的接收功率是否＞－99 dBm，若持续超过－99 dBm，解决上行干扰问题，比如是否存在 GPS 交叉时隙干扰。

③PRACH 相关参数调整：提高 PRACH 期望接收功率，增大 PRACH 的功率攀升步长，降低 PRACH 绝对前缀的检测门限。

下行：

①UE 侧收不到以 RA_RNTI 加扰的 PDCCH，检查下行 RSRP 是否＞－119 dBm，SINR＞－3 dB，下行覆盖问题通过调整工程参数、RS 功率、PCI 等改善。

②PDCCH 相关参数调整，如增大公共空间 CCE 聚合度初始值。

(2)Msg3 是否发送成功(见图 3.55)

根据随机接入流程，UE 收到 Msg2 后若没有发出 Msg3，检查 Msg2 带的授权信息是否正确；若 UE 已发出 Msg3 的 PUSCH，结合基站侧信令查看 eNodeB 是否收到 RRC Connection Request，若基站侧已发出 RRC Connection Setup 前台未收到，进行 Msg4 过程分析；若基站侧 RRC Connection Request 未收到，说明上行存在问题。

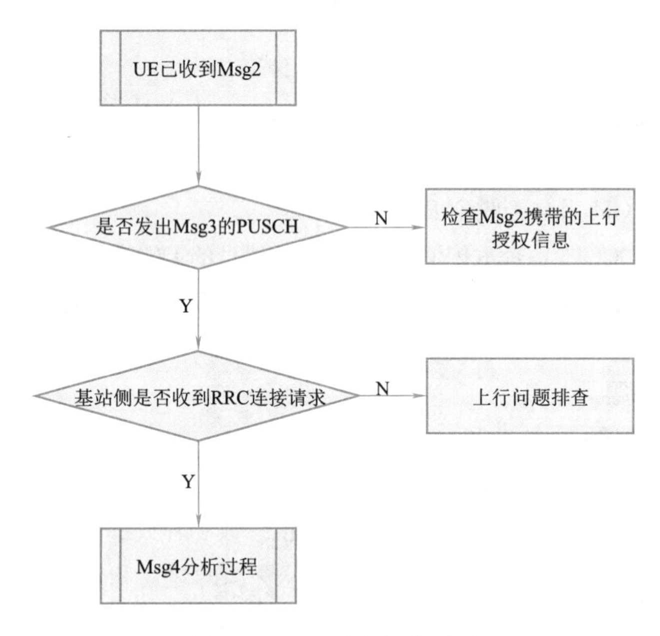

图 3.55　Msg3 是否发送成功

①检查 MTS 上行通道的接收功率是否＞－99 dBm，若持续超过－99 dBm，解决上行干扰问题。

②检查 RAR 中携带的 Msg3 功率参数是否合适，调整 Msg3 发送的功率。

(3)Msg4 是否正确接收(见图 3.56)

在随机接入过程中出现 Msg4 fail，失败原因是 failure at Msg4 due to CT timer expired。CT timer 即冲突检测定时器，UE 发出 Msg3 后开启 CT timer 等待冲突解决 Msg4，若定时器

到期时仍未收到 Msg4 触发随机接入失败。

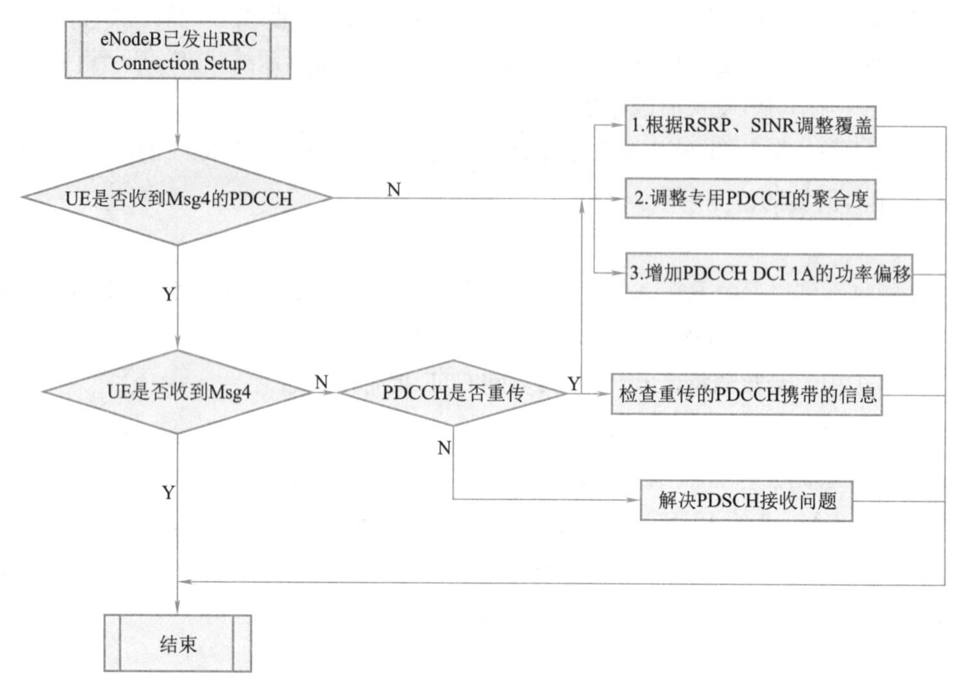

图 3.56 Msg4 是否正确接收

①UE 是否收到 PDCCH，若没有收到 PDCCH，从下行信号分析及参数两方面解决 PDCCH 接收问题。

② 多次收到 PDCCH 后是否收到 PDSCH?

a. 确认收到的 PDCCH 是否重传消息，检查重传消息的 DCI 格式填写是否正确。

b. PDSCH 收不到，检查 PDSCH 采用的 MCS、检查 PA 参数配置，适当增大 PDSCH 的 RB 分配数。

2)E-RAB 建立问题

(1)E-RAB 相关概念(见图 3.57)

当 UE 处于连接状态，即在 eNodeB 中建立了 UE 上下文后，可为用户平面的传输建立、修改和释放 E-UTRAN 资源。在 LTE 中，资源的分配、修改和释放都由网络控制，而且 bearer(承载)所对应的 QoS 也由网络控制。因此 E-UTRAN 资源的建立和修改都由 MME 发起，同时 MME 向 eNodeB 提供相应的 QoS 信息。虽然 eNodeB 可以发起 E-UTRAN 资源的释放请求，但释放过程还是由 MME 进行控制；同时 MME 也可以发起 E-UTRAN 资源的释放。对于一个 UE，E-RAB 建立可以在它发出 TA 更新请求后的任何时间发生。

一个 E-RAB(E-UTRAN Radio Access Bearer)是指一个 S1 承载和空中接口上的数据无线承载 DRB 的串联(在 TS 36.300 定义)。当 E-RAB 建立之后，E-RAB 和 NAS 层的 EPS 承载之间是一对一的映射关系。

一个 E-RAB 负责在 UE 和 EPC 之间传输一个 EPS 承载内的 packets。这个 E-RAB 内的 DRB 负责在 UE 和 eNodeB 之间传输这个 EPS 承载内的 packets(DRB 和 EPS 承载是一对一的映射关系，DRB 和 E-RAB 是一对一的映射关系）。这个 E-RAB 内的 S1 承载负责在 eNodeB 和 S-GW 之间传输这个 EPS 承载内的 packets。

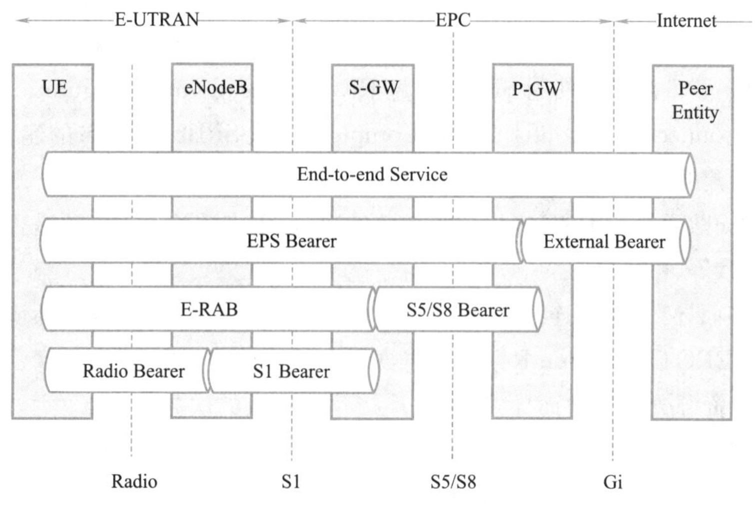

图 3.57　E-RAB 相关概念

（2）E-RAB 建立流程

与 EPS bearer/E-RAB（GBR and Non-GBR）相关的 bearer 级别的 QoS 参数为：

①QCI（QoS Class ID）：QCI 是与接入节点相关参数的参考标量，用来控制 bearer 级别的数据包转发处理过程（如调度权重、队列管理门限、准入门限、链路层协议配置等），QCI 由运营商预先设定。

②ARP（Allocation and Retention Priority）的主要目的是根据资源状况决定接受还是拒绝一个承载建立/修改请求。同时，eNodeB 根据 ARP 参数决定在某些场合下（如切换），是否需要丢弃一个承载。

E-RAB 建立流程如图 3.58 所示。

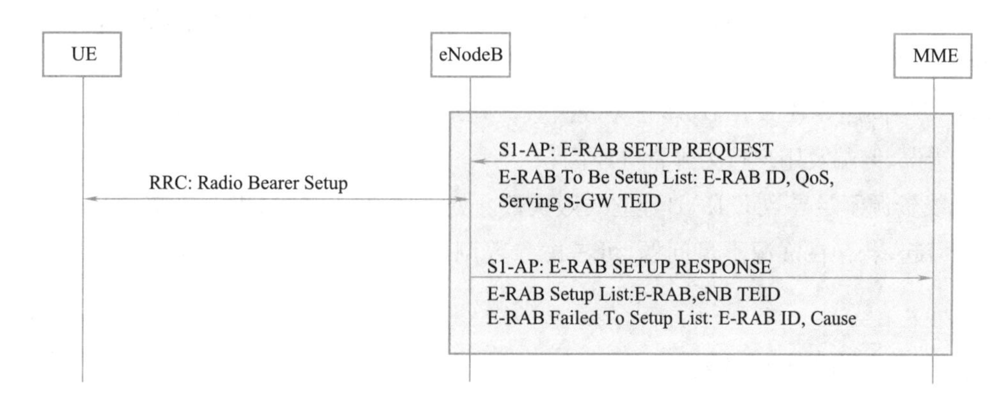

图 3.58　E-RAB 建立流程

MME 发起 E-RAB 的建立流程，主要工作包括：为 E-RAB 分配资源、在 S1 接口建立 S1 承载、在 Uu 接口建立 DRB。

(3)E-RAB 建立问题及分析

Msg3(RRC Connection Request)和 Msg4(RRC Connection Setup)默认使用 SRB0,对应的 CCCH 逻辑信道,Msg4 建立 SRB1,Msg5(RRC Connection Setup Complete)确认 SRB1 的建立,同时 Msg 5 携带第一条 NAS 消息,如 Attach Request,对应的 DCCH 逻辑信道,SRB2 建立之前的 RRC 和 NAS 消息都使用 SRB1,消息 RRC ConnectionReconfiguration 建立 SRB2 和 DRB,消息 RRC ConnectionReconfiguration Complete 确认 SRB2 和 DRB 的建立。

①小区 RRC 建立失败。

a. 资源分配失败而导致 RRC 连接建立失败的次数;重点关注 top 资源是否足够,包括 top 用户数、传输、PRB 等。

b. UE 无应答而导致 RRC 连接建立失败的次数。关注质差、干扰、无线环境等。

c. 小区发送 RRC Connection Reject 消息次数。关注传输问题、是否拥塞、干扰。

d. 因为 SRS 资源分配失败而导致 RRC 连接建立失败的次数。重点关注 SRS 带宽、配置指示、配置方式、SRS ACK/NACK 设置是否合理等。

e. 因为 PUCCH 资源分配失败而导致 RRC 连接建立失败的次数。关注 PUCCH 信道相关参数设置是否合理,CQI RB 数配置是否合理等。

f. 流控导致的 RRC Connection Request 消息丢弃次数。关注拥塞,业务流控相关参数是否设置正确等。

g. 流控导致的发送 RRC Connection Reject 消息次数。关注拥塞,业务流控相关参数是否设置正确等。

②小区 E-RAB 建立失败:

a. 因未收到 UE 响应而导致 E-RAB 建立失败的次数。处理建议:需排查覆盖、干扰、质差、ENODEB 参数设置错误,终端及用户行为异常等原因。

b. 核心网问题导致 E-RAB 建立失败次数。处理建议:需跟踪信令,排查核心网问题(EPC 参数设置、TAC 码设置的一致性、对用户开卡限制、硬件故障方面的排查)。

c. 传输层问题导致 E-RAB 建立失败次数。处理建议:需查询传输是否有故障、高误码、闪断、传输侧参数设置问题。

d. 无线层问题导致 E-RAB 建立失败次数。处理建议:需排查覆盖、干扰、质差和 eNodeB 参数设置错误,终端及用户行为异常等原因。

e. 无线资源不足导致 E-RAB 建立失败次数。处理建议:排查 TOP 小区资源是否足够,是否由故障引起,若存在资源不足问题,可考虑参数调整,流量均衡(小区选择、重选和切换类参数)。

三、进行 LTE 切换专题优化

1. 了解切换概述

1)LTE 切换流程综述

我们的 LTE 终端在下载电影或打电话的状态下从学校的大门口到教学楼的过程中,不会感觉到由于手机大范围的移动而导致不能下载电影或不能打电话，这是因为手机在跟随移动的过程中发生了信号的切换。

当 LTE 的 UE 在 CONNECTED 模式下时，eNodeB 可以根据 UE 上报的测量信息来判决是否需要执行切换，如果需要切换，则发送切换命令给 UE，UE 不区分切换是否改变了 eNodeB。LTE 切换流程图如图 3.59 所示。

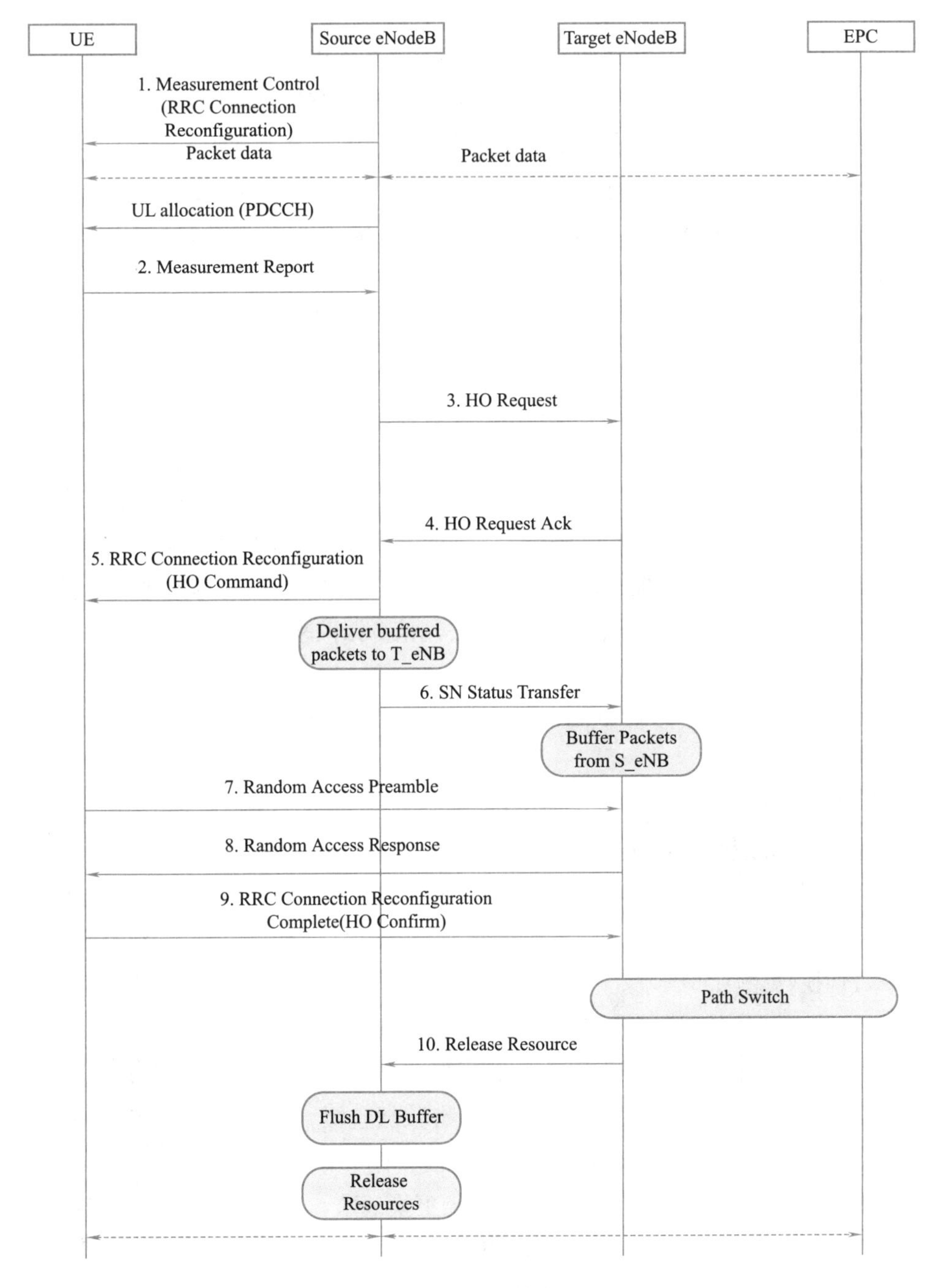

图 3.59　LTE 切换流程图

①Measurement Control。测量控制，一般在初始接入或上一次切换命令中的重配消息中携带。

②Measurement Report。测量报告，终端根据当前小区的测量控制信息，将符合切换门限的小区进行上报。

③HO Request。源小区在收到测量报告后向目标小区申请资源及配置信息(站内切换的话为站内交互，站间切换会使用X2口或者S1口，优先使用X2口)。

④HO Request Ack。目标小区将终端的接纳信息以及其他配置信息反馈给源小区。

⑤RRC Connection Reconfiguration。将目标小区的接纳信息及配置信息发给终端，告知终端目标小区已准备好终端接入，重配消息里包含目标小区的测量控制。

⑥SN Status Transfer。源小区将终端业务的缓存数据移至目标小区。

⑦Random Access Preamble。终端收到第5步重配消息(切换命令)后使用重配消息中的接入信息进行接入。

⑧Random Access Response。目标小区接入响应，收到此命令后可认为接入完成，然后终端在RRC层发送重配完成消息(第9步)。

⑨RRC Connect Reconfiguration complete(HO Confirm)。上报重配完成消息，切换完成。

⑩Release Resource。当终端成功接入后，目标小区通知源小区删除终端的上下文信息。

图3.59所示的LTE切换流程为涉及空口、X2口、S1口的总体信令流程，在现实LTE网络优化项目过程中，我们通常只能在测试数据中分析空口信令流程，也即是上述总体信令流程中的第1、2、5、9步，要分析其余的流程需结合核心网信令跟踪来进行。

2)LTE切换类型

按照实际情况，切换可分为eNodeB站内切换、X2口切换以及S1口切换，下面分别进行介绍。

(1)站内切换(见图3.60)

站内切换过程比较简单，由于切换源和目标都在一个基站，所以基站在内部进行判决，并且不需要向核心网申请更换数据传输路径。

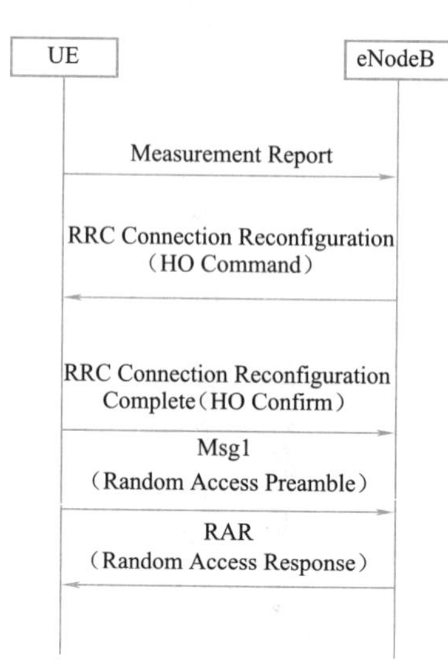

图3.60　站内切换信令流程图

(2)X2口切换(见图3.61)

用于建立X2口连接的邻区间切换，在接到测量报告后需要先通过X2口向目标小区发送切换申请，得到目标小区反馈后才会向终端发送切换命令，并向目标测发送带有数据包缓存、数据包缓存号等信息的SNStatus Transfer消息，待UE在目标小区接入后，目标小区会向核心网发送路径更换请求，目的是通知核心网将终端的业务转移到目标小区，X2切换优先级大于S1切换。

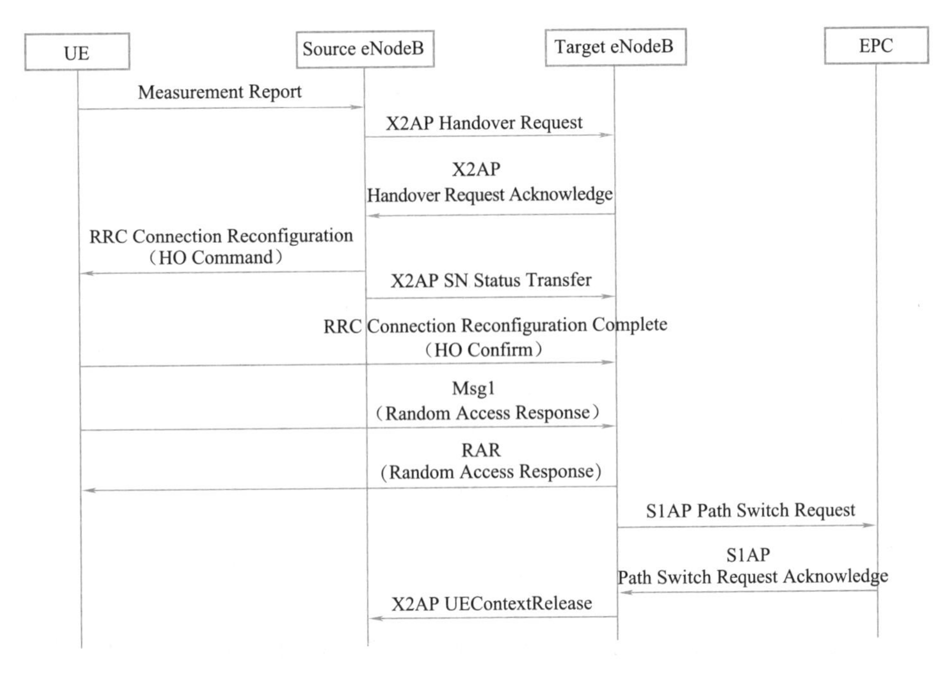

图 3.61　X2 口切换信令流程图

(3)S1 口切换(见图 3.62)

S1 口发生在没有 X2 口且非站内切换的有邻区关系的小区之间,基本流程和 X2 口一致,但所有的站间交互信令都是通过核心网 S1 口转发,时延比 X2 口略大。

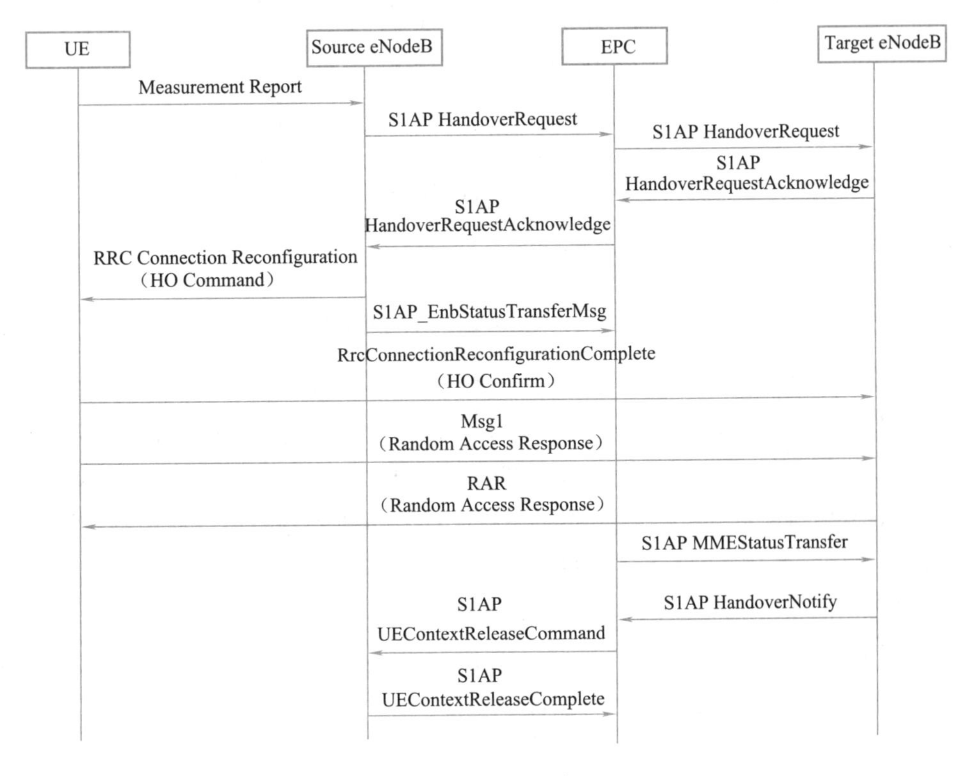

图 3.62　S1 口切换信令流程图

3)LTE 信令流程详解

切换的大部分问题可在前台信令中进行分析，本模块以前台信令为主介绍整个切换流程及问题分析思路(见图 3.63)。

UL DCCH	Measurement Report
DL DCCH	RRC Connection Reconfiguration
UL DCCH	RRC Connection Reconfiguration Complete
UL MAC	Msg1
UL MAC	Msg3

图 3.63　前台正常切换信令流程

前台信令窗的交互过程主要是图 3.59 中的第 1、2、5、9 几步，下面分别介绍。

(1)测量控制(见图 3.64)

测量控制信息是通过重配消息下发的，测量控制一般存在于初始接入时的重配消息和切换命令中的重配消息中。

测量控制信息包括邻区列表、事件判断门限、时延、上报间隔等信息。

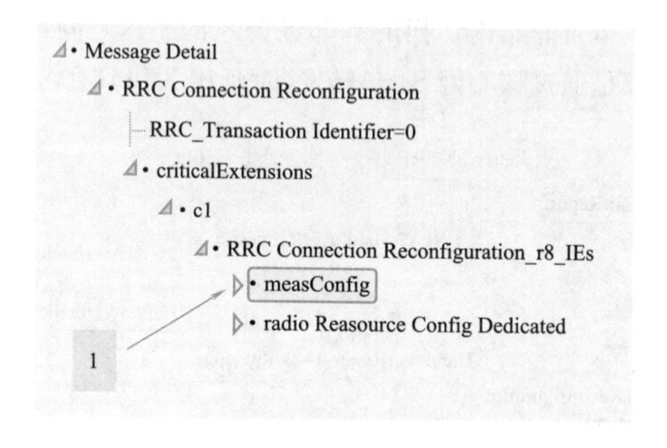

图 3.64　RRC 连接重配消息中的测量控制

(2)测量报告(见图 3.65)

终端在服务小区下发的测量控制进行测量，将满足上报条件的小区上报给服务小区，测量报告会将满足条件的所有小区上报。需要注意的是 LTE 中终端上报的测量报告不一定是邻区配置中下发的邻区，目前网络暂不支持邻区自优化，故在分析问题时可以使用测量报告值及测量控制中的邻区信息来判断是否为漏配邻区。

(3)切换命令(见图 3.66)

这里的切换命令是指带有 mobility ControlInfo 的重配命令，mobility ControlInfo 中包含了目标小区的 PCI 以及接入需要的所有配置。

- Message Detail
  - MeasurementReport
    - criticalExtensions
      - c1
        - MeasurementReport_r8_IEs
          - measResults
            - MeasId =1
            - RSRP_Range =30
            - RSRQ_Range =3
          - measResultNeighCells
            - MeasResultListEUTRA
              - MeasResultListEUTRA
                - MeasResultEUTRA
                  - PhysCELLId=8
                  - RSRP_Range=35
                  - RSRQ_Range=22

图 3.65　测量报告内容

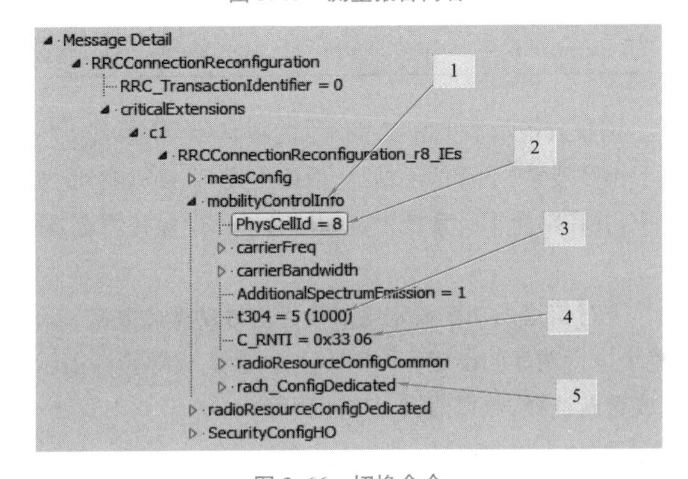

图 3.66　切换命令

1—切换命令；2—目标 PCI；3—T304 配置；4—C_RNTI；5—RACH 配置

(4)终端反馈重配完成，切换结束(见图 3.67)

实际上重配完成消息在收到切换命令后就已经组包结束，在目标侧的随机接入可认为是由重配完成消息发起的目标侧随机接入过程，重配完成消息包含在 Msg3 中发送(见图 3.68)。

UL DCCH	RRC Connection Reconfiguration Complete
MAC Config	MAC RACH Trigger
UL MAC	Msg1
DL MAC	MAC DL Transport Block
DL PCFICH	LL1 PCFICH Decoding Result
MAC Config	MAC RACH Attempt
UL MAC	Msg1
DL PCFICH	LL1 PCFICH Decoding Result
DL PDSCH	LL1 PDSCH Demapper Configuration
DL PDCCH	LL1 PDCCH Decoding Result
DL MAC	RAR
MAC Config	MAC RACH Attempt
UL MAC	Msg3

1
2

图 3.67　切换完成

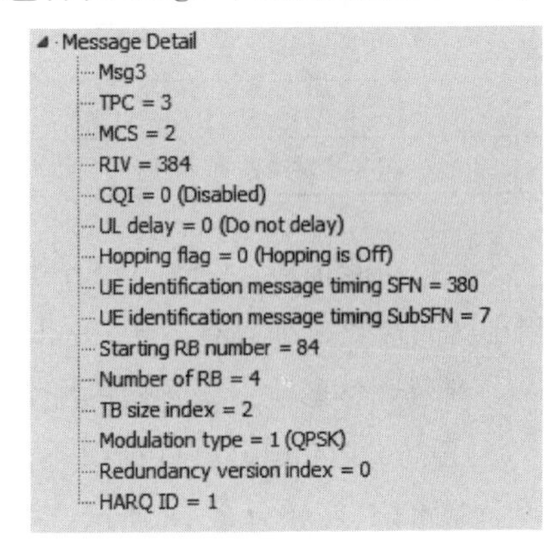

图 3.68　Msg3 命令内容

2. 熟悉 LTE 切换相关参数及优化思路

1)LTE 切换相关参数

(1)小区参考信号功率

①基本信息,如表 3.14 所示。

表 3.14 小区参考信号(CRS)功率基本信息

参数名称	取值范围	物理单位	调整步长
Cell-specific reference signals power	−60～50	dBm	0.1
默认值	传送途径	作用范围	参数出处
9	ENB→UE	Cell	3GPP
设置途径			
OMCR 设置界面:服务小区配置>>Base Information>>Cell-specific reference signals power			

②参数功能描述。该参数指示了小区参考信号的功率(绝对值)。

小区参考信号用于小区搜索、下行信道估计、信道检测,直接影响到小区覆盖。该参数通过 SIB2 广播方式通知 UE,并在整个下行系统带宽和所有子帧中保持恒定,除非 SIB2 消息中有更新(如 RS 功率增强)。

③参数调整影响。下行信道的功率设定均以参考信号功率为基准,因此参考信号功率的设定以及变更,影响到整个下行功率的设定。RSRP 过大,会造成导频污染以及小区间干扰;过小会造成小区不能选择或重新选择,数据信道无法解调等。

(2)小区选择所需要的最小接收电平

①基本信息,如表 3.15 所示。

表 3.15 小区选择所需的最小接收电平基本信息

参数名称	取值范围	物理单位	调整步长
Cell-specific reference signals power	−60～50	dBm	0.1
默认值	传送途径	作用范围	参数出处
9	ENB→UE	Cell	3GPP
设置途径			
OMCR 设置界面:服务小区配置>>Base Information>>Cell-specific reference signals power			

②参数功能描述。Qrxlevmin 指示了小区满足选择和重新选择条件的最小接收电平门限。被测小区的接收电平只有大于 Qrxlevmin 时,才满足小区选择的条件。

③参数调整影响。该参数的配置影响小区下行覆盖范围。

(3)Event Identity(事件标识)

①基本信息,如表 3.16 所示。

表 3.16　Event Identity(事件标识)基本信息

参数名称	取值范围	物理单位	调整步长
Event Identity	A1,A2,A3,A4,A5		
默认值	传送途径	作用范围	参数出处
测量量为 RSRP 的事件上报参数:A1,A2,A3,A4,A5 测量量为 RSRP 的周期上报参数:— 测量量为 RSRQ 的事件上报参数:A1,A2,A3,A4,A5 测量量为 RSRQ 的周期上报参数:—	ENB→UE	Cell	3GPP
设置途径			
OMCR 设置界面:Base Station Radio Resource Management>>Measurement Configuration >>IntraFreq Measurement for Handover>> Event Identity			

②功能参数描述。该参数指示了频内测量触发的事件标识,与测量量相关。

(4)小区个体偏移(CIO)

①基本信息,如表 3.17 所示。

表 3.17　小区个体偏移(CIO)基本信息

参数名称	取值范围	物理单位	调整步长
Cell individual offset	−24～24	dB	1
默认值	传送途径	作用范围	参数出处
0	ENB→UE	Cell	3GPP
设置途径			
OMCR 设置界面:服务小区配置>>ENodeB Neighbouring Relation >> Cell individual offset			

②功能参数描述。对每个被监视的小区,都用带内信令分配一个偏移。偏移可正可负。在 UE 评估一个事件是否已经发生之前,应将偏移加入到测量量中,从而影响测量报告触发的条件。

③参数调整影响。设置为正值,易切换到该小区;设置为负值,不易切换到该小区。

(5)Time to Trigger(触发事间)

①基本信息,如表 3.18 所示。

表 3.18　Time to Trigger(触发事间)基本信息

参数名称	取值范围	物理单位	调整步长
Time to Trigger	0,40,64,80,100,128,160,256,320,480,512,640,1 024,1 280,2 560,5 120	ms	
默认值	传送途径	作用范围	参数出处
256	ENB→UE	eNodeB	3GPP
设置途径			
OMCR 设置界面:Base Station Radio Resource Management>>Measurement Configuration >> IntraFreq Measurement for Handover>> Time to Trigger			

②参数功能描述。该参数指示了监测到事件发生的时刻到事件上报的时刻之间的时间差。只有当事件被监测到且在该参数指示的触发时长内一直满足事件触发条件时，事件才被触发并上报。

③参数调整影响。Time to Trigger 设置的越大，表明对事件触发的判决越严格，但需要根据实际的需要来设置此参数的长度，因为有时参数设置得太长会影响用户的通信质量。

(6)Hysteresis(迟滞)

①基本信息，如表 3.19 所示。

表 3.19 Hysteresis(迟滞)基本信息

参数名称	取值范围	物理单位	调整步长
Hysteresis	0,…,15	dB	0.5
默认值	传送途径	作用范围	参数出处
256	ENB→UE	Cell	3GPP
设置途径			
OMCR 设置界面:Base Station Radio Resource Management>>Measurement Configuration >>IntraFreq Measurement for Handover>> Hysteresis			

②参数功能描述。进行判决时迟滞范围，用于事件的判决。

③参数调整影响。该参数设置得越大，越难切换到目标小区；该参数设置得越小，越容易切换到目标小区。

上述切换参数为切换过程涉及的大部分参数，但在无线网络优化过程中，常用来做优化调整的是 CIO 参数、Timeto Trigger 参数、Hysteresis 参数。

2)LTE 切换优化整体思路

所有的异常流程都首先需要检查基站、传输等状态是否异常，排查基站、传输等问题后再进行分析。

整个切换过程异常情况分为几个阶段：

①测量报告发送后是否收到切换命令。

②收到重配命令后是否成功地在目标测发送 Msg1。

③成功发送 Msg1 之后是否正常收到 Msg2。

图 3.69 为切换问题整体过程流程图，在某一环节出现问题可通过查询相应处理流程进行排查。

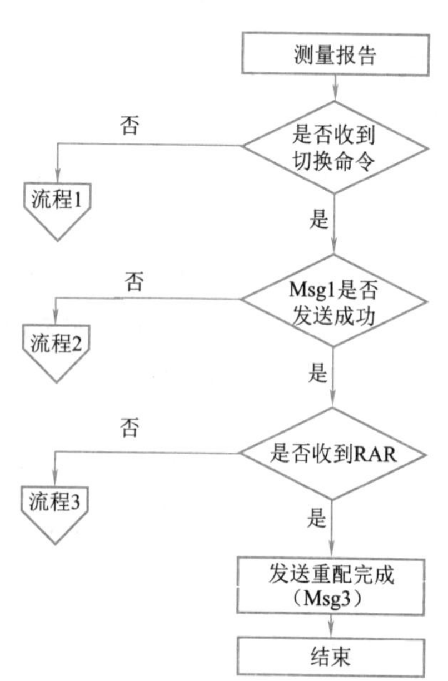

图 3.69 切换问题分析整体流程

若测量报告发送后未收到切换命令，则进入“流程 1”进行详细的排查。“流程 1”的具体过程如图 3.70 所示。

若测量报告发送后收到切换命令，但 Msg1 未发送成功，则进入“流程 2”进行详细排查。“流程 2”的具体过程如图 3.71所示。

若测量报告发送后收到切换命令，且 Msg1 已发送成功，但未收到 RAR，则进入“流程 3”进行详细排查。流程 3 的具体过程如图 3.72 所示。

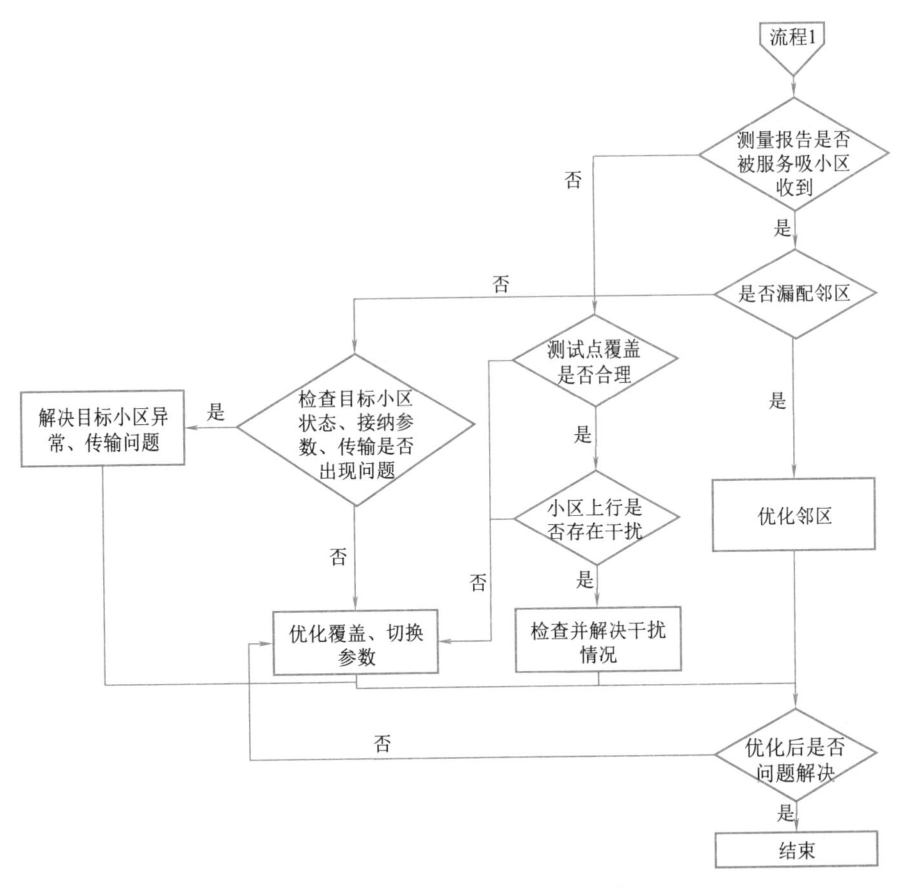

图 3.70　切换问题分析“流程 1”

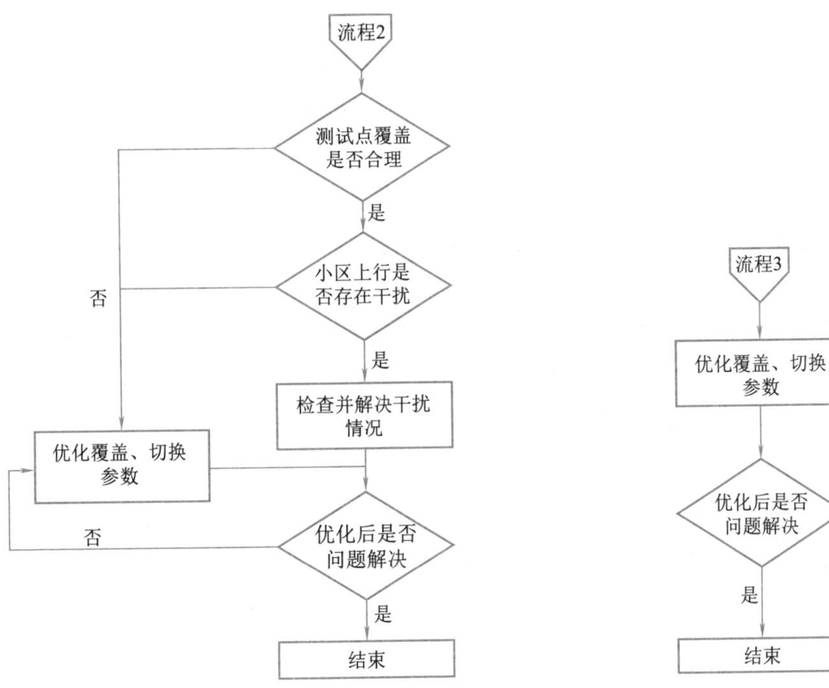

图 3.71　切换问题分析“流程 2”

图 3.72　切换问题分析“流程 3”

四、进行LTE掉话专题优化

1. 了解掉话基本概念及相关流程

1)LTE连接与掉话的概念

本节所提及的“保持性”，指的是“连接”的“保持性”，狭义地讲，是指“RRC连接”的“保持性”。因此，本文所称的“掉话”，具体是指UE异常退出RRC_CONNECTED状态导致的连接中断。

图3.73给出了UE从开机到进入激活(数据传输)状态过程中，从不同角度观察的“状态”的变化情况。

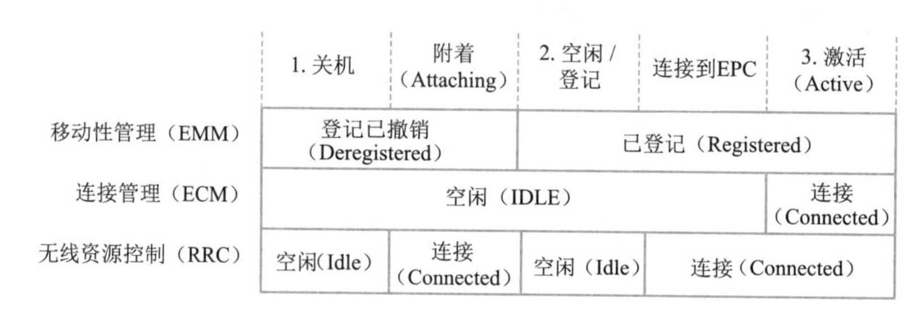

图3.73 NAS和AS的几种状态

从EPS移动性管理(EMM)的角度来看，在UE成功附着之前，都认为是未登记(Deregistered)状态，直至UE发起并成功登记。

对于EPS连接管理(ECM)来说，只有在激活状态时，UE才会与EPS连接状态，其余时间，UE处于和EPS的空闲状态。

对于RRC来说，只要UE和网络侧(空口、EPS)有连接，即为RRC的连接状态。

从ECM_Idle态转到ECM_Connected态，不仅涉及RRC连接建立、还涉及S1连接建立。

RRC连接的建立由NAS发起，并先于S1连接建立完成。RRC_Connected态的连接仅限于UE和E-UTRAN的控制信息的交互。

RRC连接的释放由eNodeB发起，紧随S1连接释放之后。

本节所称的“连接”，通常指的是RRC_Connected状态下的连接。本节暂时只考虑图3.73中RRC_Connected状态(激活状态)，暂不考虑附着过程中的连接状态。通常将在附着过程中发生的RRC连接中断归为“接入失败”进行分析；本节所分析的“掉话”，仅限于RRC_Connected状态下的连接异常中断。

2)RRC连接释放流程

RRC连接释放流程的定义：RRC Connection Release流程的目的用于释放UE的RRC连接，包括已建立无线承载的和所有无线资源的释放。

在了解“掉话”之前，需要先了解RRC Connection Release流程及UE的Action。

3GPP LTE无线协议中介绍了RRC Connection Release流程，如图3.74所示。

图 3.74　RRC 连接释放流程

UE 在接收到 RRC Connection Release 消息之后，应该：

①从收到 RRC Connection Release（或者下层指示收到 RRC Connection Release 消息）起，将下列操作延迟 60 ms。

②如果 RRC Connection Release 消息中包含 idle Mode Mobility Control Info，存储其中的小区重选优先级信息；如果消息中包含 t320，启动该 T320 定时器（并将定时器取值为 t320）；如果没有包含 idle Mode Mobility Control Info，UE 使用系统信息中广播的小区重选优先级信息。

③如果 RRC Connection Release 消息中的 releaseCause 为 loadBalancing TAURequired，UE 将在离开 RRC_CONNECTED 时执行操作，并携带 releaseCause 为 loadBalancing TAURequired；如果 releaseCause 为 other，则在离开 RRC_CONNECTED 时执行操作，并携带 releaseCause为 other。

UE 在离开 RRC_CONNECTED 时执行的操作：

①重置 MAC。

②停止除 T320 以外的所有定时器。

③释放全部无线资源，包括释放全部已建立的 RB 的 RLC 实体、MAC 配置和相关的 PDCP 实体。

④告诉上层 RRC 连接释放（携带 releaseCause）。

⑤如果不是由于收到 MobilityFromEUTRACommand 消息而触发的离开 RRC_CONNECTED 状态，UE 将（根据离开 RRC_CONNECTED 的原因）通过执行小区重选过程进入 RRC_IDLE。

3）E-RAB 释放流程

（1）MME 发起的 E-RAB 释放

场景描述：eNodeB 收到 MME 的 E-RAB RELEASE COMMAND 消息（E-RAB IDs，AMBR），要求释放指定的 E-RAB。

协议 3GPP TS 36.413 v9.3.0 对于 MME 发起的 E-RAB 释放流程如图 3.75 所示。

（2）eNoBe 发起的 E-RAB 释放

场景触发：过载控制、用户面的错误指示（Error Indication）或者其他原因触发。对于 Error Indication，如果错误指示的 RB ID 不是 SRB，并且当前的 E-RAB 数目大于 1，则 eNodeB 发起 E-RAB 释放指示流程。

协议 3GPP TS 36.413 v9.3.0 对于 eNodeB 发起的 E-RAB 释放流程如图 3.76 所示。

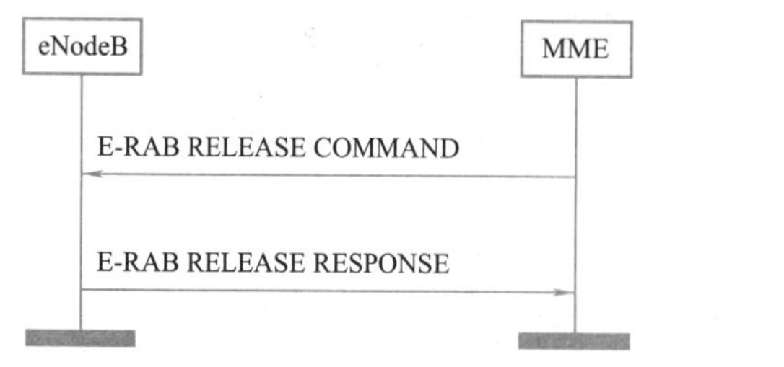

图 3.75 MME 发起的 E-RAB 释放流程

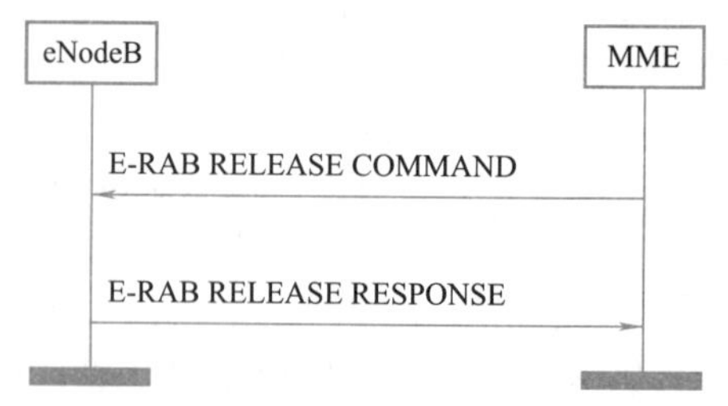

图 3.76 eNodeB 发起的 E-RAB 释放流程

协议 36.314-930 规定：eNodeB 通过 E-RAB RELEASE INDICATION 消息向 MME 发起此流程时，MME 接收到 E-RAB RELEASE INDICATION 消息后，会在核心网侧对指定的 E-RABs 发起相应的释放流程。

4）UE 上下文释放流程

应用场景：eNodeB 本地实体配置失败、UE 的 RRC 重配定时器超时、eNodeB 检测到用户不活动（User Inactivity）、用户面的错误指示（Error Indication）等都会触发此流程。

图 3.77 eNodeB 发起的 UE 上下文释放流程

协议 3GPP TS 36.413 v9.3.0 中由 eNodeB 发起的 UE 上下文释放流程如图 3.77 所示。

协议 3GPP TS 36.413 v9.3.0 规定：eNodeB 控制 UE 逻辑相关 S1 连接初始化过程产生一个上下文释放请求消息受 MME 节点的影响。

UE 上下文释放请求消息将显示适当的原因，如“用户去激活”“UE 的无线连接丢失”“CSG 订阅到期”“UE 的 PS 服务不能使用”等，请求的逻辑 S1 连接 UE 相关释放。

5）终端侧掉话定义及统计

（1）UE 侧的无线链路失败检测

协议 3GPP TS 36.331 V.9.3.0 第 5.3.11 节对于 RLF(Radio Link Failure)有相关描述：

①当 UE 高层收到 N310 个连续“out-of-sync”指示，UE 将启动 T310 定时器，如图 3.78 所示。

②在 T310 定时器持续期间，如果 UE 收到 N311 个连续“in-sync”指示，UE 将停止 T310 定时器。

③发生下述 3 种情况表示 UE 出现 RLF：

a. T310 定时器超时。

b. RLC 达到最大重传次数。

c. 在 T300、T301、T304、T311 都不启动的情况下出现来自 MAC 的随机接入问题指示。

协议 3GPP TS 36.311 第 7.6 节可知当 PDCCH 以及 PCFICH 的 BLER 高于 10%，则意味着当前链路处于“out-of-sync”，当 T310 定时器期满后，表示 RLF 发生，此时 T311 计数器触发，当其期满后，UE 进入 RRC_Idle 状态，需要进行 RRC 重建。

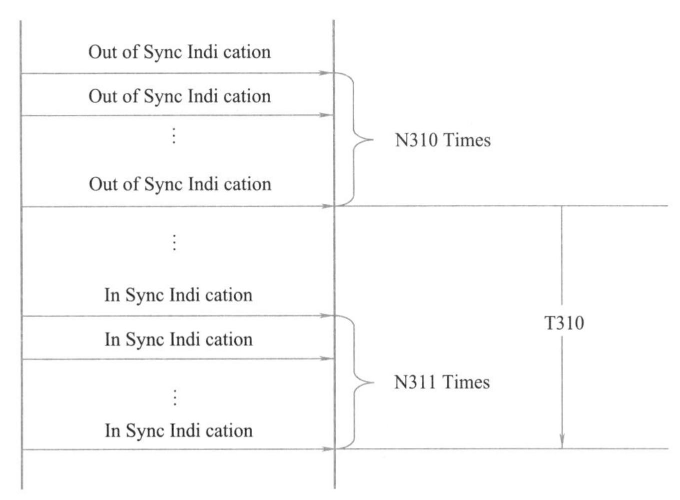

图 3.78　UE 侧 RLF 相关定时器及计数器

当 PDCCH 以及 PCFICH 的 BLER 低于 2%，意味着当前链路处于“in-sync”状态，T310 定时器或者 N311 计数器都会停止计时或计数。

(2)CNA 工具中掉话率的计算

CNA 工具中对于掉话率的定义主要基于层 3 消息，掉话率计算如下：

掉话率＝(RRC 连接重建请求次数－RRC 连接重建完成次数＋RRC 连接释放次数－基于用户去激活定时器释放次数)次数×100%/(默认激活 EPS 承载上下文接受次数＋业务请求次数)

①如果两条层 3 消息 RRC Connection Reestablishment Request 和 RRC Connection Reestablishment Complete 之间的时长高于 100 ms，即使本次 RRC Conncection Reestablishment 成功，也将计算为一次掉话。

②UE 发送了 RRC Connection Reestablishment Request 消息但是没有收到 RRC Connection Reestablishment Complete 消息，则被认为是一次掉话；

③下述原因导致的 RRC Connection Release 在 CNA 工具中不能统计为掉话：

a. 异系统重定向(inter-RAT Redirection)导致的 RRC Connection Release。

b. User Inactivity 超时导致的 RRC Connection Release。

c. CSFB 导致的 RRC Connection Release。

d. 在 Attach Request 和 Attach Complete 消息之间所有被判定为掉话原因的都应该被剔除掉，包括 RRC Connection Release、RRC 重建立拒绝等消息。

④当收到一个 RRC Connection Release 消息后，然后对应再收到一个 Service Request 消息，对此 RRC Connection Release 不能当作掉话(主要原因与 User Inactivity 定时器有关)，因此应该认为是正常释放。

⑤Service Request 和 RRC Connection Reconfiguration Complete 消息在 3 s 之内成对出现，掉话率计算公式中分母加 1，当同时出现多个 Service Request 时，只考虑最近一条消息。

⑥在 E-RAB 建立成功之后，UE 收到 RRC Connection Reestablishment Request 消息，但在收

到 Attach Request/detach request/service request/TAU 消息之前，没有收到 RRC Connection Reestablishment Complete 消息，本次连接应当计算为一次掉话。举例如下：UE 发送了 RRC Connection Reestablishment Request 之后，但没有收到 RRC Connection Reestablishment Complete，然后 UE 发起 TAU，则本次连接应该计算为掉话。

典型掉话信令流程如图 3.79 所示。

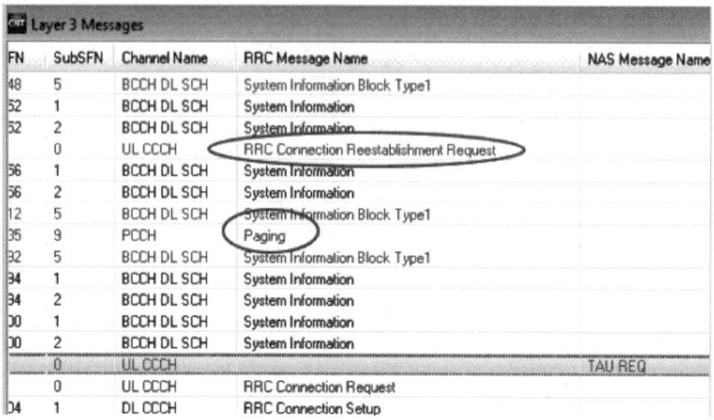

Layer 3 Messages

FN	SubSFN	Channel Name	RRC Message Name	NAS Message Name
48	5	BCCH DL SCH	System Information Block Type1	
52	1	BCCH DL SCH	System Information	
52	2	BCCH DL SCH	System Information	
	0	UL CCCH	RRC Connection Reestablishment Request	
56	1	BCCH DL SCH	System Information	
56	2	BCCH DL SCH	System Information	
12	5	BCCH DL SCH	System Information Block Type1	
35	9	PCCH	Paging	
32	5	BCCH DL SCH	System Information Block Type1	
34	1	BCCH DL SCH	System Information	
34	2	BCCH DL SCH	System Information	
00	1	BCCH DL SCH	System Information	
00	2	BCCH DL SCH	System Information	
	0	UL CCCH		TAU REQ
	0	UL CCCH	RRC Connection Request	
04	1	DL CCCH	RRC Connection Setup	

图 3.79 典型掉话信令流程

(3)路测中常见的几种掉话类型

结合常见的掉话类型，从信令上来看，有以下几种体现：

①RRC 重建失败导致的掉话：信令上可以看到图 3.80 所示的内容。

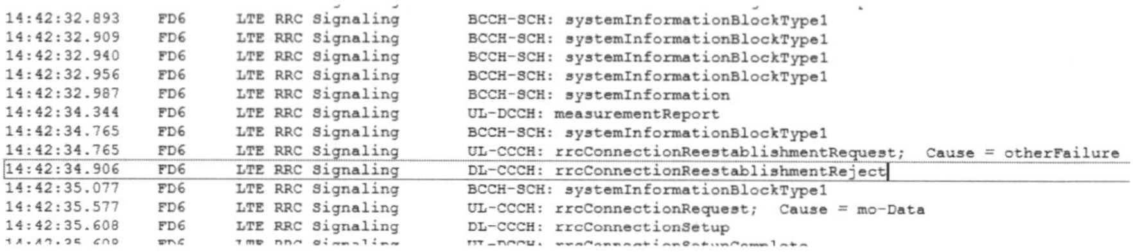

```
14:42:32.893   FD6   LTE RRC Signaling   BCCH-SCH: systemInformationBlockType1
14:42:32.909   FD6   LTE RRC Signaling   BCCH-SCH: systemInformationBlockType1
14:42:32.940   FD6   LTE RRC Signaling   BCCH-SCH: systemInformationBlockType1
14:42:32.956   FD6   LTE RRC Signaling   BCCH-SCH: systemInformationBlockType1
14:42:32.987   FD6   LTE RRC Signaling   BCCH-SCH: systemInformation
14:42:34.344   FD6   LTE RRC Signaling   UL-DCCH: measurementReport
14:42:34.765   FD6   LTE RRC Signaling   BCCH-SCH: systemInformationBlockType1
14:42:34.765   FD6   LTE RRC Signaling   UL-CCCH: rrcConnectionReestablishmentRequest;  Cause = otherFailure
14:42:34.906   FD6   LTE RRC Signaling   DL-CCCH: rrcConnectionReestablishmentReject
14:42:35.077   FD6   LTE RRC Signaling   BCCH-SCH: systemInformationBlockType1
14:42:35.577   FD6   LTE RRC Signaling   UL-CCCH: rrcConnectionRequest;  Cause = mo-Data
14:42:35.608   FD6   LTE RRC Signaling   DL-CCCH: rrcConnectionSetup
```

图 3.80 RRC 重建失败导致的掉话

a. 首先是 UE 发送 RRC Connection Reestablishment Request 消息。

b. 接着 eNodeB 回复 RRC Connection Reestablishment Reject 消息。

c. 随后 UE 发生掉话，开始接收系统广播消息(在 BCCH－SCH 上的 SIB1)，直至 UE 发起下一次呼叫。

②空口信号变差等原因导致的掉话：只能看到信令不完整，如图 3.81 所示。

UE 在没有收到 Release 消息的情况下，直接从 RRC-CONNECTED 状态转到 RRC-Idle。

此类掉话的一个典型表象为：UE 发起了 RRC Connection Reestablishment Request，但没有收到 eNodeB 发来的 RRC Connection Reestablishment，而且 UE 也没有发出 RRC Connection Reestablishment Complete 消息。

15:30:59.646	FD9	LTE RRC Signaling	UL-CCCH: rrcConnectionRequest; Cause = mo-Data
15:31:01.445	FD9	LTE RRC Signaling	DL-CCCH: rrcConnectionSetup
15:31:01.445	FD9	LTE RRC Signaling	UL-DCCH: rrcConnectionSetupComplete
15:31:01.445	FD9	LTE RRC Signaling	DL-CCCH: rrcConnectionSetup
15:31:01.476	FD9	LTE RRC Signaling	DL-DCCH: securityModeCommand
15:31:01.476	FD9	LTE RRC Signaling	UL-DCCH: securityModeComplete
15:31:01.492	FD9	LTE RRC Signaling	DL-DCCH: rrcConnectionReconfiguration
15:31:01.492	FD9	LTE RRC Signaling	UL-DCCH: rrcConnectionReconfigurationComplete
15:31:19.931	FD9	LTE RRC Signaling	BCCH-SCH: systemInformationBlockType1
15:31:19.947	FD9	LTE RRC Signaling	UL-CCCH: rrcConnectionReestablishmentRequest; Cause = otherFailure
15:31:20.025	FD9	LTE RRC Signaling	BCCH-SCH: systemInformation
15:31:20.196	FD9	LTE RRC Signaling	BCCH-SCH: systemInformation
15:31:21.975	FD9	LTE RRC Signaling	BCCH-SCH: systemInformationBlockType1
15:31:24.471	FD9	LTE RRC Signaling	UL-CCCH: rrcConnectionRequest; Cause = mo-Data
15:31:25.485	FD9	LTE RRC Signaling	DL-CCCH: rrcConnectionSetup
15:31:25.485	FD9	LTE RRC Signaling	UL-DCCH: rrcConnectionSetupComplete

3.81 空口信号变差等原因导致的掉话——重建信令不完整

狭义上来讲,可以认为“只要 UE 发起了 RRC 连接重建立,就意味着 RRC 连接已断,即产生了掉话”。

在实际项目中,还会碰到这种情况:由于切换失败或其他原因导致的 RRC 连接重建立,而这种 RRC 连接重建立往往是成功的,如图 3.82 所示。因此,在项目运作时,这种 RRC 连接重建立是否计算为掉话,需要特别关注,在必要时需要和客户达成一致意见。

13:52:51.141	FD2	LTE RRC Signaling	BCCH-SCH: systemInformationBlockType1
13:52:51.141	FD2	LTE RRC Signaling	UL-CCCH: rrcConnectionReestablishmentRequest; Cause = otherFailure
13:52:51.312	FD2	LTE RRC Signaling	DL-CCCH: rrcConnectionReestablishment
13:52:51.328	FD2	LTE RRC Signaling	UL-DCCH: rrcConnectionReestablishmentComplete

图 3.82 其他原因导致的 RRC 重建立

2. 分析 LTE 掉话原因

1)DT/CQT 常见掉话原因分析

(1)弱覆盖

由于弱覆盖导致的掉话,通常有以下表现:

①掉话前服务小区的 RSRP 持续变差,当 RSRP 值低于弱覆盖标准,如小于−105 dBm)、同时服务小区的 CINR 也一起持续变差(小于−5 dB,甚至更低)。

②掉话后可能会有一段时间(数秒至数分钟不等,取决于实际网络覆盖情况)。UE 无数据上报(类似于 UE 脱网)。具体体现如图 3.83 所示。

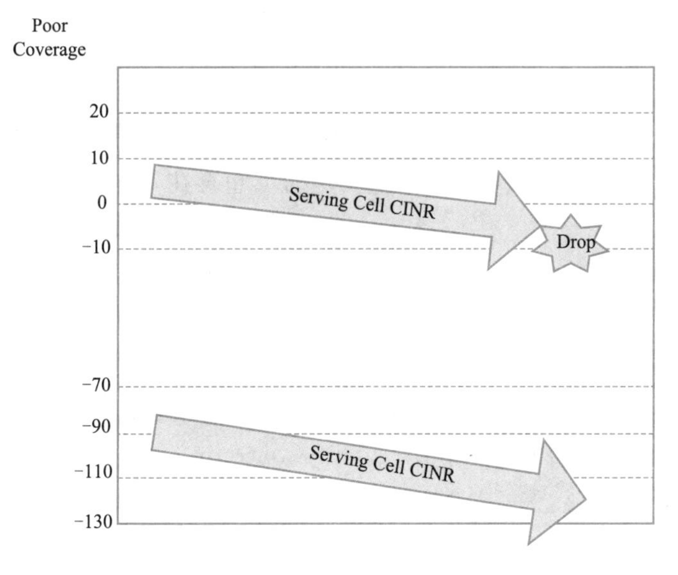

图 3.83 弱覆盖导致的掉话图示

常采用路测数据分析法来分析：

步骤 1　采集到相关路测数据，用路测数据分析软件（ZXPOS CNA 或者 TEMS Discovery）进行分析。

步骤 2　定位到掉话时间点的数据，通过查看地理化显示的图层（服务小区 RSRP、CINR）、或者查看 Table View 数据，确认以下特征：

a. 掉话时，UE 测得的服务小区 RSRP 低（如＜－105 dBm）。

b. 掉话时，UE 测得的服务小区 CINR 低（如＜0 dB）。

c. 掉话时，UE 没有测到（上报）其他（如强度＞－105 dBm 的）邻区信号。

总的来说，要解决此类掉话，需要改善覆盖，具体的操作步骤和手段有：

a. 首先明确当前的弱覆盖区域由哪些扇区的信号覆盖。

b. 根据网络拓扑结构和相关无线环境来确定最适合覆盖该区域的扇区，并加强它的覆盖。

c. 开启 SON-CCO（Coverage & Capacity Optimization）功能（待实现）。

弱覆盖导致的掉话信令如图 3.84 所示。

```
15:40:13.486   FD7   LTE RRC Signaling   UL-DCCH: measurementReport
15:40:13.532   FD7   LTE RRC Signaling   DL-DCCH: rrcConnectionReconfiguration
15:40:13.579   FD7   LTE RRC Signaling   UL-DCCH: rrcConnectionReconfigurationComplete
15:40:14.702   FD7   LTE RRC Signaling   BCCH-SCH: systemInformationBlockType1
15:40:14.702   FD7   LTE RRC Signaling   UL-CCCH: rrcConnectionReestablishmentRequest;  Cause = handoverFailure
15:40:14.749   FD7   LTE RRC Signaling   DL-CCCH: rrcConnectionReestablishment
15:40:14.749   FD7   LTE RRC Signaling   UL-DCCH: rrcConnectionReestablishmentComplete
15:40:14.749   FD7   LTE RRC Signaling   DL-CCCH: rrcConnectionReestablishment
15:40:14.749   FD7   LTE RRC Signaling   DL-DCCH: rrcConnectionReconfiguration
15:40:14.765   FD7   LTE RRC Signaling   UL-DCCH: rrcConnectionReconfigurationComplete
```

图 3.84　弱覆盖导致的掉话信令

（2）切换失败

由于切换失败导致的掉话，通常有以下表现：

①首先，在掉话前 UE 曾发出 Measurement Report（满足切换的测量配置门限），并能收到 eNodeB 发来的 RRC Connection Reconfiguration 消息。

②但是 UE 收取目标小区的广播消息之后，立即上报“RRC 连接重建立请求”（RRC Connection ReestablishmentRequest；Cause＝handoverFailure）。

③通常 UE 在切换失败后，会发起回到源小区的“RRC 连接重建立请求”，并且此类 RRC 连接重建立成功率大部分都是成功的，此类重建立通常也会在 100 ms 内完成。

常采用信令分析法来分析：

步骤 1　获取采集到的掉话数据，使用路测数据分析软件（ZXPOS CNA1 或者 TEMS Discovery）进行分析。

步骤 2　打开路测数据的信令，定位到掉话时间点，确认以下几个特征：

a. 掉话前 UE 曾发起 Measurement Report 消息。

b. UE 能够收到 eNodeB 发来的带有 MobilityControlInfo 内容的“RRC 连接重配置”消息。

c. UE 切换到“RRC 连接重配置”消息所带的目标小区后，在该小区的 BCCH-SCH 上接收到广播消息（systemInformationBlockType1）。

d. UE 收完广播消息后，发起“RRC 连接重建立（原因为切换失败）”。

e. 通常 UE 能够在较短时间(200 ms)内重建立成功，回到切换前的源小区。

步骤 3　进一步分析以下内容：

a. 明确 MR 消息和 RRC 连接重配置消息中所提及的目标小区的 PCI，确认该 PCI 所指的小区。

b. 分析 UE 在新的目标小区接收到的广播消息，确认该小区是否就是 MR 消息上报的小区，用以排除邻区错配的情况。

c. 在 OMC 中确认邻区配置(Neighbor Cell 和 Neighbor Relation)的正确性(Neighbor Cell 中的字段，需要与该小区的 Serving Cell 表中的设置一致)。

d. 确认 OMC 中的切换类型(X2、S1)。

e. 确认目标小区的工作状态(小区的功率输出、小区负荷)，排除由于目标小区工作异常导致的切换失败。

f. 确认源小区和目标小区的切换参数(门限、TTT、迟滞、层 3 滤波系数等)配置与其他正常小区的相同。

步骤 4　如果上述分析无法得到明确结论，需要进一步确认该小区的切换成功率，如果该目标小区的切换成功率偏低，初步定为基站故障(或者系统版本问题)，需要进一步将问题反馈给后方技术支持。

总的来说，解决此类掉话有以下方法：

a. 检查源小区的邻区配置情况(源小区 Neighbor Cell 表中的数据与目标小区的 Serving Cell 表中的数据进行对比)，确认邻区参数配置正确。

b. 确认目标小区的工作状态正常(包括传输无误码、功率输出正常、小区负荷不会导致拒绝切入)。

c. 确认源小区和目标小区的软件版本是否正确。

d. 了解切换失败的规律(是否配置了 X2？是否集中在某个小区、该小区的切换成功率是否低？周边是否有新开站点？是否处于不同的 MME 边缘？是否处于不同频率的基站交界处?)。

当无法定位问题时，需要总结规律，将归纳后的信息反馈给后方技术支持，以便提交系统开发人员做问题的最终定位。

(3)邻区漏配

由于邻区漏配导致的掉话，通常有以下现象：

①掉话前、后的下行覆盖不差(通常大于－105 dBm)。

②掉话前、服务小区的 CINR 变差(因为受到邻区信号的干扰)。

③(关键点)掉话前 UE(可能会多次)上报测量报告(MR)，并且 MR 中上报的 PCI，并没有配置在当前服务小区的邻区列表之中。

④掉话后 UE 通常会发起小区重选，并重选到一个新的小区。

邻区漏配导致的掉话图示如图 3.85 所示。

常采用信令分析法分析：

步骤 1　获取采集到的掉话数据，使用路测数据分析软件(ZXPOS CNA1 或者 TEMS Discovery)进行分析。

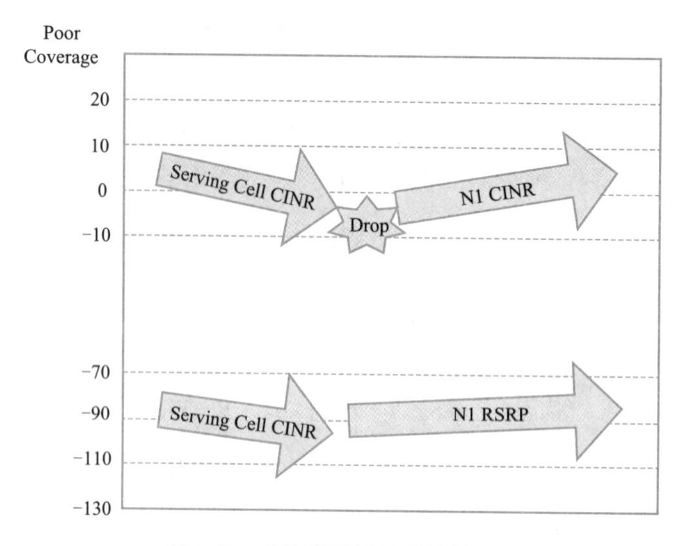

图 3.85 邻区漏配导致的掉话图示

步骤 2 打开路测数据的信令，定位到掉话时间点，确认以下几个特征：

a. 掉话前服务小区的 RSRP 持续下降。

b. 掉话前，UE(连续)上报 MR 消息(目的是：确认邻区信号足够强，是由于邻区漏配导致的服务小区信号变差，最终导致掉话)。

c. MR 消息中 UE 上报有符合 A3(或者 A5，取决于系统设置)事件的目标邻区。

d. 在当前服务小区下发的系统(邻区)消息中，并没有包含 MR 消息中 UE 上报的目标邻区。

e. UE 上报 MR 后，没有收到 eNodeB 发来的用于指示切换的重配置消息。

步骤 3 通过基站信息表(或者 OMC 导出的基站配置表)确认掉话时的主服务小区、MR 消息中上报的不在邻区中的 PCI 归属(即目标小区)。

步骤 4 在掉话前的服务小区的邻区列表中添加相应的目标邻区。

解决方案：

a. 通过 OMC(可以使用界面提供的配置工具或者批量导入功能)，在掉话前的服务小区列表中，添加漏配的邻区。

b. 开启 ANR 功能，完善邻区配置(待验证)。

(4)越区覆盖

在支持切换的移动通信网络中，由于无法精确控制无线信号的传播，因此或多或少都会存在越区覆盖的情况。由于越区覆盖导致的掉话，通常表现为：

①越区覆盖导致“导频污染”：由于越区覆盖的信号较多，导致在某些区域形成“导频污染”——在覆盖区内，没有稳定的强信号作为主服务小区。服务小区信号的频繁变化，是导致掉话的一个主要原因。

②越区覆盖对主服务小区的干扰(包括邻区漏配、越区信号的迅速变化等)：在某些区域，主服务小区受到越区信号的干扰，最终导致掉话。一方面是由于越区信号的出现，超出了网络规划设计的预期，初始设计的邻区列表没有加上越区覆盖的小区；另一方面，在某些区域，越区覆

盖的小区信号并不稳定，即使配置了邻区，也可能会出现由于越区信号的不稳定而无法及时加入邻区的情况。

越区覆盖造成导频污染并导致掉话的示意图如图 3.86 所示。

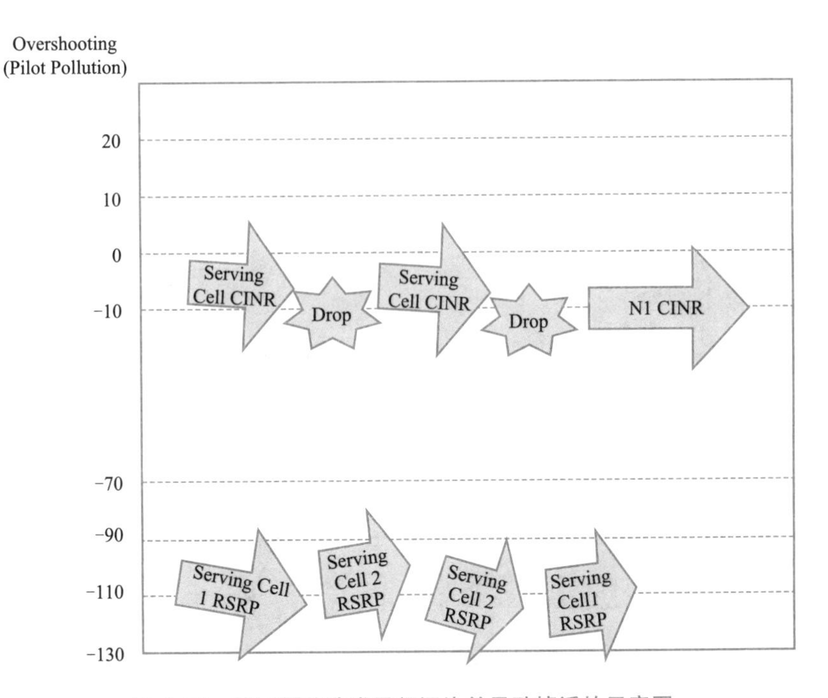

图 3.86　越区覆盖造成导频污染并导致掉话的示意图

常采用路测数据分析法分析：

步骤 1　获取采集到的掉话数据，使用路测数据分析软件（ZXPOS CNA1 或者 TEMS Discovery）进行分析。

步骤 2　打开路测数据的信令，定位到掉话时间点，确认以下特征：

a. 发生掉话的区域，服务小区或者搜索到的邻区信号中有越区覆盖信号（跨越 3 层或以上的小区）。

b. 判定掉话区域是否为“导频污染区”（覆盖该区域、RSRP＞－110 dBm 的小区个数超过 3 个，通常信号的 CINR＜0 dB）。

c. 判定是否存在邻区漏配：检查覆盖该区域的小区邻区列表是否包含了越区覆盖的小区。

步骤 3　确认了存在越区覆盖以及越区覆盖的具体影响之后，进一步明确覆盖掉话区域的主服务小区，并通过 RF 优化、邻区优化等手段，控制越区覆盖信号。

解决方案：

a. 越区覆盖的一般优化原则是：在区域中已有合理的稳定信号覆盖的情况下，尽可能地控制越区覆盖的信号。

b. 如果越区覆盖导致了导频污染，根据网络拓扑结构和相关无线环境来确定最适合覆盖该区域的扇区，并加强它的覆盖。

c. 如果越区覆盖未导致导频污染，只是由于邻区漏配而导致掉话，则只需要在掉话区域相关小区的邻区列表中添加越区覆盖小区。

(5)干扰

根据干扰的来源、种类、工作频段等特性,可以将干扰分为:

①外部干扰、内部干扰。

②带外干扰、带内干扰。

③窄带干扰、宽带干扰。

④长时干扰、瞬时干扰。

⑤上行干扰、下行干扰。

由于干扰分类依据较多,为了便于识别,本文着重从上、下行干扰的角度进行分析。系统中若存在干扰,会有以下表象:

a. 上行干扰:当只有上行链路受到干扰时,可能下行链路并无异常表现;当上行链路受到干扰时,UE 的发射功率通常较高(接近 UE 最大发射功率),而且基站侧测得的 RSSI 偏高,如图 3.87所示。

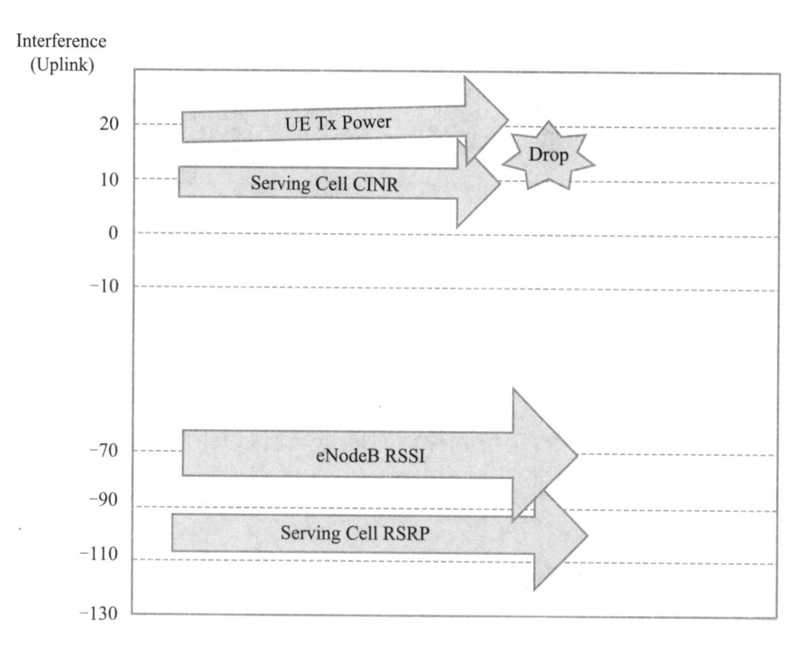

图 3.87 上行干扰导致掉话的示意图

b. 下行干扰:只有下行链路受到干扰时,上行链路可能并无异常变现;当下行链路受到干扰时,UE 测得的 RSRP 较好,但是 CINR 偏差,如图 3.88 所示。

常采用路测数据+OMC 动态数据分析法:

步骤 1 采集掉话时的路测数据,后台动态观察(RSSI)数据。

步骤 2 判断掉话时的数据特征:

a. 基站侧测得的 RSSI 是否偏高(如−85 dBm 以上),如果偏高,说明存在上行干扰。

b. 如果掉话前(几秒内)UE 发射功率维持在较高水平(>20 dBm),而此时并非弱覆盖区域，则说明存在上行干扰。

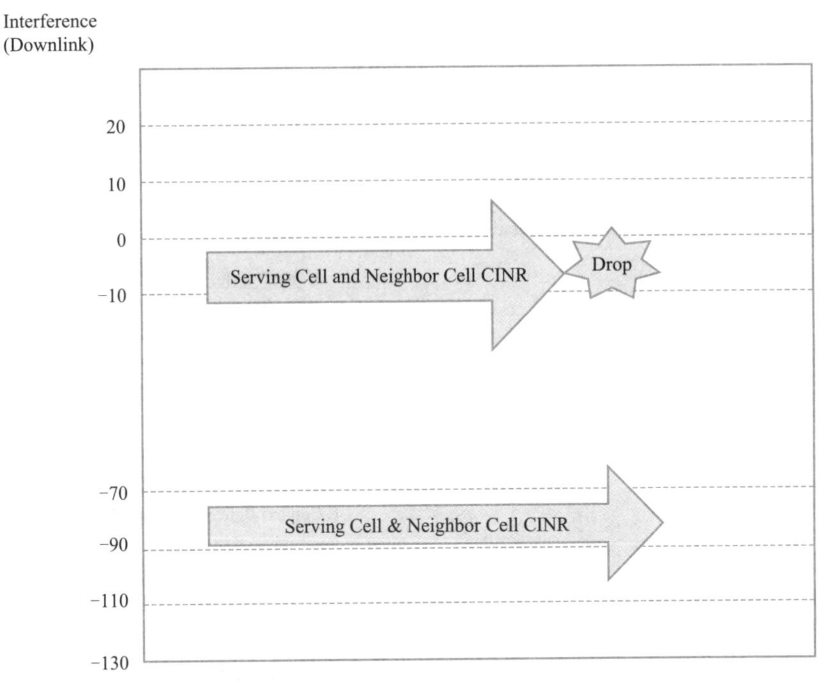

图 3.88　下行干扰导致掉话的示意图

c. 如果 UE 测得的服务小区（甚至包括邻区）的 RSRP 较好（－90 dBm 甚至更好），而此时的 CINR 较差（＜0 dB），则说明此时可能存在下行干扰。

步骤 3　定位了干扰的大致类型，采取相应的解决办法进行处理。

a. 对于上行干扰的进一步确认和排查：

● 明确干扰所涉及的范围（看路测数据，或者 OMC 上报的 RSSI，明确有哪些小区存在此类现象，查看这些小区是否成片分布），大致定位干扰区域。

● 使用频谱扫描仪（如 YBT250 等）＋八木天线进行扫频，以便进一步定位干扰源。

b. 对于下行干扰的进一步确认和排查：

● 首先确认下行干扰并非系统内部干扰（需要排除越区覆盖、邻区漏配导致的"干扰"现象）。

● 明确了是干扰源来自系统外，需要进一步使用频谱扫描仪＋八木天线进行扫频，以定位具体的干扰源。

c. 当确认存在有干扰的情况时，可以采取以下方法进行清除或规避：

● 确认干扰源，请客户帮忙协调清除干扰源。

● 如果干扰来自其他系统，需要增加我方和其他系统的天线隔离度（水平隔离、垂直隔离度），或者在干扰源上加装信号屏蔽装置防止信号泄漏带来的干扰。

● 变更我方系统的工作频点或者带宽，避开干扰。

● 开启 ICIC 功能，并优化相关参数。

2)网管侧统计的掉话原因分类

①网管侧 E-RAB 释放的采样点如图 3.89 所示。

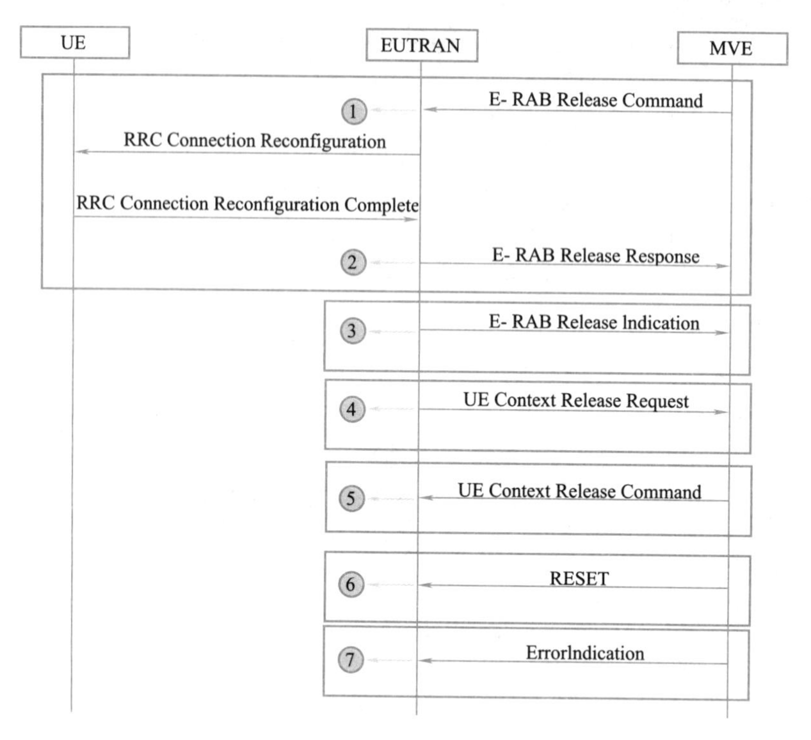

图 3.89 用于网管统计的 E-RAB 释放的相关采样点

②网管侧统计的 E-RAB 异常释放 Counter,如表 3.20 所示。

表 3.20 网管侧统计的 E-RAB 异常释放 Counter

掉话原因码	原因描述	说 明	解决办法
C373210381	E-RAB 释放次数,由于 ENB 过载控制导致的释放(次)	异常释放	基站过载负荷检查
C373210391	E-RAB 释放次数,由于 ENB 其他异常原因(次)	异常释放	基站内部故障或所列之外的 Cause 释放
C373210421	E-RAB 释放次数,由于 ENB 小区拥塞导致的释放(次)	异常释放	进行负荷均衡优化处理或容量规划
C373210391	E-RAB 释放次数,由于 ENB 的无线链路失败(次)	异常释放	无线覆盖、干扰、硬件等原因引起
C373210381	E-RAB 释放次数,由于 ENB 重建立失败(次)	异常释放	对触发重建的原因及重建被拒进行分析,可能为资源、传输原因
C373210511	E-RAB 释放次数,由于小区关断或复位(次)	异常释放	处理告警,核查复位及关断原因
C373210521	E-RAB 释放次数,跨站重建立失败导致的释放(次)	异常释放	重建立失败原因优化
C373505354	E-RAB 释放次数,ENB 由于 S1 链路故障发起释放(次)	异常释放	核查光模块及传输链路质量

大开眼界

无线电保障是重大活动保障工作的重要组成部分，其核心是在重大活动筹备及召开期间，满足活动相关各方的无线电频率需求，确保各类无线电台站(设备)安全有序使用，最大限度减少或避免有害干扰发生，及时有效处置无线电突发事件。如何做好无线电保障，确保重大活动无线电安全，是当前无线电管理部门面临的一项重要课题。

任务小结

通过本任务的学习，应熟悉 LTE 系统架构与网元功能，掌握接口协议以及承载相关概念，领会 LTE 基本信令流程。掌握接入失败、切换失败和掉话问题的分析思路与方法，能独立提出解决方法。

思考与练习

1. RRC 连接建立成功次数统计触发的信令是__________。

2. TDLTE 无线掉话率的统计公式是__________。

3. TD-LTE 路测指标中的掉线率=__________/成功完成连接建立次数。

4. 一般可以把 LTE 的 KPI 分为两大类，Radio Network KPI 关注于__________，Service KPI 关注于__________。

5. LTE 覆盖问题分为__________、__________、__________、__________。

6. 当一个小区的信号出现在其周围一圈邻区及以外的区域时，并且能够成为主服务小区，称为__________。

7. 在某一点存在过多的强导频却没有一个足够强的主导频时，即定义为__________。

8. 优化主要有两个内容：消除弱覆盖和__________。

9. __________指示信道覆盖强度的参数。

10. 室外测试中，邻区 PCI(20)与测试小区 PCI(71)模 3 冲突，同时两个小区在测试点的 RSRP 接近，这将导致测试点__________干扰较强，__________产生突降。

11. PBCH 用于承载系统消息当中的__________信息。

12. UE 通过读取__________信道得到相应的调度信息。

13. SIB 消息在__________信道上进行传输。

14. Paging 可以由 MME 发起，也可以由__________发起。

15. 当 UE 需要访问特定业务时，而该业务默认承载无法满足其 QoS 要求时，UE 和核心网之间就需要建立__________。

16. eNodeB通过下行的__________消息将测量配置信息发送给UE,包括UE需要测量的对象、事件参数、测量标识等。

17. EPS附着请求次数对应于__________消息,此消息在Initial UE Message。

18. 业务请求的信令消息是__________。

19. 随机接入过程分为__________随机接入过程和__________随机接入过程。

20. LTE小区搜索基于__________和__________信号。

21. LTE测量分为3类:同频测量、__________、__________。

22. 列出TD-LTE系统,影响小区接入成功率的主要原因及分析方法?

23. 随机接入通常发生在哪几种情况中?

24. LTE的测量事件有哪些?

实战篇

引言

网络优化工作涉及移动通信网络的各个方面，贯穿于网络规划、工程建设和日常维护等各项工作中，因此网络优化工程师需要有较全面的专业技术知识，在优化过程中需要对网络运行质量分析、网络性能分析、统计数据采集、测试数据分析及各类系统参数的检查，还要针对用户申告投诉的现象汇总分析以及各类故障处理、追踪测试等，然后结合现有的网络结构和移动通信网络诸多不确定的因素，制定出无线网络优化调整方案，进行频率规划和数据检查、修改等调整措施。

本篇将介绍无线网规网优中，最常见的无线网络优化工具的功能和用法、典型问题的分析方法和解决策略。 通过本篇的学习，掌握网规网优中初级的专业技能，达到移动通信网络优化初级工程师的标准。

学习目标

①熟悉 MapInfo 的各功能菜单的操作，掌握 MapInfo 软件在网络规划过程中的应用。

②掌握 Excel 在网规网优中的应用，具备利用 Excel 进行 PCI 的规划的能力。

③熟悉 Net Artist CXT 软件各工具栏的含义及使用方法，以及 CXT 室内 CSFB 语音测试、Attach 与 Ping 测试和 FTP 上传下载数据测试的流程。

④掌握室内 CSFB 语音测试配置模板的设置、室内测试路线打点图的设置、室内 CSFB 语音互拨测试配置模板的设置、Attach 与 Ping 测试配置模板的设置和 FTP 上传下载数据测试配置模板的设置。

⑤熟悉中兴 Net Artist CXA 软件各工具栏的含义及使用方法，掌握 Word、Excel 报告的导出方法，能够按照要求完成测试数据的分析和无线网络优化报告的撰写。

知识体系

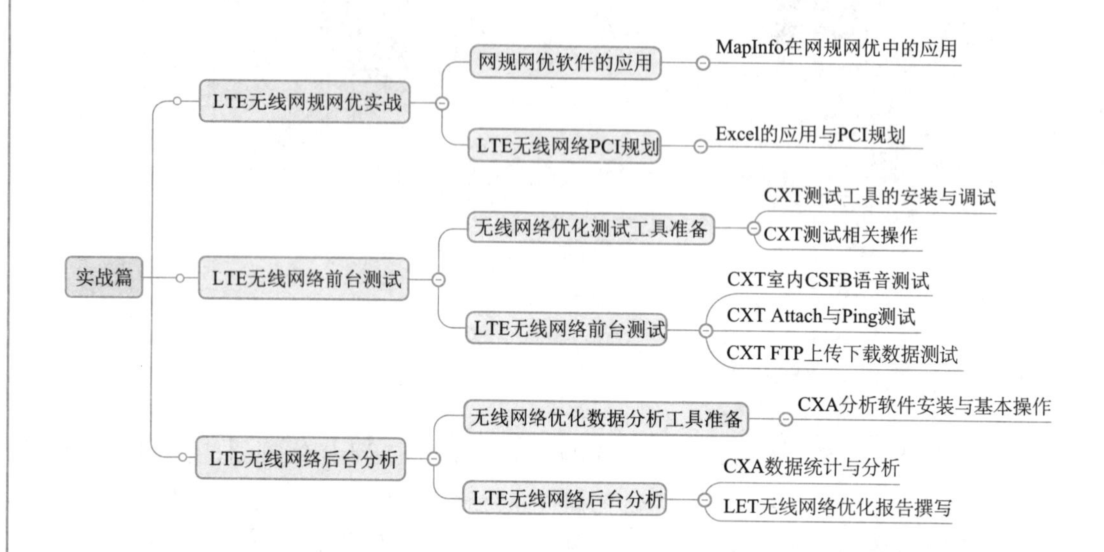

实战篇
LTE无线网规网优实战
网规网优软件的应用
MapInfo在网规网优中的应用
LTE无线网络PCI规划
Excel的应用与PCI规划
LTE无线网络前台测试
无线网络优化测试工具准备
CXT测试工具的安装与调试
CXT测试相关操作
LTE无线网络前台测试
CXT室内CSFB语音测试
CXT Attach与Ping测试
CXT FTP上传下载数据测试
LTE无线网络后台分析
无线网络优化数据分析工具准备
CXA分析软件安装与基本操作
LTE无线网络后台分析
CXA数据统计与分析
LET无线网络优化报告撰写

项目四 LTE无线网规网优实战

任务一　应用网规网优软件

任务描述

MapInfo是地理信息系统软件，因功能强大在网络优化中起着重要的作用，是网络优化的重要辅助工具，在日常的网络优化工作中得到了广泛应用。本任务将完成MapInfo工具的安装，利用MapInfo完成基站扇区图和专题地图的制作。

任务目标

认识MapInfo软件，熟悉MapInfo的各功能菜单的操作，掌握MapInfo软件在网络规划过程中的应用。

任务实施

实训环境：一台安装有Excel软件、MapInfo10.0及以上版本软件的计算机。

下面介绍使用MapInfo进行网规网优操作。

1）通过MapInfo制作基站的扇区图

（1）添加RNOHelper（无线网络优化助手）插件

①将RNOHelper_V1.2.0.MBX插件放入MapInfo安装文件夹的Tools文件夹中，如图4.1所示。

②将RNOHelper_V1.2.0.MBX添加到MapInfo菜单栏，单击“工具”→“工具管理器”命令，弹出“Tool manafer”对话框，单击“Add Tool”按钮如图4.2所示。

③弹出“Add Tool”对话框，添加Title，输入“RNOHelper”，找到RNOHelper_V1.2.0.MBX文件，单击“打开”按钮，如图4.3所示。

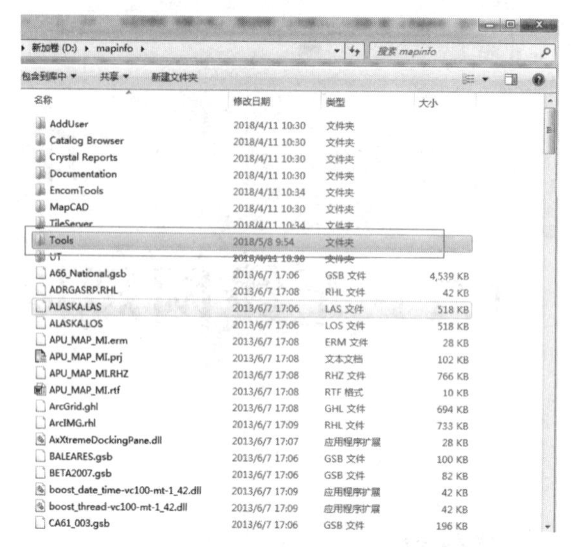

图 4.1 Tools 文件夹

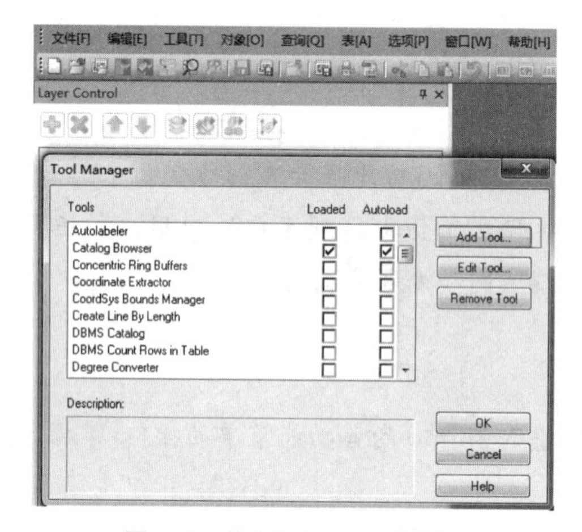

图 4.2 单击“ADD Tool”按钮

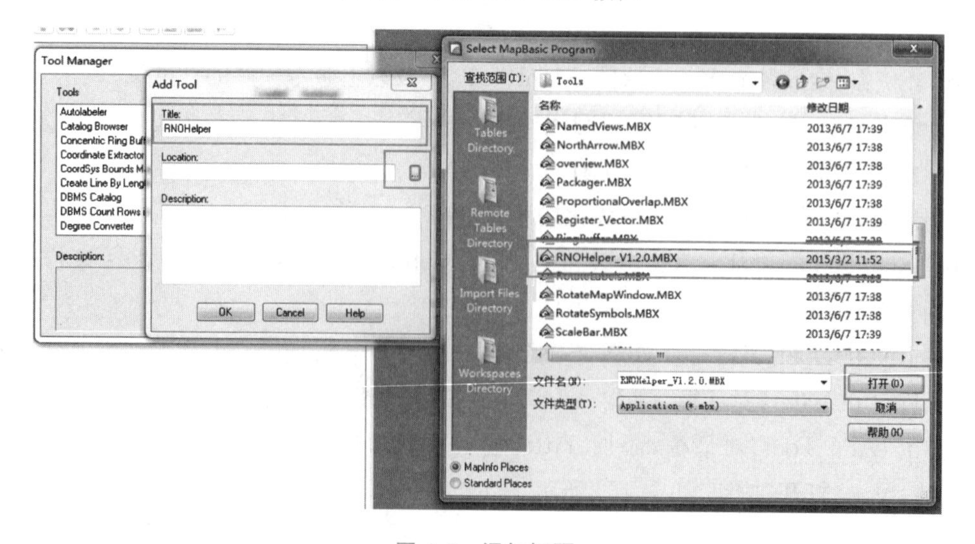

图 4.3 添加标题

④单击“OK”按钮，勾选“RNOHelper”复选框，如图 4.4 所示，单击“OK”按钮，添加成功后 RNOHelper 会出现在 MapInfo 菜单栏，如图 4.5 所示。

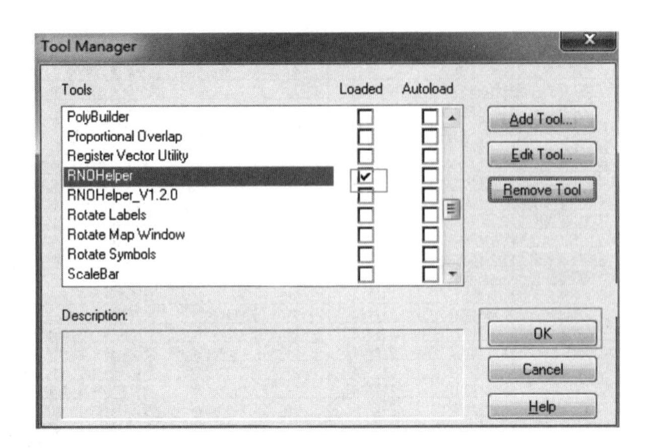

图 4.4　勾选“RNOHelper”复选框

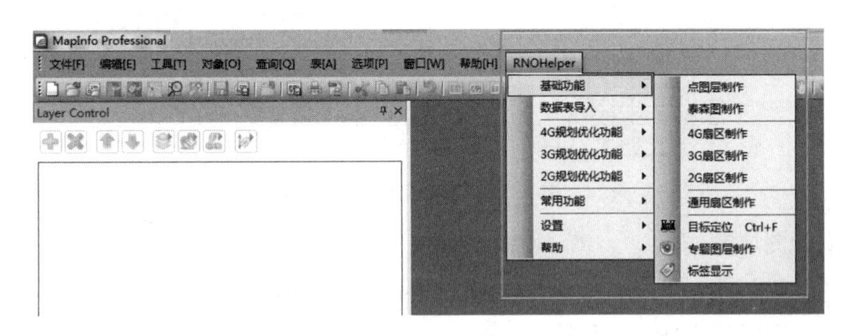

图 4.5　已添加到菜单栏

(2)工参模板制作

①工参模板表头如图 4.6 所示。

站点名	站点号	小区标识	小区号	小区名	PCI	PRACH	经度	纬度	覆盖类型	频段指示	下行频点	上行频点	方向角	双工方式	半径_米	波瓣_度
F武汉黄陂禁榨红岗村竟合BBU02	712707	26	71270726	武汉联通共享_禁榨红岗村-1A	307	521	114.50946	31.00918	宏站	F	1650		50	FDD	50	50
F武汉黄陂禁榨红岗村竟合BBU02	712707	27	71270727	武汉联通共享_禁榨红岗村-1B	308	689	114.50946	31.00918	宏站	F	1650		130	FDD	50	50
F武汉黄陂禁榨红岗村竟合BBU02	712707	28	71270728	武汉联通共享_禁榨红岗村-1C	306	693	114.50946	31.00918	宏站	F	1650		280	FDD	50	50
F武汉黄陂李集潘家寨村YD竟合BBU01	712719	26	71271926	武汉联通共享_潘家集-1A	253	100	114.19745	31.009474	宏站	F	1650		340	FDD	50	50
F武汉黄陂李集潘家寨村YD竟合BBU01	712719	27	71271927	武汉联通共享_潘家集-1B	254	69	114.19745	31.009474	宏站	F	1650		90	FDD	50	50
F武汉黄陂李集潘家寨村YD竟合BBU01	712719	28	71271928	武汉联通共享_潘家集-1C	252	73	114.19745	31.009474	宏站	F	1650		220	FDD	50	50
F武汉黄陂祁家湾陈岗村YD竟合BBU01	712709	26	71270926	武汉联通共享_韩家田-1A	95	584	114.27259	30.86224	宏站	F	1650		10	FDD	50	50
F武汉黄陂祁家湾陈岗村YD竟合BBU01	712709	27	71270927	武汉联通共享_韩家田-1B	94	517	114.27259	30.86224	宏站	F	1650		120	FDD	50	50
F武汉黄陂祁家湾陈岗村YD竟合BBU01	712709	28	71270928	武汉联通共享_韩家田-1C	93	600	114.27259	30.86224	宏站	F	1650		240	FDD	50	50
F武汉黄陂仁和接入点竟合BBU02	712724	26	71272426	武汉联通共享_盛家湾-1A	163	329	114.33572	31.234377	宏站	F	1650		60	FDD	50	50

图 4.6　工参模板表头

4、6、8～10、12、14 列必填，否则无法制作扇区，不可以删除表头。

1～3、5、7、16 和 17 列尽量填写，在使用核查或规划功能时会涉及，不可以删除表头。

11 和 13 列内容可有可无，可自行添加其他列。

注意：

a. 小区号＝基站标识＋小区标识，工参表中须保证小区号唯一，如果有重复小区号，建议手工处理为不同。

b. 覆盖类型列请填写为宏站、室分。

②将数据所在的 Sheet 名，改名为 RNOHelper，如图 4.7 所示，保存表格，命名为 Map_Layer_4G(可自行命名)。

站点名	站点号	小区标识	小区号	小区名
F武汉黄陂蔡榨红岗村竟合BBU02	712707	26	71270726	武汉联通共享_蔡榨红岗村-1A
F武汉黄陂蔡榨红岗村竟合BBU02	712707	27	71270727	武汉联通共享_蔡榨红岗村-1B
F武汉黄陂蔡榨红岗村竟合BBU02	712707	28	71270728	武汉联通共享_蔡榨红岗村-1C
F武汉黄陂李集潘家寨村YD竟合BBU01	712719	26	71271926	武汉联通共享_潘家集-1A
F武汉黄陂李集潘家寨村YD竟合BBU01	712719	27	71271927	武汉联通共享_潘家集-1B
F武汉黄陂李集潘家寨村YD竟合BBU01	712719	28	71271928	武汉联通共享_潘家集-1C
F武汉黄陂祁家湾陈岗村YD竟合BBU01	712709	26	71270926	武汉联通共享_韩家田-1A
F武汉黄陂祁家湾陈岗村YD竟合BBU01	712709	27	71270927	武汉联通共享_韩家田-1B
F武汉黄陂祁家湾陈岗村YD竟合BBU01	712709	28	71270928	武汉联通共享_韩家田-1C
F武汉黄陂仁和接入点竟合BBU02	712724	26	71272426	武汉联通共享_盛家湾-1A
F武汉黄陂仁和接入点竟合BBU02	712724	27	71272427	武汉联通共享_盛家湾-1B
F武汉黄陂仁和接入点竟合BBU02	712724	28	71272428	武汉联通共享_盛家湾-1C
F武汉黄陂柿子店竟合BBU02	712712	26	71271226	武汉联通共享_黄陂甲山-1A
F武汉黄陂柿子店竟合BBU02	712712	27	71271227	武汉联通共享_黄陂甲山-1B
F武汉黄陂柿子店竟合BBU02	712712	28	71271228	武汉联通共享_黄陂甲山-1C
F武汉黄陂土庙同兴竟合BBU03	712736	26	71273626	武汉联通共享_黄陂红强-1A
F武汉黄陂土庙同兴竟合BBU03	712736	27	71273627	武汉联通共享_黄陂红强-1B
F武汉黄陂土庙同兴竟合BBU03	712736	28	71273628	武汉联通共享_黄陂红强-1C
F武汉黄陂王家河骆家畈YD竟合BBU01	712718	26	71271826	武汉联通共享_骆家畈-1A
F武汉黄陂王家河骆家畈YD竟合BBU01	712718	27	71271827	武汉联通共享_骆家畈-1B
F武汉黄陂王家河骆家畈YD竟合BBU01	712718	28	71271828	武汉联通共享_骆家畈-1C
F武汉黄陂王家河三合村竟合BBU02	712720	26	71272026	武汉联通共享_三台村-1A
F武汉黄陂王家河三合村竟合BBU02	712720	27	71272027	武汉联通共享_三台村-1B
F武汉黄陂王家河三合村竟合BBU02	712720	28	71272028	武汉联通共享_三台村-1C
F武汉黄陂研子竟合BBU03	712711	26	71271126	武汉联通共享_黄陂北新集2-1
F武汉黄陂研子竟合BBU03	712711	27	71271127	武汉联通共享_黄陂北新集2-1
F武汉黄陂研子竟合BBU03	712711	28	71271128	武汉联通共享_黄陂北新集2-1
F武汉黄陂姚集茶店竟合BBU01	712731	27	71273127	武汉联通共享_姚集茶店-1B
F武汉黄陂姚集茶店竟合BBU01	712731	28	71273128	武汉联通共享_姚集茶店-1C
F武汉黄陂姚集茶店竟合BBU01	712731	26	71273126	武汉联通共享_姚集茶店-1A

RNOHelper

图 4.7 重命名表名并保存

(3)4G 扇区图层制作

①单击“RNOHelper”→“基础功能”→“4G 扇区制作”命令，如图 4.8 所示，弹出“RNOHelper 专用图层生成”对话框。

②设置网络、样式、形状后，单击“OK”按钮，如图 4.9 所示，弹出“请选择打开源表文件”对话框，如图 4.10 所示。

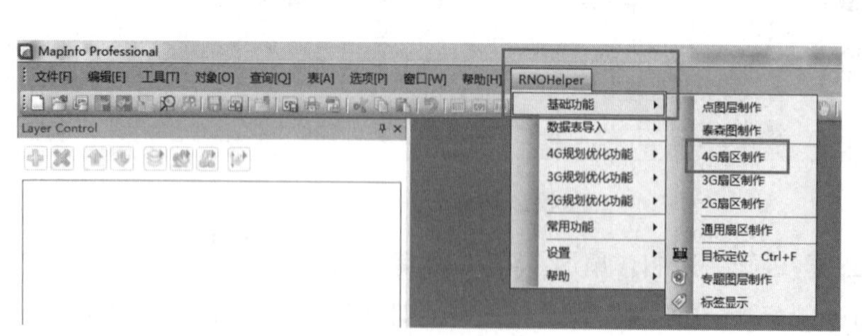

图 4.8 单击“4G 扇区制作”命令

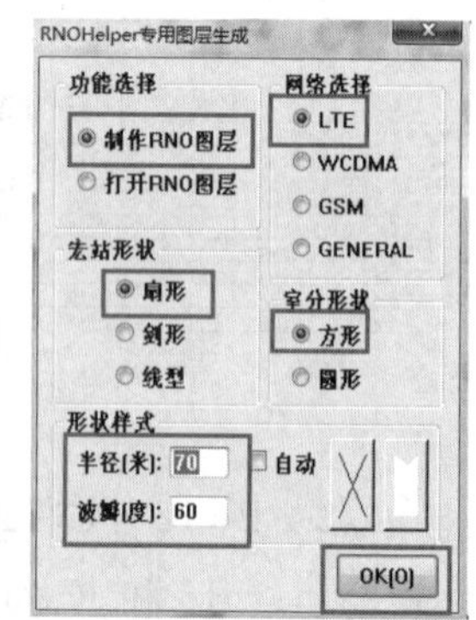

4.9 “RNOHelper 专用图层生成”对话框

③选择做好的工参模板 Map_Layer_4G. xlsx，单击“打开”按钮，如图 4.11 所示，弹出“源表导入设置”对话框。

④如果未匹配到或者格式有误，对话框内将不会出现“√”符号，若格式不匹配，工具将自动转换格式，但不保证完全正确。如果名字不匹配，请设置映射列名即可。设置完毕后单击“OK”按钮，开始进行扇区制作。

图 4.10　“请选择打开源表文件”对话框

图 4.11　“源表导入设置”对话框

⑤扇区图层效果图如图 4.12 所示。

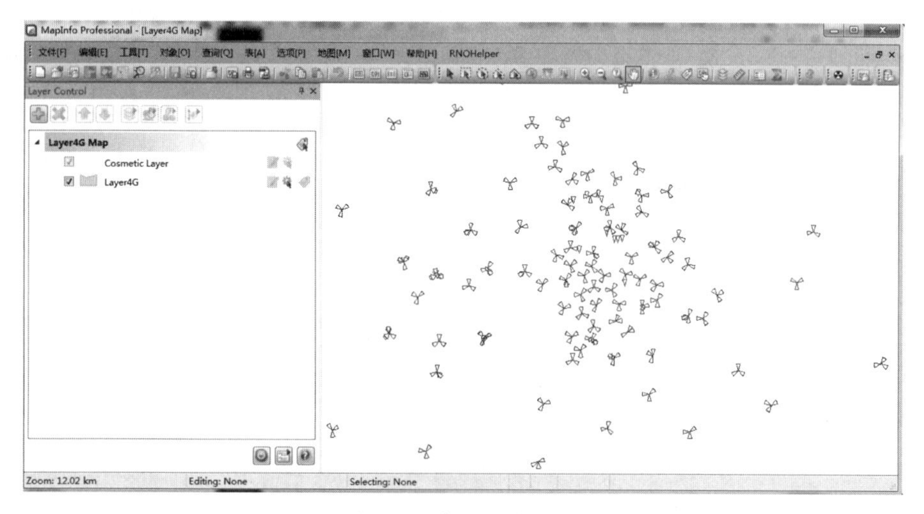

图 4.12　扇区图层效果图

2)制作模 3 专题图

制作基站模 3 专题图的前面步骤与制作扇区图一致，在制作扇区图的基础上再加上以下步骤：

打开步骤 1 中的扇区图，单击“地图”→“创建专题地图”命令，在弹出的对话框中按照图 4.13中的 1～8 步即可完成专题图的生成。

在实际工作中，经常用该图来核查是否有模 3 干扰。

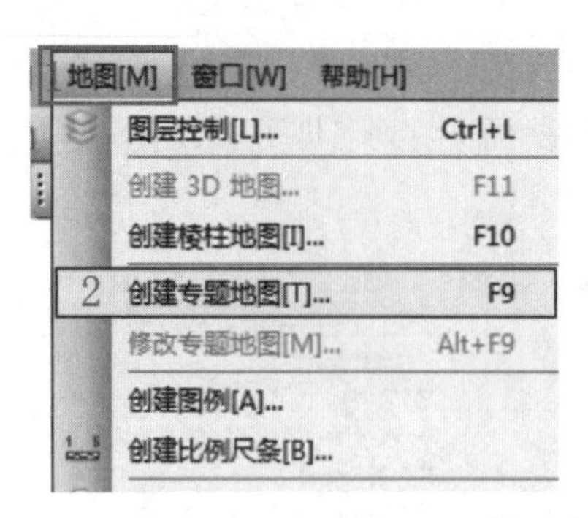

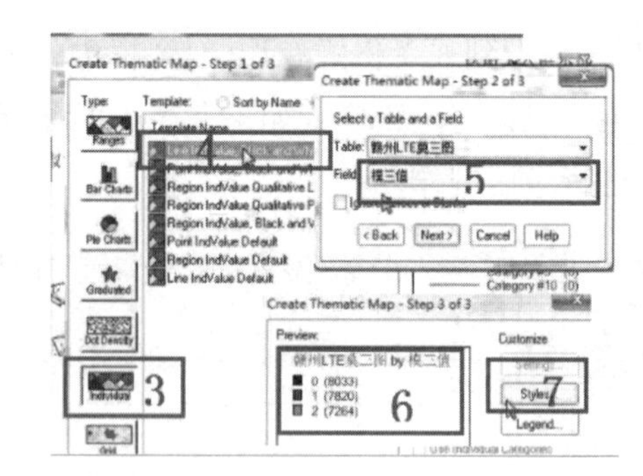

图 4.13 模 3 专题图制作的操作过程图

任务小结

本任务介绍了无线网规网优中常用的 MapInfo 软件工具，通过本任务的学习，应熟悉 MapInfo 的基本功能，以及在网规网优中的常规应用操作；利用 MapInfo 工具完成基站扇区图和专题地图制作的能力。

任务二 规划 LTE 无线网络 PCI

任务描述

本任务介绍 Excel 在网规网优中的常见应用的操作，以及小区 PCI 规划的原则和方法。

任务目标

掌握 Excel 在网规网优中的应用，具备利用 Excel 进行 PCI 的规划的能力。

任务实施

实训环境：一台安装有 Excel 软件、MapInfo10.0 及以上版本软件的计算机。

1. Excel 在网规网优中的应用

(1)函数输入方法

打开 Excel 工作簿，选择好要输入公式的单元格，输入公式。所有公式都以等号"＝"开头，可以使用常数和计算运算符来创建简单的公式。还可以使用函数(简化输入计算的预定义公式)创建公式。

在 Excel 中先选定一个单元格，在它的编辑框中输入一个"＝"，后面输入所需要的计算公式。如果要应用到函数，可以单击"fx"按钮，从中找出函数应用到公式中，例如，使用函数 SUM 对列中的所有数值求和，如图 4.14 所示。输入完成后，按 Enter 键即可。

图 4.14　Excel 输入函数

(2)VLOOKUP 函数的应用

主要功能:在数据表的首列查找指定数值,并由此返回数据表当前行中指定列处的数值。

使用说明:VLOOKUP(lookup_value,table_array,col_index_num,range_lookup),本函数的使用如图 4.15 所示。

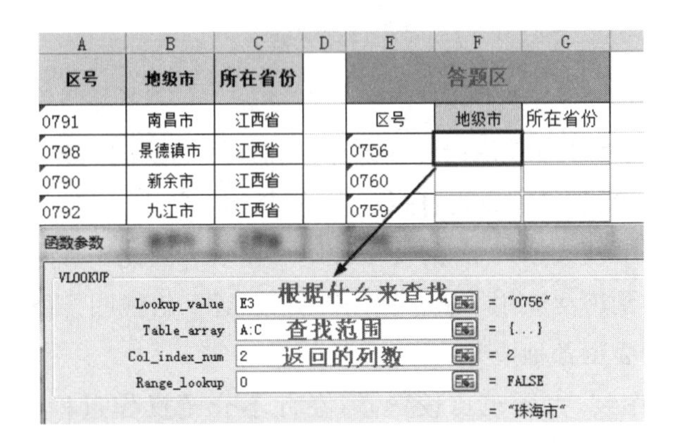

图 4.15　VLOOKUP 函数的使用

在函数的使用中,经常会出现"#N/A"的情况,此时说明公式没有错误但找不到对应值,可能原因有:

①查找范围没有固定,可使用绝对引用,如$A$2:$C$88 或者是 A:C。

②表格中有空格,特别是手动输入的表格,此时可用替换功能,把空格替换成无。

③数据格式不一致。

④查找区域内真的没有匹配项,常见的情况是出现了两个近似的字,如"黄小锋"与"黄小峰"。

(3)数据透视表的应用

主要功能:数据透视表(Pivot Table)是一种交互式的表,可以进行某些计算,如求和与计数等,是一个非常常用且高效的数据处理方法。

使用说明:单击“插入”选项卡“表格”组“数据透视表”中的“数据透视表”或“数据透视图”按钮,打开“创建数据透视表及数据透视图”对话框,在“表/区域”内将第一个表内需要分析的数据选中,单击“确定”按钮,产生一个空白的数据透视表及数据透视图,在右侧“数据透视表字段列表”窗格中,勾选需要分析的项。在“数值”下拉列表中选择“值字段设置”选项,弹出“值字段设置”对话框,在“计算类型”列表框中可以选择求和、计数、平均值、最大值……如图 4.16所示。

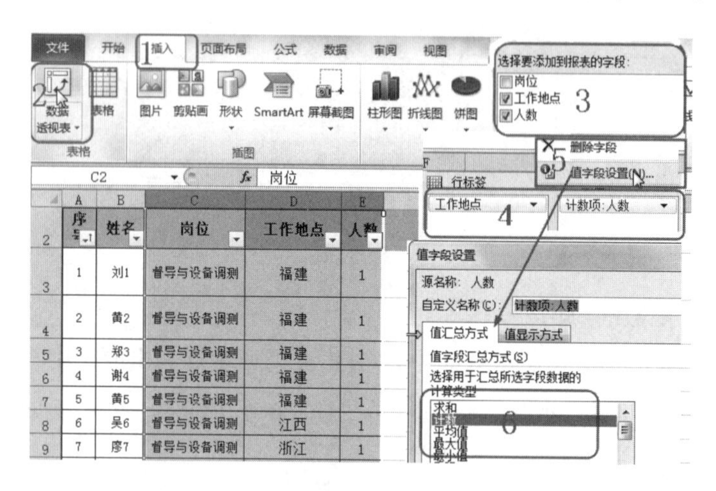

图 4.16　数据透视表的操作过程

(4)数据统计图的应用

统计图是根据统计数字,用几何图形、事物形象和地图等绘制的各种图形。能直观地反映数量的变化、关系和趋势等,它具有直观、形象、生动、具体等特点。统计图可以使复杂的统计数字简单化、通俗化、形象化,使人一目了然,便于理解和比较。因此,统计图在统计资料整理与分析中占有重要地位,并得到广泛应用。最常用的图有柱状图、折线图、饼状图。前两种图用来体现变化趋势,饼状图用来表示各种成分的占比。

统计图平时会经常用到,大家也比较熟悉,在此不介绍操作过程,仅给出一个调整好的图 4.17,该图中坐标轴、字体、各个区域颜色都可以进行调整,以达到美观、大方。

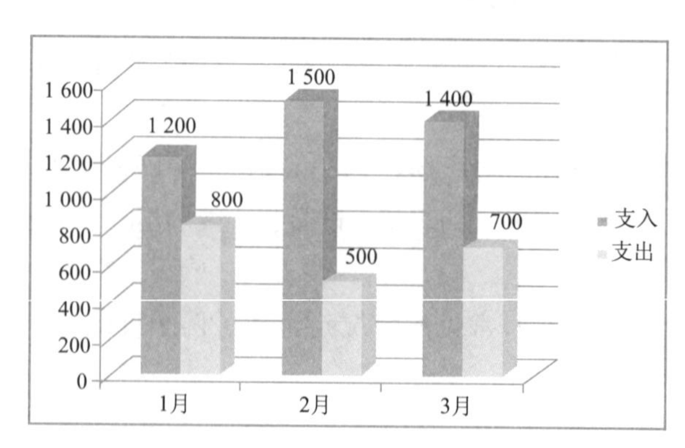

图 4.17　数据统计图

(5)其他常用函数

Excel 中有很多函数,但在网优工作中需经常用到的也就 20 个左右,现将这些函数列举如下,各位自行查找各函数的功能和使用方法,常用的函数有 MOD、AVERAGE、SUM、SUMIF、SUMIFS、COUNT、COUNTIF、AND、OR、IF、LEFT、RIGHT、MID、TEXT 和 VALUE。

2.利用 Excel 进行 PCI 规划

近来收到一个任务,某地将开通一个新建站,需要提前规划好 PCI,新建站信息如下:

新建站名:环境工程学院图书馆。

配置:定向三扇区 F 频段。

方位角(Azimuth):0/120/240。

经纬度:114.91041,25.88898。

根据学过的原理,PCI 规划的复用距离为 5 km,如果达不到 5 km 就折优而取。最小隔离基站圈数为 4 圈。还需尽量避免模 3 干扰。现利用 Excel 来实现复用距离的最大化,复用站圈数和模 3 干扰用 MapInfo 来实现。操作过程如下:

(1)建立老站信息

首先打开该区域的 LTE 工参表,为了不破坏原表,新建一张工作表,将小区中文名、PCI、方位角、经度、纬度这五列复制到这个新表中的 A～E 列,如图 4.18 所示。

	A	B	C	D	E	F	G	H	I
1	小区中文名	PCI	Azimuth	老站经度	老站纬度	新站经度	新站纬度	距离(M)	距离(KM)
2	南铁新建1	95	90	114.962	25.8226	114.91041	25.88898	9007.231641	9.0
3	南铁新建2	94	180	114.962	25.8226	114.91041	25.88898	9007.231641	9.0
4	南铁新建3	93	330	114.962	25.8226	114.91041	25.88898	9007.231641	9.0
5	南铁新建D1	105	90	114.962	25.8226	114.91041	25.88898	9007.231641	9.0
6	南铁新建D2	106	220	114.962	25.8226	114.91041	25.88898	9007.231641	9.0
7	南铁新建D3	107	350	114.962	25.8226	114.91041	25.88898	9007.231641	9.0
8	南铁新建D2	401	227	114.96181	25.8222	114.91041	25.88898	9032.881832	9.0
9	南铁新建D3	459	353	114.96181	25.8222	114.91041	25.88898	9032.881832	9.0
10	南铁新建D1	370	92	114.96181	25.8222	114.91041	25.88898	9032.881832	9.0
11	沙河五龙1	88	330	114.9551	25.82411	114.91041	25.88898	8486.914464	8.5
12	沙河五龙2	87	240	114.9551	25.82411	114.91041	25.88898	8486.914464	8.5

图 4.18　PCI 规划的工参表

(2)输入新站经纬度

将新站的经度、纬度手动填入到 D～G 列中,并填充这两列(基站经纬度必须在 D～G 列,这样才能跟下文中给出的公式相匹配)。

(3)计算新站与所有老站的距离

在 H2 单元格中输入距离计算公式:

＝6371004×ACOS(1－(POWER((SIN((90－E2)×PI()/180)×COS(D2×PI()/180)－SIN((90－G2)×PI()/180)×COS(F2×PI()/180)),2)＋POWER((SIN((90－E2)×PI()/180)×SIN(D2×PI()/180)－SIN((90－G2)×PI()/180)×SIN(F2×PI()/180)),2)＋POWER((COS((90－E2)×PI()/180)－COS((90－G2)×PI()/180)),2))/2)

然后按 Enter 键,新站与老站的距离就出来了。然后在 I2 单元格中输入"＝H2/1000",即把距离单位转化成了千米。

(4)数据透视各 PCI 的最小复用距离

对 PCI 和距离进行最小距离的透视,即可得到各个 PCI 相对于新站的最小距离,然后将序排列,就可以得到复用距离最远的 PCI,如图 4.19 所示,PCI417 最远,但 418、419 的复用距离为 4.1 km,说明 PCI418、PCI419 在其他基站中被单独使用了(一般成组使用)。所以,PCI417/418/419 不太合适。按照同样的方法,我们找到了 PCI501/502/503,它们的复用距离都大于 5 km,如图 4.20 所示,从距离来看符合要求。

行标签	最小值项:距离(KM)
417	7.2
300	6.5
409	5.8
410	5.8
480	5.7
482	5.7
367	5.3
51	5.3
448	5.3
449	5.3
501	5.2
118	5.2
52	5.1

对PCI与距离进行透视

取离新站最近的距

图 4.19 PCI 与距离数据透视的操作过程

行标签	最小值项:距离(KM)
417	7.2
418	4.1
419	4.1
501	5.2
502	5.0
503	5.0
5	2.5
6	3.8
7	4.1
8	4.1

图 4.20 PCI 与距离透视结果

(5)避免模 3 和隔离站数的确认

上个步骤中,PCI501/502/503 比较理想,通过查工参表,最近的站叫“五矿三德稀土公司”,接下来我们使用 MapInfo 把基站图做出来,如图 4.21 所示,确认隔离站数是否大于 4 个;且把 501/502/503 这 3 个 PCI 尽量规避模 3 干扰的情况下,分配到各个扇区去。

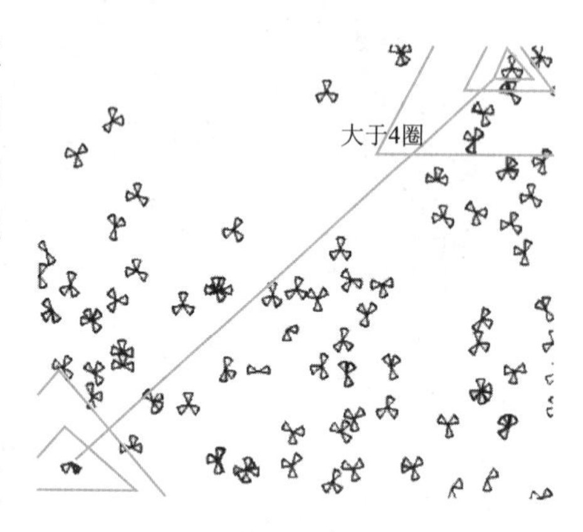

图 4.21 PCI 的复用圈数

任务小结

在无线网络优化工作中,通常会利用 Excel 制作工程参数、分析话务统计、统计数据等工作,灵活地运用 Excel 可以极大地提高我们的工作效率。本任务介绍了函数输入方法、VLOOKUP 函数应用、数据透视表应用和数据统计图应用无线网优中运用 Excel最常见的几种功能。同时结合其中的部分功能,以案例的形式讲解了 LTE 无线网络中是如何进行 PCI 规划的。

项目五 LTE无线网络前台测试

任务一　准备无线网络优化测试工具

任务描述

中兴 Net Artist CXT 工具是路测软件，能够快速准确地采集终端的测试数据，是无线网络优化工作中的测试工具。本任务是熟悉 Net Artist CXT 软件常用工具栏的用法，以及完成测试环境的搭建。

任务目标

掌握 Net Artist CXT 软件的使用方法和常规操作，能够独立完成测试环境的搭建。

任务实施

工具准备：PC、CXT 软件、加密狗、测试手机。

1. 安装与调试 CXT 测试工具

Net Artist 是中兴通讯股份有限公司开发的网络优化工具，其中 Net Artist CXT 是路测软件，Net Artist CXA 是无线优化分析软件。路测软件连接示意图如图 5.1 所示。

Net Artist CXT 具备端口智能侦测和连接能力，全面支持 GSM、CDMA、GoTo、WiMAX、UMTS、TD-SCDMA 和 LTE 网络的多业务室内外测试，主要特性如下：

① 支持多终端多制式同时测试，可以对各终端独立控制与显示。

② 快速准确地采集终端诊断测试数据、数据业务各层数据和 GPS 定位数据，参数的采集和显示粒度达到 20 ms。

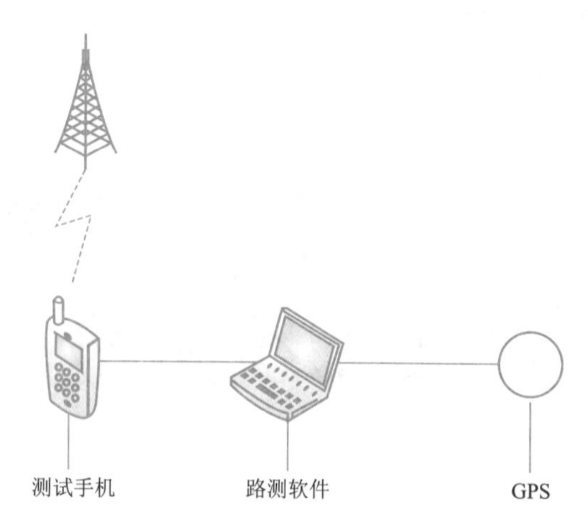

图 5.1 路测软件连接示意图

1)CXT 软件的安装

(1)根据提供的软件安装包安装 CXT

双击运行 Setup 文件(见图 5.2),按照提示进行操作即可完成安装。

CXT_V4.00_Setup

图 5.2 运行 Setup 文件

(2)添加 CXT 补丁

将 CXT 补丁文件夹中的所有文件复制到 CXT 安装目录 bin 文件夹下(见图 5.3),替换原有文件。

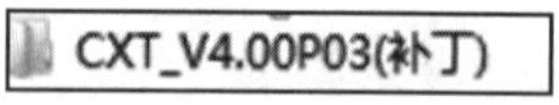

CXT_V4.00P03(补丁)

图 5.3 替换原有文件

(3)打开 CXT 软件

①插上 CXT 的加密狗。

②双击启动 CXT 快捷图标,启动软件。

2)手机驱动安装与连接

测试手机采用的是中兴 GRAND SII 手机(见图 5.4)。手机首次接入计算机 USB 接口后,在手机拨号处输入“ * 983 * 87274 # ”,进入工程模式。

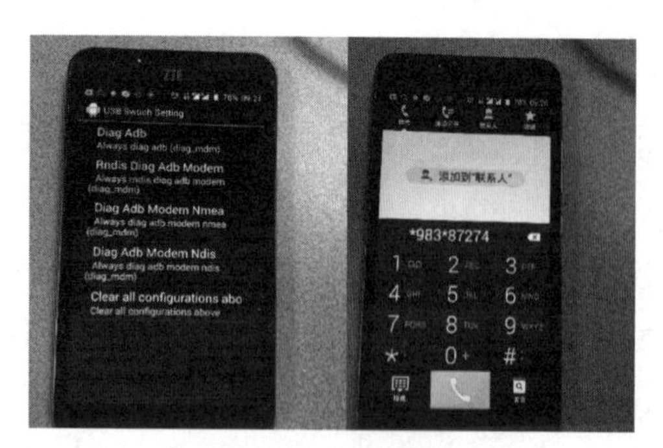

图 5.4 进入工程模式

手机驱动安装:选择第 4 项“Diag Adb Modem Ndis”。

如果是第一次插入手机,需要先在手机中点击“设置”→“连接 PC”→选项,再点击“安装手机 USB 驱动”按钮,进入手机工程模式,选择第 4 项“Diag Adb Modem Ndis”。安装成功后打开计算机的“设备管理器”窗口,即出现端口信息,如图 5.5 所示。

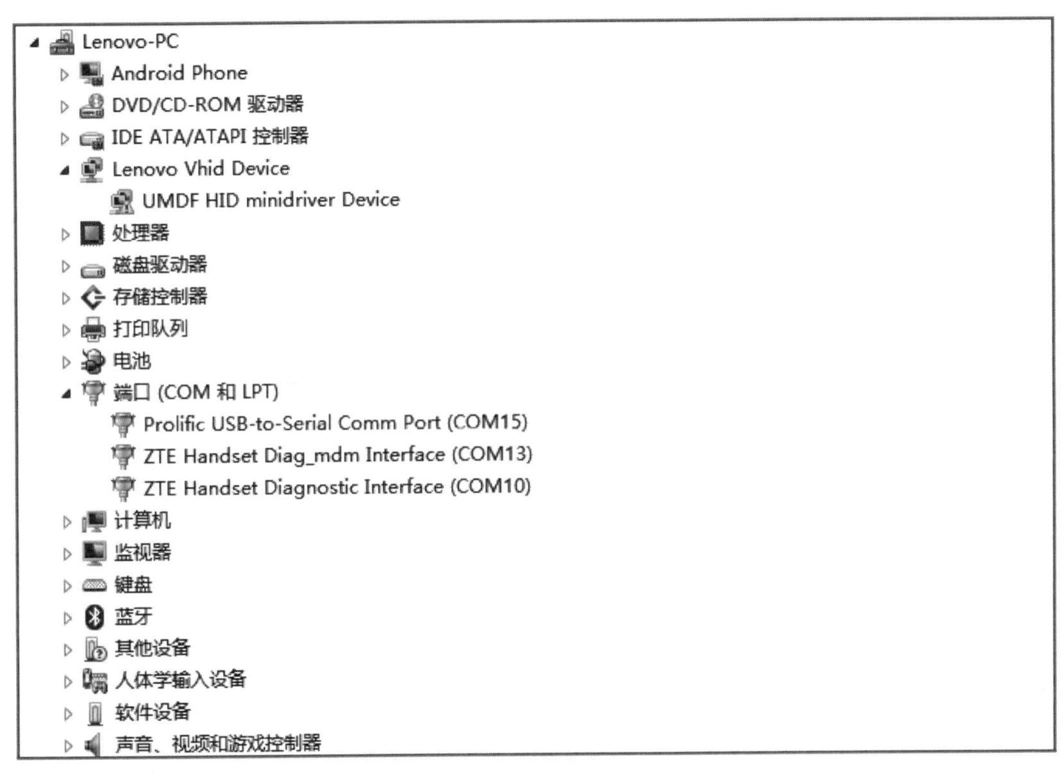

图 5.5 “设备管理器”窗口

3)手机连接CXT软件

CXT测试软件端口配置在“Port Configuration”窗口中进行设置，默认模板下，该窗口是软件自动打开的，安装好手机和GPS的驱动后，单击“Qualcomm Auto Identify”按钮，会出现GPS和MS，与设备管理器不对应的MS设备删除掉，如图5.6所示。

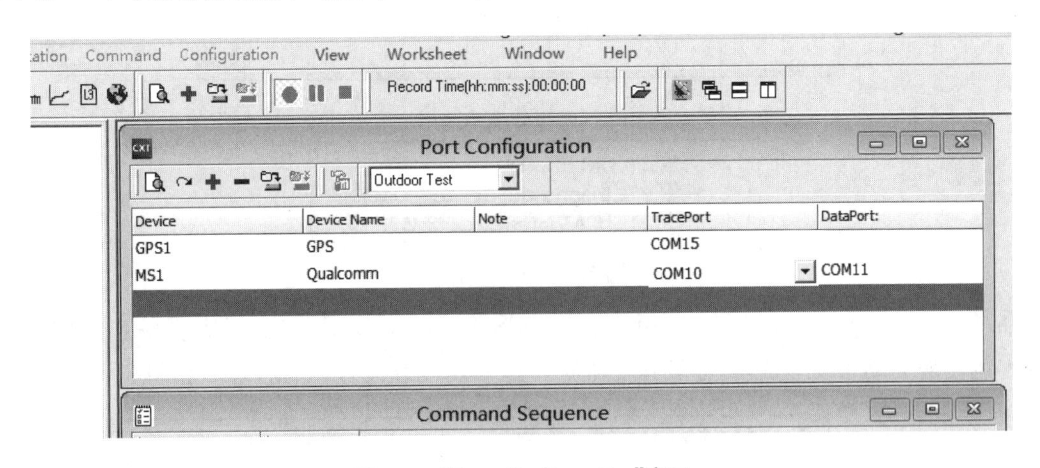

图 5.6 “Port Configuration”窗口

4)GPS安装

GPS采用测试常用的环天BU-353(见图5.7)，正确安装驱动即可使用，本文不作详细说明。

图 5.7　环天 BU-353

5)查找设备

在测试软件“Port Configuration”窗口中单击查询设备,在 GPS 与手机驱动安装好的情况下自动查找出已连接的设备,如图 5.8 所示。

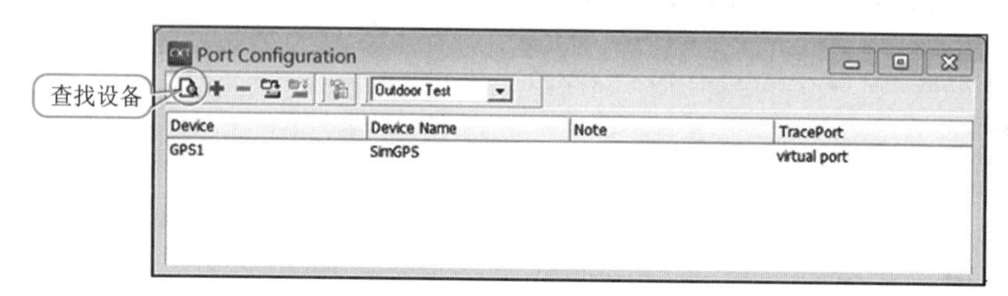

图 5.8　查找设备

6)检测测试设备

软件中 LTE 终端端口要与计算机设备管理器中的端口对应(模 4 终端需要手动添加端口),如图 5.9 和图 5.10 所示。

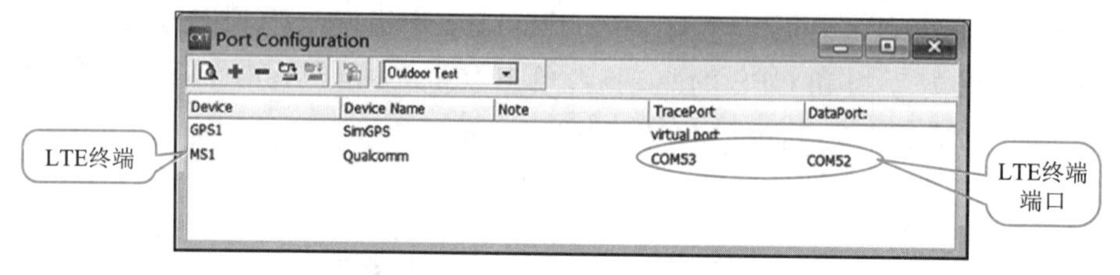

图 5.9　检测测试设备

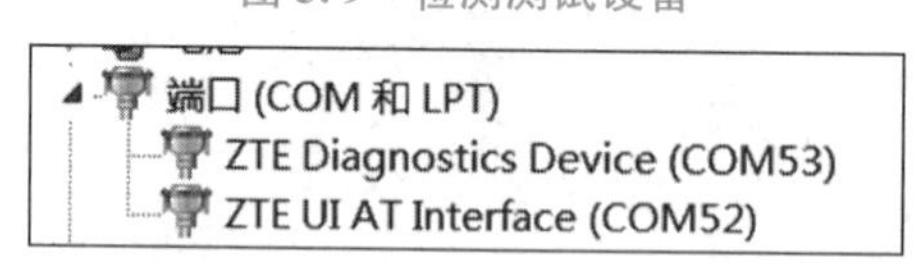

图 5.10　端口信息

在“Port Configuration”窗口连接设备后,GPS 和 MS 会变成绿色,代表设备连接成功,若出现红色代表驱动未安装成功,需要按照上述步骤重新安装设置,如图 5.11 和图 5.12 所示。

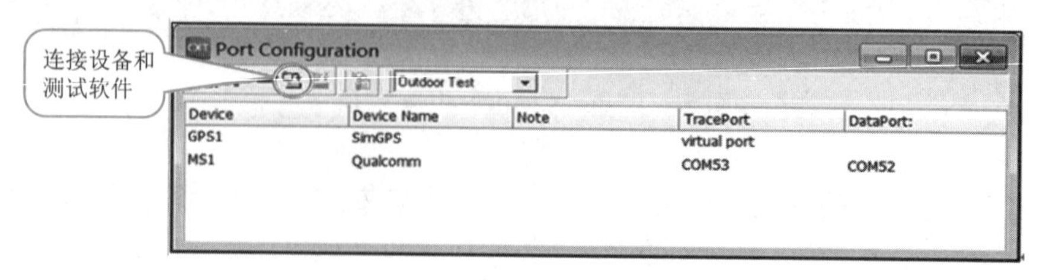

图 5.11　连接设备

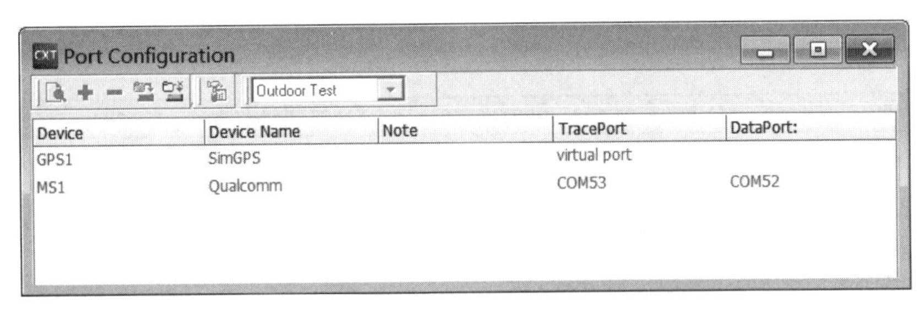

图 5.12　连接设备成功

2. 操作 CXT 测试

1)操作主界面

(1)工作界面

单击“开始”→“所有程序”→“NetArtist”→“NetArtist CXT V4.00”→“NetArtistCXT”命令，启动主程序，其操作主界面如图 5.13 所示。

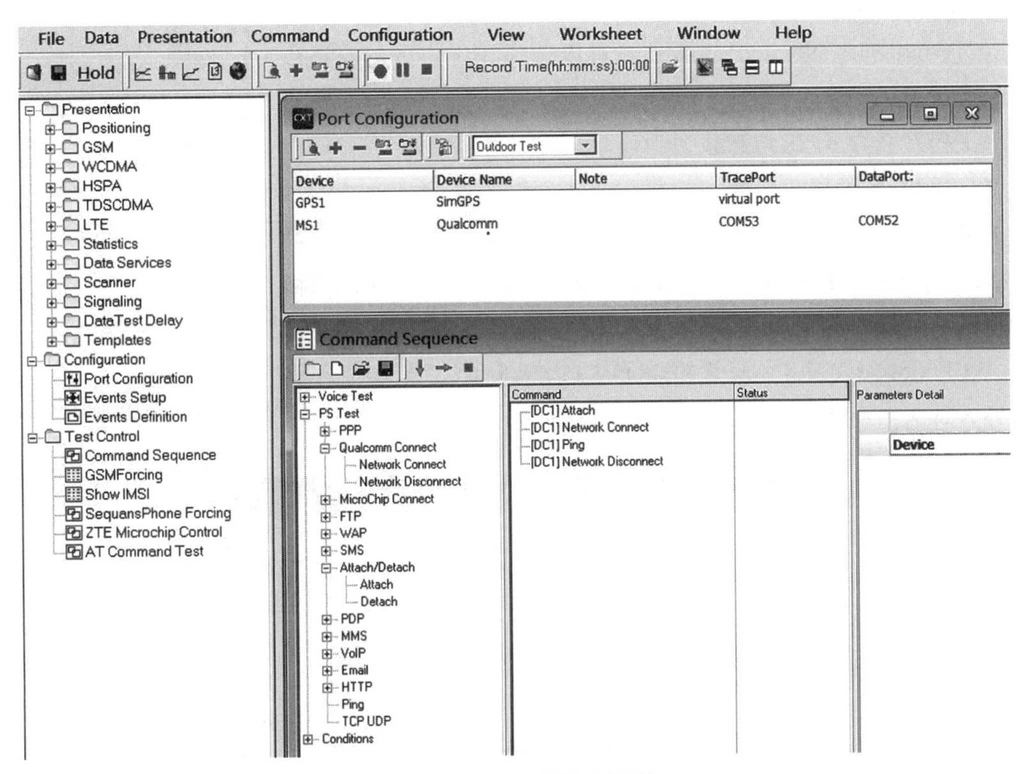

图 5.13　CXT 操作主界面

(2)窗口界面

①标题栏。标题栏显示的是 NetArtist CXT 软件打开的工作区路径，如图 5.14 所示。

NetArtist CXT-C:\Program Files\NetArtist\CXT\V4.00\Config\DefaultWorkspace.gws

图 5.14　CXT 标题栏

②菜单栏。主界面菜单栏如图 5.15 所示。

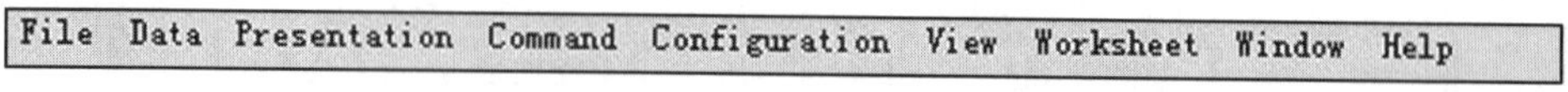

File Data Presentation Command Configuration View Worksheet Window Help

图 5.15 CXT 菜单栏

File:主要包括对工作区操作的选项。

LogFile:包括关于对文件和操作的选项。

Presentation:包括软件在测试过程中所有的观察窗口的选项。

Command:包括测试控制窗口的选项。

Configuration:包括端口配置和事件设置窗口的选项。

View:包括软件的导航信息、工具栏和状态栏的选项。

Worksheet:包括对工作面板进行操作的选项。

Window:包括对程序窗口进行操作的选项。

Help:包括程序的版本说明、帮助等选项。

③Navigation。Navigation 导航栏可以选择在工作区的左边以树状的形式显示出来,如图 5.16 所示。

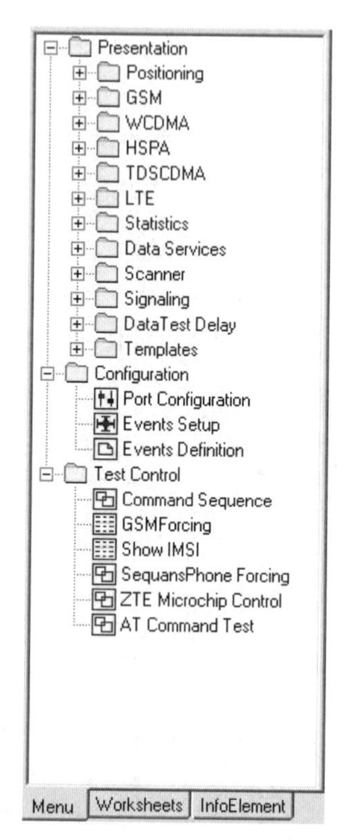

图 5.16 Navigation 导航栏

2)工程参数导入/出与卸载

(1)工程参数的导入

通过选择“Data”→“Load CellSite”命令或者单击工具栏中的,可以进行工程参数的导入。工程文件导入成功后,可以在地图模块中显示基站和小区的信息。支持 4 种制式的导入,分别是 GSM 制式、WCDMA 制式、LTE 制式和 TDS-CDMA 制式。

导入对话框如图 5.17 所示。

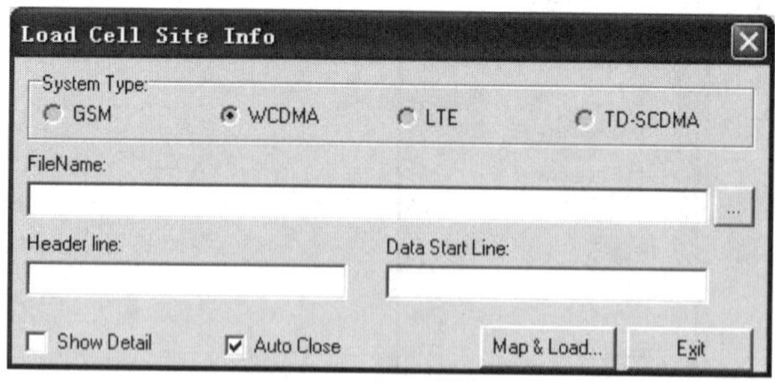

图 5.17 导入对话框

“Sytem Type”是导入工程文件的制式;“FileName”是导入的工程文件;“Header Line”是工程文件字段的起始行。默认为 1;“DataStart Line”是工程文件数据的起始行,默认为 2,选取路径和行数以后,需要先进行匹配。单击“Map&Load”按钮,进行字段的匹配,如图 5.18 所示。

“Required Section”中的字段是必须匹配的。选择“Map Section”中与其最接近的字段进行匹配后,单击“Load”按钮就可以进行加载,每一种制式只能导入一个工程文件。如果某种制式的工程文件已经加载,就会出现图 5.19 所示的提示。

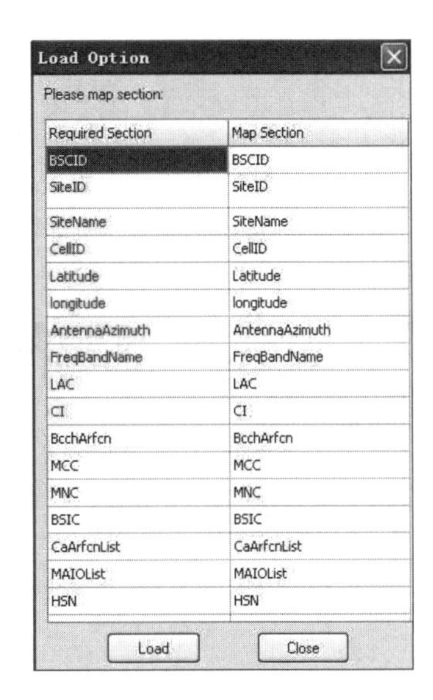

图 5.18　字段的匹配

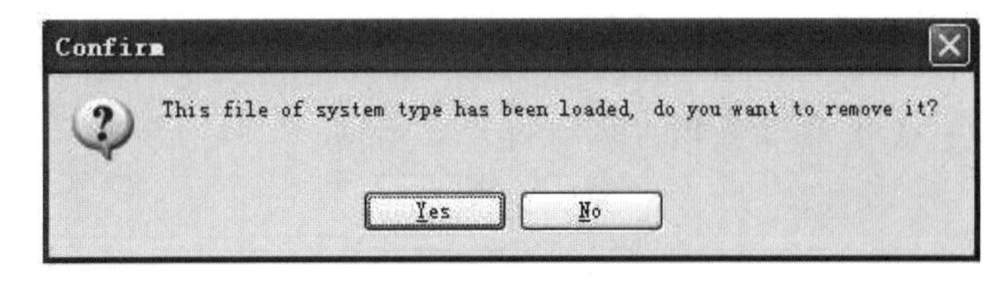

图 5.19　提示对话框

单击“Yes”按钮，就会先卸载之前加载的工程文件，再加载此次需要导入的工程文件。加载工程文件成功以后，会在主程序的信息窗口中加载成功的提示，如图 5.20 所示。

图 5.20　加载工程文件

如果加载失败，会在工程导入对话框中显示导入失败的行数，如图 5.21 所示。

图 5.21　加载失败

(2)工程参数的导出

单击“Data”→“Export CellSite”命令，可以进行工程参数的导出。当工程文件导入或修改成功后，可以通过工参导出来导出工程参数文件。目前仅支持LTE制式工参，导出时需要选择制式，如图5.22所示。

当导出对话框出现时，输入导出的文件名，工程参数即被成功导出。

(3)工程参数的卸载

加载工程参数成功后，可以通过单击“Data”→“UnLoad CellSite”命令进行工程参数的卸载。选择需要卸载的工程文件，单击“Unload”按钮就能卸载。卸载成功后，主工程的信息栏出现卸载成功的提示信息。

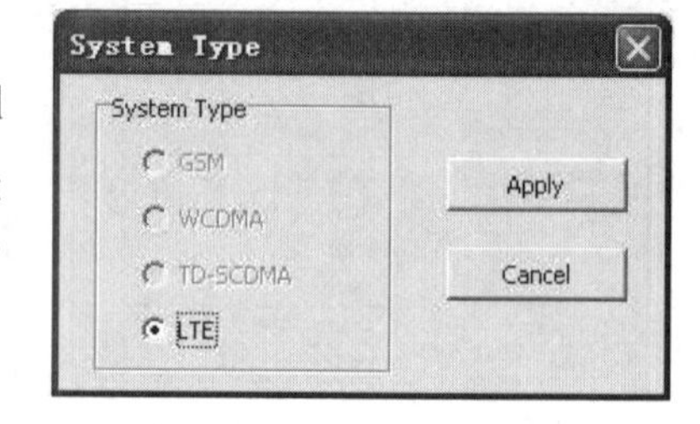

图5.22　选择导出制式

3)文件管理

(1)APT(X)文件描述

APT(Air Performance Test)用来记录路测过程中的相关信息，便于回放、分析所用。APTX是一种压缩格式的文件，与APT相比容量大大缩小，但仅包含基本的信息。与APT(X)文件相关的工具栏如下所示：

①设备端口配置工具栏：包括自动检测设备、类型选择、检测设备、断开连接设备。

②回放控制工具栏：打开、关闭APT(X)文件、回放，倒退，加速回放、播放时间显示等功能。

③文件管理工具条：保存APT(X)文件、暂停等功能。

④实测控制工具条：分别为指示灯、“暂停”和“停止”记录APT(X)文件功能。

(2)文件记录

文件记录的前提条件：

①在实测模式下，设备配置已经完成，且设备已连接成功。

②相应的硬件驱动已经成功安装。

根据测试的类型(Model:Outdoor/Indoor)，文件记录分为室内测试和室外测试两部分。室内测试和室外测试区别在于GPS信息。室内测试需要事先规定好路径，因为没有GPS提供相应的经纬度信息，所以要规定路测路径，而室外测试的经纬度信息由GPS提供。

相应步骤如下：

①在设备配置窗体上选择测试类型：Outdoor/Indoor。

②设备配置。单击工具栏中的图标按钮，出现设备配置界面，如图5.23所示。

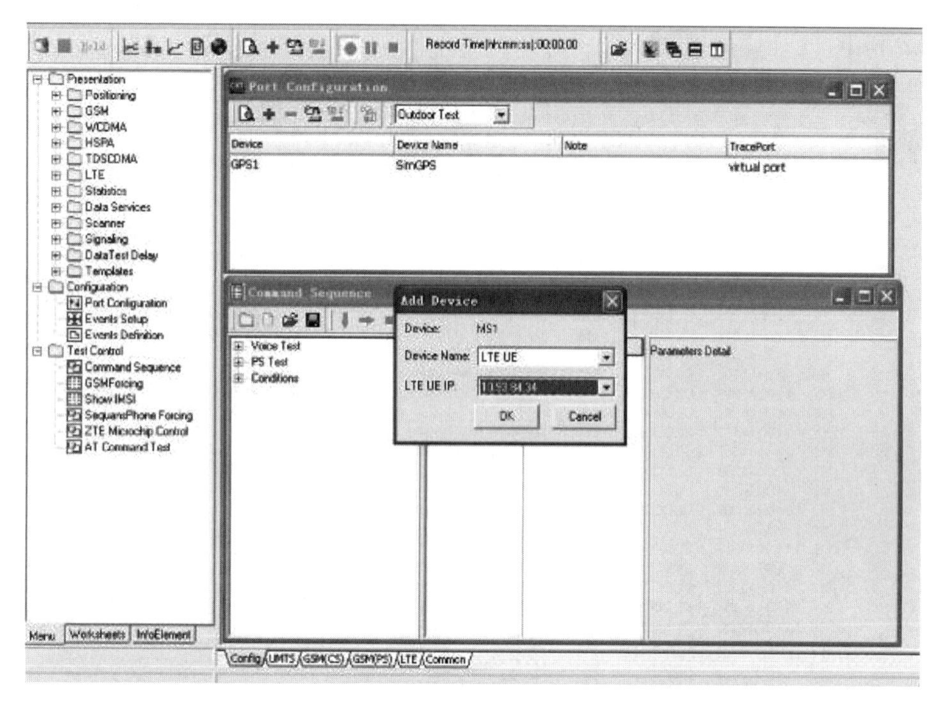

图 5.23　设备配置界面

③连接设备。单击工具栏中的图标按钮，若端口及设备配置正确，则出现对应的设备颜色为绿色，否则为蓝色。

(3)文件回放

前提：设备已经断开连接。

单击工具栏中的图标按钮，在弹出的对话框中选择文件并打开。若成功，则 APT(X)回放工具栏变成可用。如图 5.24 所示。

图　5.24　回放工具栏

工具栏的主要功能有：正常回放、快速加载、置位(便于重新回放)。还可以选择回放速度(正常回放速度的倍数)。时间表示当前正在加载的时间点。

(4)文件设置

通过单击“Configuration”→“APT File Setting”命令，打开 APT 文件设置对话框。可设置 APT 文件大小，当文件大小超过此设定值时，系统会自动将该文件拆分。文件大小默认值为 200 MB。可选择文件存储模式，包括正常模式(Normal)、压缩模式(Compress)两种，如图 5.25 所示。

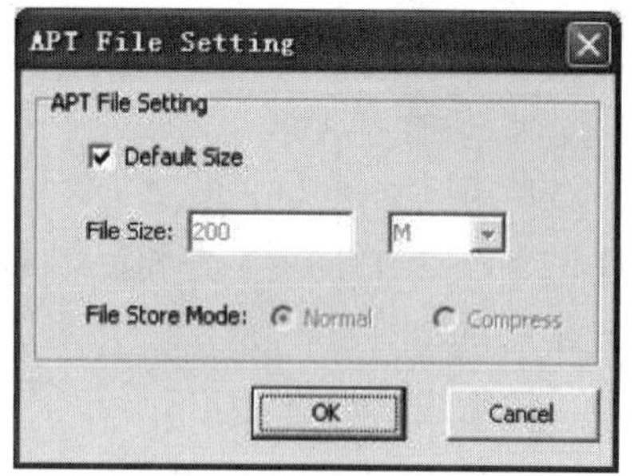

图 5.25　APT 文件设置对话框

4)信令和事件

(1)层3信令显示

信令列表显示:单击工具栏中的图标按钮,即可以打开层3信令消息窗口,如图5.26所示。

Index	Time	Channel	Tech...	Message	NAS Message	Serving C.
200	14:06:44.775	UL DCCH	LTE	UE Capability Information		350
201	14:06:44.752	MARKER		RRC_STATE_CONNECTED		
202	14:06:44.801	DL DCCH	LTE	DL InformationTransfer		350
203	14:06:44.802	DL EMM	LTE		AUTHENTICATION REQU...	350
204	14:06:44.948	UL EMM	LTE		AUTHENTICATION RESP...	350
205	14:06:44.948	UL DCCH	LTE	UL Information Transfer		350
206	14:06:44.981	DL DCCH	LTE	DL InformationTransfer		350
207	14:06:44.981	DL EMM	LTE		SECURITY MODE COMM...	350
208	14:06:44.982	UL EMM	LTE		SECURITY MODE COMPL...	350
209	14:06:44.982	UL DCCH	LTE	UL Information Transfer		350
210	14:06:44.998	DL DCCH	LTE	DL InformationTransfer		350
211	14:06:44.998	DL ESM	LTE		INFORMATION REQUEST	350
212	14:06:44.999	UL ESM	LTE		INFORMATION RESPONSE	350
213	14:06:44.999	UL DCCH	LTE	UL Information Transfer		350
214	14:06:46.173	PCCH	LTE	Paging		350
215	14:06:46.348	DL DCCH	LTE	Security Mode Command		350
216	14:06:46.352	UL DCCH	LTE	Security Mode Complete		350
217	14:06:46.352	DL DCCH	LTE	RRC Connection Reconfiguration		350
221	14:06:46.357	UL DCCH	LTE	RRC Connection Reconfiguration...		350
222	14:06:46.358	DL EMM	LTE		ATTACH ACC	350
223	14:06:46.358	DL ESM	LTE		ACTIVATE DEFAULT EPS...	350
224	14:06:46.371	DL DCCH	LTE	RRC Connection Reconfiguration		350
225	14:06:46.375	UL DCCH	LTE	RRC Connection Reconfiguration...		350
226	14:06:46.378	UL EMM	LTE		ATTACH COMPLETE	350
227	14:06:46.379	UL DCCH	LTE	UL Information Transfer		350
228	14:06:46.392	UL DCCH	LTE	Measurement Report		350
229	14:06:46.408	DL DCCH	LTE	DL InformationTransfer		350
230	14:06:46.410	DL EMM	LTE		EMM INFORMATION	350

图5.26 层3信令信息窗口

Index:消息的索引,从1开始。

Local Time:消息接收的本地时间。

MS Time:消息接收的手机时间。

SFN:系统帧号。

Sub SFN:子帧号。

Channel Name:表示此条消息发生的信道。

RRC Message Name:RRC层空中接口消息。

NAS Message Name:NAS消息。

Active Set:激活集小区。

Information:信令关键信息。

(2)事件显示

单击"Presentation"→"Signaling"→"Events"命令,显示事件窗口,事件显示主要是将已发生的事件(包括固定事件和定制事件)从数据库中取出并显示到界面上,供网优人员分析。事件显示窗口如图5.27所示。

5)无线参数的设定

(1)LTE Server Cell Information(见图5.28)

参数描述:

MCC:移动国家号。

Time	Event	Event Information
14:06:44.661	Attach Request	
14:06:44.664	RRC Connection Request	
14:06:44.752	RRC Connection Established	
14:06:46.352	ERAB Connection Reconfiguratio...	
14:06:46.357	ERAB Connection Reconfiguratio...	
14:06:46.378	Attach Success	
14:06:50.758	Ping Success	
14:06:51.801	Ping Success	
14:06:52.855	Ping Success	
14:06:54.007	Ping Success	
14:06:55.034	Ping Success	
14:06:56.043	Ping Success	
14:06:57.097	Ping Success	
14:06:58.207	Ping Success	
14:06:59.223	Ping Success	
14:07:00.287	Ping Success	
14:07:01.370	Event Ignore	
14:07:01.372	RRC Connection Request	
14:07:01.433	RRC Connection Established	

图 5.27 事件显示窗口

MNC:移动网络号。

TAC:跟踪域。

Uplink Frequency:小区上行频率。

Downlink Frequency:小区下行频率。

Uplink Bandwidth(M):上行带宽。

Downlink Bandwidth(M):下行带宽。

ServerCell CellID:服务小区 ID。

ServerCell PCI:服务小区物理层 ID。

ServerCell RSRP(dbm):服务小区参考信号接收功率。

ServerCell RSRQ(dbm):服务小区参考信号接收质量。

UE State:UE 状态。

(2)LTE Cell Information(见图 5.29)

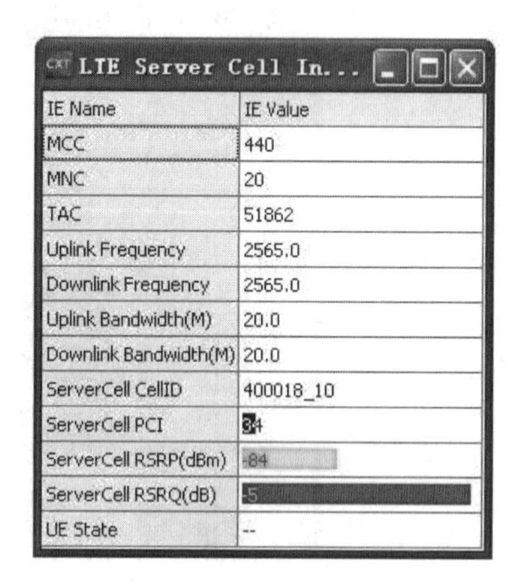

LTE Server Cell In...

IE Name	IE Value
MCC	440
MNC	20
TAC	51862
Uplink Frequency	2565.0
Downlink Frequency	2565.0
Uplink Bandwidth(M)	20.0
Downlink Bandwidth(M)	20.0
ServerCell CellID	400018_10
ServerCell PCI	34
ServerCell RSRP(dBm)	-84
ServerCell RSRQ(dB)	-5
UE State	--

5.28 “LTE Server Cell Information”窗口

LTE Cell Information [MS1]

Type	CellName	TAC	CellID	PCI	RSRP	RSRQ	LON	LAT
Serv	--	51862	400018	34	-84	-5	--	--
NB1	--	--	--	38	-94	-15	--	--
NB2	--	--	--	33	-94	-15	--	--
NB3	--	--	--	--	--	--	--	--
NB4	--	--	--	--	--	--	--	--
NB5	--	--	--	--	--	--	--	--
NB6	--	--	--	--	--	--	--	--
NB7	--	--	--	--	--	--	--	--
NB8	--	--	--	--	--	--	--	--

图 5.29 “LTE Cell Information”窗口

参数描述:

Cell Name:小区名称。

TAC:跟踪域。

Cell ID:小区 ID。

PCI:小区物理层 ID。

RSRP:小区参考信号接收功率。

RSRQ:小区参考信号接收质量。

LON:经度。

LAT:纬度。

(3)LTE Cell Information

参数描述:

图 5.30 以柱形图的方式显示服务小区和邻小区的 RSRP 和 RSRQ,其中横坐标为小区的 PCI,纵坐标为 RSRP 或 RSRQ;第一个为服务小区值,之后按照 RSRP 从强到弱排列邻区的值。右击可以选择显示 RSRP 或者 RSRQ,绿色表示 RSRP,黄色表示 RSRQ。

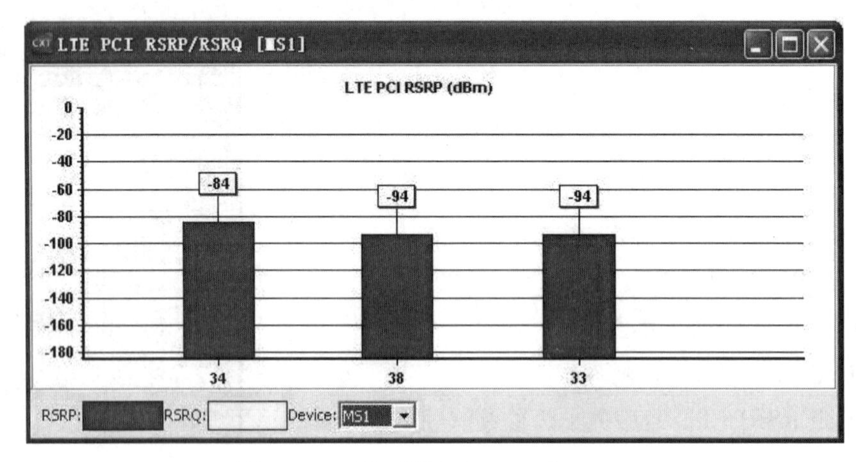

图 5.30 以柱形图显示 RSRP 和 RSRQ

6)地理化显示

(1)Route Map

单击工具栏中的图标按钮的●,再单击“Load TAB”按钮,就会弹出“Open Layers”对话框,如图 5.31 所示。

该对话框内各按钮和字段说明如下:

Layers:表示当前在地图上已有的图层。

Up:把选中的层往上移动。

Down:把选中的图层往下移动。

Add:加入一个图层,在弹出的对话框中可以选择把一个或多个 TAB 文件加入到图层列表中。

Remove:删除选择的图层。

Remove All:删除所有图层。

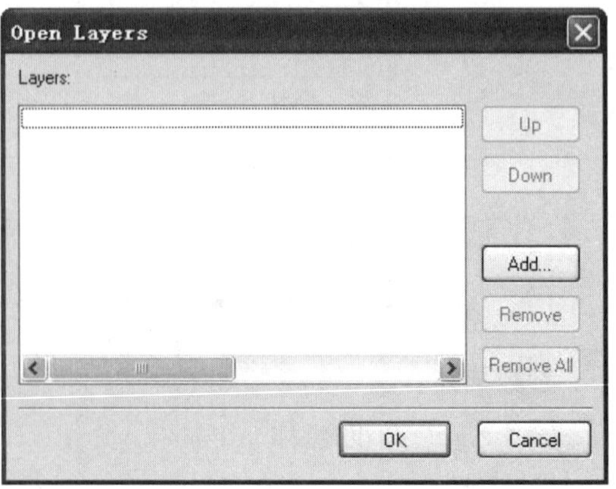

图 5.31 “Open Layers”对话框

(2)路测轨迹图

路测点会根据用户设定的 IE 和图例做动态渲染,在地图上用不同的颜色表示属于不同阶数的值。地图上的红圈表示当前的位置。如果载入基站信息，并设置显示连线，可以在地图上显示测试点和小区间的连线。单击“显示事件”按钮，可在地图中显示主IE所在设备产生的所有未过滤事件图标。路测图如图5.32所示。

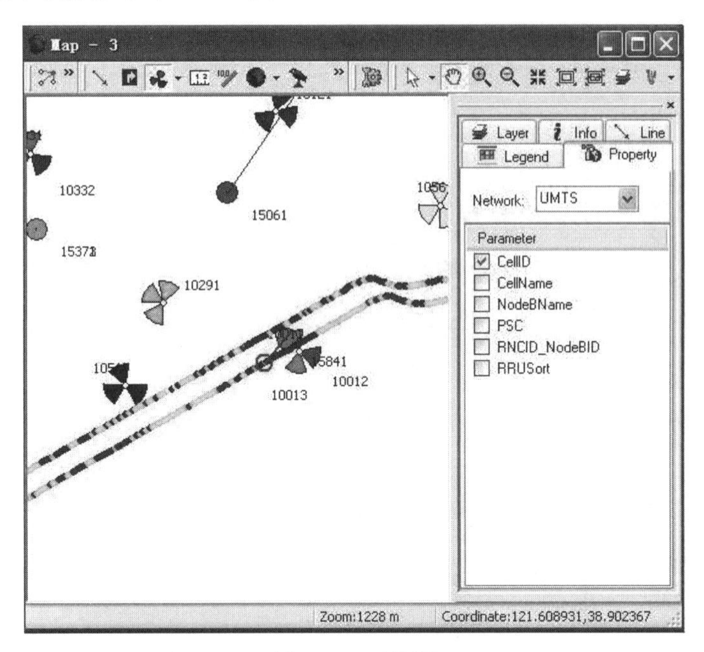

图5.32　路测图

任务小结

通过本任务的学习，应熟悉中兴Net Artist CXT测试工具的安装以及常用的操作方法，包括工程参数导入与卸载、文件管理、信令与事件、无线参数的设定以及地理化显示。掌握如何搭建测试环境，完成CXT测试软件与设备连接操作。

任务二　进行LTE无线网络前台测试

任务描述

本任务将利用Net Artist CXT测试工具，完成室内CSFB语音、Attach、Ping和FTP上传下载数据业务的测试工作。

任务目标

- 熟悉CXT室内CSFB语音测试的流程，掌握室内CSFB语音测试配置模版的设置和室内测试路线打点图的配置。
- 熟悉CXT室内CSFB语音互拨测试的流程，掌握室内CSFB语音互拨测试配置模版的设置。

- 熟悉 Attach 与 Ping 测试的流程，掌握 Attach 与 Ping 测试配置模版的设置。
- 熟悉 FTP 上传下载数据测试的流程，掌握 FTP 上传下载数据测试配置模版的设置。

任务实施

工具准备：PC、CXT 软件、加密狗、测试手机。

1. 测试 CXT 室内 CSFB 语音

(1)选择测试环境

双击 CXT 应用程序，打开软件，按照图 5.33 进行操作，选择室内测试。

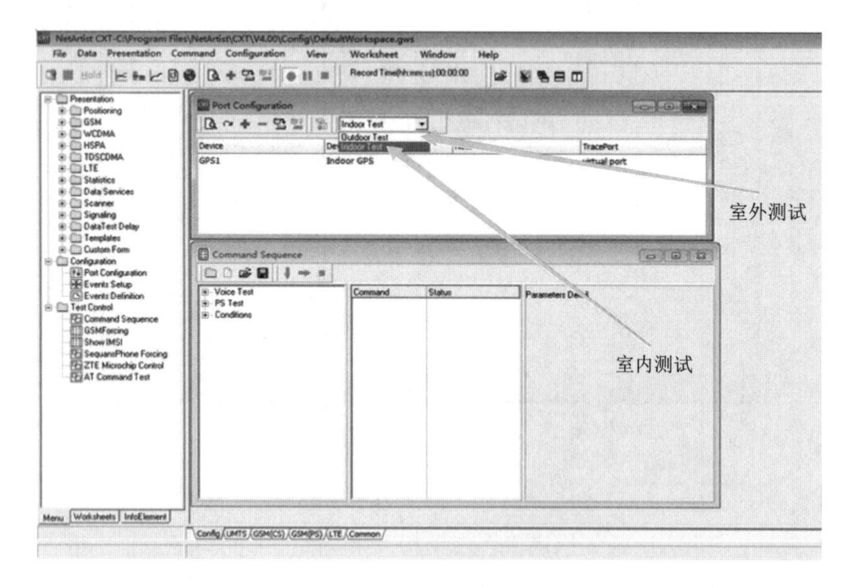

图 5.33　选择测试环境

(2)添加设备、连接设备

进入手机工程模式，单击“Diag Adb Modem Ndis”按钮，安装成功后打开计算机的“设备管理器”窗口，即出现端口信息。单击“查找设备”按钮，如图 5.34 所示，会显示设备信息，单击图 5.35所示的按钮，会显示连接状态。

(3)保存 LOG 日志文件

在弹出的对话框中，单击“是”按钮，保存测试 LOG；单击“否”按钮，不保存测试 LOG(此时如果不保存，在后面开始测试时仍然可以保存)。

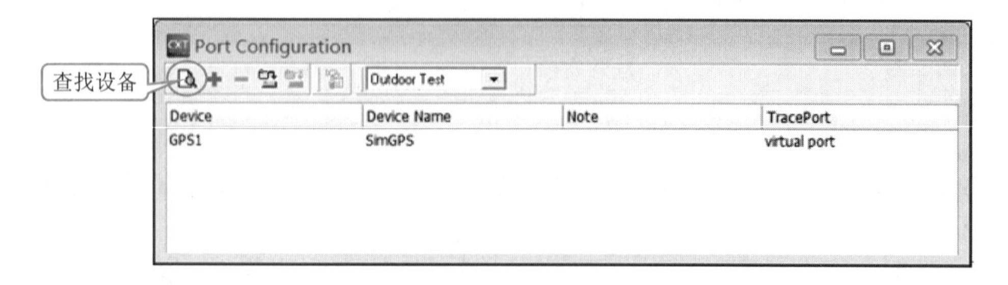

图 5.34　查找设备

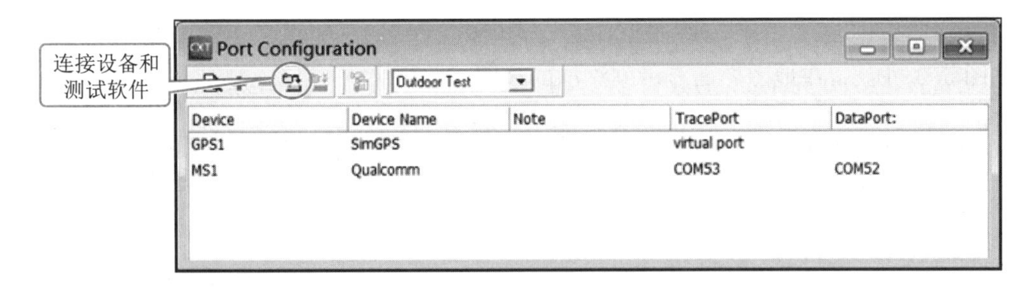

图 5.35 连接设备

(4)添加室内电子地图

①根据图 5.36 的操作步骤,选择添加地图界面,则单击“添加地图”按钮,进行添加地图。

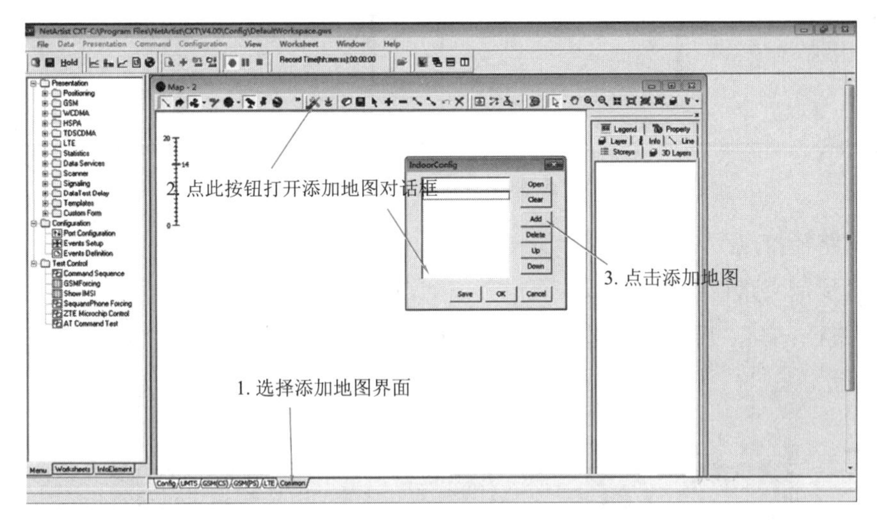

图 5.36 室内测试地图窗口

②找到需要的地图(这里的图片要求为 JPG 格式),如图 5.37 所示。

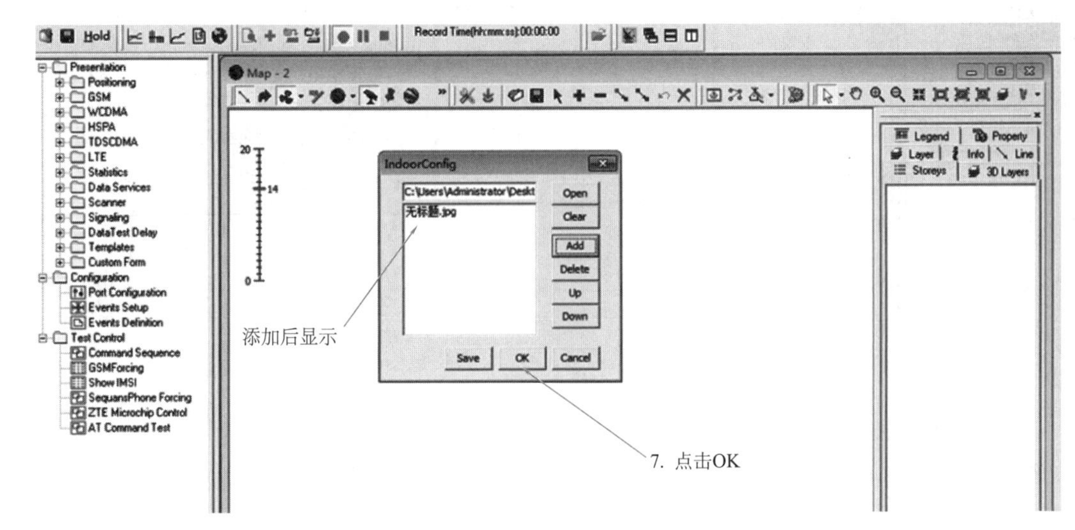

图 5.37 添加室内电子地图

(5)显示地图

如图 5.38 所示,在地图界面显示刚添加的地图。

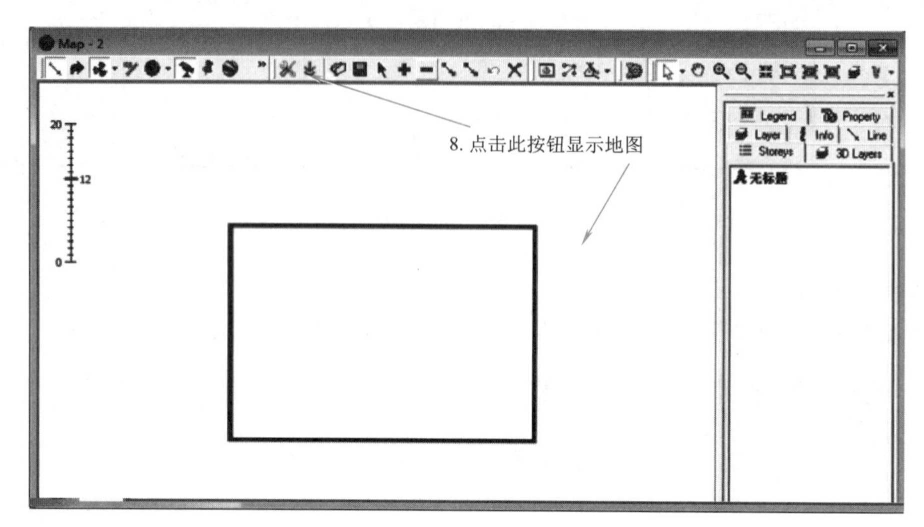

图 5.38 显示室内电子地图

(6)测试路径打点

方法一:预定义路径。

预定义路径:单击“开始打点测试”按钮,会在提示保存 LOG 日志文件,单击“是”按钮即可,如图 5.39 所示。

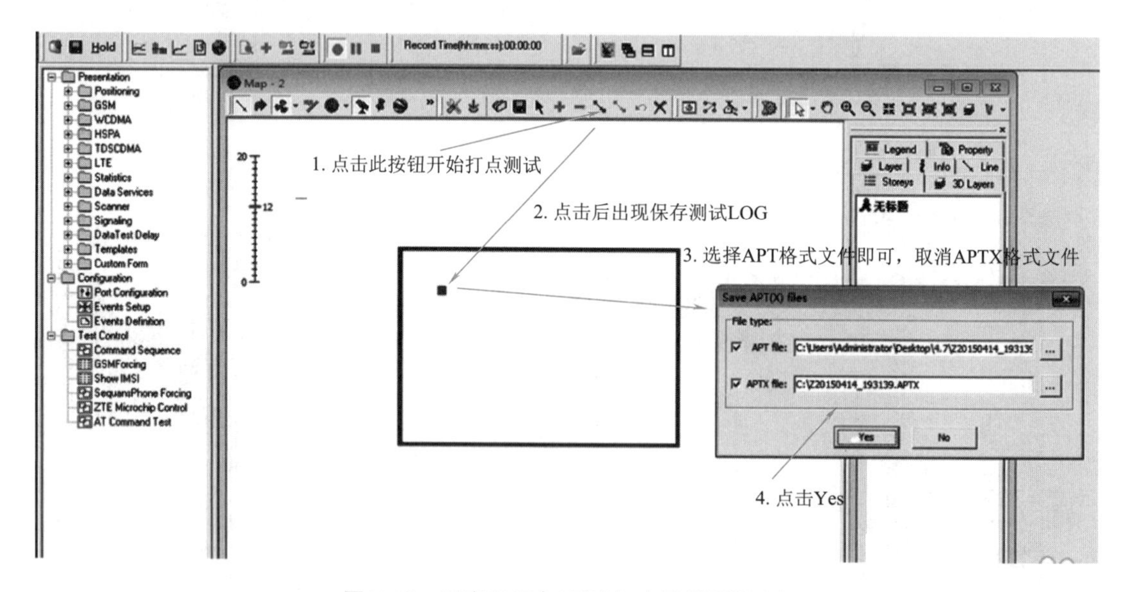

图 5.39 预定义打点(测试打点要截图保存)

方法二:预定义路径。

自由路径打点:室内手动打点测试,打点时不能点的太快,否则会出现不连续的采样点,稍等待一段时间再打点,会比较连续、美观,如图 5.40 所示。

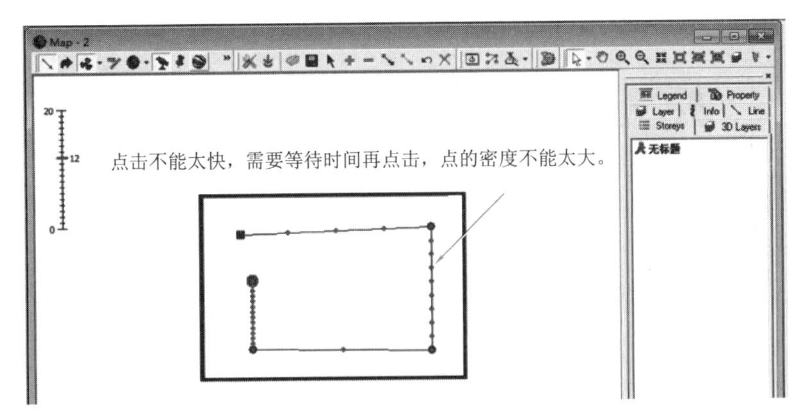

图 5.40　自由路径打点

(7)呼叫模型配置(见图 5.41)

首先在 Command Sequence 窗口中设置拨号参数，如：

循环次数：1 000 次　　　　呼叫号码：10086

起呼建立时间：10 s；

呼叫保持时间：60 s；

呼叫释放时间：10 s；

休息间隔时间：5 s。

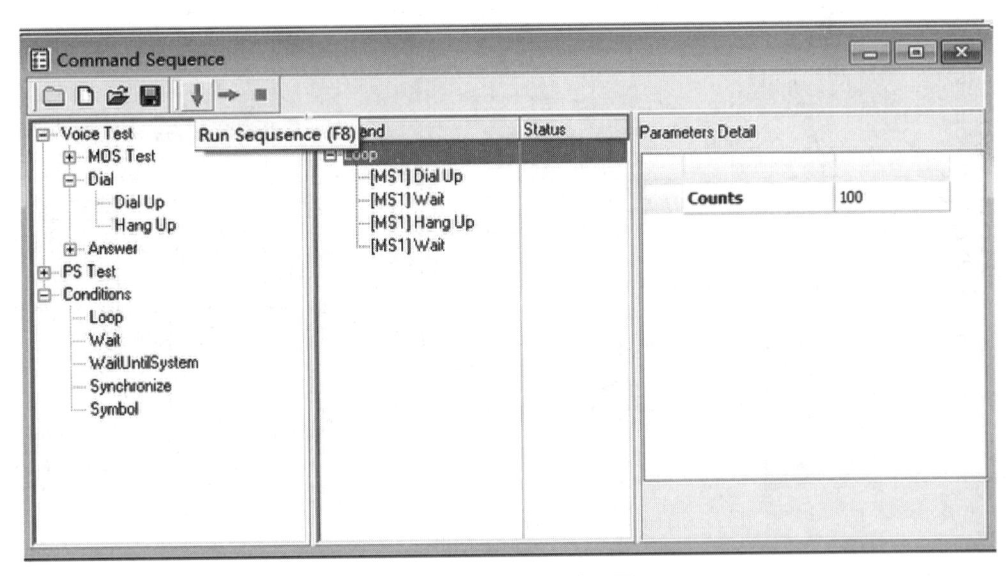

图 5.41　呼叫模型配置

(8)开始测试

参数设置完毕，单击“执行”按钮，保存测试数据文件为 APT 格式。切换到地图界面，在路径图中的起始点位置，按空格键开始测试，走到下一个打点位置，再按一次空格键，直到结束点。

(9)结束测试

按照图 5.42 所示进行操作即可，在第一步时有时会出现提示，单击“是”按钮即可。

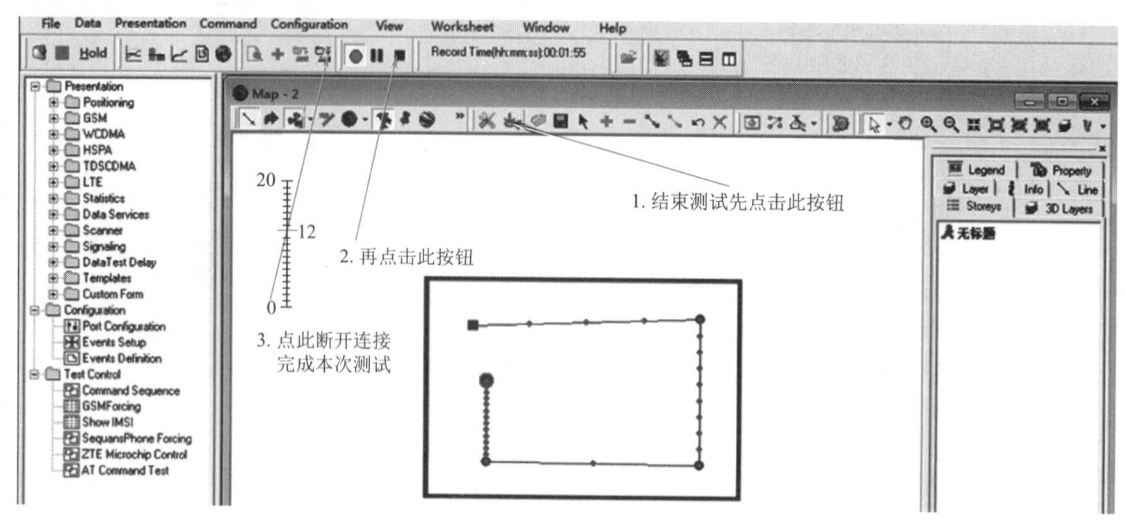

图 5.42 结束测试

命令成功执行后，测试手机将按照模型配置执行呼叫 10086 的过程。测试过程中，打开相关的状态窗口，能观察到当前测试状态，如图 5.43 所示。

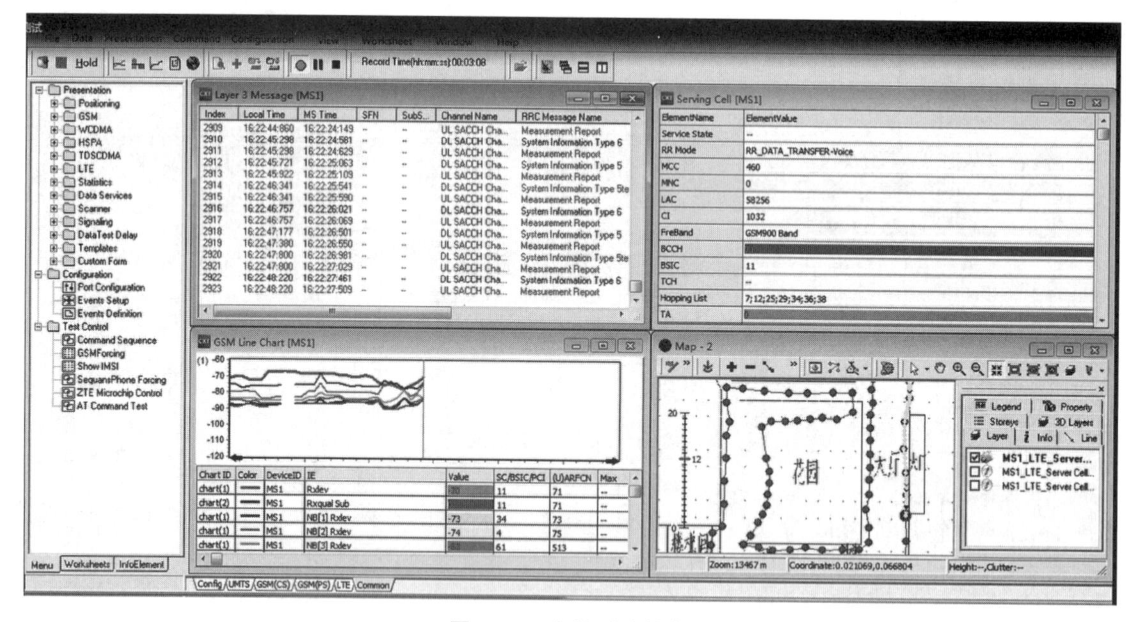

图 5.43 当前测试状态

2. 测试 CXT Attach 与 Ping

1)选择测试环境

双击 CXT 应用程序，打开软件，如图 5.44 所示，选择“室内测试”。

2)添加设备，连接设备

进入手机工程模式，单击“Diag Adb Modem Ndis”按钮，安装成功后打开计算机的“设备管理器”窗口，即出现端口信息。单击“查找设备”按钮，如图 5.45 所示，会显示设备信息，单击图 5.46所示的按钮，会显示设备连接状态。

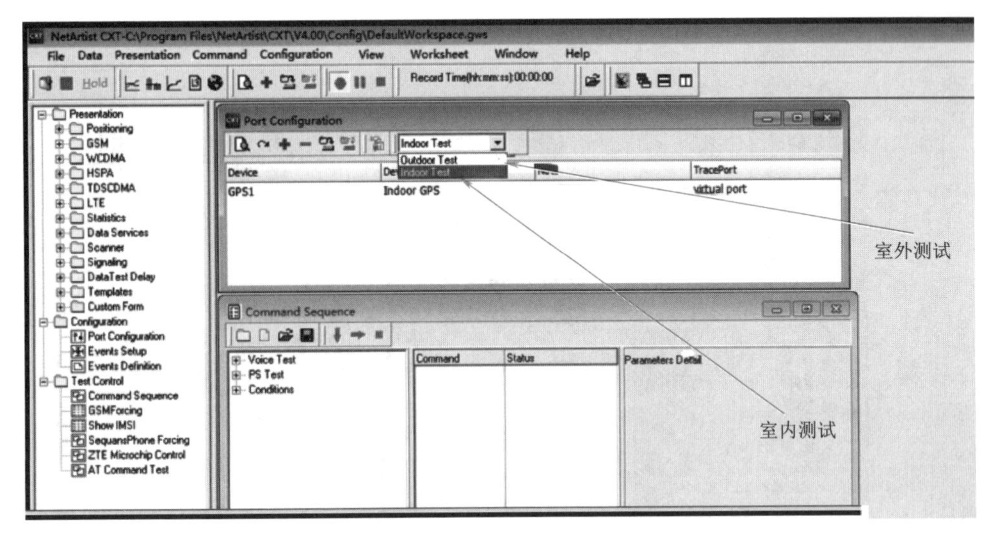

图 5.44　选择测试环境

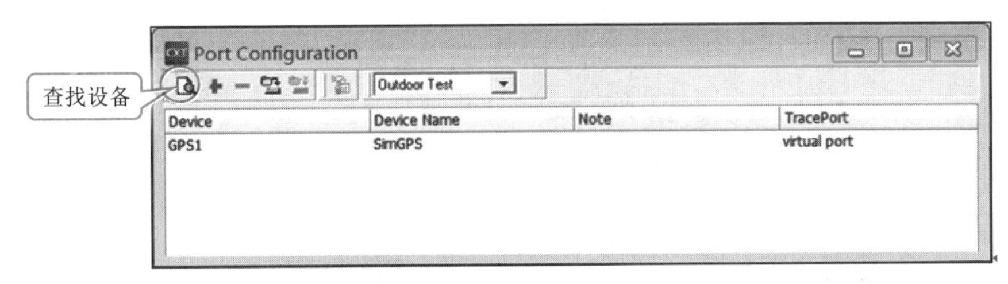

图 5.45　查找设备

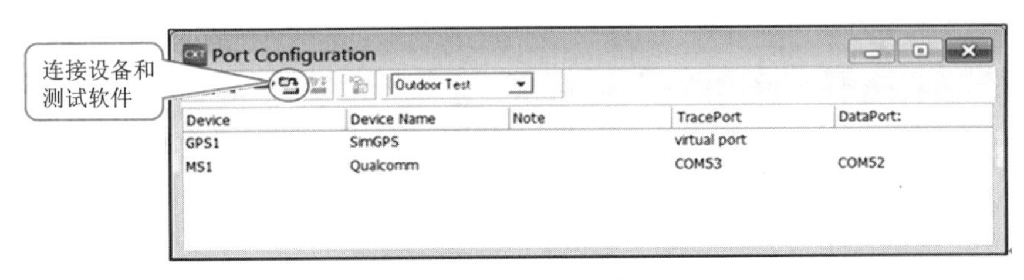

图 5.46　连接设备

3)保存 LOG 日志文件

在弹出的对话框中，单击“是”按钮保存测试 LOG 日志文件；单击“否”按不保存 LOG 日志文件(此时如果不保存，在后面开始测试时仍然可以保存)。

4)Attach、Ping 模型配置(见图 5.47)

测试前终端：锁频在 LTE only 模式

拨号键输入：＊＃＊＃4636＃＊＃＊

(1)添加 Dettach 指令

打开“Command Sequence”窗口，单击“PS Test”按钮，展开 Attach/Detach，双击或拖动 Detach 指令添加到执行框即可，如图 5.48 所示。

(2)添加 Attach 指令

打开“Command Sequence”窗口，单击“PS Test”按钮，展开 Attach/Detach，双击或拖动 Attach

指令添加到执行框，选择“Command Type”为 Attach(AT＋CGATT＝1)，如图 5.49 所示。

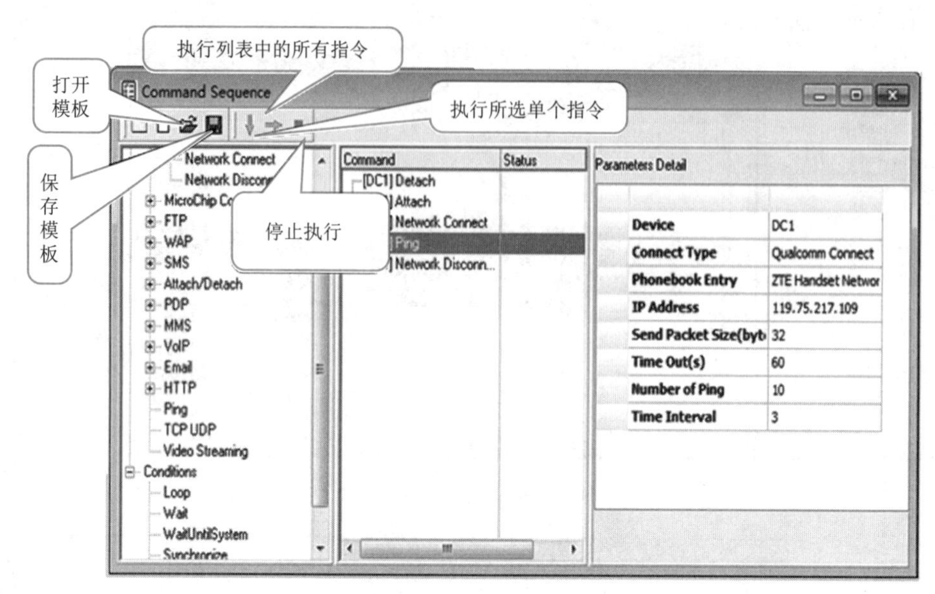

图 5.47　Attach、Ping 模型配置

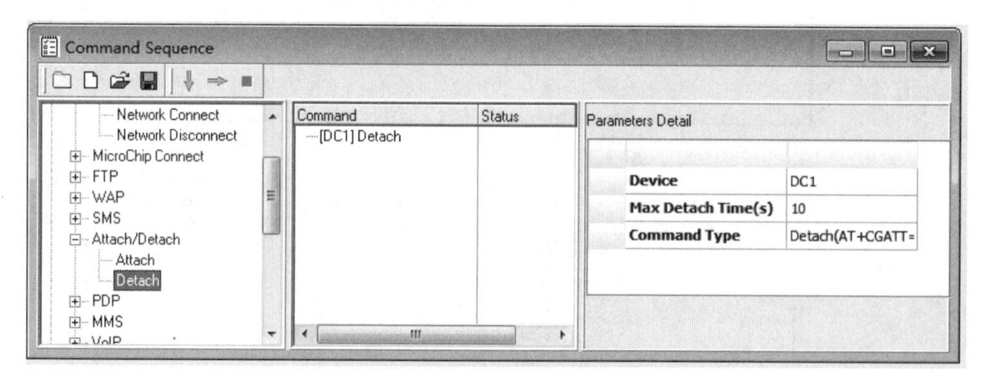

图 5.48　添加 Detach 指令

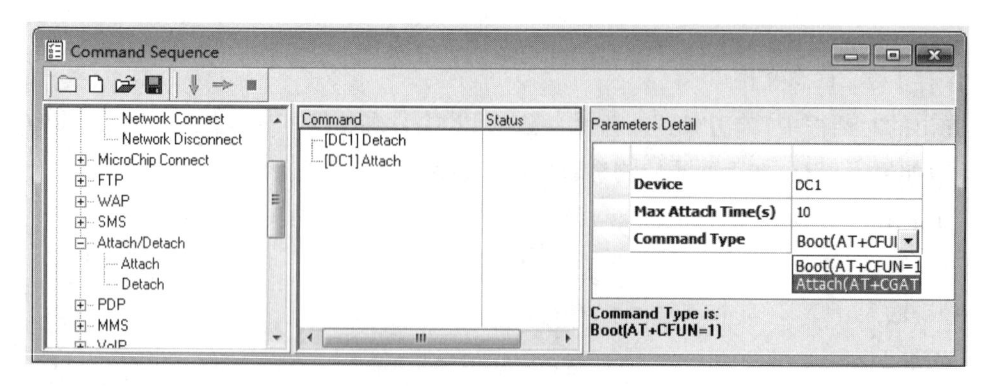

图 5.49　添加 Attach 指令

(3)添加 Network Connect(连接网络)指令(测试手机的数据服务要关闭)

打开“Command Sequence”窗口，展开 Qualcomm Connect，双击或拖动 Network Connect 指令添加到执行框，选择设备为 DC，如图 5.50 所示。

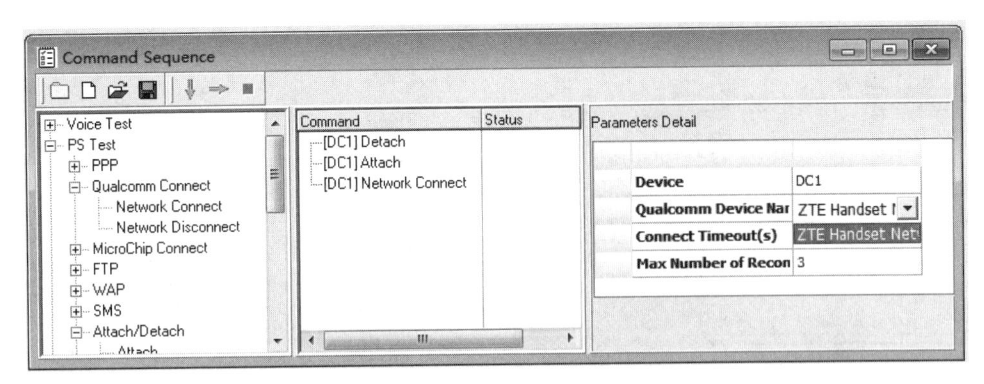

图 5.50 添加 Network Connect 指令

(4)添加 Ping 指令

打开“Command Sequence”窗口，展开 HTTP，双击或拖动 Ping 指令添加到执行框，如图 5.51所示。Ping 指令的详细参数设置为：

Device：DC1

Connect type：qualcomm connect

Phonebook Entry：MS 名称

IP 地址：设置为目标 IP 地址：

(百度首页：119.75.217.109)

数据包大小：32 bytes

超时时间：定义为 60 s

执行次数：定义为 10 次

时间间隔：定义为 3 s

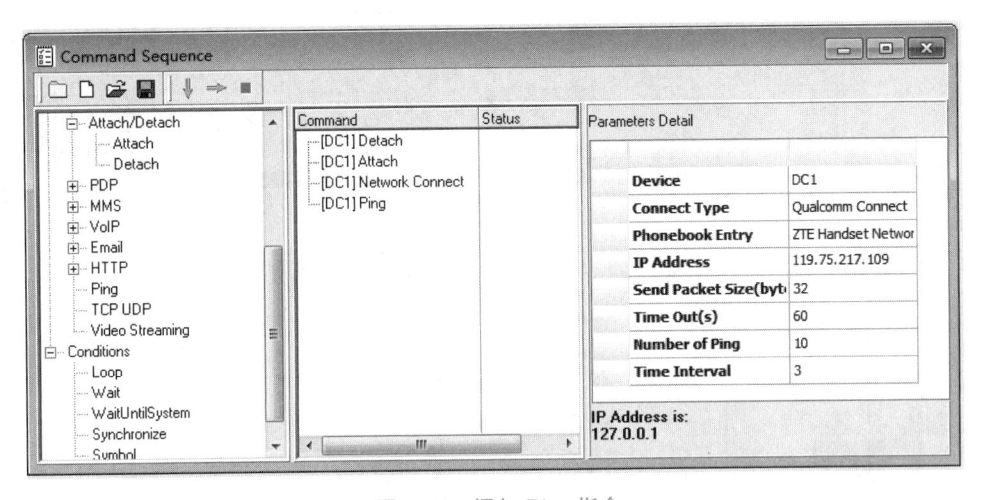

图 5.51 添加 Ping 指令

(5)添加 Network Disconnect(断开网络)指令

打开“Command Sequence”窗口，展开 Qualcomm Connect，双击或拖动 Network Disconnect 指令添加到执行框即可，如图 5.52 所示。

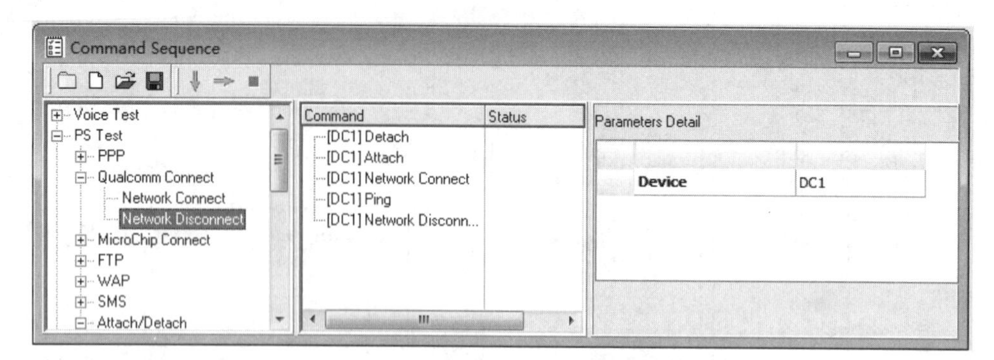

图 5.52　添加 Network Disconnect 指令

5)执行指令

如图 5.53 所示,单击绿色的向下箭头,进行执行指令操作。

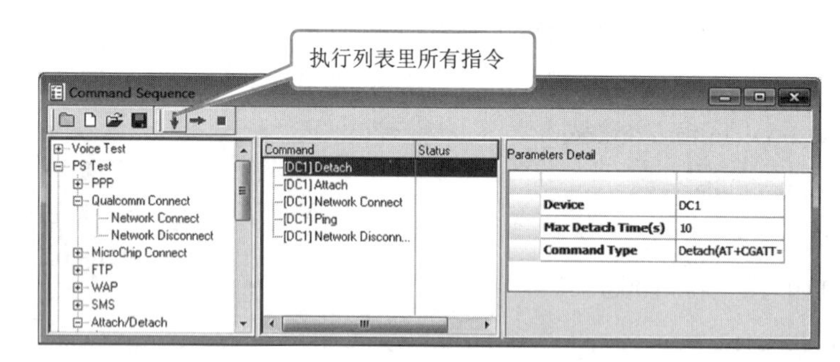

图 5.53　执行指令

6)观察测试结果状态

双击左侧的 Ping 和 Attach 指令,打开测试结果状态界面,如图 5.54 所示。

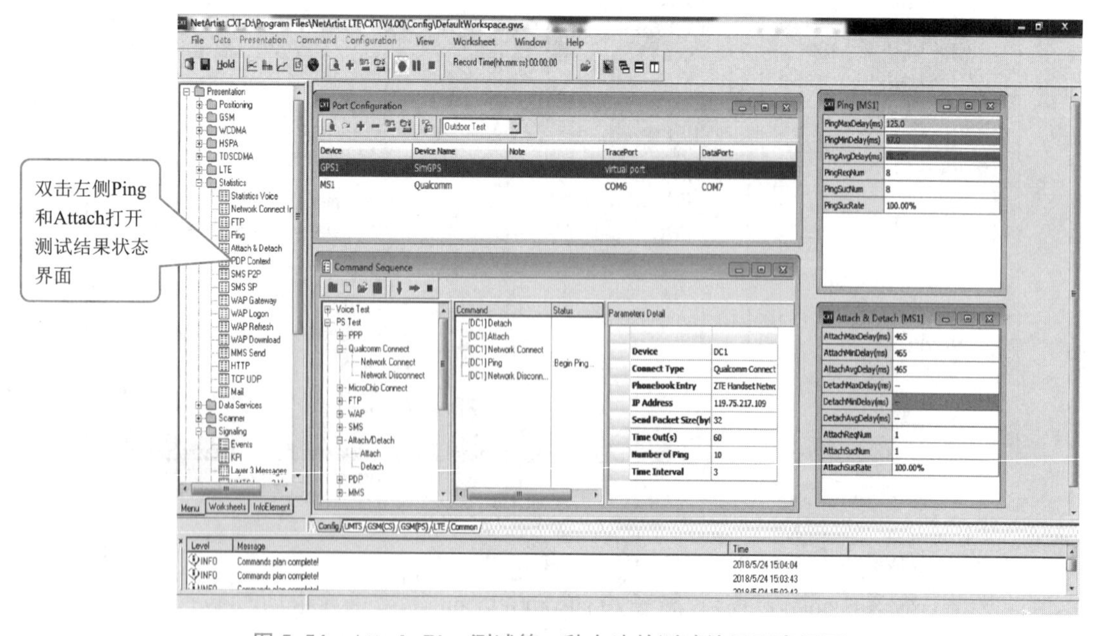

图 5.54　Attach、Ping 测试第一种方法的测试结果观察界面

Ping 操作的第二种方法：

①网络连接。

②可以使用 Network Connect(连接网络)命令打开“Command Sequence”窗口，展开 Qualcomm Connect，双击或拖动 Network Connect 指令添加到执行框，详细参数设置选择测试设备，如图 5.55所示。

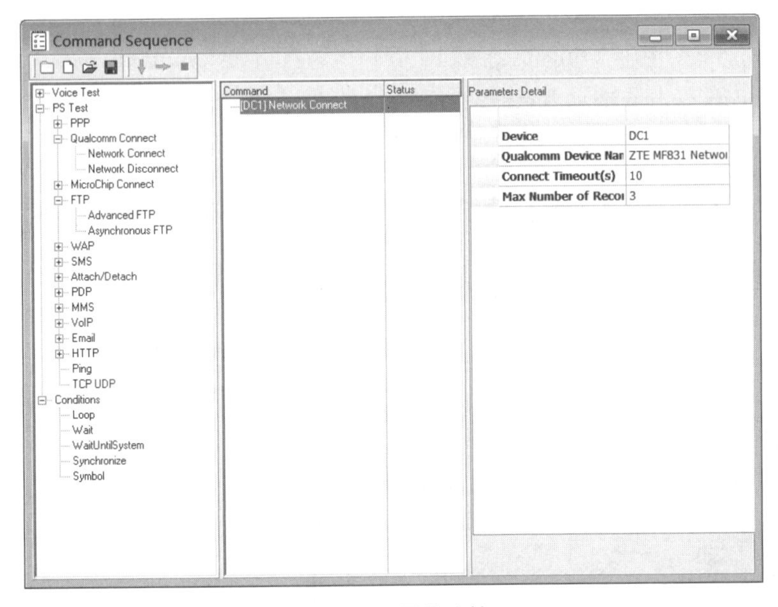

图 5.55　网络连接

③单击“执行单个指令”按钮，通过软件指示手机处于上网状态。如果采用的是无线上网卡，通过自带拨号软件连接网络即可。

④CQT 的 Ping 采用 cmd 的形式，在窗口输入 ping 119.75.217.109 -n 10 命令，测试结果观察界面如图 5.56 所示。

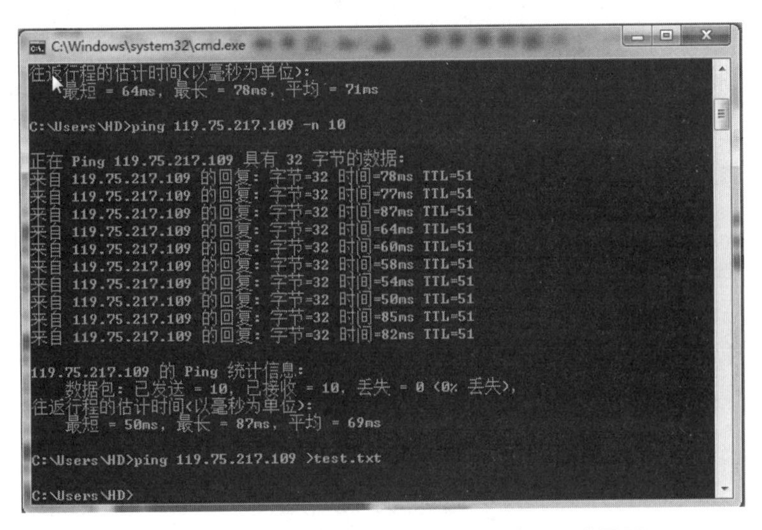

图 5.56　Ping 测试第二种方法的测试结果观察界面

3. 测试 CXT FTP 上传/下载数据

(1)使用 fillezalla 进行上传/下载

①选择测试环境。

②添加设备,连接设备。

③保存 LOG 日志文件。

④FTP 模型配置。

a. 可以使用 Network Connect(连接网络)命令打开“Command Sequence”窗口,展开 Qualcomm Connect,双击或拖动 Network Connect 指令添加到执行框,详细参数设置选择测试设备,如图 5.57 所示。

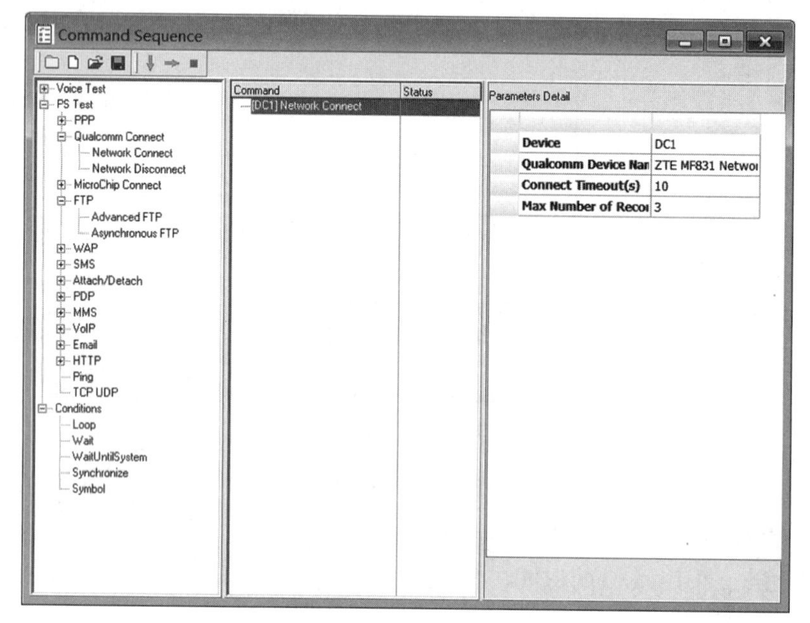

图 5.57 网络连接

b. 执行单个指令,通过软件指示测试手机、测试计算机处于上网状态。如果采用的是无线上网卡,通过自带拨号软件连接网络即可。

⑤使用 FilleZalla 进行上传下载。

a. 打开 FilleZilla 软件,界面如图 5.58 所示,输入服务器 IP 地址、账户名、密码,单击“连接”按钮。

服务器信息如下:

IP 地址:211.138.219.138

账户名:jiangxi

密码:JX—138! @#test

b. 选择本地上传目录和服务器下载目录。

c. 同时打开 Net Meter 工具,在进行上传、下载时观察 Net Meter 工具中显示的上传、下载速率值,如图 5.59 所示。

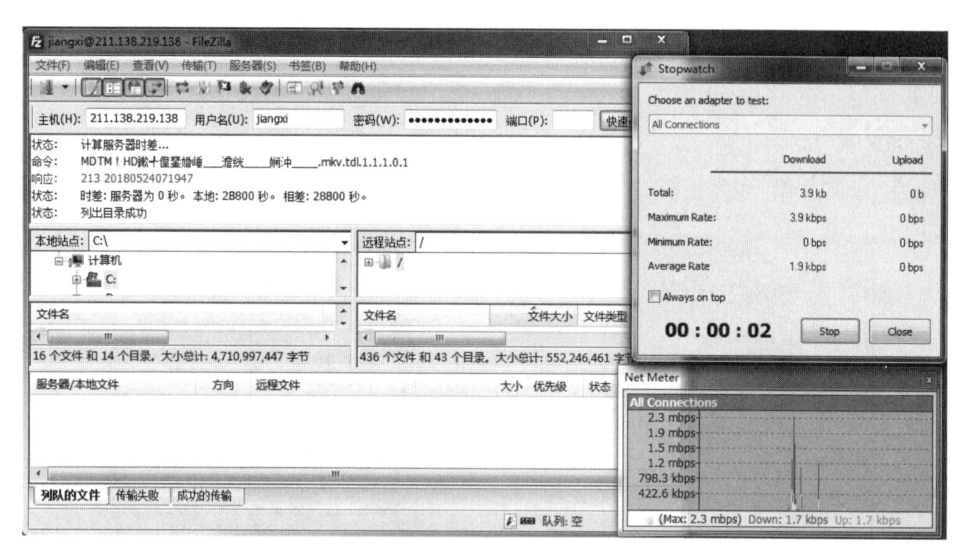

图 5.58　FilleZilla 软件界面

(2)通过配置 Advanced FTP 上传/下载数据测试

①选择测试环境。

②添加设备、连接设备。

③保存 LOG 日志文件。

④FTP 模型配置。

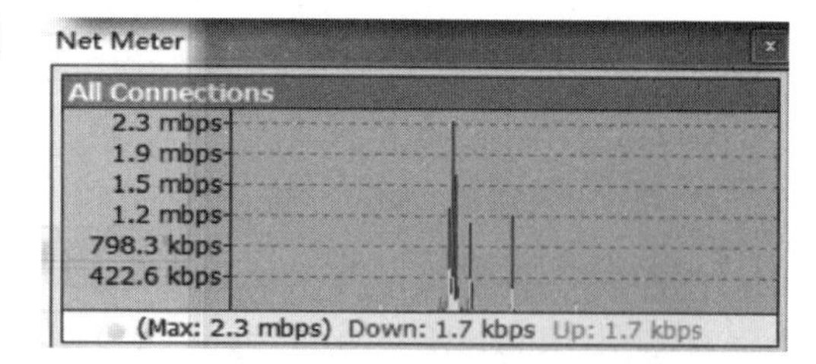

图 5.59　Net Meter 工具中能显示上传、下载速率值

在命令序列窗口中配置,先配置“Network Connect”,再配置“Advanced FTP”。

可以使用 Network Connect(连接网络)命令打开“Command Sequence”窗口,展开 Qualcomm Connect,双击或拖动 Network Connect 指令添加到执行框,详细参数设置选择测试设备,如图 5.60 所示。

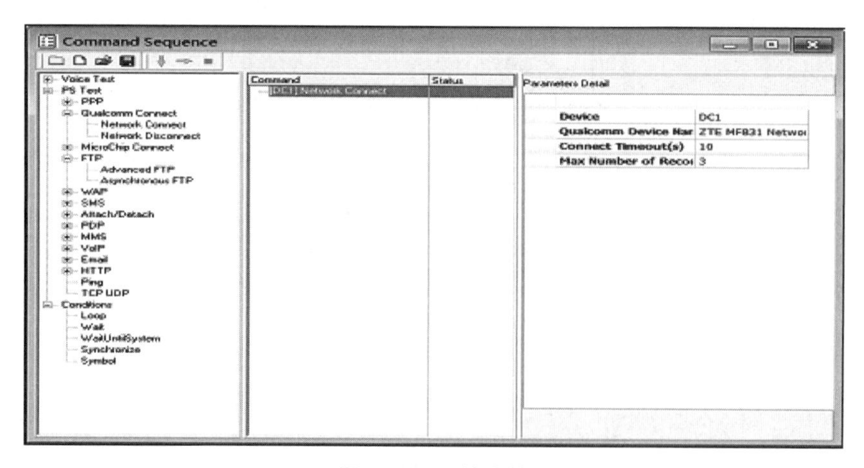

图 5.60　网络连接

(3)配置 Advanced FTP

界面如图 5.61 所示,在配置框中输入服务器 IP 地址、账户名、密码。

服务器信息：

IP 地址：211.138.219.138

账户名：jiangxi

密码：JX—138！@＃test

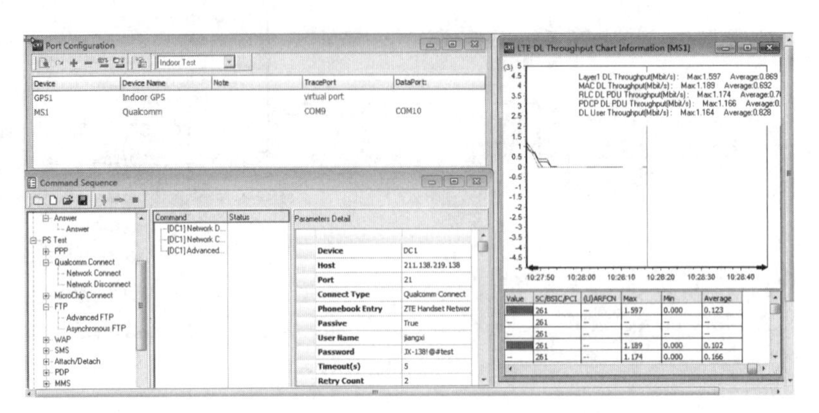

图 5.61　FTP 模型配置

(4)执行单个指令

①单击“执行单个指令”按钮，通过软件指示测试手机、测试计算机处于上网状态。如果采用的是无线上网卡，通过自带拨号软件连接网络即可。

②打开“LTE DL Throughput Chart Information”窗口观察测试状态，如图 5.62 所示。

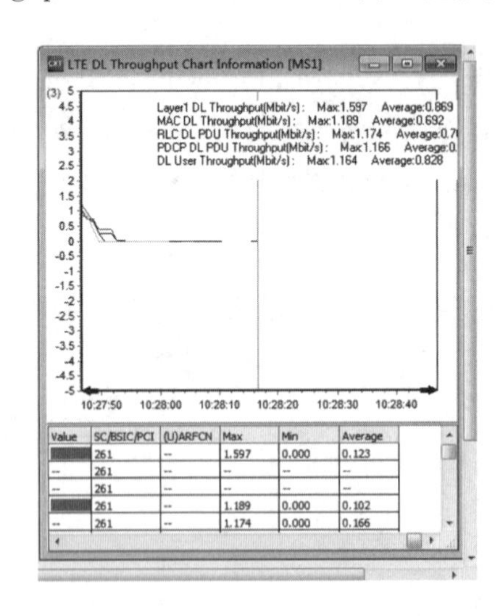

图 5.62　“LTE DL Throughput Chart Information”窗口

任务小结

本任务介绍了 LTE 无线网络前台测试中常见的 3 种业务的测试方法。通过本任务的学习，应掌握 Net Artist CXT 工具的应用，具备独立完成室内 CSFB 语音测试、Attach 与 Ping 测试和 FTP 上传/下载数据测试的能力。

项目六 LTE无线网络后台分析

任务一 无线网络优化测试工具准备

任务描述

中兴 Net Artist CXT 工具是无线优化分析软件，本任务介绍了 Net Artist CXT 软件在日常网优工作中常用功能的操作方法。

任务目标

熟悉中兴 Net Artist CXA 软件各工具栏的含义及使用方法，掌握 CXA 软件的安装方法。

任务实施

工具准备：PC、CXA 软件、加密狗。

下面介绍 Net Artist CXA 分析软件安装与基本操作。

1)安装软件

(1)安装 CXA

双击 Setup 文件(见图 6.1)，按照步骤提示，安装测试软件。

CXA_V4.00_Setup

图 6.1 Setup 文件

(2)添加 CXA 补丁

将 CXA 补丁文件夹中的所有文件复制到 CXA 安装目录 bin 文件夹下，替换原有文件，如图 6.2 所示。

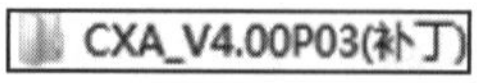

CXA_V4.00P03(补丁)

图 6.2 CXA 补丁

(3)打开 CXA 软件

①插上 CXA 的加密狗。

②双击快捷方式图标启动 CXA 软件。

2)熟悉 CXA 操作界面

图 6.3 所示是 CXA 操作界面示意图。

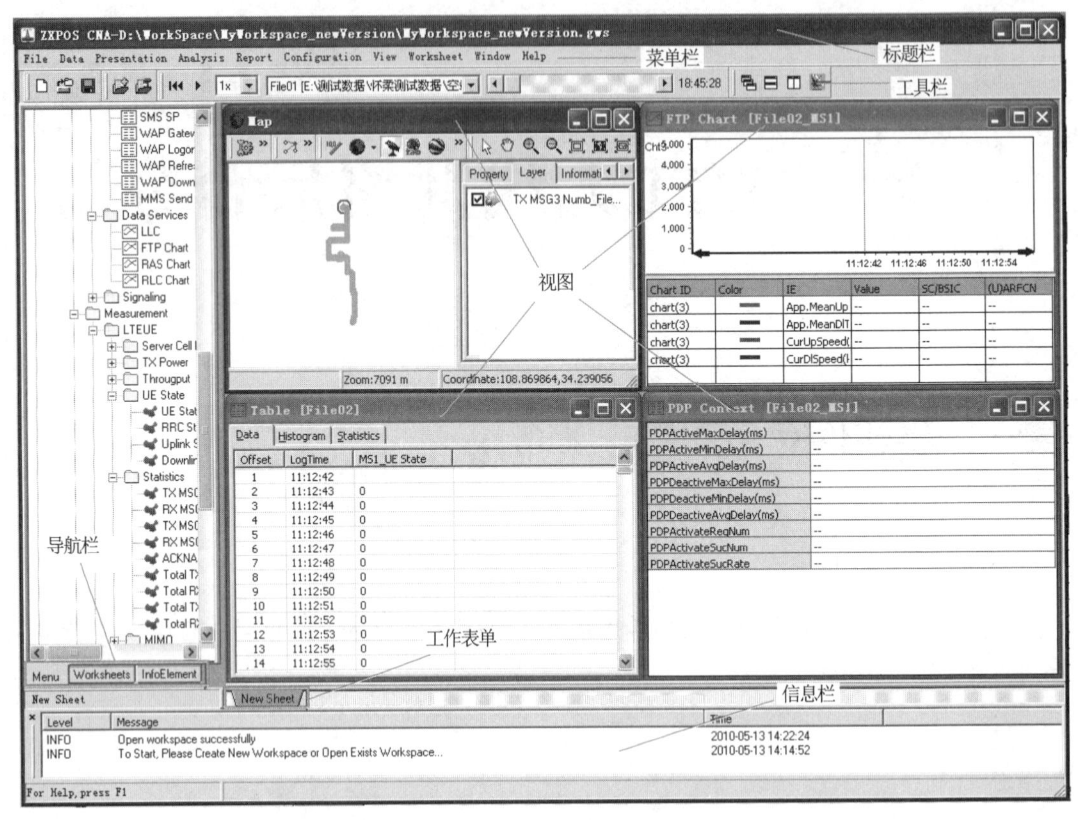

图 6.3　CXA 操作界面示意图

图 6.4 所示是 CXA 工具栏示意图。

图 6.4　CXA 工具栏示意图

工具栏图标的定义如表 6.1 所示。

表 6.1　工具栏图标的定义

	新建工作空间
	打开工作空间
	保存工作空间
	加载测试数据
	卸载所有测试数据

续表

	重置回放数据到开始点
	播放
1x	播放速度设置
File02 [E:\测试数据\联通数据\1125测i	测试数据选择
	进度条
11:12:43	时间指示
	层叠窗口
	垂直排列窗口
	水平排列窗口
	显示\隐藏导航栏

(1)加载工参表

①单击“Data”→“Load CellSite”命令，如图 6.5 所示。

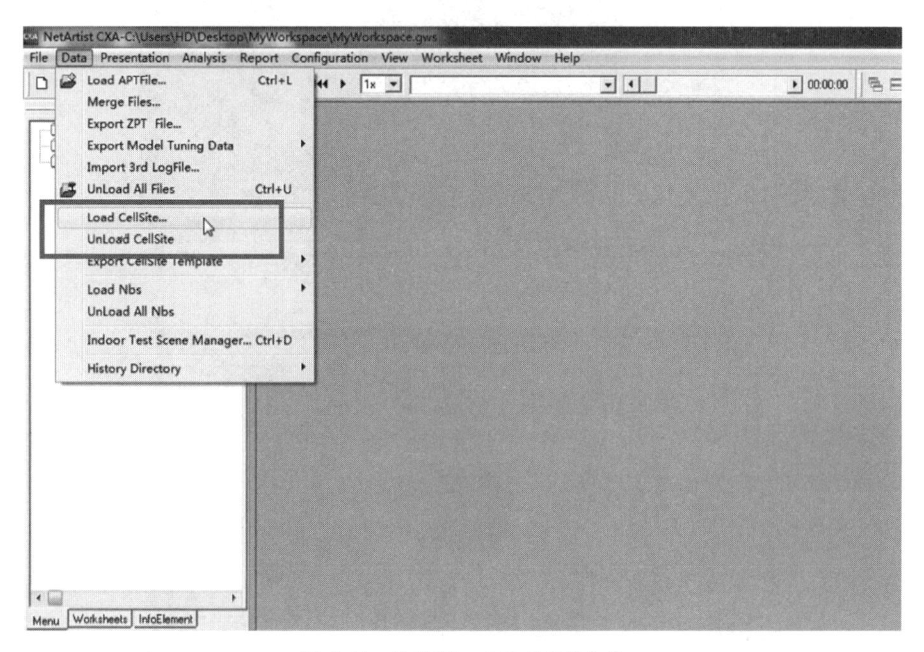

图 6.5　单击“Load Cellsite”命令

②在弹出的对话框中，按图 6.6 所示进行操作。单击“Load”按钮，进行加载。

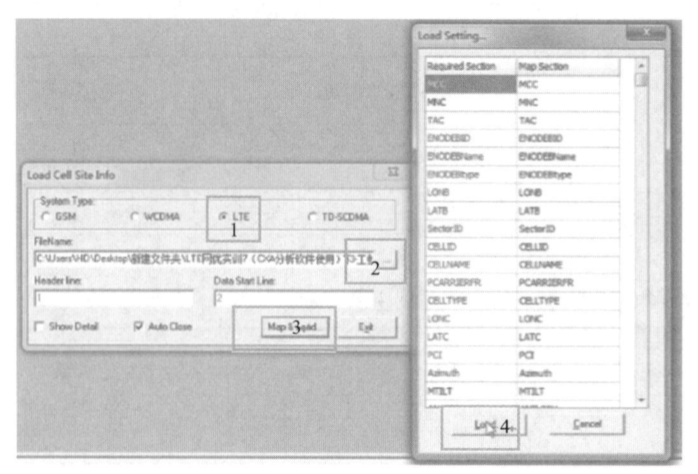

图 6.6 加载文件

(2)显示工参表

在导航栏中,右击 Cell,选择“View In Map”命令,即可在地图中显示基站信息表,如图 6.7 所示。

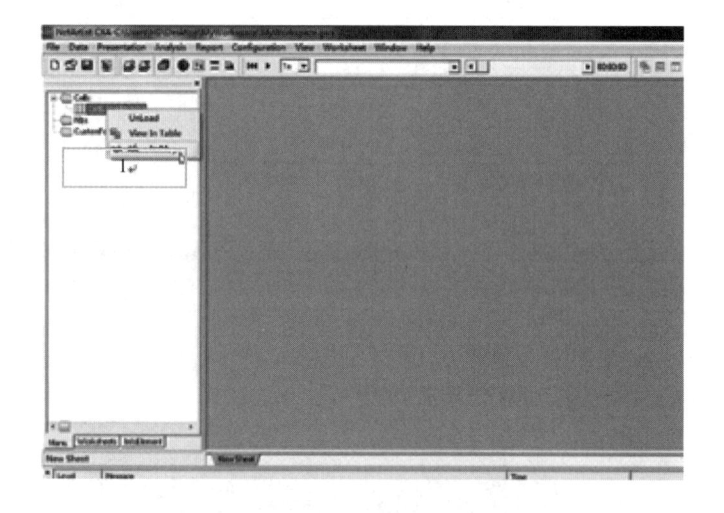

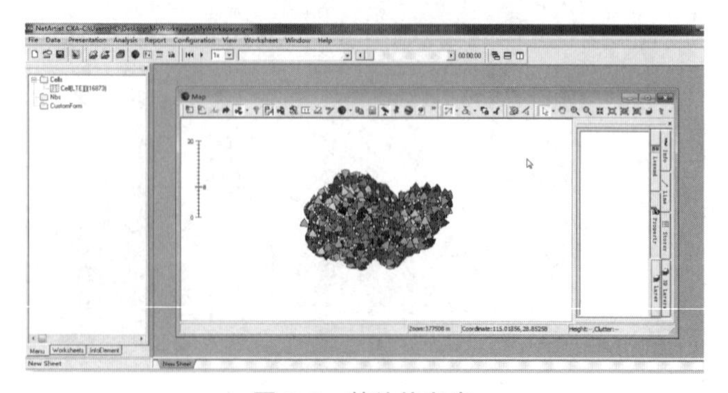

图 6.7 基站信息表

(3)显示小区名、PCI 信息

在地图窗口中的“Property”选项卡中选中要显示的小区名、PCI 信息即可,如图 6.8 所示。

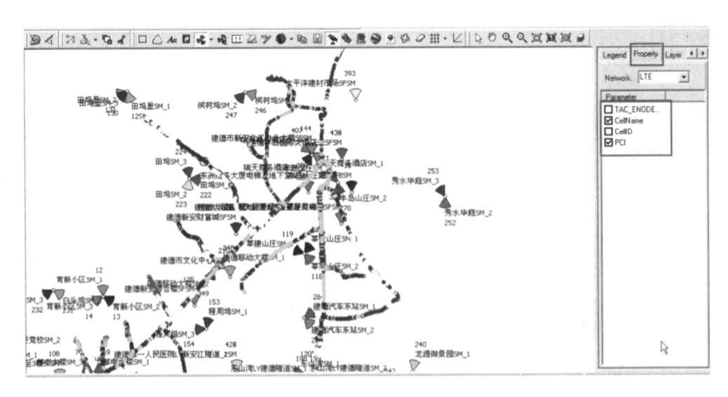

图 6.8　显示小区名、PCI 信息

(4)加载测试数据 APT 文件

在工具栏中单击按钮(见图 6.9),在弹出的对话框中选择需要的测试数据 APT 文件,进行加载。

图 6.9　加载测试数据 APT 文件

(5)显示测试路径

在左侧导航栏内找到测试文件:依次展开 MS1—Measurement—LTEUE—Server Cell Info,右击 Server Cell RSRP,选择"View In Map"命令,如图 6.10 所示。

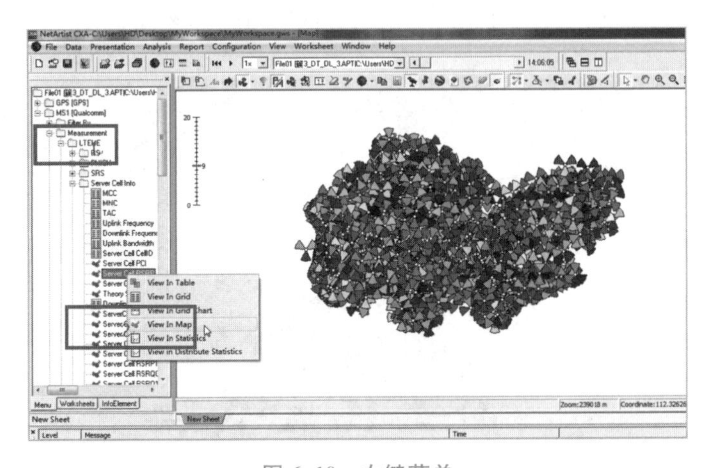

图 6.10　右键菜单

3)各种事件在地图中显示

(1)小区拉线图

①首先保证小区工参已导入,且在地图窗口中显示出扇区图,如图 6.11 所示。

②展开 log file 下的 MS1,然后右击 StaticLink,选择“Add”命令,如图 6.12 所示。

③在弹出的对话框中,选中“LTE Cover Line”复选框,单击“Apply”按钮,如图 6.13 所示。

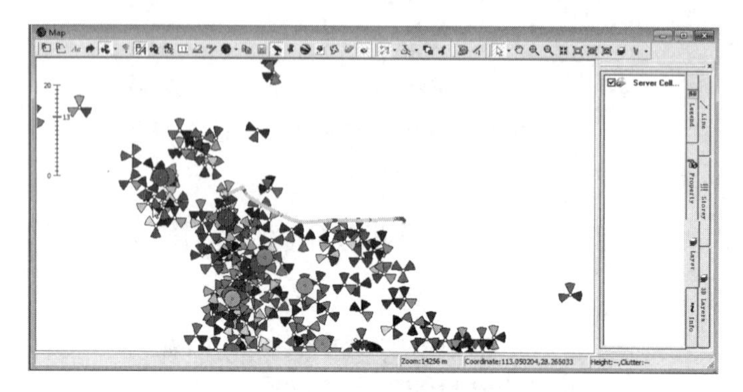

图 6.11 扇区图

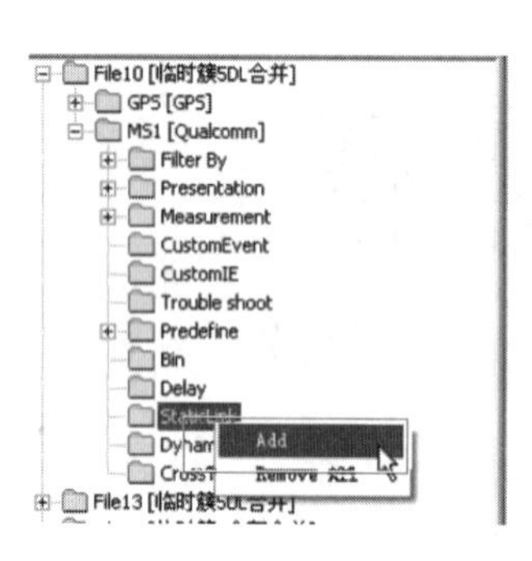

图 6.12 选择“Add”命令

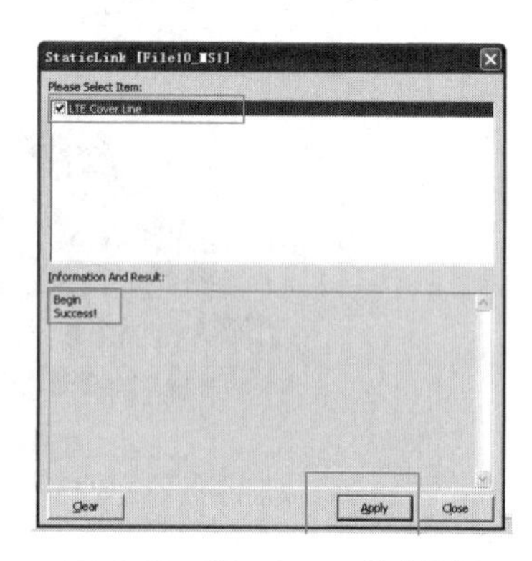

图 6.13 “StaticLink”对话框

④在地图窗口中单击“Line”按钮,然后选择 LTE Cover Line,如图 6.14 所示。在弹出的对话框中选中“LTE Cell Cover”单选按钮,单击“OK”按钮,如图 6.15 所示。

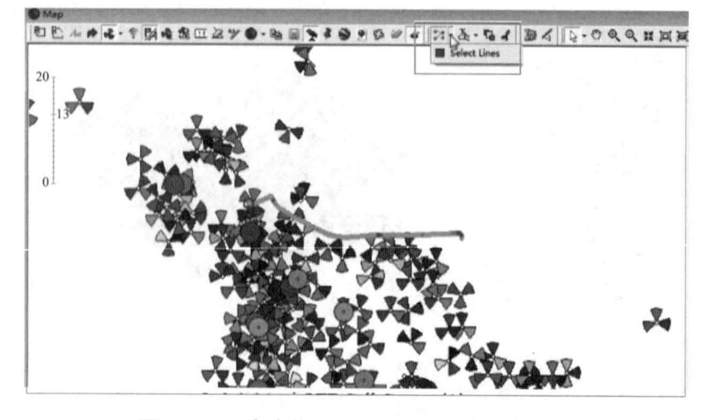

图 6.14 选中“LTE Cell Cover”单选按钮

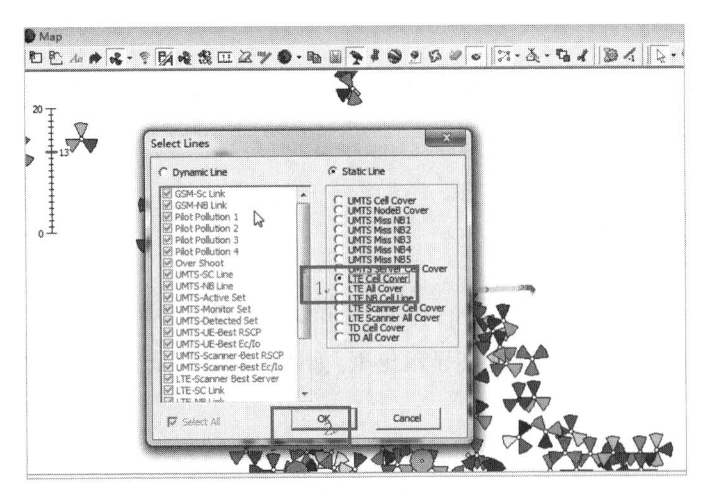

图 6.15　"Select Line"对话框

⑤选择箭头,单击要查看的小区,扇区拉线图便显示出来,如图 6.16 所示。

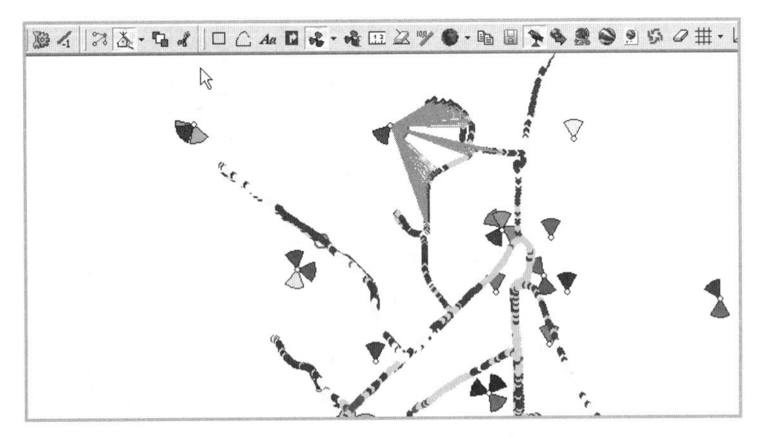

图 6.16　显示扇区拉线图

⑥如果需要查看全网的扇区拉线图,其操作与步骤④和⑤相似,选中"LTE All Cover"单选按钮,全网的拉线图就能出来,如图 6.17 和图 6.18 所示。

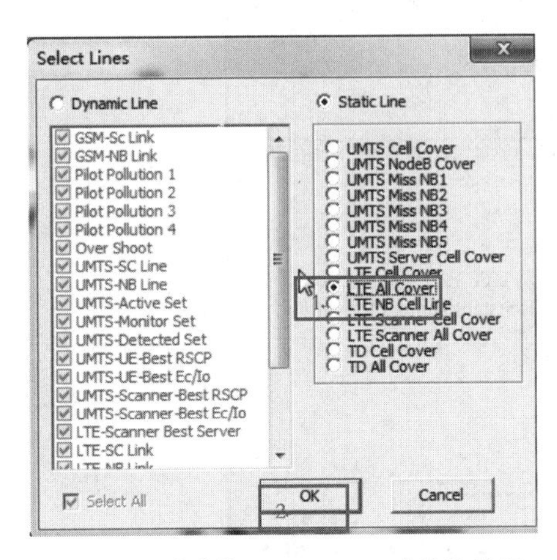

图 6.17　选中"LTE All Cover"单选按钮

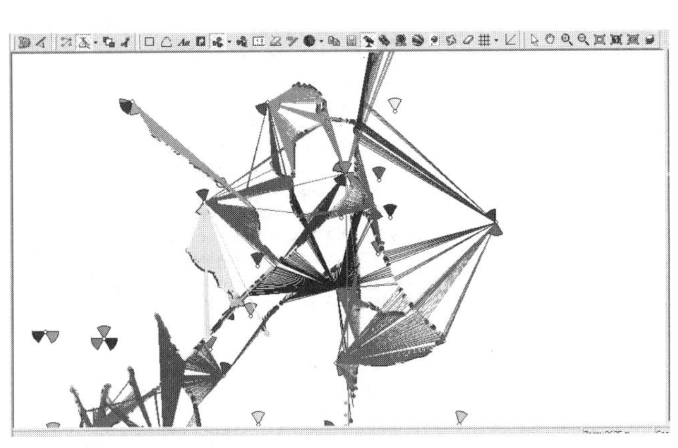

图 6.18　显示全网拉线图

(2)掉线事件

掉线在层 3 消息中的信令是 LTE RRC Connection Reestablishment Reject。

可选择以下三项观察标记:

①LTE RRC Connection Request。

②LTE RRC Connection Failure。

③LTE RRC Connection Setup。

如图 6.19 所示,单击“Select Event”按钮,在弹出的对话框中按图 6.20 所示进行操作,添加掉线事件选项,全网的掉线情况就会显示出来,如图 6.21 所示。

(3)切换事件

① 单击地图窗口中的“Select Events”按钮,如图 6.22 所示。

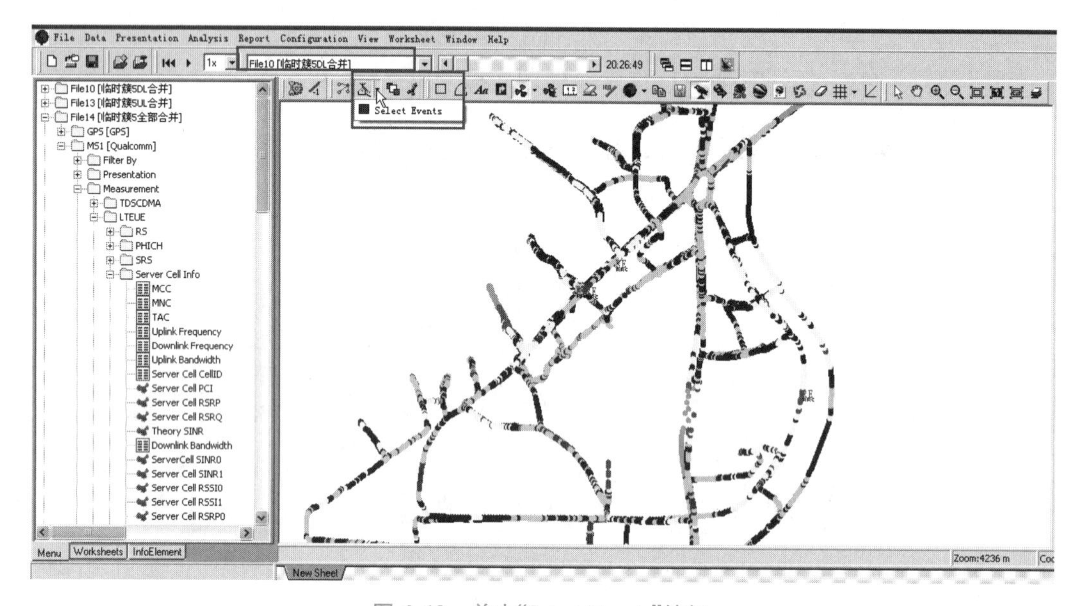

图 6.19 单击“Select Events”按钮

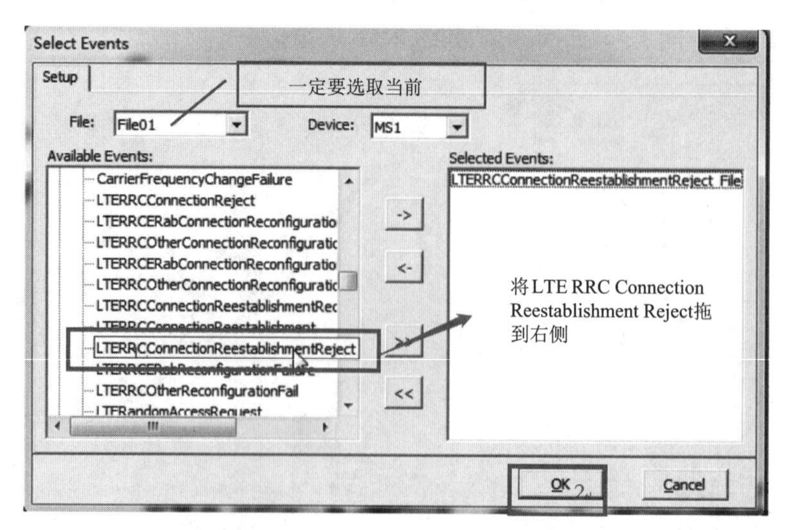

图 6.20 掉线事件选项

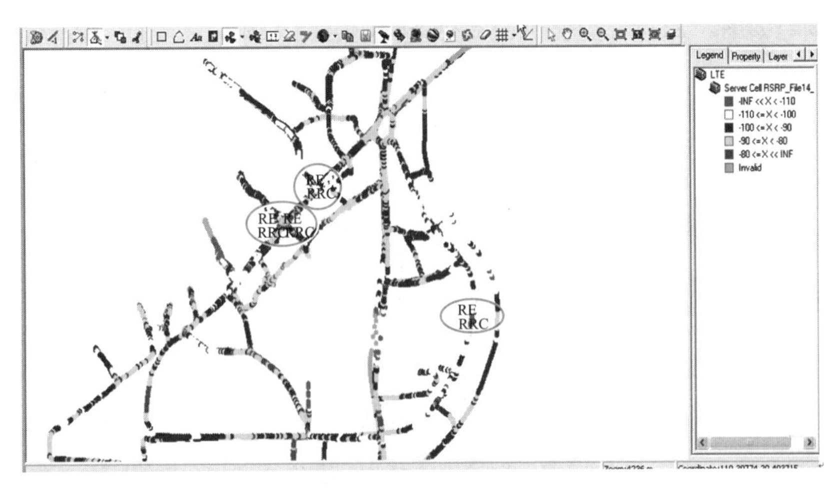

图 6.21　掉线事件显示

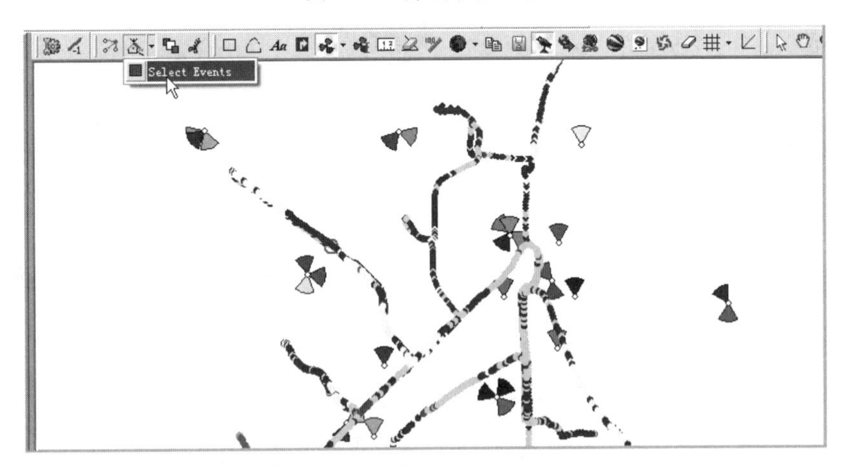

图 6.22　单击“Select Events”按钮

②事件设置中，把图 6.23 框线中的三项拉到右侧列表框中。

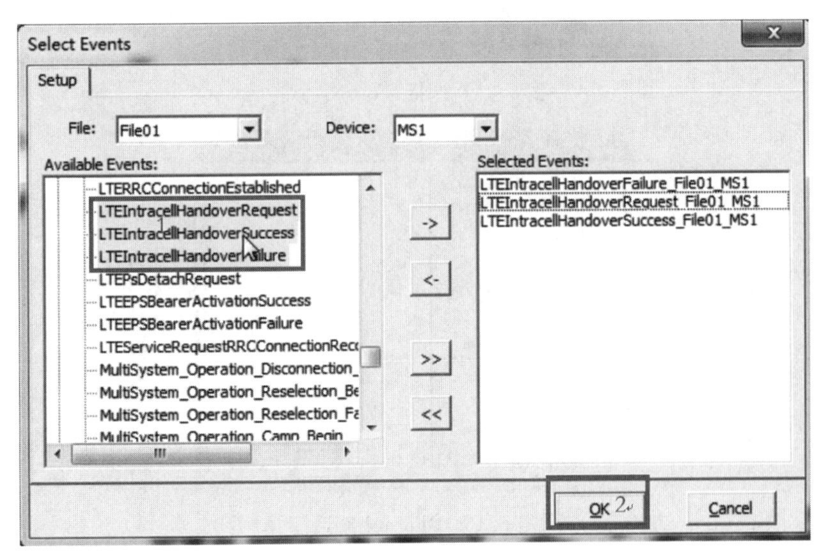

图 6.23　切换事件选项

③地图窗口如图 6.24 所示。如果只需要查看切换失败,则只需要把三项中的 Failure 拖进来即可。

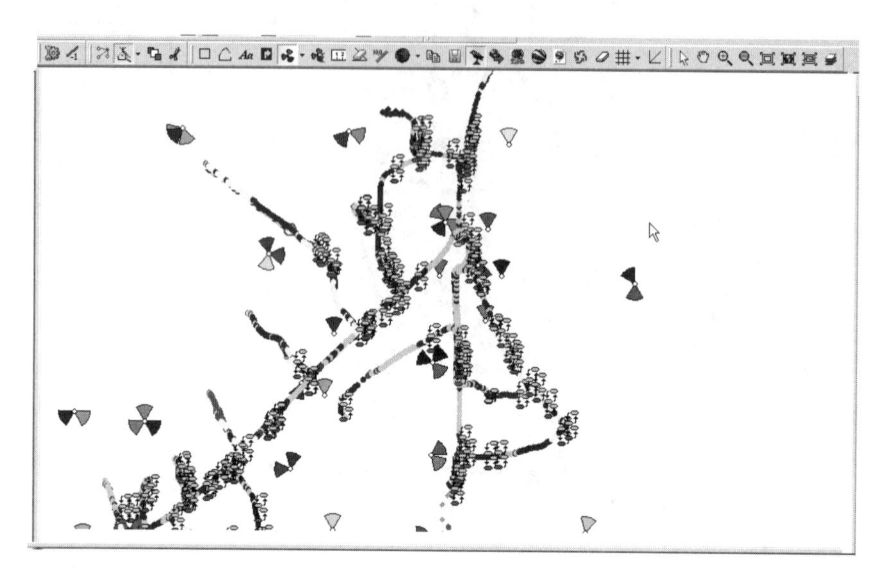

图 6.24 切换事件显示

4)各个分析窗口的显示

如图 6.25 所示,选择“Presntation”→“Forms”命令,在弹出的对话框中,选择所要分析的关键指标,如图 6.26 所示。

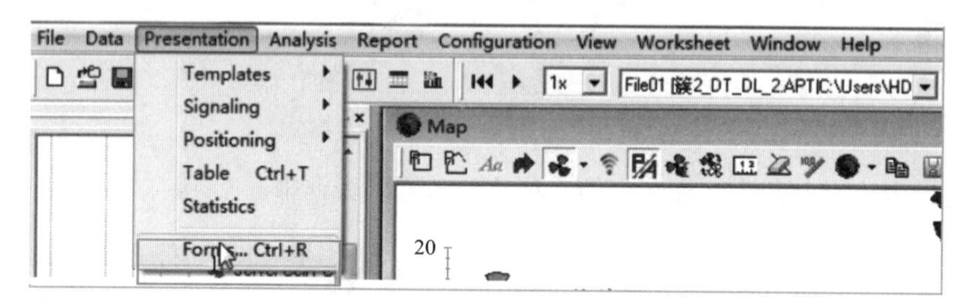

图 6.25 选择“Forms”命令

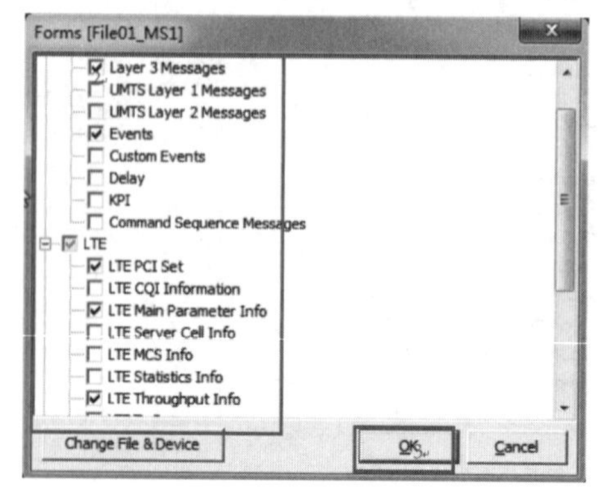

图 6.26 “Forms”对话框

(1)层 3 消息

①打开层 3 消息窗口,如图 6.27 所示。

Layer 3 Messages [File01_MS1]

Index	Local Time	MS Time	SFN	SubSFN	Channel	RRC Message	NAS Message	Activ...	Info
415	13:48:55.098	09:59:30:276	0	0	UL DCCH	RRC Connection Reconfig...			
422	13:48:55.113	09:59:30:310	0	0	DL DCCH	RRC Connection Reconfig...			
423	13:48:55.129	09:59:30:310	0	0	UL DCCH	RRC Connection Reconfig...			
424	13:48:55.129	09:59:30:311	5[illegible]	5	BCCH ...	System Information Block T...			
440	13:48:56.546	09:59:31:738	0	0	UL DCCH	Measurement Report			
441	13:48:56.559	09:59:31:758	0	0	DL DCCH	RRC Connection Reconfig...			
452	13:48:56.599	09:59:31:778	0	0	UL DCCH	RRC Connection Reconfig...			
459	13:48:56.628	09:59:31:811	730	5	BCCH ...	System Information Block T...			
464	13:48:56.638	09:59:31:835	0	0	DL DCCH	RRC Connection Reconfig...			
465	13:48:56.639	09:59:31:835	0	0	UL DCCH	RRC Connection Reconfig...			
485	13:48:59.604	09:59:34:750	0	5	BCCH ...	System Information Block T...			
605	13:49:23.078	09:59:58:238	0	0	UL DCCH	Measurement Report			
607	13:49:23.079	09:59:58:271	0	0	DL DCCH	RRC Connection Release			
620	13:49:39.514	10:00:14:686	0	0	UL CCCH		SERVICE REQ		
621	13:49:39.514	10:00:14:686	0	0	UL CCCH	RRC Connection Request			
628	13:49:39.590	10:00:14:782	931	7	DL CCCH	RRC Connection Setup			
637	13:49:39.590	10:00:14:785	0	0	UL DCCH	RRC Connection Setup Co...			
638	13:49:39.614	10:00:14:804	0	0	DL DCCH	Security Mode Command			
641	13:49:39.614	10:00:14:805	0	0	UL DCCH	Security Mode Complete			
642	13:49:39.614	10:00:14:805	0	0	DL DCCH	RRC Connection Reconfig...			
651	13:49:39.614	10:00:14:808	0	0	UL DCCH	RRC Connection Reconfig...			
652	13:49:39.647	10:00:14:821	0	0	DL DCCH	RRC Connection Reconfig...			
653	13:49:39.647	10:00:14:823	0	0	UL DCCH	RRC Connection Reconfig...			
655	13:49:39.968	10:00:15:148	0	0	UL DCCH	Measurement Report			
656	13:49:40.004	10:00:15:178	0	0	DL DCCH	RRC Connection Reconfig...			
667	13:49:40.020	10:00:15:196	0	0	UL DCCH	RRC Connection Reconfig...			
674	13:49:40.035	10:00:15:229	0	0	DL DCCH	RRC Connection Reconfig...			

图 6.27　层 3 消息窗口

②双击某条层 3 信令或者右击层 3 消息中的信令,选择“Show”→“Hide Detail”命令,在弹出的窗口中可以看到信令包含的信息,如本 MR 中包含的本小区和邻小区的信息,如图 6.28 所示。

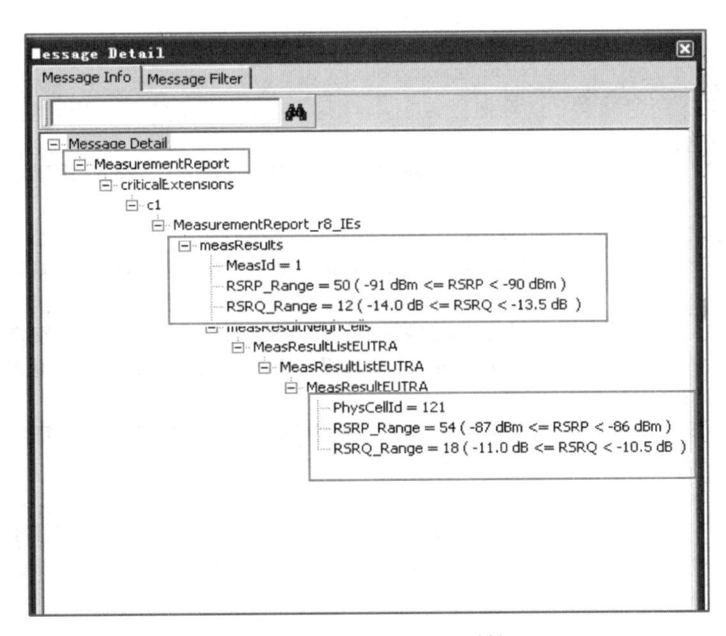

图 6.28　层 3 消息细节(1)

③选择 Message Detail 中的 Message Filter,可以选择需要单独呈现的信令,如图 6.29 所示。

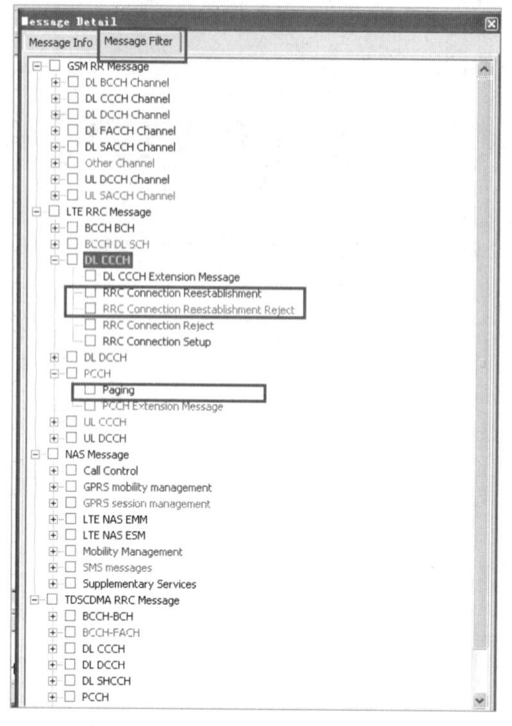

图 6.29　层 3 消息细节(2)

(2)小区信息

打开“LTE Main Parameter Info”窗口,可以看到主服务小区信息,包含 RSRP、SINR 值等,如图 6.30 所示。

LTE Main Parameter Info [File01_MS1]

ServerCell CellID	--
ServerCell PCI	123
ServerCell RSRP(dBm)	-67
ServerCell RSRQ(dB)	-6
ServerCell SINR	26.7
RI	2
PDSCH Average RB Number	78
PUSCH Average RB Number	4
PDSCH Total BLER	7.80%
PDSCH Transmission Mode	0
Downlink TB0 MCS	28
Downlink TB1 MCS	28
Uplink MCS	24
UE TxPower(dBm)	21.0
ICIC State	--

图 6.30　“LTE Main Parameter Info”窗口

(3)事件窗口

打开“Events”窗口,如图 6.31 所示。

Events [File01_MS1]

Report Time	MS Time	Event	Event Information
13:47:48:104	00:00:00:000	Ftp_Download_Success	FTP download suc
13:47:48:706	00:00:00:000	Network_Disconnect_Request	PPP disconnectec
13:47:50:139	00:00:00:000	Network_Disconnect_Success	PPP disconnectec
13:47:55:163	00:00:00:000	Network_Connect_Request	MF333- PPP Interf
13:48:35:193	00:00:00:000	Network_Connect_Success	MF333- PPP Interf
13:48:35:195	00:00:00:000	Ftp_Download_Begin	Begin FTP downlo
13:48:38:344	00:00:00:000	FTP_Start_Download_Firstdata	Start Download Fir
13:48:53:904	09:59:29:097	LTEMeasurementReport	
13:48:53:925	09:59:29:117	LTEIntracellHandoverRequest	PCI=124,EARFCN
13:48:53:925	09:59:29:117	LTERRCAccessConnectionReconfiguration	
13:48:53:940	09:59:29:139	LTERRCAccessConnectionReconfigurationCompl...	
13:48:53:956	09:59:29:144	LTERandomAccessRequest	
13:48:53:956	09:59:29:154	LTEIntracellHandoverSuccess	4648
13:48:53:956	09:59:29:154	LTERandomAccessComplete	
13:48:53:956	09:59:29:154	LTEUserPlanePDCPUpLinkHandoverSuccess	Before HO PDCP
13:48:53:972	09:59:29:156	LTEUserPlaneMACDownLinkHandoverSuccess	Before HO MAC R
13:48:53:972	09:59:29:165	LTEUserPlaneMACUpLinkHandoverSuccess	Before HO MAC T
13:48:54:010	09:59:29:170	LTERRCOtherConnectionReconfiguration	
13:48:54:010	09:59:29:170	LTERRCAccessConnectionReconfiguration	
13:48:54:010	09:59:29:170	LTERRCOtherConnectionReconfigurationComplete	
13:48:54:010	09:59:29:170	LTERRCAccessConnectionReconfigurationCompl	

图 6.31　“Events”窗口

上、下行速率信息如图 6.32 所示。

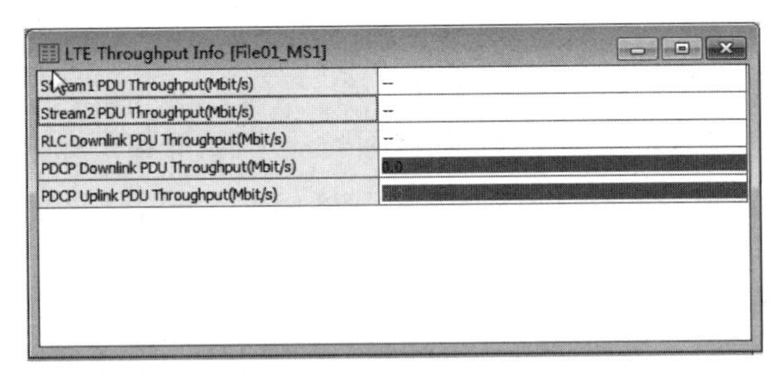

图 6.32　“LTE Throughput Info”窗口

(4)邻区窗口

“LTE PCI Set”窗口信息如图 6.33 所示。

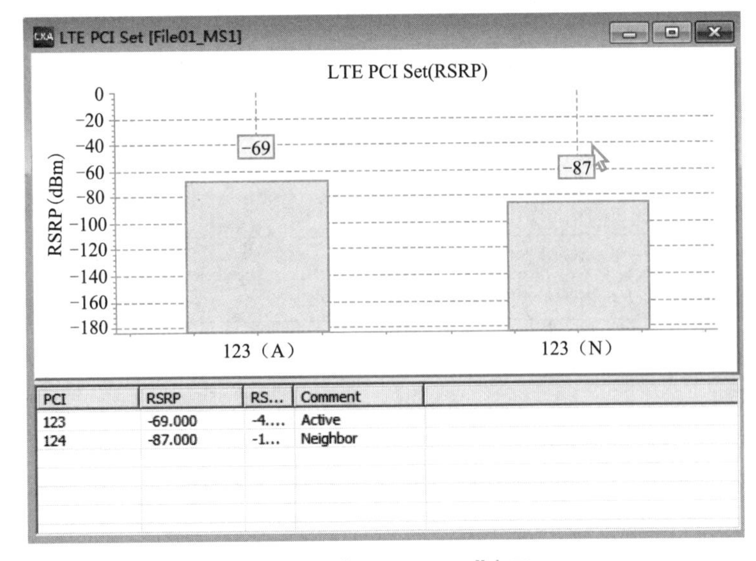

图 6.33　“LTE PCI Set”窗口

任务小结

通过本任务的学习，应熟悉中兴 Net Artist CXA 软件各工具栏的含义及使用方法，掌握 CXA 软件的安装方法，以及无线网络优化中常规的操作，为之后实施路测数据分析打下基础。

任务二　进行 LTE 无线网络后台分析

任务描述

本任务介绍在簇优化中，完成测试采集数据后，利用 Net Artist CXA 工具进行数据分析，通过指标分析统计，对网络进行评估，完成无线网络优化报告的撰写。

任务目标

- 掌握 Word、Excel 报告的导出方法及网络问题的原因，并提出解决方法。
- 能够按照要求完成测试数据的分析和无线网络优化报告的撰写。

任务实施

簇优化中首先需要统计表 6.2 所示的 12 项指标，这些指标需要分别在 Word 报表、Excel 报表及软件中进行统计。

表 6.2　统计表

序号	测试指标
1	平均 RSRP 值
2	平均 RSRQ 值
3	平均 SINR 值
4	RSRP>−100 dBm 且 SINR>−1 dB 采样点比例(%)
5	RSRP>−100 dBm 采样值点比例(%)
6	SINR>−1 dB 采样点比例(%)
7	PDSCH 下行高于 4M 比例(%)
8	PDCP 层下载平均速率(Mbit/s)
9	PDCP 层上传平均速率(Mbit/s)
10	掉话次数
11	接入失败次数
12	切换失败次数

本任务需要的工具有 PC、CXA 软件和加密狗。

1. 使用 Net Artist CXA 工具进行数据统计与分析

1)Word 报表中的统计项

平均 RSRP/平均 SINR 值/掉线次数/接入失败次数/切换失败次数这几项统计需要在生成的 Word 版自动报告中提取。Word 报表生成步骤如下：

(1)选择 Auto Report

单击“Report”→“Auto Report”命令，如图 6.34 所示。

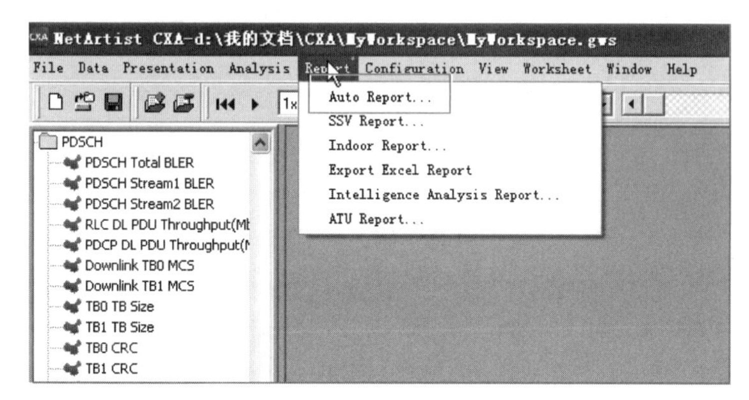

图 6.34　Auto Report 子菜单

(2)导入 LOG 文件

选择相应的 LOG 进行报告生成，如图 6.35 所示。

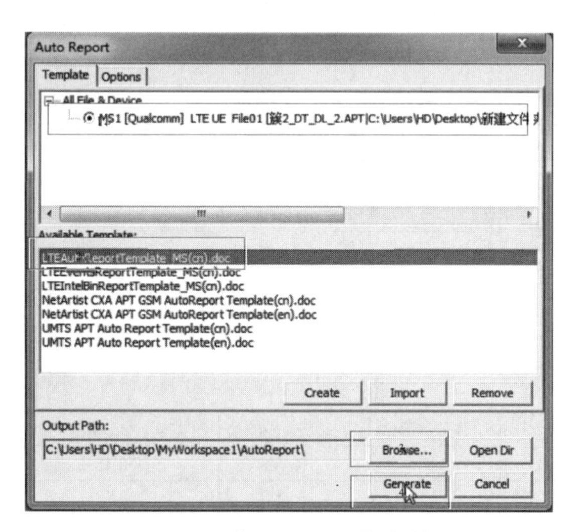

图 6.35　“Auto Report”对话框

(3)生成 Word 报告

打开自动生成的 Word 报告，其目录如图 6.36 所示，其中 2.1 节、2.3 节及 3.1 节是本项数值需要的。

(4)查看测试数据

找到相关页面，其中框中的项分别是需要的平均 RSRQ 值、平均 RSRP 值、平均 SINR 值、掉线掉话(次数)、接入失败(次数)、切换失败(次数)。

目　　录

图 6.36 报告目录

①平均 RSRP 值如图 6.37 所示。

Stage	Count	Sum Count	Percent	Sum Percent（U2D）	Sum Percent（D2U）
(-INF,-119)	0	0	0.00%	0.00%	100.00%
[-119,-105)	5	5	0.88%	0.88%	100.00%
[-105,-95)	36	41	6.37%	7.26%	99.12%
[-95,-INF)	524	565	92.74%	100.00%	92.74%
Statistic Method		Value			
Max		-62			
Min		-114			
Avg		-83			

图 6.37 Server Cell RSRP 统计表

②平均 RSRQ 值如图 6.38 所示。

Stage	Count	Sum Count	Percent	Sum Percent（U2D）	Sum Percent（D2U）
(-INF,-25)	1	1	0.18%	0.18%	100.00%
[-25,-20)	2	3	0.35%	0.53%	99.82%
[-20,-15)	5	8	0.88%	1.42%	99.47%
[-15,-10)	188	196	33.27%	34.69%	98.58%
[-10,-5)	334	530	59.12%	93.81%	65.31%
[-5, INF)	35	565	6.19%	100.00%	6.19%
Statistic Method		Value			
Max		-4			
Min		-30			
Avg		-9			

图 6.38 Server Cell RSRQ 统计表

③平均 SINR 值如图 6.39 所示。

Stage	Count	Sun Count	Percent	Sum Percent（U2D）	Sum Percent（D2U）
(-INF,-1)	10	10	1.77%	1.77%	100.00%
[-1,INF)	555	565	98.23%	100.00%	98.23%
Statistic Method	Value				
Max	30.00				
Min	-12.80				
Avg	13.90				

图 6.39　Server SINR 统计表

④掉线次数如图 6.40 所示。

KPI Type	Correspond	Attempt	Ratio（%）
LTE Random Access Success[%]	30	30	100.00
LTE RRC Connect Success[%]	7	7	100.00
LTE Initial Access Success[%]	0	0	0.00
LTE E-RAB Connect Success[%]	6	6	100.00
LTE Call Drop[%]	0	6	0.00
LTE HO Success[%]	19	19	100.00
LTE Access Success[%]	6	6	100.00
LTE TAU RRC Connect Success[%]	1	1	100.00
LTE Service RRC Connect Success[%]	6	6	100.00
LTE Attach RRC Connect Success[%]	0	0	0.00
LTE Detach RRC Connect Success[%]	0	0	0.00
LTE EPS Bearer Activation Success[%]	0	0	0.00
LTE TAU Success[%]	5	5	100.00

掉线次数

图 6.40　KPI 统计结果表——掉线次数

⑤接入失败次数如图 6.41 所示。

KPI Type	Correspond	Attempt	Ratio（%）
LTE Random Access Success[%]	30	30	100.00
LTE RRC Connect Success[%]	7	7	100.00
LTE Initial Access Success[%]	0	0	0.00
LTE E-RAB Connect Success[%]	6	6	100.00
LTE Call Drop[%]	0	6	0.00
LTE HO Success[%]	19	19	100.00
LTE Access Success[%]	6	6	100.00
LTE TAU RRC Connect Success[%]	1	1	100.00
LTE Service RRC Connect Success[%]	6	6	100.00
LTE Attach RRC Connect Success[%]	0	0	0.00
LTE Detach RRC Connect Success[%]	0	0	0.00
LTE EPS Bearer Activation Success[%]	0	0	0.00
LTE TAU Success[%]	5	5	100.00

接入失败次数=尝试次数-成功次数

图 6.41　KPI 统计结果表——接入失败次数

30－30＝0 次接入失败。

⑥切换失败次数如图 6.42 所示。

KPI Type	Correspond	Attempt	Ratio（%）
LTE Random Access Success[%]	30	30	100.00
LTE RRC Connect Success[%]	7	7	100.00
LTE Initial Access Success[%]	0	0	0.00
LTE E-RAB Connect Success[%]	6	6	100.00
LTE Call Drop[%]	0	6	0.00
LTE HO Success[%]	19	19	100.00
LTE Access Success[%]	6	6	100.00
LTE TAU RRC Connect Success[%]	1	1	100.00
LTE Service RRC Connect Success[%]	6	6	100.00
LTE Attach RRC Connect Success[%]	0	0	0.00
LTE Detach RRC Connect Success[%]	0	0	0.00
LTE EPS Bearer Activation Success[%]	0	0	0.00
LTE TAU Success[%]	5	5	100.00

切换失败次数=尝试次数-成功次数

图 6.42　KPI 统计结果表——切换失败次数

19－19＝0 次切换失败。

2)Excel 报表中的统计项

PDCP 层下载速率(Mbit/s)/PDCP 层上传速率(Mbit/s)/RSRP＞－100dBm 且 SINR＞－1 采样点比例(%)这几项指标都需要在 Excel 指标中提取。Excel 报表生成步骤如下：

(1)设置 RSRP 和 SINR 范围

①单击“Configuration”→“Options”命令，对覆盖良好采样点的 RSRP 及 SINR 值的范围进行一个定义，如图 6.43 所示。

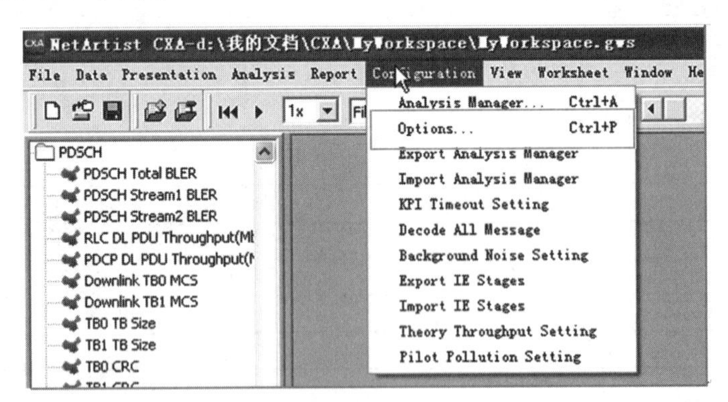

图 6.43　单击“Options”命令

②在弹出的对话框中选择 LTE，再展开右侧的 Excel Report，把其中箭头所指的两项分别改为－100 与－1，如图 6.44 所示。

(2)输出 Excel 报表

①设置完成后，单击“Report”→“LTE Test Analysis Report”命令，如图 6.45 所示。

②在弹出的对话框中，选择合并后的 LOG 文件，选择保存目录后，单击生成 Excel 报表，如图 6.46 所示。

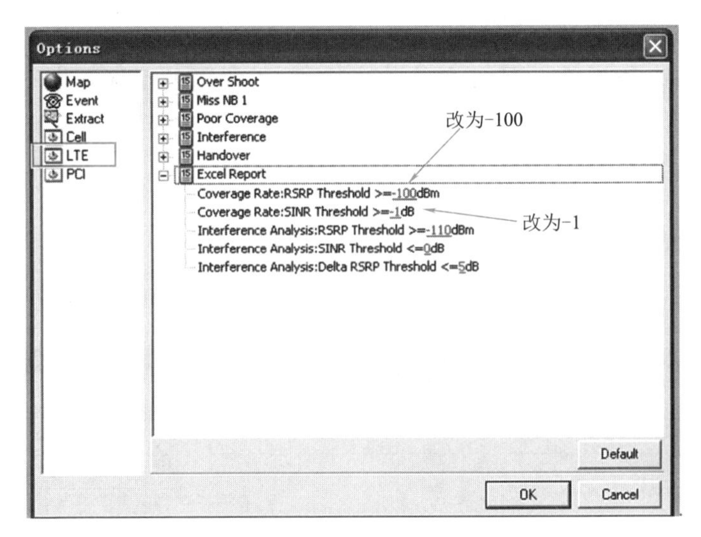

图 6.44　“Options”对话框

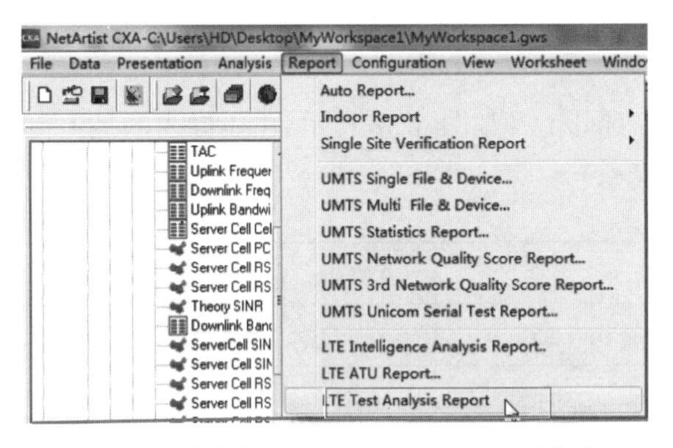

图 6.45　单击“LTE Test Analysis Report”命令

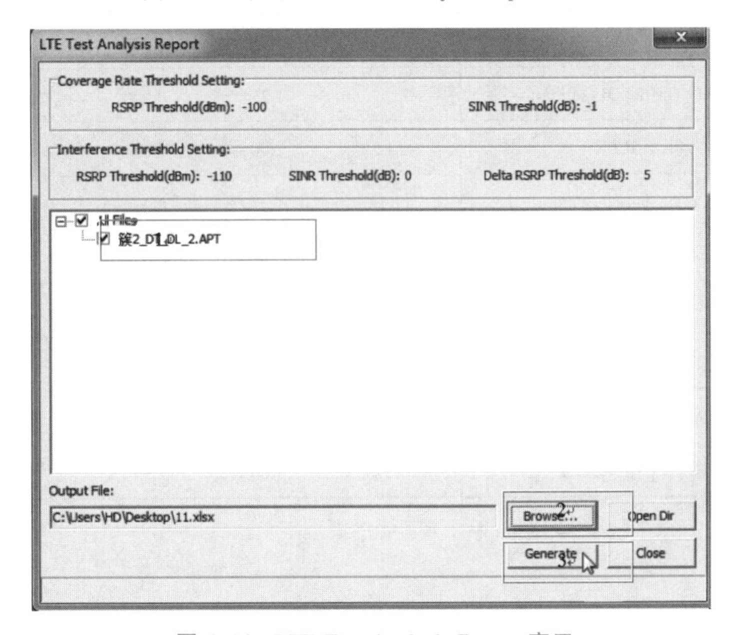

图 6.46　LTE Test Analysis Report 窗口

(3)查看测试数据

打开生成的报表,查看 Sheet1 中的内容,其中我们需要的 PDCP 层下载速率(Mbit/s)、PDCP 层上传速率(Mbit/s)、RSRP>−100 dBm 且 SINR>−1 采样点比例(%)这几项指标都在其中,具体位置如图 6.47 所示。

Total Duration　9.45　Unit: minute

Total Distance　5.09　Unit: km

Measure Data Statistic

	Test Data	RSRP	RSRQ	RSSI	SINR	RSRP >=-100 & SINR >=-1	Coverage Rate (%)	Count
Qualcomm UE	Service Cell	-83.15	-9.34	-52.99	13.90	550	97.35%	565
	Neighbor Cell	-90.74	-14.80	-66.00	--	432	--	476
Scanner	Best Cell	--	--	--	--	0	--	0

Test Data	Average	Max	Min	Count
PHY Thr'put DL(Mbps)	19.810	90.797	0.000	530
MAC Thr'put DL(Mbps)	17.823	81.873	0.000	522
RLC Thr'put DL(Mbps)	16.476	79.759	0.000	532
PDCP Thr'put DL(Mbps)	16.576	80.495	0.000	533
FTP Thr'put DL(Mbps)	16.552	80.382	0.000	533
PHY BLER	0.11	1.00	0.00	471
PHY Thr'put UL(Mbps)	0.400	1.852	0.000	534
MAC Thr'put UL(Mbps)	0.366	1.712	0.000	533
RLC Thr'put UL(Mbps)	0.261	1.385	0.000	530
PDCP Thr'put UL(Mbps)	0.262	1.394	0.000	533
FTP Thr'put UL(Mbps)	0.250	1.334	0.000	533
PHY BLER	0.00	0.00	0.00	538

图 6.47　报表结果

①PDCP 层下载速率(Mbit/s)如图 6.48 所示(由于导入的是上传的 LOG 日志文件,故此处的下载速率只是作为示意)。

Test Data	Average	Max	Min	Count
PHY Thr'put DL(Mbit/s)	0.502	2.527	0.000	6512
MAC Thr'put DL(Mbit/s)	0.415	2.525	0.000	6514
RLC Thr'put DL(Mbit/s)	0.286	1.724	0.000	6505
PDC PThr'put DL(Mbit/s)	0.286	1.757	0.000	6512
FTP Thr'put DL(Mbit/s)	0.282	1.754	0.000	6512
PHY BLER	0.12	1.00	0.00	6455
PHY Thr'put UL(Mbit/s)	4.695	9.164	0.000	6500
MAC Thr'put UL(Mbit/s)	4.464	9.164	0.000	6495
RLC Thr'put UL(Mbit/s)	4.375	9.132	0.000	6506
PDC PThr'put UL(Mbit/s)	4.382	9.134	0.000	6512
FTP Thr'put UL(Mbit/s)	4.374	9.111	0.000	6512
PHY BLER	0.09	1.00	0.00	6522

图 6.48　查看 PDCP 层下载速率

②PDCP层上传速率(Mbit/s)如图6.49所示。

Test Data	Average	Max	Min	Count
PHY Thr'put DL(Mbit/s)	0.502	2.527	0.000	6512
MAC Thr'put DL(Mbit/s)	0.415	2.525	0.000	6514
RLC Thr'put DL(Mbit/s)	0.286	1.724	0.000	6505
PDCP Thr'put DL(Mbit/s)	0.286	1.757	0.000	6512
FTP Thr'put DL(Mbit/s)	0.282	1.754	0.000	6512
PHY BLER	0.12	1.00	0.00	6455
PHY Thr'put UL(Mbit/s)	4.695	9.164	0.000	6500
MAC Thr'putUL(Mbit/s)	4.464	9.164	0.000	6495
RLC Thr'put UL(Mbit/s)	4.375	9.132	0.000	6506
PDCP Thr'put UL(Mbit/s)	4.382	9.134	0.000	6512
FTP Thr'put UL(Mbit/s)	4.374	9.111	0.000	6512
PHY BLER	0.09	1.00	0.00	6522

图6.49 查看PDCP层上传速率

③RSRP＞－100 dBm且SINR＞－1采样点比例(%)，如图6.50所示。

Measure Data Statistic								
	Test Data	RSRP	RSRQ	RSSI	SINR	RSRP>=-100& SINR>=-1	Coverage Rate(%)	Count
Qualcomm UE	Service Cell	-84.94	-10.40	-54.67	14.69	5340	82.08%	6506
	Neighbor Cell	-90.81	-15.04	-64.99	--	1049	--	1602
Scanner	Best Cell	--	--	--	--	0	--	0

图6.50 查看采样点比例

3)需要在软件中设置阈值进行统计的项

报表中依然没有的3项统计值需要直接在CXA软件中查找。

(1)RSRP＞－100 dBm采样点比例(%)

①打开LOG日志文件，然后依次选择打开MS1—Measurement—Server Cell Info，找到Server Cell RSRP选项，如图6.51所示。

②右击Server Cell RSRP，选择“View In Map”命令。

③打开图6.52所示的窗口，多次单击框中所示的向左箭头，直到出现“Legend”选项卡，如图6.52所示。

④任意双击几种颜色中的任意一种，进入编辑阈值的界面，如图6.53所示。

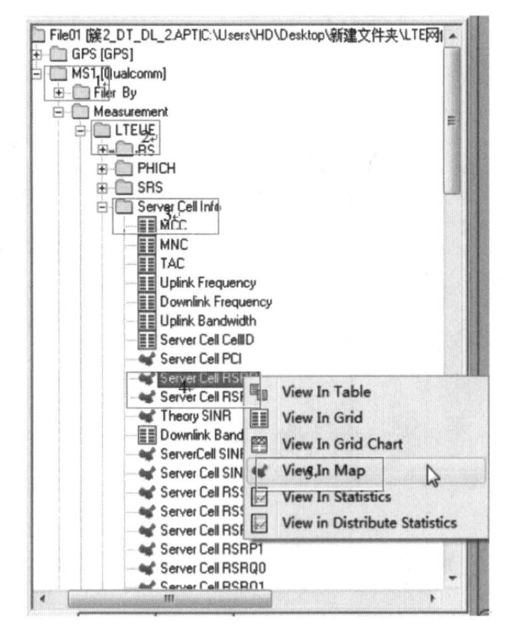

图6.51 在地图中显示Server Cell RSRP

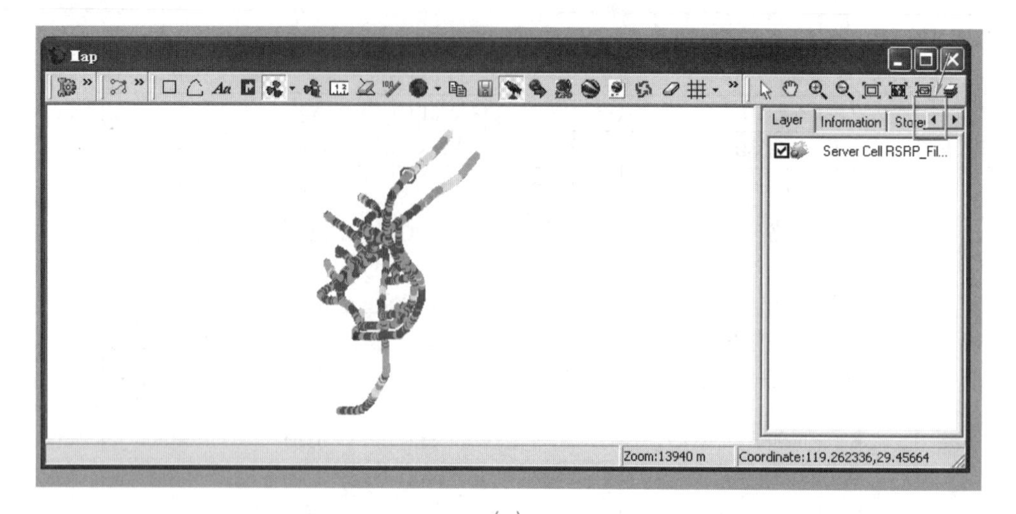

(a)

(b)

图 6.52 “Legend”选项卡

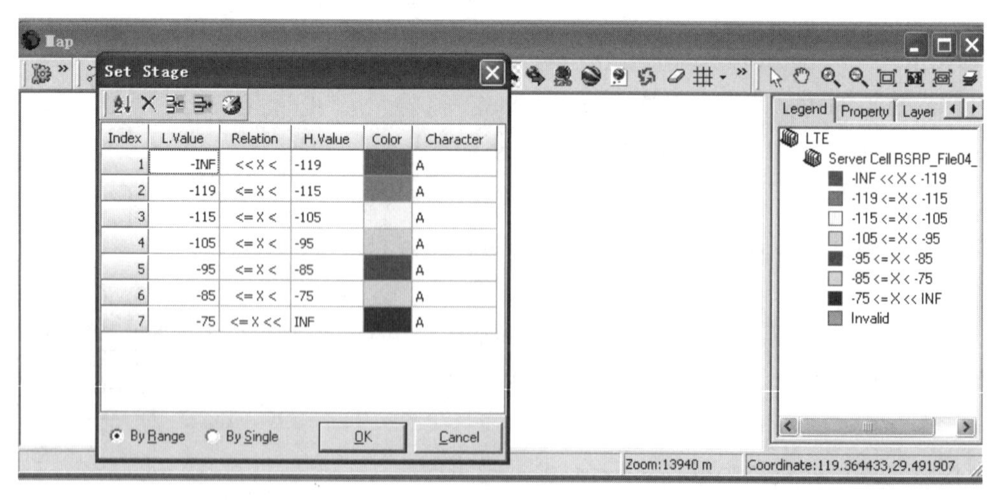

图 6.53 阈值界面

⑤设定需要的阈值,完成后单击“OK”按钮,如图 6.54 所示。

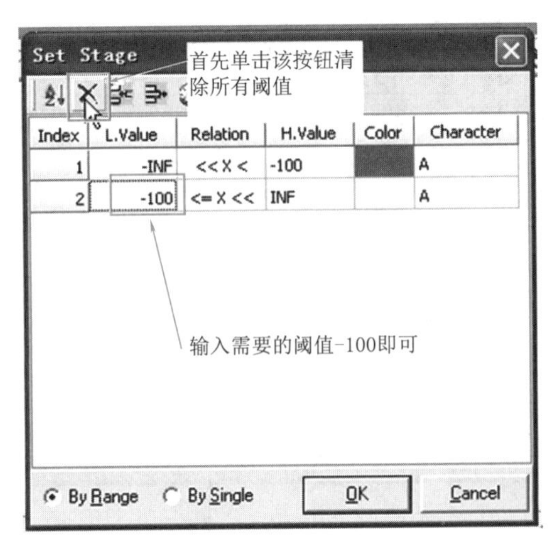

图 6.54　设置阈值

⑥右击 Server Cell RSRP，选择"View In Table"命令，右侧会出现一个窗口，如图 6.55 所示。

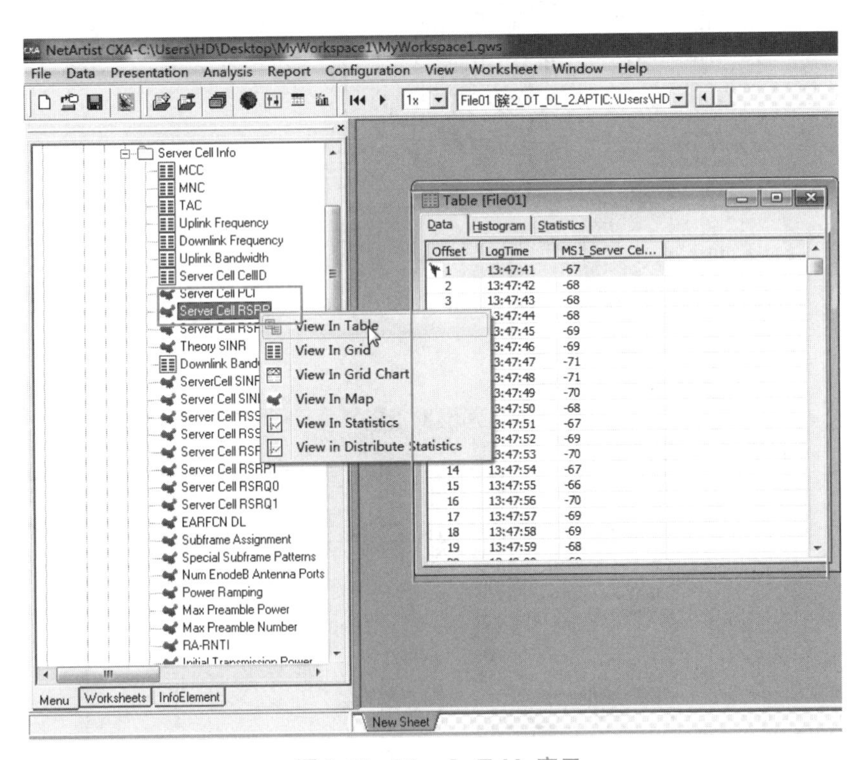

图 6.55　View In Table 窗口

⑦在右侧窗口中选择"Histogram"选项卡，其中的 84.201%即为大于－100 dBm 的采样点比例，如图 6.56 所示。

(2)SINR>－1 dB 采样点比例(%)

与上面例子一样的操作即可得到 SINR>－1 dB 的采样点比例，本例中最终比例为 98.23%。操作过程如图 6.57～图 6.59 所示。

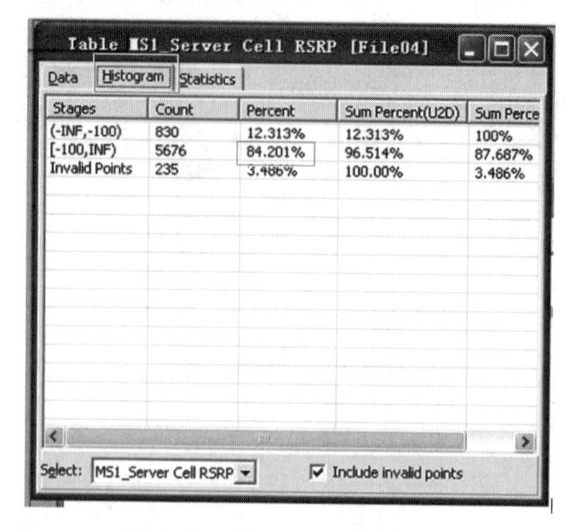

图 6.56 “Histogram”选项卡

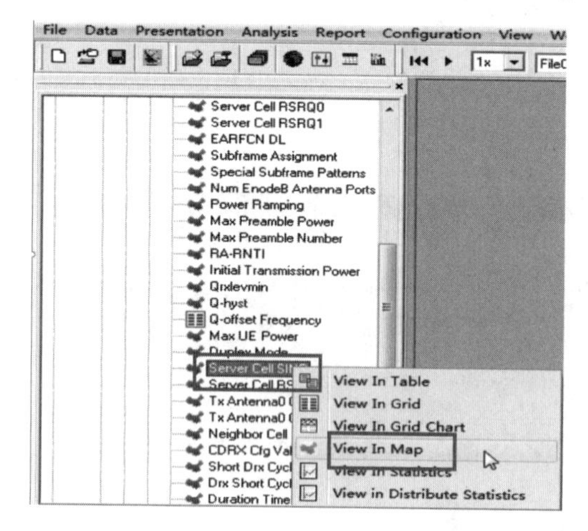

图 6.57 在地图中显示 SINR

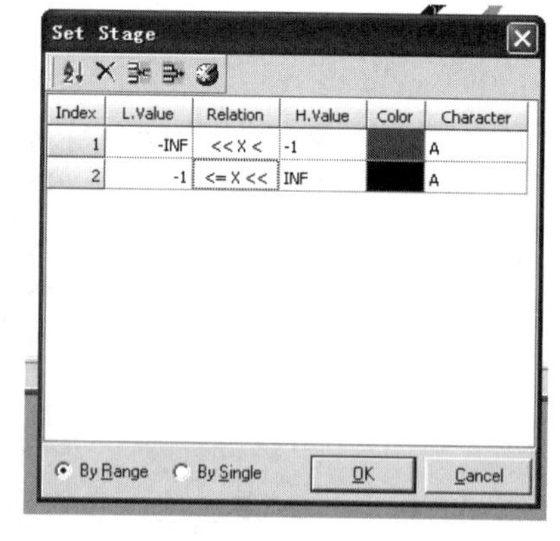

图 6.58 设置阈值

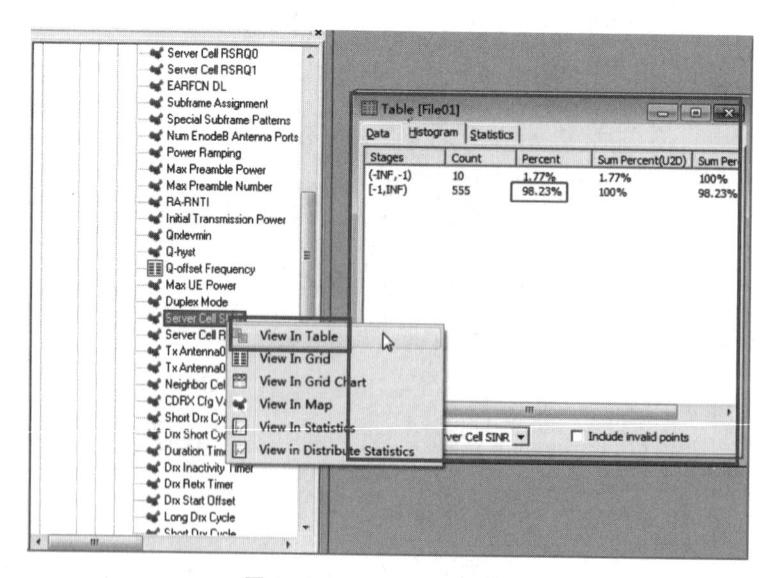

图 6.59 View In Table 窗口

(3)PDSCH 下行高于 4M 比例(%)

①地图中显示 PDCP DL PDU Throughput。如图 6.60 所示,找到 PDSCH 项,单击前“+”按钮,在下拉列表中选择 PDCP DL PDU Throughput 选项。

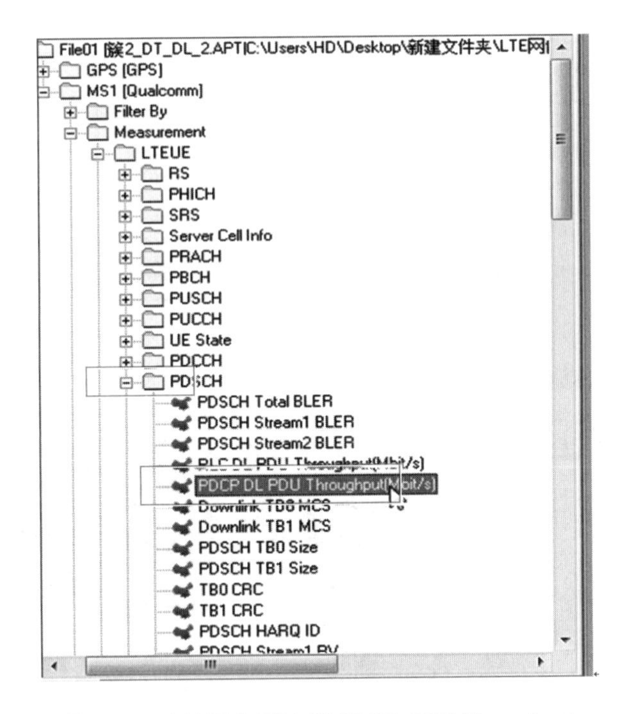

图 6.60　在地图中显示 PDCP DL PDU Throughput

②设置阈值,如图 6.61 和图 6.62 所示。

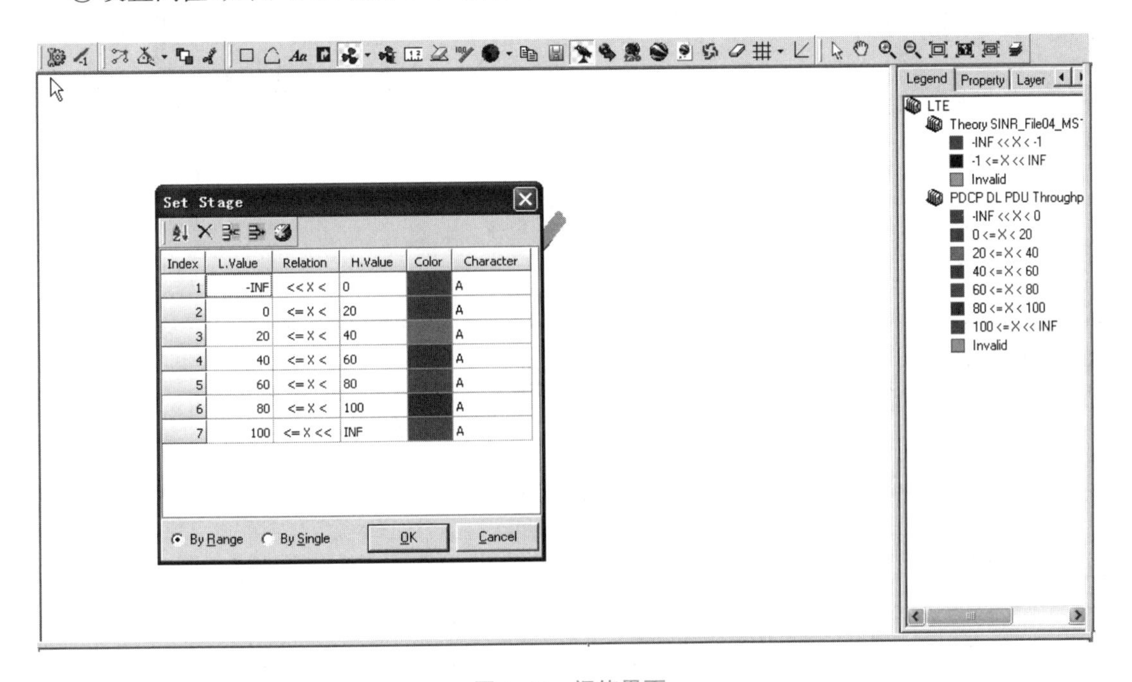

图 6.61　阈值界面

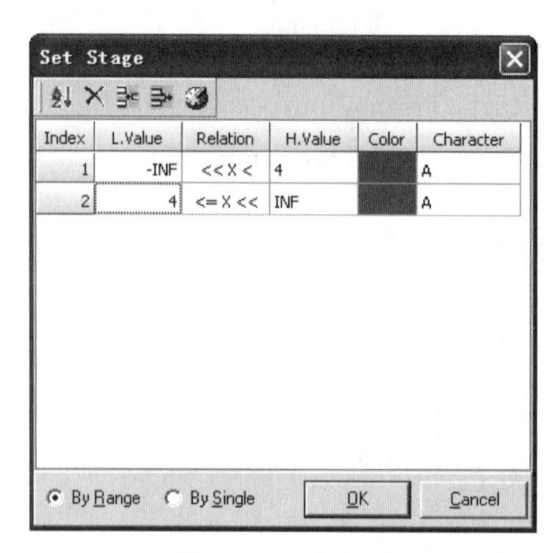

图 6.62 设置阈值

③进入 View In Table 窗口，如图 6.63 所示。

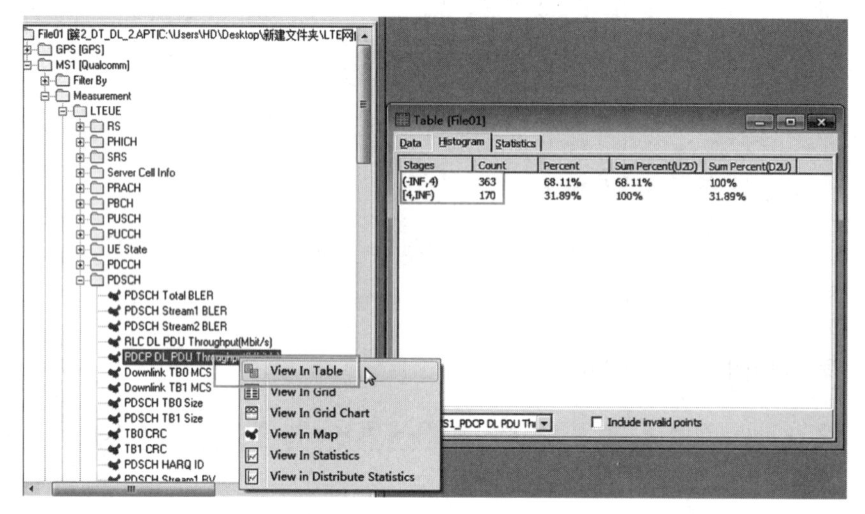

图 6.63 View In Table 窗口

所使用的 LOG 日志文件为上传 LOG 日志文件，故下行速率大于 4M 的为 31.89%。

4)簇优化统计指标结果(见表 6.3)

表 6.3 CXA 数据统计结果

序号	簇编号	
	测试指标	
1	平均 RSRP 值	−83 dBm
2	平均 RSRQ 值	−9 dB
3	平均 SINR 值	13.9 dB
4	RSRP>−100 dBm 且 SINR>−1 dB 采样点比例(%)	82.08
5	RSRP>−100 dBm 采样值点比例(%)	84.201
6	SINR>−1 dB 采样点比例(%)	98.23

续表

序号	簇编号	
	测试指标	
7	PDSCH下行高于4M比例(%)	31.89
8	PDCP层下载平均速率(Mbit/s)	0.286
9	PDCP层上传平均速率(Mbit/s)	4.382
10	掉话次数	0
11	接入失败次数	0
12	切换失败次数	0

2. 撰写LTE无线网络优化报告

按照附件A LTE网优测试分析报告模板的格式与要求，完成报告的撰写。报告目录格式如图6.64所示。

目　　录

图6.64　报告的目录格式

任务小结

通过本任务的学习，应熟悉中兴Net Artist CXA工具的使用，掌握网络性能指标的分析方法，具备独立完成LTE无线网络后台分析以及优化报告撰写的能力。

工 程 篇

引言

在我国，无线通信网络应用领域不断发展，为了提升无线网络的服务和质量，需要深入分析 LTE 网络优化的特点，对 PCI 优化、网络结构指数优化、干扰优化、容量优化和参数优化进行阐述，找到优化关键问题有效的解决措施，实现最优质的网络优化功能。

无线网络优化首先要通过各类数据的收集和统计准确地找到网络问题，具体的数据类型包括设备运行状态、参数、信令、性能指标、用户投诉等。不同网络优化分析手段的差异，在很大程度上反映在数据收集和统计方式上。

本篇将通过无线通信网络优化实际工程案例，全面介绍 LTE 网络优化中单站优化、簇优化和全网优化的流程和内容，以及常用的专业技能。并针对网络覆盖和干扰问题，列举了常见的典型案例的处理思路与分析方法。

学习目标

①了解 LTE 单站优化、LTE 簇优化和全网优化的概念和流程，熟悉 LTE 单站优化指标体系及其意义。

②熟悉实际工程中，网络问题优化的分析方法与解决思路。

③掌握 LTE 单站优化、LTE 簇优化和全网优化的测试方法和分析方法、簇的划分原则与方法、测试路线规划、簇和全网测试数据采集的原则与方法。

④具备独立解决弱覆盖和越区覆盖的问题分析，以及提出解决方案的能力。

⑤具备独立完成邻区漏配问题、乒乓切换、切换不及时问题和 UE 未启动同频测量问题分析，以及提出解决方案的能力。

⑥具备独立完成 PCI 干扰问题和叠覆盖干扰问题分析，以及提出解决方案的能力。

知识体系

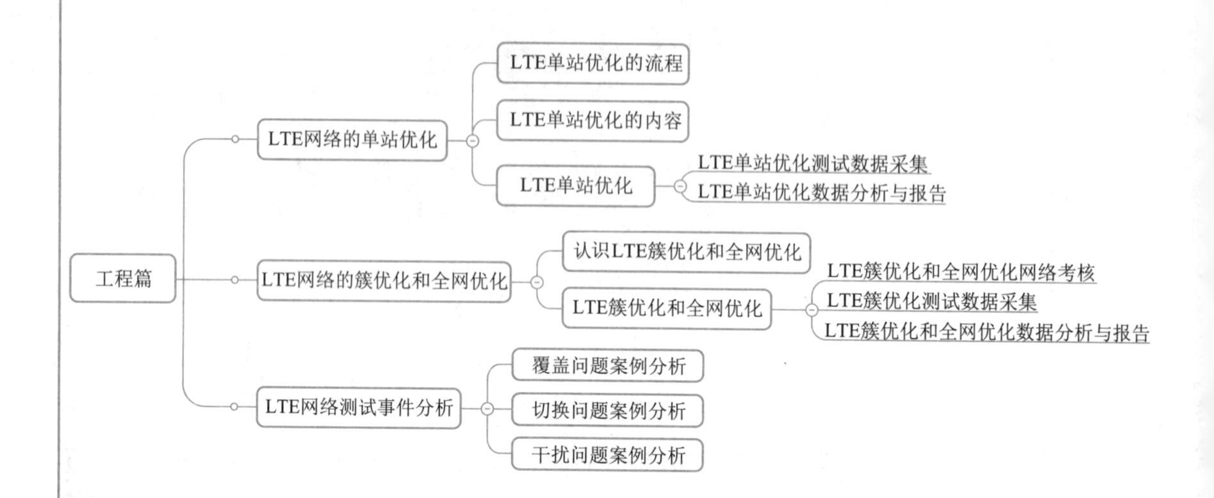

工程篇
LTE网络的单站优化
LTE单站优化的流程
LTE单站优化的内容
LTE单站优化
LTE单站优化测试数据采集
LTE单站优化数据分析与报告
LTE网络的簇优化和全网优化
认识LTE簇优化和全网优化
LTE簇优化和全网优化
LTE簇优化和全网优化网络考核
LTE簇优化测试数据采集
LTE簇优化和全网优化数据分析与报告
LTE网络测试事件分析
覆盖问题案例分析
切换问题案例分析
干扰问题案例分析

项目七 LTE网络单站优化

任务 实施LTE网络单站优化

任务描述

本任务全面介绍LTE中单站优化的目的和流程，以实际工程案例的方式介绍单站优化的工具、方法、报告和注意事项。

任务目标

- 了解LTE单站优化的意义和单站优化的流程。
- 理解LTE单站优化指标体系及其意义。
- 掌握LTE单站优化的测试方法和分析方法。

任务实施

一、了解LTE单站优化的流程

(1)LTE单站优化的背景

单站优化是通过对基站功能进行验证，保障基站设备工作状态、信号质量及各种业务正常；同时，通过对基站基础数据的采集，为后期优化提供准确的基础信息和无线环境信息，有利于提高后期优化的效率。

单站优化分为三个阶段，即前期准备、单站测试和勘查、问题处理。前期准备阶段需要对测量站点的工作状态进行核查，保证基站工作正常，无告警，各项功能正常；对测试工具进行检查；对测试车辆进行申请和合理安排。单站测试和勘查时，需要采集基站经纬度、天线挂高、天线方位角和下倾角、无线环境拍照信息；对小区参数进行检查，TA、PCI、频点设置是否与规划一致；对业务进行验证，对接入性能、数据业务速率、小区内切换以及覆盖范围进行验证。

(2)LTE 单站优化的流程

单站优化流程一般是根据运营商的要求进行针对性的制定,但总的要求是相同或者相似的;其中基础数据采集和业务验证是必须的内容。以下整理出较为通用的单站优化流程,如图 7.1所示。

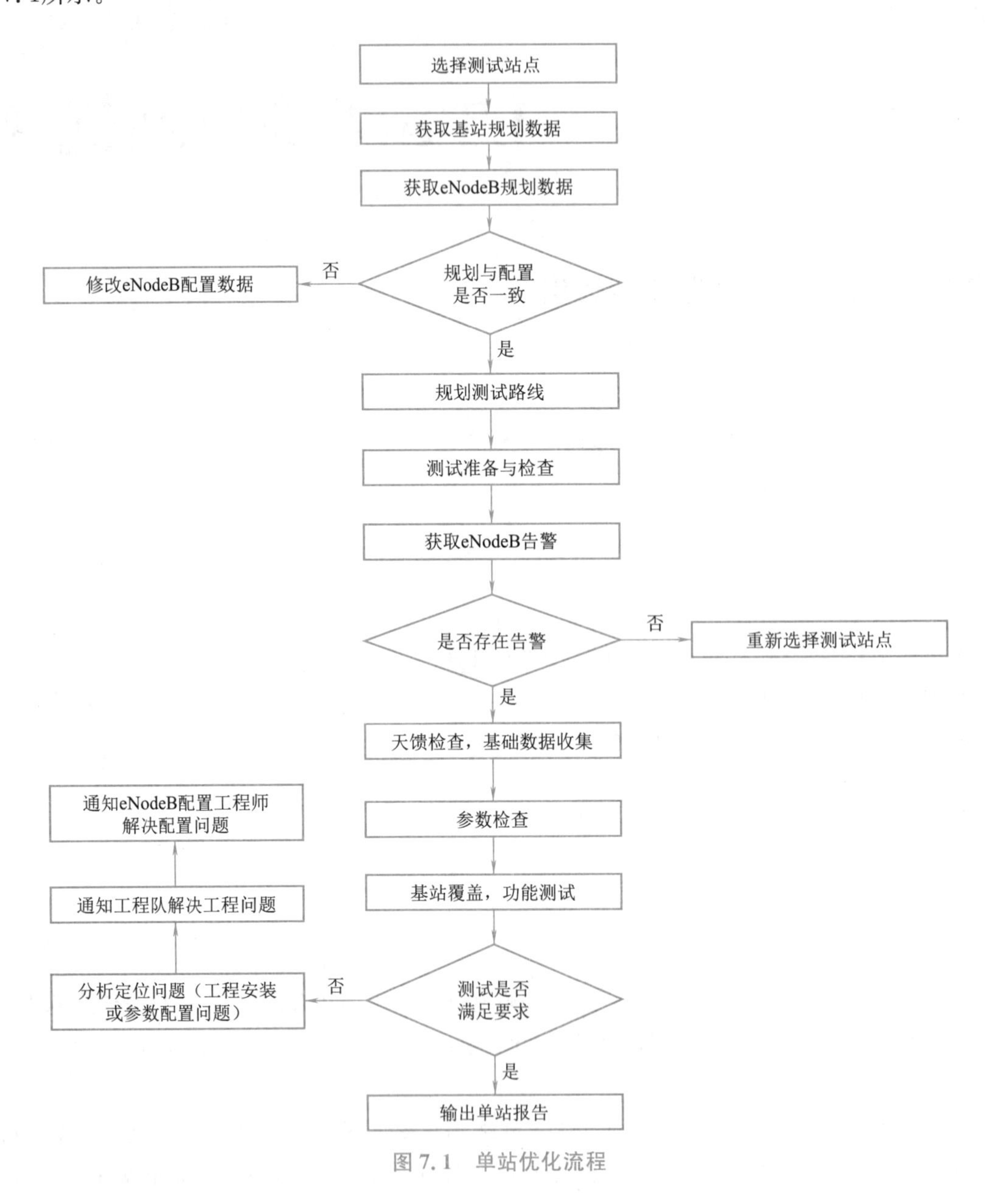

图 7.1 单站优化流程

二、熟悉 LTE 单站优化的内容

1)LTE 单站优化指标体系

由于传输站点之间的距离较远,因此在进行故障定位时,最关键的一步就是将故障点准确定位。

LTE 单站优化指标可分为参数准确性、信号质量和业务质量三大类，根据宏站和室分的特点，对于指标的细项和要求存在部分差别（以下指标来源于路测），如表 7.1 所示。

表 7.1　LTE 单站优化指标内容

指标类别	指标项	宏站指标	室分指标	指标说明
信号质量	RSRP	Y		距离基站 50～100 m，近点 RSRP 值（尽量可视天线）
	SINR	Y		距离基站 50～100 m，近点 SINR 值（尽量可视天线）
	小区覆盖测试	Y		沿小区天线主覆盖方向进行拉远测试
	RSRP 分布		Y	例如，RS-RSRP＞－100 dBm 的比例≥90％
	SINR 分布（双通道）		Y	例如，RS-SINR＞6 dB 的比例≥90％
	SINR 分布（单通道）		Y	例如，RS-SINR＞5 dB 的比例≥90％
参数准确性	PCI	Y	Y	是否与设计值一致
	上行频点	Y	Y	是否与设计值一致
	下行频点	Y	Y	是否与设计值一致
	TA	Y	Y	是否与设计值一致
业务质量	Ping 时延（32 byte）	Y	Y	从发出 PING Request 到收到 PING Reply 之间的时延平均值
	FTP 下载	Y	Y	空载，在信号好点（RS-RSRP＞－90 dBm 且 RS-SINR＞20 dB）测试，记录峰值和均值速率
	FTP 上传	Y	Y	空载，在信号好点（RS-RSRP＞－90 dBm 且 RS-SINR＞20 dB）测试，记录峰值和均值速率
	CSFB 建立成功率	Y	Y	覆盖好点（RS-RSRP＞－90 dBm 且 RS-SINR＞20 dB）
	CSFB 建立时延	Y	Y	UE 在 LTE 侧发起 Extend Sevice Request 消息开始，到 IRAT 侧收到 ALERTING 消息
	切换情况	Y	Y	同站小区间切换，能正常切换
	连接建立成功率		Y	连接建立成功率＝成功完成连接建立次数/终端发起分组数据连接建立请求总次数
	PS 掉线率		Y	掉线率＝掉线次数/成功完成连接建立次数
	VoIP（可选）	Y	Y	测试 VoIP 成功率

2）LTE 单站优化测试方法

LTE 单站测试内容分为覆盖测试和性能测试两个方面。覆盖测试时，对于宏站，采用围绕基站路测的方式；测试时车速一般保持在 30～40 km/h。在移动过程中，记录 RSRP、RSRQ、SINR 等参数。通过接收的参数来确认是否存在功放异常、天馈连接异常、天线安装位置设计不合理、周围环境发生变化导致建筑物阻挡、硬件安装时天线倾角或方向角与规划时不一致等问题。对于室分站点，需采用步测的方式。首先，需要获取室内平面图；其次，根据步行测试的轨迹记录 RSRP、RSRQ、SINR 等参数。业务测试时主要关注 FTP 上传/下载吞吐率、PING 时延、小区间切换、接入性能和 CSFB 成功率。

LTE 单站优化测试项目和方法如表 7.2～表 7.7 所示。

表 7.2　CQT PING 测试

测试项目	CQT PING 测试
测试内容	PING 包成功率及 PING 包时延测试
测试条件	①UE、测试小区、业务服务器正常工作
	②天线配置：上行 SIMO 模式；下行自适应 MIMO 模式
	③测试区域：选择一个主测小区，在该小区内进行测试
	④在室外选择好点(RS-RSRP＞－90 dBm 且 RS-SINR ＞20 dB)进行测试
测试方法	终端发起 ping 包(32 byte)业务，采 DOS ping 方式，记录 RTT 作为测试样值。再次重复，直到测试结束，ping 包不少于 100 次
测试指标	ping 时延(32 byte)

表 7.3　CQT 好点下载

测试项目	CQT 好点下载
测试内容	测试单用户下行速率(Cat3 终端)
测试条件	①UE、测试小区、业务服务器正常工作
	②测试终端为 Cat3
	③天线配置：上行 SIMO 模式；下行自适应 MIMO 模式
	④测试区域：选择一个主测小区，在该小区内进行测试
	⑤在室外选择好点(RS-RSRP＞－90 dBm 且 RS-SINR ＞20 dB)进行测试
测试方法	终端发起 FTP 下载业务，待数据业务稳定后，连续测试 2 min，记录下行峰值速率和平均速率
测试指标	下行峰值速率、下行平均速率

表 7.4　CQT 好点上传

测试项目	CQT 好点上传
测试内容	测试单用户上行速率(Cat3 终端)
测试条件	①UE、测试小区、业务服务器正常工作
	②测试终端为 Cat3
	③天线配置：上行 SIMO 模式；下行自适应 MIMO 模式
	④测试区域：选择一个主测小区，在该小区内进行测试
	⑤在室外选择好点(RS-RSRP＞－90 dBm 且 RS-SINR ＞20 dB)进行测试
测试方法	终端发起 FTP 上传业务，待数据业务稳定后，连续测试 2 min，记录上行峰值速率和平均速率
测试指标	上行峰值速率、上行平均速率

表 7.5 CQT数据业务接入时延

测试项目	CQT数据业务接入时延
测试内容	测试数据业务接入时延
测试条件	①UE、测试小区、业务服务器正常工作
	②测试终端为Cat3
	③天线配置:上行SIMO模式;下行自适应MIMO模式
	④测试区域:选择一个主测小区,在该小区内进行测试
	⑤在室外选择好点(RS-RSRP>−90 dBm且RS-SINR >20 dB)进行测试
测试方法	①测试设备正常开启,工作稳定
	②终端发起数据业务连接,连接完成后断开
	③重复②统计10次接入
测试指标	数据业务接入时延

表 7.6 CQT测试

测试项目	CQT CSFB测试
测试内容	CSFB的成功率和时延
测试条件	①UE、测试小区、业务服务器正常工作
	②测试终端为Cat3
	③天线配置:上行SIMO模式;下行自适应MIMO模式
	④测试区域:选择一个主测小区,在该小区内进行测试
	⑤在室外选择好点(RS-RSRP>−90 dBm且RS-SINR>20 dB)进行测试
	⑥连接4部测试终端,其中1号终端和2号终端测试LTE到LTE的CSFB性能,1号为主叫,2号为被叫;3号终端和4号终端测试LTE到WCDMA/GSM的CSFB性能,3号为主叫,4号为被叫
测试方法	①测试设备正常开启,工作稳定
	②LTE用户做主叫呼叫WCDMA/GSM用户
	③主叫与被叫挂机,通话正常释放
	④记录CSFB用户发起呼叫到WCDMA/GSM CS用户振铃的时间
	⑤重复以上步骤,测试20次,记录成功率
	⑥LTE用户做主叫呼叫LTE用户
	⑦主叫与被叫挂机,通话正常释放
	⑧记录CSFB用户发起呼叫到LTE用户振铃的时间
	⑨重复以上步骤,测试20次,记录成功率
测试指标	CSFB呼叫成功率(LTE主叫,WCDMA/GSM被叫)、CSFB呼叫成功率(LTE主叫,LTE被叫)、CSFB接入时延(LTE主叫,WCDMA/GSM被叫)、CSFB接入时延(LTE主叫,LTE被叫)

表 7.7　DT 切换测试

测试项目	DT 切换测试
测试内容	基站内切换功能
测试条件	①UE、测试小区、业务服务器正常工作
	②天线配置：上行 SIMO 模式；下行自适应 MIMO 模式
	③测试区域：选择一个主测小区，在该小区内进行测试
测试方法	①系统根据测试要求配置，正常工作
	②在距离基站 50～300 m 的范围内，驱车绕基站一周，将该基站的所有小区都要遍历到
	③如果本站任意两个小区间可以正常切换，切换点在两小区的边界处，则验证切换正常，小区覆盖区域合理。如果切换点不在两小区边界处，各小区覆盖区域与设计有明显偏差，则需要检查天线方位角是否正确，将天线方位角调整到规划值，再进行测试
测试指标	切换功能、RSRP 覆盖测试、RS-SINR 覆盖测试

3)LTE 单站优化分析方法

如图 7.2 所示，LTE 单站优化分析分为施工类、覆盖类和业务类 3 个方面。施工类即基站的安装、馈线接法、GPS 位置等符合规范，它会对覆盖质量和业务性能产生直接影响。覆盖类考查的是网络信号质量水平，业务类考查的是单站的性能。只有覆盖和业务均达到运营商的要求才能算单站优化通过。

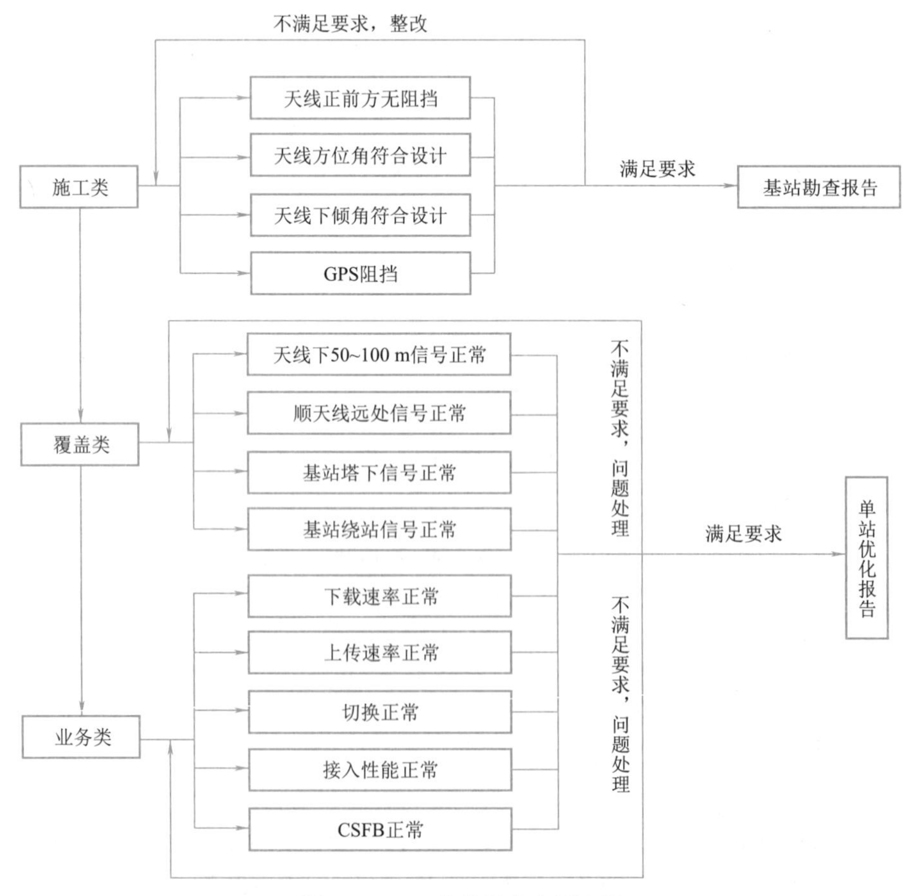

图 7.2　LTE 单站优化分析流程

(1)施工类问题优化

施工类问题优化,也称工程遗留问题排查,常见的问题有以下几类:

①天线正面被阻挡。天线受安装位置的影响,其正面可能会被广告牌、楼体墙面、自身楼面、正面高大建筑等阻挡,这样的情况下基站的覆盖效果将受到严重影响,可能产生覆盖空洞或者弱覆盖,直接降低网络的覆盖水平,影响用户对网络的感知。

②RRU 光纤接反。RRU 光纤接反使两个小区覆盖区域交换,与原规划不相符,容易造成模 3 干扰而降低小区间交界处的数据吞吐率,同时其导致邻区关系的混乱,也会使移动用户有可能无法迁移至最佳覆盖小区,优化过程中应纠正 RRU 光纤的接反问题,如图 7.3 所示。

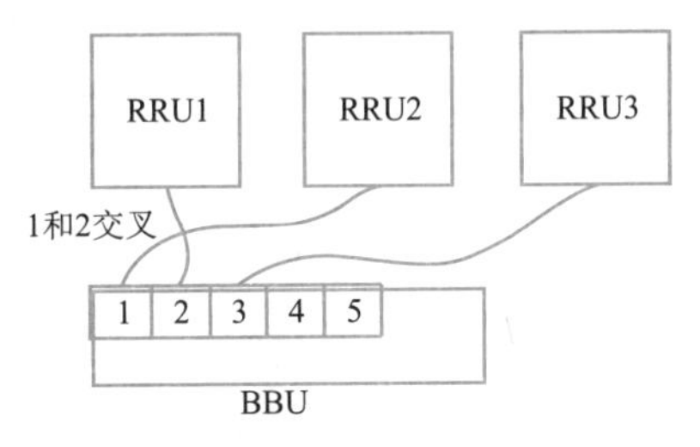

图 7.3　RRU 光纤接反

③馈线接反。馈线接反与 RRU 光纤接反类似,产生的后果相同,只是馈线接反发生在天线与 RRU 之间,如图 7.4 所示。

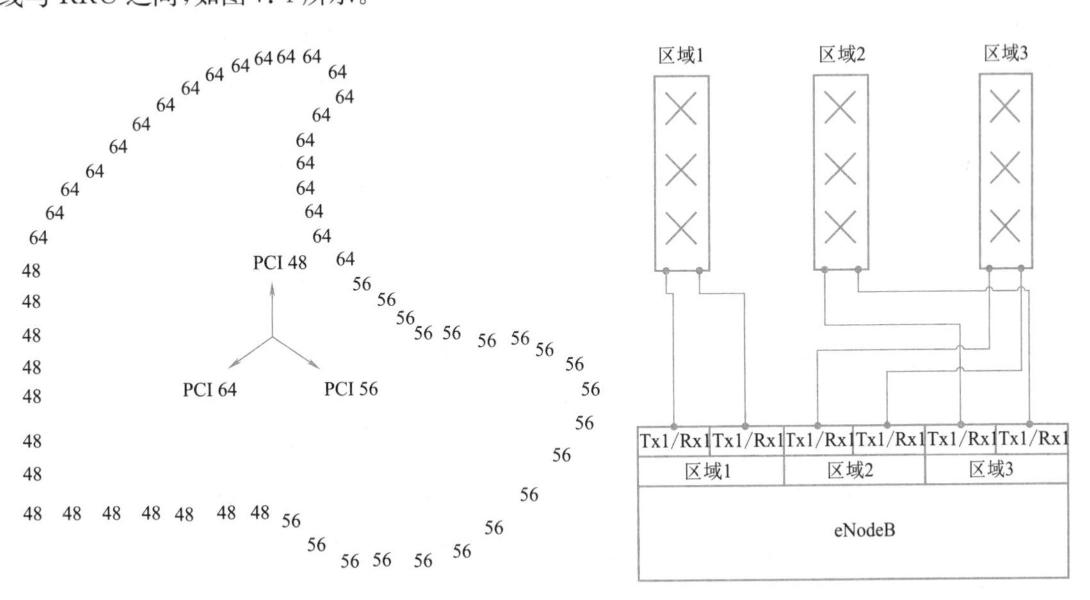

图 7.4　馈线接反

④馈线鸳鸯。馈线鸳鸯是指某个扇区的两路输入分别连接至两个不同扇区,如图 7.5 所示。馈线接错导致测试过程中不规则的 PCI 交错覆盖,这样会造成业务性能的严重劣化,在馈线接错的 PCI 交替区域,除了移动性能异常外,还会造成 MIMO 无法实现。馈线鸳鸯也是常见工程问题之一,但馈线鸳鸯有较强的隐蔽性,在实际测试中很难被发现,需要仔细分析。

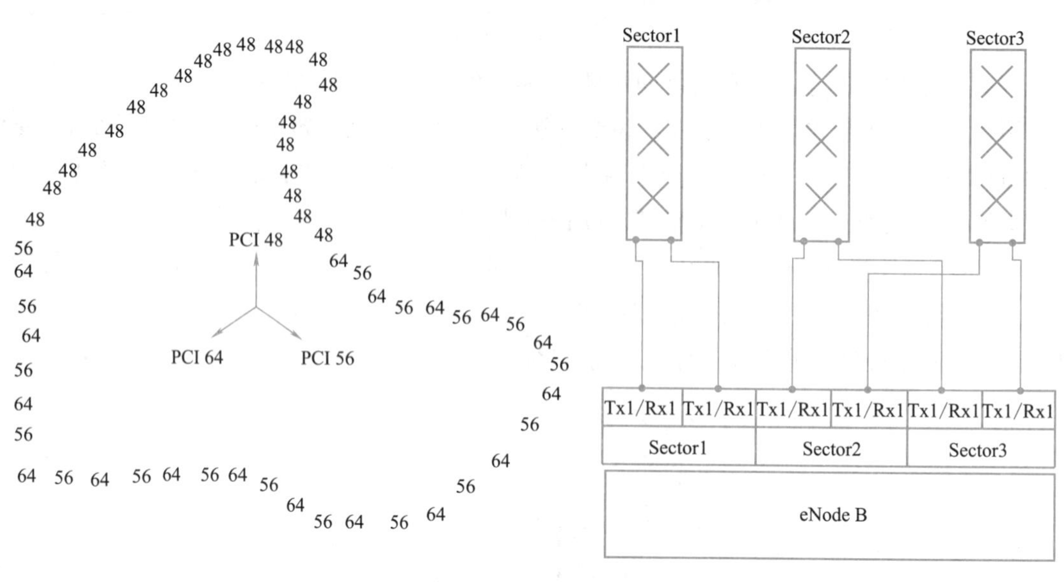

图 7.5　馈线鸳鸯

⑤天线端口接错。LTE 的 MIMO 是通过两个通道的不相干性实现的。考虑到天面资源的珍贵，这种不相干性通过极化正交来实现。如果一个小区的两个发射分支错误地接到了相同极化方向的接口上时，会造成两个发射分支相互干扰（高相关性）和降低 MIMO 使用率，速率也会下降。所以，如果测试过程中 MIMO 占比不正常地偏低，且覆盖区域天线使用的是 4 个端口天线时，应该重点排查是否有 LTE 的两路馈线接入了相同极化的输入端口。

（2）覆盖类问题优化

基站无信号或者弱信号，在单站优化过程中，可能测试时测不到此站信号或者某一小区信号，排查方法和步骤如下：

①确认基站位置，找到的基站位置是否和原计划测试站点相符。若信息正确进入步骤②。

②基站或小区是否解开。如果基站或者小区是锁闭状态，解开基站或者小区即可。

③查询基站告警，主要检查基站是否掉站、RRU 是否掉电、是否有天线方面的告警。若基站或者小区存在告警，通知维护人员修复基站。

④基站无告警、工作状态正常的情况下仍无信号，检查小区功率参数设置是否正常。

⑤观察天线安装周边环境，天线是否被阻挡，若天线被阻挡，更换测试地点，在能直视天线覆盖的区域测试，若信号正常，通知工程整改。若仍无信号，做接下来的工作。

⑥检查天馈是否与其他系统合路，合路后的异系统信号是否正常。去掉合路器后若信号 LTE 正常，则进行测试，若仍无信号，进入步骤⑦。

⑦重启基站，基站若仍不能恢复正常，报告项目组处理。

（3）业务类问题优化

①基站速率低。单站优化测试时，会遇到测试速率不达标的情况，常见影响速率的原因有以下几种：

a. 测试点信号不够理想。CQI较差,64QAM比例较低,一般这种情况下SINR较差。遇此情况时,更换一个信号良好的点进行测试。

b. 测试点无线环境良好,调度较低导致速率不高,此时应开启多线程进行业务测试,一般开启进程数为20个,测试速率可以达到100 Mbit/s。如果速率仍不够理想,可以关闭此项测试,重新测试。

c. 传输质量差或者传输带宽不足。基站的传输质量差,有大量误码或闪断会导致速率低下,传输带宽不足也将导致速率不达标。

d. 终端问题。SIM卡注册签约的服务等级较低或者终端质量问题导致速率较低。一般来说,SIM卡等级可以通过软件查询,终端问题可以通过更换排查。

e. 测试工具问题。测试计算机受系统设置、防火墙或者杀毒软件等的限制导致速率低,关闭相应的软件即可。

f. 干扰问题。外部或者内部的干扰导致速率低,需要对干扰进行排查解决。

② 切换类问题优化。切换的步骤包括测量控制、测量报告、切换命令、在目标小区接入、终端反馈重配完成几个过程。任何一个过程出现问题,都会导致切换失败。切换失败常见原因及分析内容如下:

a. 邻区漏配。漏配邻区会导致源小区无法得知目标小区的基本信息,终端检测的源小区信号越来越差,可能会多次上报测量报告。这种情况补全邻区即可。

b. 干扰。外部或者内部干扰会导致切换失败。干扰产生的接入失败往往会伴随接入差和掉话高,此时终端的发射功率较高,检测到的底噪也会较高,遇到此情况需要对干扰进行处理。

c. 上行失步。上行失步时终端可以收到基站下发的测量控制,但基站无法收到测量报告。这种现象对于路测来说较难定位,需要通过后台进行排查基站状态和信令跟踪来定位问题。

d. 基站故障。基站工作异常产生的切换问题往往也会伴随接入和掉话问题,基站会出现告警,处理基站故障即可。

e. 传输故障。传输闪断、传输不同步也会导致切换问题。

f. 导频污染。信号过多而没有主导小区也会导致切换失败,这需要对无线环境情况优化解决。

g. 终端问题。终端不响应,死机也会导致切换异常。

三、进行LTE单站优化

1. LTE单站优化测试数据采集

1)测试前的准备

测试前熟悉当天要测试的基站,熟悉地理位置,并及时根据车辆安排的情况和司机沟通预约;测试出发前一定要检查设备是否带全(终端含卡、GPS、逆变器、CXT/CXA狗、计算机及充电器)。

2)测试要求和方法

CQT要求在近点环境下进行(需要和客户具体确定),每个扇区均需验证。内容包含接入性能测试、上下行速率性能测试、ping 时延测试等。近点要求 SINR>23 dB,有时受限于地理环境等因素,较难选点,可以通过网管的动态管理功能闭塞周围小区信号,变相实现。如果客户不认同闭塞小区的做法,可以和客户商讨采用中点验证测试的方式,但是相应的验收标准需要降低。单站验证阶段 DT 测试只验证各扇区的覆盖性能和天馈连接情况,一般不对路测 KPI 指标作要求。单站优化测试内容有以下几种:

(1)初始接入(附着)测试

①连接测试终端和测试软件。

②使 UE 驻留在待测小区的近点位置,开始记录数据。

③控制 UE 重新发起 Attach 流程附着到测试小区(可手动控制或者软件自动设界)。

④在计算机端使用 ping 刷新网页或者下载资源均可。

⑤间隔 15 s。

⑥控制 UE 做 Detach。

⑦重复 10 次步骤③~步骤⑥。

⑧结束,保存测试数据。

(2)上、下行速率测试

①连接测试终端和测试软件。

②使 UE 驻留在待测小区的近点位置。

③控制 UE 成功接入网络中。

④利用 FTP 软件分别做上、下行的 FTP 业务测试 3 min(建议同时 10 线程,也可多开几个软件窗口同时进行业务)。

⑤使用 DU Meter 或 Net Meter 记录上、下行 FTP 速率峰值和平均值,并截图保存。

⑥移动 UE 使其驻留在待测小区中点的位置(可选项,根据项目具体要求而定)。

⑦重复步骤③和步骤⑤。

⑧移动 UE 使其驻留在待测小区远点的位置(可选项,根据项目具体要求而定)。

⑨重复步骤③和步骤⑤。

⑩记录并保存测试数据。

(3)CSFB 测试

①连接测试终端和测试软件。

②使 UE 驻留在待测小区的近点位置。

③通过软件设置相应脚本(也可手动控制)进行语音主叫与被叫测试。

④通话时长为 15 s,间隔 15 s,循环拨打 20~30 次。

⑤验证 CSFB 功能正常,接入时延正常。

⑥记录并保存测试数据。

(4)用户面 ping 时延测试

①连接测试终端和测试软件。

②使 UE 驻留在待测小区的近点位置。

③控制 UE 成功接入网络中。

④在 UE 侧的计算机上打开 MS-DOS 界面。

⑤使用命令 ping 授权的服务器:ping〈application server IP address〉－132－n60＞。

⑥通过截图或者保存 MS-DOS 输出结果方式记录 ping 结果。

⑦记录并保存测试数据。

(5)扇区覆盖及切换测试

①连接测试终端和测试软件。

②UE 发起呼叫,接入网络。

③开始下行 FTP 测试。

④车辆围绕测试站点做移动测试,要求测到站点周围的主要道路。

⑤检查站点覆盖是否基本正常,并根据 PCI 分布来分析判断是否有天馈接反问题。

⑥检查该基站的不同扇区间切换是否正常。

⑦记录并保存测试数据。

(6)VoIP 语音业务测试(可选)

①连接测试终端和测试软件。

②开机使 UE Attach 在待测小区的近点位置。

③控制 UE 成功接入网络中。

④用测试终端呼叫其他用户并进行通话,时长 3～5 min。

⑤重复步骤③,重复次数 5 次。

⑥用测试终端作为被叫,与其他用户进行通话,时长 3～5 min。

⑦重复步骤⑤,重复次数 5 次。

⑧记录并保存测试数据。

2. LTE 单站优化数据分析与报告

单站优化分析首先需要填写单站优化测试过程中的相应结果,测试中覆盖水平、PCI、上传下载速率等相关信息,要求必须真实准确;其次是完成单站优化测试数据中 RSRP、SINR、上传下载速率等图示;然后是进行问题分析,如覆盖差、天线接反、速率低、无法切换等;最后是完成单站优化报告。

(1)单站优化统计表

单站优化统计如表 7.8 所示。

表 7.8　单站优化测试统计结果

类别	序号	Activity/Process 测试项目	小区 1	小区 2	小区 3	结论
CQT 覆盖测试	1	距离基站 50～100 m,近点 RSRP 值	−55.5	−53.7	−64.6	OK
	2	距离基站 50～100 m,近点 SINR 值	24.1	18.1	18.4	OK
	3	PCI	1	2	3	OK
	4	PCI 正确(和设计完全相符)	183	184	185	OK

续表

类别	序号	Activity/Process 测试项目	小区 1	小区 2	小区 3	结论
CQT 数据业务	5	CQT FTP 下载吞吐量(峰值)(空载，RSRP＞－90 dBm，SINR＞20 dB，FDD：≥85 Mbit/s；TDD：≥75 Mbit/s)	118.7 Mbit/s	109.6 Mbit/s	128.3 Mbit/s	OK
	6	CQT FTP 上传吞吐量(峰值)(空载，RSRP＞－90 dBm，SINR＞20 dB，FDD：≥45 Mbit/s；TDD：≥9 Mbit/s)	53.4 Mbit/s	56.1 Mbit/s	53.3 Mbit/s	OK
	7	Ping 时延测试(32 byte)(空载，RSRP＞－90 dBm，SINR＞20 dB，时延应小于30 ms)	29	27	28	OK
	8	CSFB 建立成功率	100%	100%	100%	OK
	9	CSFB 呼叫建立时延(空载，RSRP＞－90 dBm，SINR＞20 dB，主叫和被叫时延应均小于 6.2 s)	6.1 s	5.9 s	6.0 s	OK
	10	CQT FTP 下载吞吐量(均值)(空载，RSRP＞－90 dBm，SINR＞20 dB，FDD：≥50 Mbit/s；TDD：≥30 Mbit/s)	90.8 Mbit/s	94.1 Mbit/s	95.8 Mbit/s	OK
	11	CQT FTP 上传吞吐量(均值)(空载，RSRP＞－90 dBm，SINR＞20 dB，FDD：≥30 Mbit/s；TDD：≥5 Mbit/s)	51.2 Mbit/s	51.4 Mbit/s	39.4 Mbit/s	OK
DT 切换	12	切换正常(同站内各小区间切换成功)	OK	OK	OK	OK
DT 覆盖	13	覆盖正常，不存在严重阻挡及天馈接反问题	OK	OK	OK	OK

(2)单站优化图示分析

①RSRP 图示分析如图 7.6 所示。

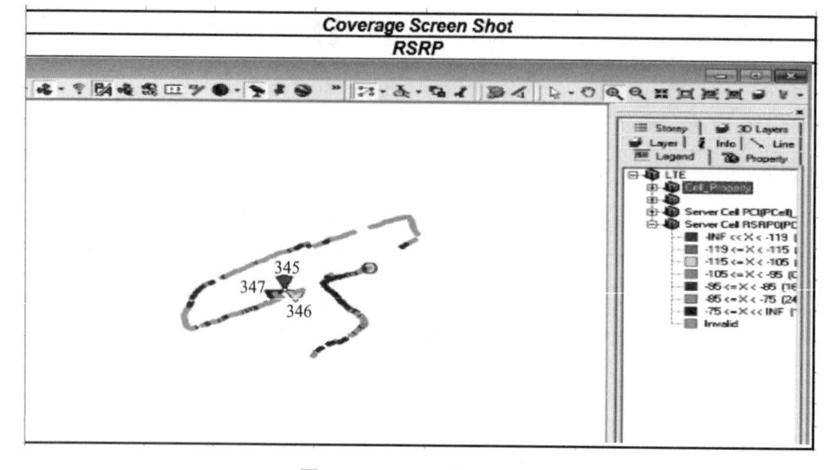

图 7.6 RSRP 图示分析

②SINR 图示分析如图 7.7 所示。

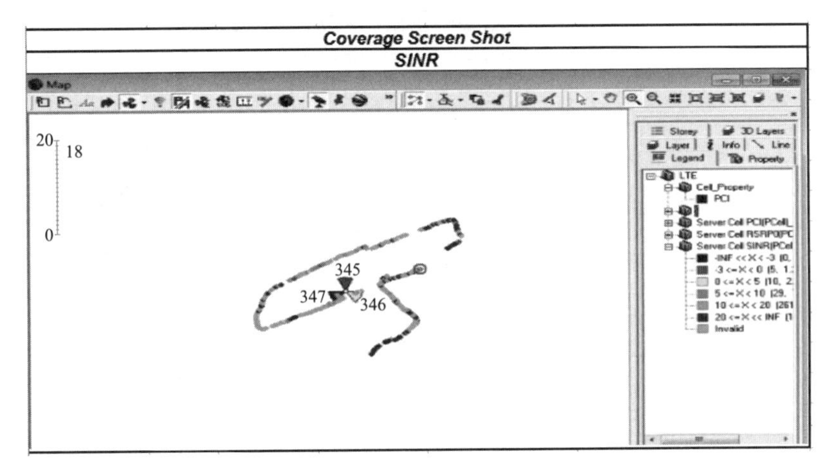

图 7.7　SINR 图示分析

③下载图示分析如图 7.8 所示。

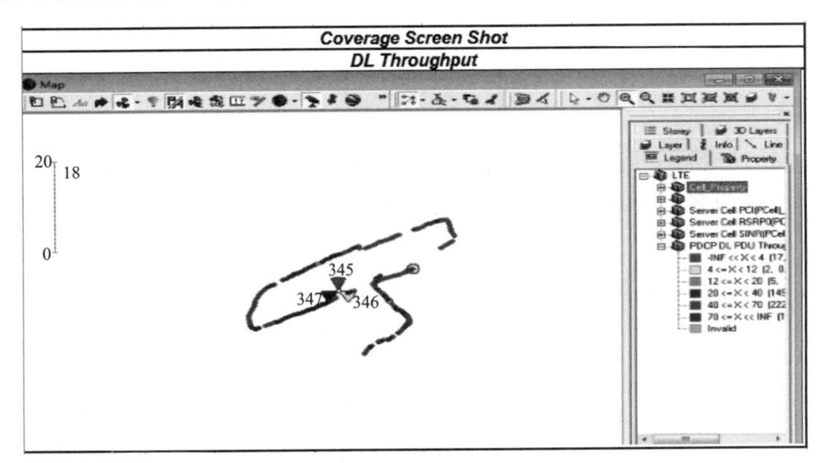

图 7.8　下载图示分析

④上传图示分析如图 7.9 所示。

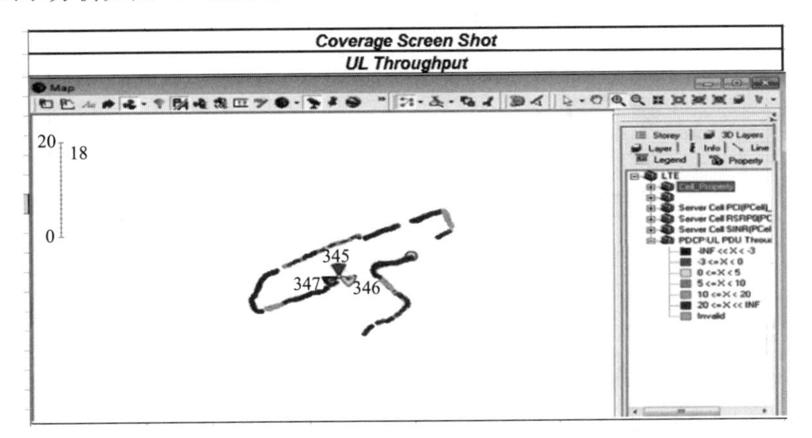

图 7.9　上传图示分析

⑤ 切换图示分析如图 7.10 所示。

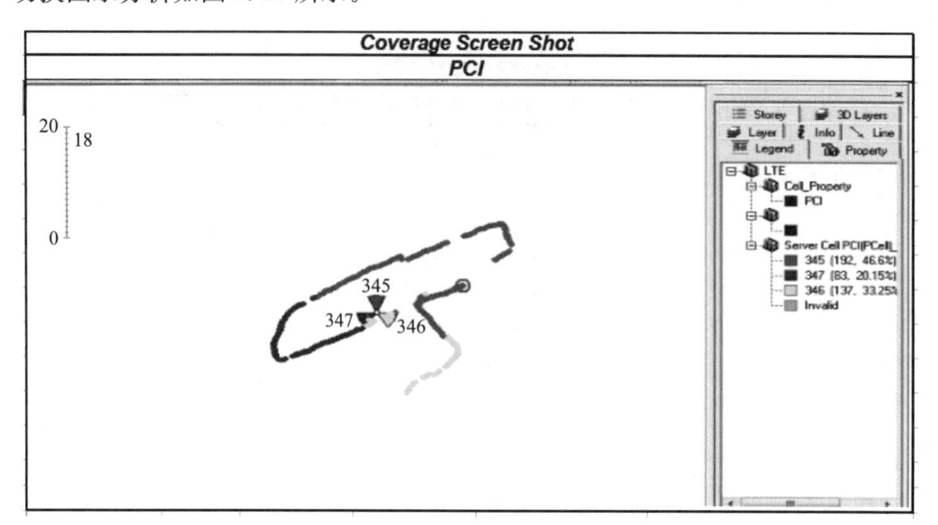

图 7.10 切换图示分析

(3)单站优化问题分析

案例 1:馈线接反。

【问题描述】

在对 L9003U 站进行单站优化 DT 测试过程时发现 3 个小区信号与规划不一致,天线顺时针接反(1 小区方向收到 3 小区信号、2 小区方向收到 1 小区信号、3 小区方向收到 2 小区信号),如图 7.11 所示。

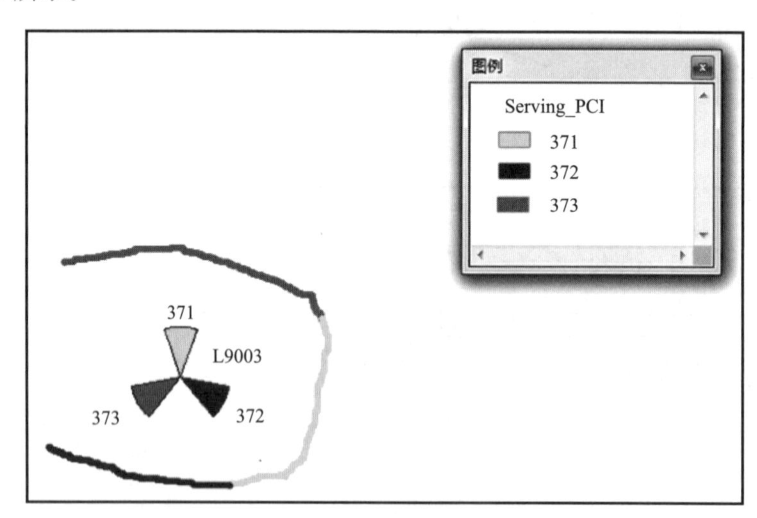

图 7.11 馈线接反

【问题分析】

根据测试数据所反映的现象,此站属于明显的天线交替接反,一般产生此问题的原因为基站安装时天馈线接错或者 BBU 至 RRU 的光纤接错。针对上述现象,进行如下步骤排查:

①在 BBU 上曲拔掉第三根光纤(对应的是天线上面第 3 小区,即 240°方向),然后与施工队

一起去楼顶天面查看 RRU 状态不正常的是哪个小区。结果证明,天面上确实为第 3 小区(240°方位下)RRU 出现故障,说明施工队光纤没有接错。随后 1、2 小区做同样操作,也均为正常。由此可以认定,光纤接错的可能性已经排除。

②由于 RRU 至天线端口仍有馈线相连接,对此让天线工上塔对 RRU 至天线的馈线接法进行确认,发现 RRU 与天线之间的馈线未作明显标记,馈线布线杂乱,对馈线进行摸排检查后发现,A 小区 RRU 下的馈线接到 120°天线,B 小区 RRU 下的馈线接到了 240°天线,C 小区 RRU 下的馈线接到了 0°天线,至此天线接反的原因确定为馈线接错。

【解决方案】

重新对 RRU 至天线的馈线进行连接。

【复测结果】

调整完成后,天线接反现象消失,结果如图 7.12 所示。

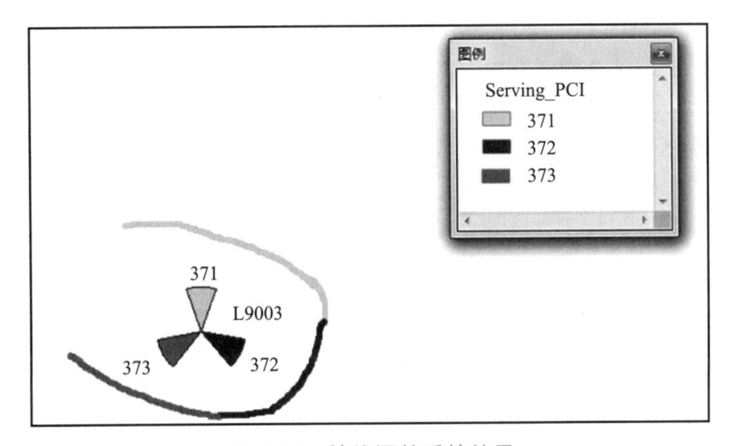

图 7.12 馈线调整后的结果

案例 2:PCI 与规划不一致。

【问题描述】

在对 L1332 单站优化测试时,发现 A 小区 PCI 为 72,与规划数据 69 不符,如图 7.13 所示。

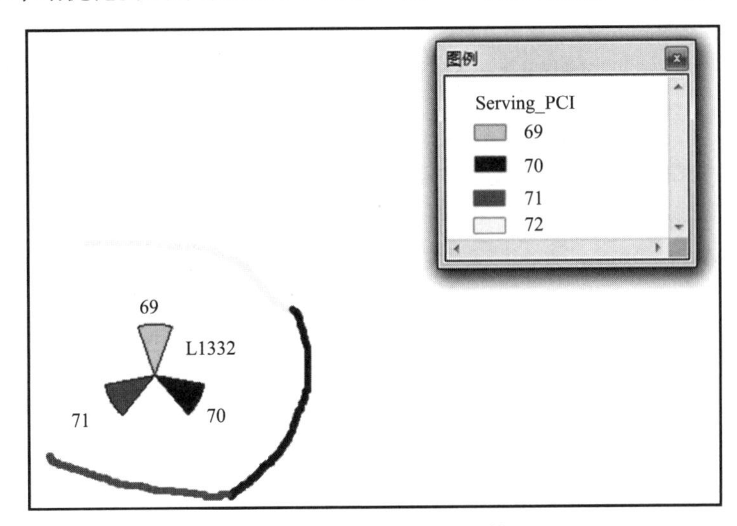

图 7.13 与规划数据不符

【问题分析】

在对 L1332 站点测试时，一直未收到 PCI 为 69 的信号，但收到一个 PCI 为 72 的信号，然后按以下步骤进行排查：

①因为收到 A 小区对应的 PCI 信号，初步怀疑 A 小区 RRU 故障。但在进一步观察并对基站状态检查时发现基站无任何问题，排除硬件问题。

② 进一步从测试软件查看小区 CID（可通过系统消息查看），发现 PCI 为 72 的信息解出小区 CID 为 13321，正是 L1332 的 A 小区，由此证实 L1332A 小区是有信号的，只是与规划不一致。

后台查询 PCI 配置，A 小区 PC1 配置的 physical Layer Cellid Group 为 24，而其他两个小区均为 23，不一致，结果如图 7.14 所示。

MO	Attribute	Value
EUtraCellFDD=L133211A	PhysicalLayerCellIdGroup	24
EUtraCellFDD=L133211A	PhysicalLayerSubCellId	0
EUtraCellFDD=L133211B	PhysicalLayerCellIdGroup	23
EUtraCellFDD=L133211B	PhysicalLayerSubCellId	1
EUtraCellFDD=L133211C	PhysicalLayerCellIdGroup	23
EUtraCellFDD=L133211C	PhysicalLayerSubCellId	2

图 7.14　PCI 配置查询结果

【解决方案】

将 A 小区的 PhysicalLayerCellIdGroup 改为 23。

任务小结

本任务全面介绍 LTE 中单站优化的目的和流程，以实际工程案例的方式介绍单站优化的工具、方法、报告和注意事项。通过本任务的学习，应具备完成单站优化的测试数据采集与分析，输出网络性能指标 KPI，并能完成路测参数轨迹图和输出报告的能力。

项目八 LTE网络簇优化和全网优化

任务 实施 LTE 网络簇优化和全网优化

任务描述

本任务以一个实际工程簇优化案例,全面介绍了簇优化的流程和工作内容。

任务目标

- 熟悉 LTE 簇优化和全网优化的概念,掌握 LTE 簇优化和全网优化的流程与方法。
- 掌握簇的划分原则与方法、测试路线规划、簇和全网测试数据采集的原则与方法。

任务实施

一、认识 LTE 簇优化和全网优化

1)LTE 簇优化和全网优化概况

簇优化是通过连片的区域性测试,验证和优化此区域的覆盖、切换、接入、移动性能水平。簇的大小一般是 15~30 个站点。根据基站开通情况,对于密集城区和一般城区,选择开通基站数值大于 90%的簇进行优化,对于郊区和农村,只要开通的站点连线,即可开始簇优化。簇优化往往是一个反复的、持续时间较长的优化过程。

全网优化是网络商用前的全面优化,它把所有的簇结合起来,通过不断的 DT 和 CQT 测试,结合后台统计,发现和解决簇优化过程中未发现的问题,使性能达到商用的标准,并交付运营商进行商用和日常优化。全网优化流程与簇优化流程类似,也可以把全网优化看作一个超大的簇优化。

2)LTE 簇优化和全网优化的流程

簇优化与全网优化就是通过不断的 DT 测试,发现并处理问题的过程,簇优化与全网优化

流程相似。相比于全网优化，簇优化多了簇的划分、文档收集过程；全网优化是在簇优化的基础上进行的，将簇优化中采集的数据进行整理、合并和对现网数据进行重新收集，形成完备的全网优化数据库，如图 8.1 所示。

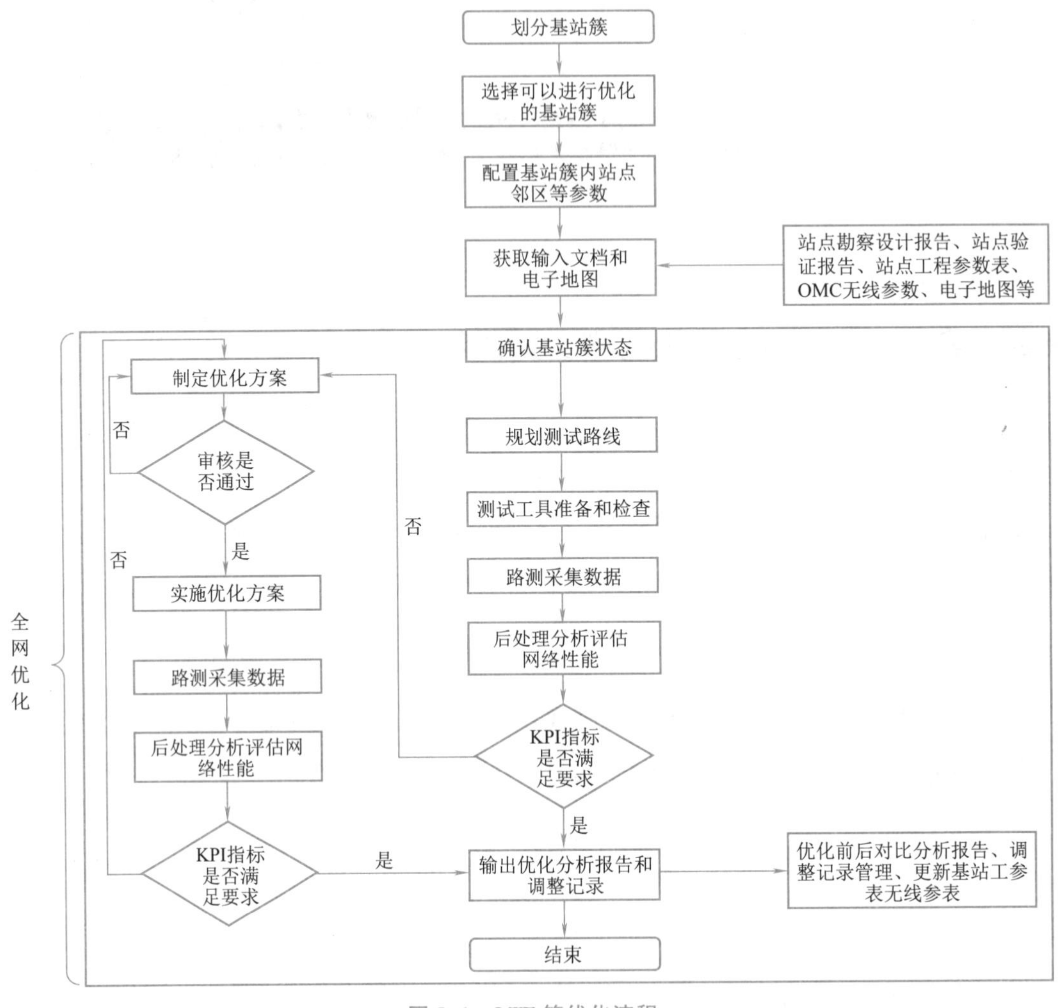

图 8.1 LTE 簇优化流程

3)LTE 路测优化分析方法

(1)无覆盖和弱覆盖优化

无覆盖即那些 LTE 终端因信号强度不足无法与 eNodeB 建立连接的区域；弱覆盖指虽然 UE 可以与网络建立连接，但不能保障正常业务实施的区域。通常将 RSRP 低于最低接入电平(－125 dBm以下)的区域称为无覆盖区域，RSRP 低于－110 dBm 的区域称为弱覆盖区域。此标准并非绝对，如果信号稳定且无干扰时，依旧可能提供数兆的业务速率，所以对 LTE 来说，把排除干扰因素后依旧不能稳定提供 512 Kbit/s 业务速率的区域定为弱覆盖区域。

在保证所有基站工作正常的情况下，可以采用较多的手段进行无覆盖和弱覆盖优化，根据优化实施的难易程度，列出表 8.1 所示的优化方法。

表 8.1　无覆盖和弱覆盖优化

优化技术	描　述
天线下倾角调整	下倾角用于控制小区覆盖并防止干扰和过覆盖。天线下倾角根据垂直波瓣宽度、天线高度和站间距来设定
	作为一个经验法则，覆盖受限的情况下，建议天线倾角对准小区边缘，而在干扰受限的情况下，倾斜对准小区边缘再加上半功率波束宽度除以 2(小区边界×HPBW/2)是合适的
	机械和电气的倾角对天线模式有不同的影响。RET 是一个快速和有效成本低的调整天线倾角方式
天线方位角调整	为了更好地对准业务，闭合覆盖间隙或最小化干扰，可以改变天线方位角。基站上扇区间维持适当的分离以避免过度的重叠和明显的空洞
增大 RBS 功率	增大功率后通过功率因子的增加促进了覆盖范围，这在农村地区是有用的
改变馈线或用 RRU 替换	改用损耗更低的天线或用 RRU 替换馈线可增加天线参考点的输出功率
	远端无线单元(RRU)也被用于天线安装在远离 RBS 的情形下
改变天线类型	更换具有不同的波束宽度，模式或增益因子的天线类型可以在某些具体场景下提供改善。例如，使用高增益、波束宽度较窄的天线覆盖高速公路
配置额外的天线	配置额外的天线，使更先进的接收分集特性和高阶 MIMO 成为可能
改变天线高度	在允许的情况下，增加屋顶之上的天线高度用以提高覆盖，在无法控制下倾角时必须注意不要造成太大的干扰
	降低安装很高天线的高度，在许多情况下用以减少干扰，这可能会增加吞吐量和覆盖范围
	天线的位置，特别是在屋顶的基站，会影响其性能。例如，一个壁挂天线与屋顶上方的天线相比，降低了后瓣干扰
添加新的基站	对较大面积弱覆盖或者无法通过其他手段解决弱覆盖问题，可以通过增加新的基站解决弱覆盖问题

(2)越区覆盖优化

由于基站天线挂高过高或俯仰角过小引起的该小区覆盖距离过远，从而覆盖到其他站点覆盖区域的现象称为越区覆盖，如图 8.2 所示。越区覆盖处手机接收到的信号电平较好。通常会因基站建设的高低不一、天线下倾角设置不合理、沿江河湖或者沿道路面覆盖和直放站的引入等产生基站越区覆盖现象。

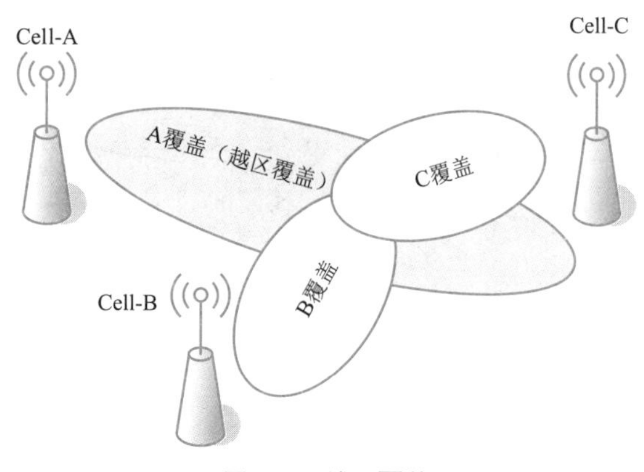

图 8.2　越区覆盖

越区覆盖对无线业务质量及无线网会造成很大的负面影响，主要有以下几点：

①越区覆盖容易产生孤岛效应,甚至是 PCI 混淆。引起错误的切换,产生大量的切换失败,或者无切换关系导致掉线。

②计费错误。现在运营商向市场推出的多种套餐在计费系统中都是以小区 ID 来计算费用的。越区覆盖会造成某一区域的业务被计入另一区域,由于错误的计费造成用户投诉。

③由于越区覆盖吸收额外的话务,会造成小区信道的拥塞,影响用户的使用,而且出现由于拥塞造成比较多的高掉话、低切换成功率等情况。

④越区覆盖还会造成相当程度的上下行不平衡,结果导致显示接收信号较强(与 minRxLev 设置有关),但无法做业务,主叫拨号后无反应,被叫可以振铃但无法通话。

越区覆盖优化措施内容如下:

①对于高站的情况,降低天线高度或者增大天线下倾角解决过覆盖问题。

②避免扇区天线的主瓣方向正对道路传播。对于此种情况应适当调整扇区天线的方位角,使天线主瓣方向与街道方向稍微形成斜交,利用周边建筑物的遮挡效应减少电波因街道两边的建筑反射而覆盖过远的情况发生。

③在天线方位角基本合理的情况下,调整扇区天线下倾角,或更换电子下倾角更大的天线。调整下倾角是最为有效的控制覆盖区域的手段。下倾角的调整包括电子下倾角和机械下倾角两种,如果条件允许优先考虑调整电子下倾角,其次调整机械下倾角。

④在不影响小区业务性能的前提下,降低载频发射功率。

(3)无主导小区优化

在某些区域,受无线环境影响会出现多个信号共同覆盖,它们的 RSRP 强度相当,这样就形成了多个小区信号交叠,形成无主服务小区。复合后的信号 RSSI 很高,众多小区信号的 RSRQ 和 SINR 值都非常低。无主导小区会导致 UE 在多个小区之间频繁重选和切换,容易产生掉线或者使业务质量降低。

在 DT 测试中,无主导小区可以检测到多个同频信号且信号强度(RSRP)相当,同时会观察到 SINR 值较低,UE 易出现频繁重选和切换,如图 8.3 所示。

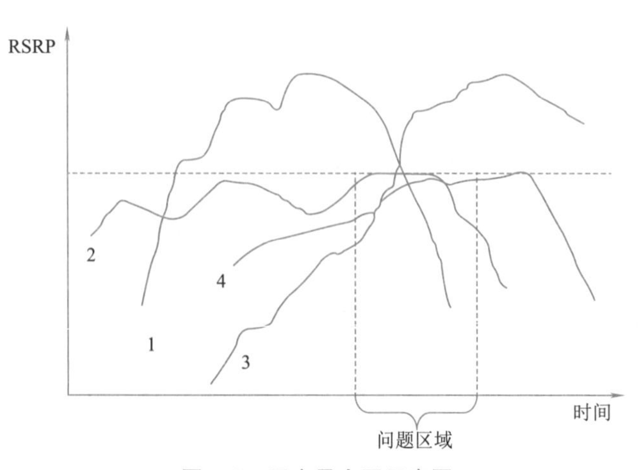

图 8.3　无主导小区示意图

对于无主导小区覆盖的区域,首先确定周边小区工作状态,排除因故障导致的主导缺失。

其次确定此区域规划的主服务小区，观察周边无线环境，确定主服务小区是否受楼宇阻挡等；若主服务小区无阻挡，通过调整天线下倾角、方位角、功率等增加覆盖；若主服务小区受到阻挡，则需要选择一个新的无阻挡的小区做主服务，通过优化调整解决此处无主导问题。再次是在通过天线调整、参数调整无法解决相关问题的前提下，可以通过天线升高、位置改变等整改措施解决。最后是通过 RRU 拉远或者新建基站解决无主导小区问题。

(4)干扰优化

LTE 的全网同频组网及硬切换特性决定了其对信号重叠覆盖的高度敏感性，LTE 中所有的重叠覆盖都是对服务小区的干扰。所以 LTE 系统的干扰控制(覆盖控制)就显得尤为重要。LTE 系统中会遇到系统内干扰、系统间干扰和系统外干扰 3 种情况。

① 系统内干扰。系统内干扰的产生主要由重叠覆盖和模 3 干扰引起。

重叠覆盖是指与服务小区的 RSRP 相差小于 6 dB 的小区数(含服务小区)大于 3 时所影响的区域。由于 LTE 采用同频组网，无法利用频率规划的方法来降低小区间同频干扰，所以 LTE 网络对于干扰更敏感，除了干扰规避/协调算法外，更依赖于合理的网络结构。可以通过对网络结构中重叠覆盖问题的分析来评估、定位和解决网络问题，提升网络质量。重叠覆盖的评估可以使用重叠覆盖率来计算，计算办法如下。

重叠覆盖率＝与服务小区 RSRP 相差在 6 dB 的小区个数大于等于 3 时采样点/总的采样点。

重叠覆盖严重影响业务性能，SINR 值和小区下载速率随重叠小区个数的增大而下降。因此，在网络建设时就需要尽量避免出现超高基站(站高大于 50 m)、超近基站(站距小于 100 m)、天线夹角超小(天线夹角小于 90°)和天线下倾角超小(下倾角小于 3°)。针对重叠覆盖常用的优化手段有以下几方面：

a. 天线调整。通过对天线下倾角和天线方位角的调整，降低某一个或几个信号电平，从而消除重叠覆盖。注意在进行天线调整时，不要产生此处重叠覆盖消除而在另一处引发重叠覆盖的现象。

b. 功率调整。优化过程中会遇到天线无法调整或者与其他系统共天线的情况，此时采用调整发射功率来改变信号的强弱，消除重叠覆盖问题。

c. 天线系统整改。对于天线安装位置不合理产生的问题，可以对天线进行整改，使天线安装位置偏移、天线升高或者降低的方法来消除重叠覆盖。

d. 基站搬迁。对于基站位置不合理且通过天线整改无法解决问题的可以对基站进行搬迁。此方法在站距过近的情况下适用。

e. 加装衰减器。对其中一两个信号加装衰减器减小信号电平，实际优化中很少使用。

模 3 干扰是指服务小区与邻区使用相同的主序列(模 3 余数相同)，来自邻区的参考信号(如果时间对齐)会相互干扰。在 LTE 的重叠覆盖区域中，如果重叠覆盖信号来自两个或多个 PCI 模 3 相同的小区，且它们帧同步，则参考信号会在时/频域上完全重叠，即使业务信道空载的情况下，也会造成参考信号间的严重干扰，从而使 SINR 值大幅下降，系统错判服务小区业务信道质量，导致下行吞吐率的下降。

对于模 3 干扰的优化手段非常单一，即更换小区的 PCI。对于小区更换 PCI 的工作往往需要 LTE 规划人员进行处理，避免改动一个小区 PCI 引起更多的 PCI 混淆和 PCI 冲突。

② 系统间干扰。系统间干扰指的是 LTE 系统与其他系统（如 DSC1800）之间产生的干扰。

当前 FDD-LTE 使用的是 1.8 GHz 频段，TDD-LTE 使用 1.8 GHz、2.3 GHz、2.6 GHz 频段。与 GSM900、DCS1800、WCDMA2100、CDMA800、TD SCDMA（A 频段、E 频段）共存时，这些系统和 LTE 之间都可能产生系统间干扰，包括以下几个方面：

a. 邻频干扰。如果不同的系统工作在相邻的频段，由于发射机的邻道泄漏和接收机邻道选择性能的限制，就会发生邻道干扰。

b. 杂散干扰。由于干扰源在被干扰接收机工作频段产生的噪声，使被干扰接收机的信噪比恶化。主要由于发射机中的功放、混频器和滤波器等器件的非线性，会在工作频带以外很宽的范围内产生辐射信号分量，包括热噪声、谐波、寄生辐射、频率转换产物和互调产物等。当这些发射机产生的干扰信号落在被干扰系统接收机的工作频带内时，抬高了接收机的底噪，从而降低了接收灵敏度。

c. 互调干扰。当两个或多个不同频率的发射信号通过非线性电路时，将在多个频率的线性组合频率上形成互调产物。当这些互调产物与受干扰接收机的有用信号频率相同或相近时，将导致受干扰接收机灵敏度损失，称为互调干扰。种类包括多干扰源形成的互调、发射分量与干扰源形成的互调和交调干扰。

d. 阻塞干扰。阻塞干扰并不是落在被干扰系统接收带内的，但由于干扰信号过强，超出了接收机的线性范围，导致接收机饱和而无法工作，为防止接收机过载，接收信号的功率一定要低于接收机的1 dB压缩点（增益下降到比线性增益低 1 dB 时的输出功率值定义为输出功率的 1 dB压缩点，用 P1 dB 表示）。

为避免系统间的干扰，天线在安装时，需要满足一定的隔离度要求，即天线安装的水平和垂直距离要符合一定的要求。由于频段不同、天线特性不一、安装方式有别，对隔离度的要求也不尽相同，一般运营商会根据自身网络的特点针对性地提出天线安装的规范。

③ 系统外干扰。系统外干扰指的是系统外其他有源器件产生的干扰。

外干扰通常是广谱干扰，一般各频段系统都会受到同样的干扰，如监狱、部队或开始期间的学校考场，呈区域地理化分布，通过 RSSI 抬升的时域及空间特征来辅助判断。对于如学校考试这类临时性的干扰，无需进行专项处理，而对于监狱和部队的干扰，需要与相应的管理部门协商处理；另外还有一些如银行监控损坏、直放站损坏等产生的干扰需要进行扫频找到干扰源，并联系所属单位处理。

（5）切换优化

LTE 系统内的切换分为 eNodeB 内切换、X2 切换和 S1 切换 3 种类型，在空口上仅以测量报告、RRC 重配和 RRC 重配完成三条信令标志一次切换。对于切换优化分析从以下几个方面进行：

① 信道质量问题。信道质量分为上行和下行信道质量，上行信道质量差，会导致目标小区未收到终端上报的测量报告或者重配置完成消息，使切换失败；下行信道质量差收不到 eNodeB 的消息使终端超时导致切换失败。信道质量差主要由干扰、覆盖导致，必须检查步骤为检查

PCI 冲突、弱覆盖、无主导小区和重叠覆盖情况。

②基站故障问题。基站故障使目标小区无法接入导致切换失败或者源小区不释放导致切换失败。通过统计或者测试某小区不能切换(或者某对小区不能切换),确认故障小区或者基站,检查基站告警情况,检查 GSP 状态,对发现的问题进行处理后验证。

③参数配置问题。参数问题会导致上报目标小区错误、不上报目标小区信息,或者上报了正常的目标小区后切换不响应。必须检查邻区是否漏配、切换参数是否合理、外部定义是否错误、X2 接口配置是否正常、安全加密算法是否一致等。对发现的问题进行针对性处理。

④拥塞问题。目标小区拥塞导致目标小区无法接入从而造成切换失败。处理小区拥塞问题即可。

⑤传输问题。传输问题会造成信令时延大或者信令丢失导致切换失败。对传输质量进行检查,处理传输问题。

4)LTE 簇优化分区原则

在簇优化开始之前需要对全网基站进行分区,如果运营商的其他网络有成熟的分区,可以参考相应的分区边界。

LTE 簇在划分时,对基站数量有一定的要求,一般 15～30 个基站为一簇,不宜过多或过少。

在划分簇时要遵循片区之间的相关性越小越好,以减少区间的优化工作量。

地形因素影响:不同的地形地势对信号的传播会造成影响。山脉会阻碍信号传播,是簇划分时的天然边界。河流会导致无线信号传播得更远,对簇划分的影响是多方面的。如果河流较窄,需要考虑河流两岸信号的相互影响,如果交通条件许可,应当将河流两岸的站点划在同一簇中;如果河流较宽,更关注河流上下游间的相互影响,并且这种情况下通常两岸交通不便,需要根据实际情况以河道为界划分簇。

边界区域在划分时要遵循无线环境尽量简单的原则:比如,对于有成片高楼阻挡的地方,信号的覆盖区域区分清晰,可以作为自然的簇边界。

簇的划分可以参考不同的无线环境类型进行:比如沿高速公路(铁路)周边的站点可以划分在同一簇中。

簇的划分要考虑到话务的分布状况,对于话务密集的居民区、商业区、重点覆盖区域应当划分在同一簇中,避免将重要区域和话务密集区划分在不同的簇中。

路测工作量因素影响:在划分簇时,需要考虑每一簇中的路测可以在一天内完成,通常以一次路测大约 3 h 为宜。

每个基站的簇归属划分完成后告知网络部署(NRO)的相关负责人员和客户,开站时尽量按簇成片进行、有利于簇优化的开展,从而节约工期。如遇传输、天面、机房等问题应进行适当的调整。

5)LTE 簇优化和全网优化试测方法

路测之前,首先应该和客户确认路测验收路线,如果客户已经有预定的路测验收路线,在路测验收路线确定时应该包含客户预定的测试验收路线。路测验收路线是 RF 优化测试路线中的核心路线,它是 RF 优化工作的核心任务,后续的优化工作,都将围绕它开展。

优化测试路线应该包括主要街道、重要地点和 VIP 地点。为了保证基本的优化效果，测试路线应该遍历簇内所有小区，可参考运营商现有网格测试路线。测试路线尽量考虑当地行车的实际情况，减少过红绿灯时的等待时间。

为了准确地比较性能变化，每次路测时最好采用相同的路测线路。在线路上需要进行往返双向测试。选择测试路线，车速为 30 km/h 左右，最大不超过 80 km/h；打开路测软件，开始日志文件记录；启动各项测试功能。对于长呼业务，持续业务保持至完成对整条路线的测试，当发生掉话时，应重新建立业务，直至完成对整条路线的测试；对于短呼业务，应在测试软件内设定自动循环，并设定两次业务发起间的等待时长，直至完成整条路线的测试。在测试过程中应确保测试软件与各设备的稳定连接，各测试设备工作正常，各类信息收集正常。

覆盖类的测量：使用扫频设备/测试终端对 RSRP 和 SINR 进行测量，在测试过程中扫频设备/测试终端均处于工作状态。

接入类的测量：接入类，采用短呼叫的形式，在接入后保持 60 s，之后主动 RRC Release，等待 20 s 后再次建立业务。测试软件自动控制测试设备进行 Attach Request，在成功接入后，进行文件上传或下载，在传送时间到达后主动 RRC Release，等待一定时间后重复进行激活。按照以上步骤进行不少于 100 次的测试，在测试结束后统计接入成功率与掉话率。

保持类的测量：保持类的测量与接入类的测试结合在一起，在测试结束后统计掉话次数。

移动性的测量：移动性的测量既可以与接入和保持类的测量结合进行，测试之后计算切换成功率，也可使用长呼的形式进行测量，测试之后计算切换成功率和小区更新成功率，保证切换次数不少于 100 次。

根据测试的簇、测试时间、测试轮次、测试人这些信息命名测试 LOG 日志文件，并和记录的测试情况一并归档，以便分析。

二、进行 LTE 簇优化和全网优化

1. LTE 簇优化和全网优化网络考核

1）基站状态检查

确认基站簇状态的目的是为了保证单站优化工程师对基站簇内的每一个站点的状态都非常了解，如站点的地理位置、站点是否开通、站点是否正常运行（没有告警）、站点的工程参数配置、站点的目标覆盖区域等。这些信息一般都是以表格形式给出。

①基站基础信息表如表 8.2 所示。

表 8.2　基站基础信息表

小区号	基站号	经度	纬度	方位角	站号	机械下倾角	电子下倾角	站型	波瓣宽度	站名	PCI	eNodeBID	TAC
LW00221A	LW0022	114.2735	30.56721	60	32	4	5	MICRO	45	L59 中	184	98307	28954

续表

小区号	基站号	经度	纬度	方位角	站号	机械下倾角	电子下倾角	站型	波瓣宽度	站名	PCI	eNodeBID	TAC
LW00221B	LW0022	114.2735	30.56721	190	32	4	5	MICRO	45	L59 中	185	98307	28954
LW00221C	LW0022	114.2735	30.56721	210	32	4	5	MICRO	45	L59 中	183	98307	28954
LW00231A	LW0023	114.2921	30.62801	10	22	3	4	MICRO	45	L95220	30	99117	28955
LW00231B	LW0023	114.2921	30.62801	120	22	3	4	MICRO	45	L95220	31	99117	28955
LW00231C	LW0023	114.2921	30.62801	230	22	3	4	MICRO	45	L95220	32	99117	28955
LW00241A	LW0024	114.3331	30.64302	30	18	3	2	MICRO	45	L62157 监控杆	377	99798	28955
LW00241B	LW0024	114.3331	30.64302	220	18	3	2	MICRO	45	L62157 监控杆	376	99798	28955
LW00241C	LW0024	114.3331	30.64302	300	18	3	2	MICRO	45	L62157 监控杆	375	99798	28955
LW00251A	LW0025	114.4503	30.58128	60	23	3	4	MICRO	45	L471 厂	127	103575	28930
LW00251B	LW0025	114.4503	30.58128	180	23	3	4	MICRO	45	L471 厂	126	103575	28930
LW00251C	LW0025	114.4503	30.58128	300	23	3	4	MICRO	45	L471 厂	128	103575	28930

②基站状态检查表如表 8.3 所示。

表 8.3　基站状态检查表

小区号	基站号	小区可用率	告警内容	告警日期	是否影响业务
LW00221A	LW0022	100%	天馈告警	2015/5/20	是
LW00221B	LW0022	100%	无		
LW00221C	LW0022	100%	无		
LW00231A	LW0023	0%	传输告警	2015/5/20	是
LW0023IB	LW0023	0%	传输告警	2015/5/20	是
LW00231C	LW0023	0%	传输告警	2015/5/20	是

续表

小区号	基站号	小区可用率	告警内容	告警日期	是否影响业务
LW00241A	LW0024	100%	无		
LW00241B	LW0024	100%	无		
LW00241C	LW0024	100%	无		
LW00251A	LW0025	100%	无		
LW00251B	LW0025	100%	无		
LW00251C	LW0025	100%	无		

2)基本参数检查

由于 LTE 中参数较多,同时现在的设备厂家为了限定一些功能给出了各种各样的feature,参数检查需要检查必需的 feature 状态和重点参数设置情况。以下列举了部分参数,如表 8.4 所示。

表 8.4　检查所需参数

中文名	参数名	推荐值
下行带宽	dlChannelBandwidth	20 000 MHz
上行带宽	ulChannelBandwidth	20 000 MHz
下行频点	earfcndl	1 650
物理小区 ID	physicalLayerSubCellld	1
物理小区组	physicalLaycrCellldGroup	122
位置区识别码	tac	28 945
时间偏移量	timeOffsct	0 s
GPS 同步相关参数	limeOtTset	0 s
最低接收电平	qRxLevMin	−126 dBm
最低接收电平偏移	qRxLevMinOfTset	2 dB
服务载频低门限	threshServingLow	10 dB
同频切换 A3 事件偏移	a3offset	2 dB
同频切换 A3 事件迟滞	hysteresisA3	2 dB
同频切换 A3 事件延迟触发时间	timeToTriggerA3	320 ms
异频切换 A3 事件门限	a3offset	2 dB
异频切换 A3 事件迟滞	hysteresisA3	2 dB
异频切换 A3 事件延迟触发时间	timeToTriggerA3	320 ms
天线通道数	noOfKx Antennas	2 通道
使用的接收天线数	noOfUsedRx Antennas	2 个

2. LTE 簇优化测试数据采集

(1)测试工具

测试手机、笔记本电脑、电子地图、测试软件(前台、后台、加密狗)、GPS(测试软件配套)、车载电源(逆变器)、LTE 数据卡、测试车辆。

(2)线路规划

测试路线应该经过基站簇内所有开通的站点。如果测试区域内存在主干道或高速公路,这些路线也需要被选择作为测试路线。如果基站簇边界的站点属于孤岛站点,也就是说相邻基站簇没有站点能够提供连续覆盖,那么在这些站点附近的测试路线应该选择导频功率大于－100 dBm的路线。测试路线应该经过与相邻基站簇重叠区域,以便测试基站簇交叠区域的网络性能,包括邻区关系的正确性。测试路线应该标明车辆行驶的方向,尽量考虑当地的行车习惯。测试路线需要用 MapInfo 的 TAB 格式文件保存,以便后续进行优化验证测试时能保持同样的测试路线,如图 8.4 所示。

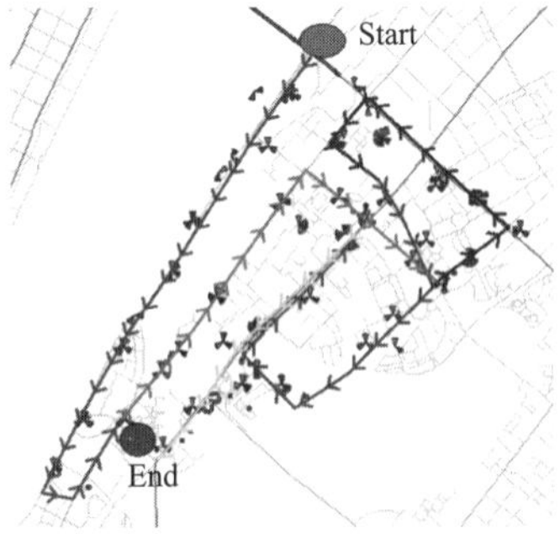

图 8.4　簇优化测试线路规划图

影响测试路线设计的一个重要因素是基站簇内站点的开通比例。对于基站簇内站点开通比例小于 80%的条件下进行基站簇优化的情况,测试路线在设计时需要尽量避免经过那些没有开通站点的目标覆盖区域,尽量保证测试路线有连续覆盖。实际情况下,路测数据会包含一些覆盖空洞区域的异常数据,直接影响覆盖和业务性能的测试结果。对于这些异常数据,在对路测数据进行处理分析时需要滤除。

3)路测数据采集

准确的数据采集是优化工作的前提,没有准确的测试数据后续优化工作将无法持续:采集的数据不准确会给优化带来更多的困难,增加分析难度,甚至得到错误的优化方案使网络性能恶化。

①终端、业务服务器检查,确保终端和服务器正常工作。

②USIM 权限检查,确保 USIM 卡支持的速率、THP、ARP 正常。

③GPS 连接并开通,GPS 打点准确。

④连接终端,并观察终端采集的 RSRP、SINR、Txpower 等指标正常,未出现偏高、偏低、波动现象。

⑤确定测试的业务类型,如数据业务上传、数据业务下载、CSFB 测试,根据要求配置每部终端的运行脚本。

⑥进行预测试,确定各类指标、每部终端、GPS 正常。

⑦关闭预测试,按约定的文件名记录文件,开始测试。

⑧根据要求更换记录文件(某些测试软件会根据文件大小自动更换测试文件)。

⑨测试完成,整理相应的测试文件,归档。

3. LTE 簇优化和全网优化数据分析与报告

1)路测 KPI 分析

测试采集完成的数据,导入到后台分析软件,完成 KPI 分析,如表 8.5 所示。

表 8.5 路测 KPI 分析

指标项	FDD/TDD 推荐值	测试指标
平均 RSRP	≥−85 dBm	−85.88 dBm
RSRP(>−100 dBm 比例)	>90%	82.80%
平均 SINR	≥15	14.21
SINR(>0 dB 比例)	>90%	92.25%
下载速率	≥30 Mbit/s	45.43 Mbit/s
上传速率	≥15 Mbit/s	29.97 Mbit/s
连接建立成功率	≥98%	100%
掉线率	≤0.5%	0.60%
LTE 同频切换成功书	≥99%	99.99%
切换时延(控制面时延)	≤50 ms	0.016 2
重叠覆盖率	≤20%	25%

2)重要指标图示分析

四项重要指标分析如图 8.5 所示。

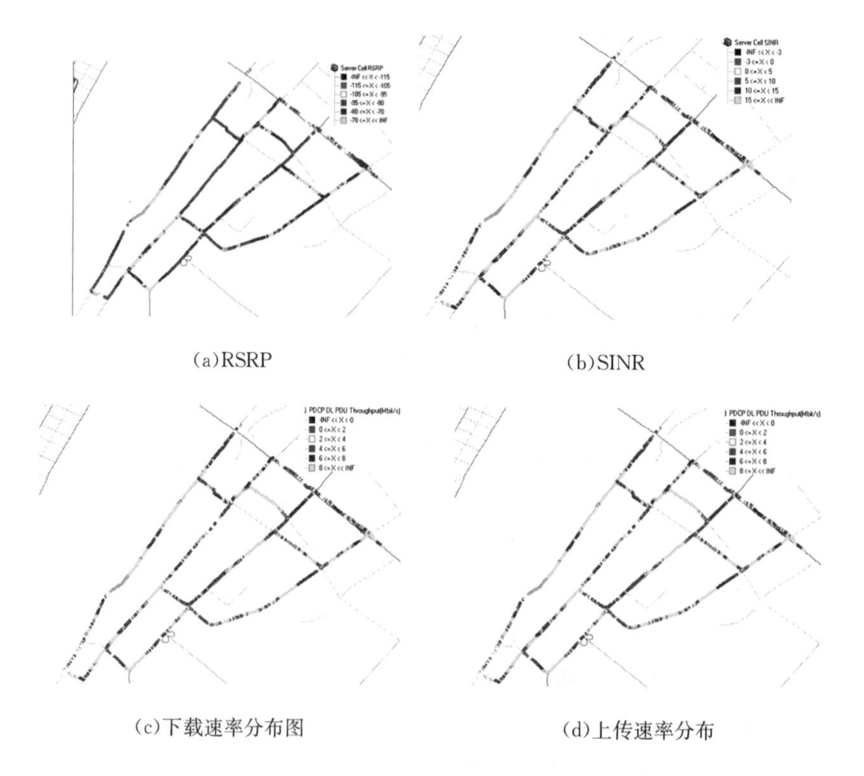

(a)RSRP　(b)SINR

(c)下载速率分布图　(d)上传速率分布

图 8.5 重要指标图示

3)问题分析

(1)和平大道和平集团前邻区漏配

问题描述:UE 行驶至和平大道和平集团前时由于邻区漏配导致 SINR 变差,如图 8.6 所示。

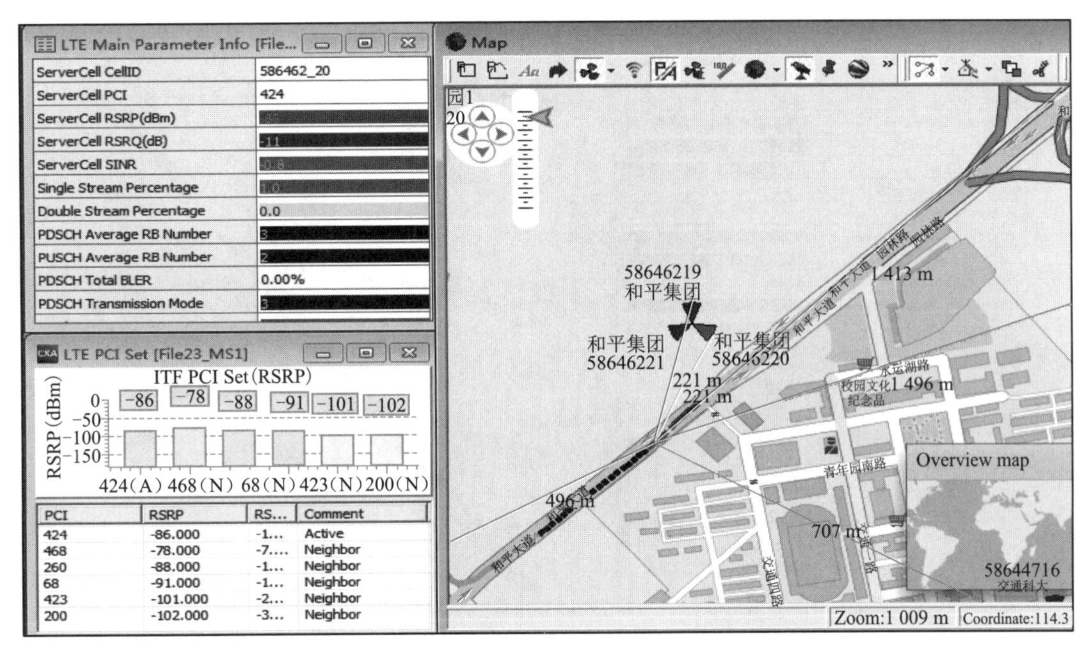

图 8.6　调整前的 SINR 状态

调整方案：58 646 220 和 58 493 819 添加双向邻区。

复测结果：经以上调整，对原路段进行复测，问题路段优化效果明显，如图 8.7 所示。

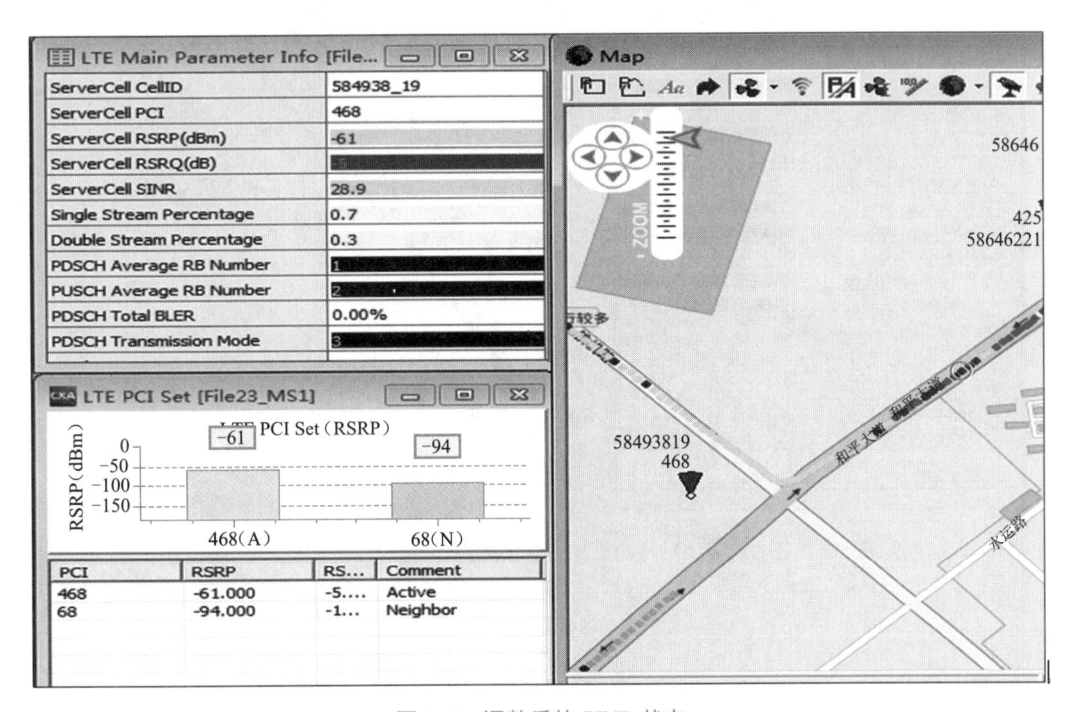

图 8.7　调整后的 SINR 状态

（2）和平大道三飞汽检附近重叠覆盖

问题描述：UE 行驶至和平大道三飞汽检附近由于重叠覆盖导致 SINR 变差，如图 8.8 所示。

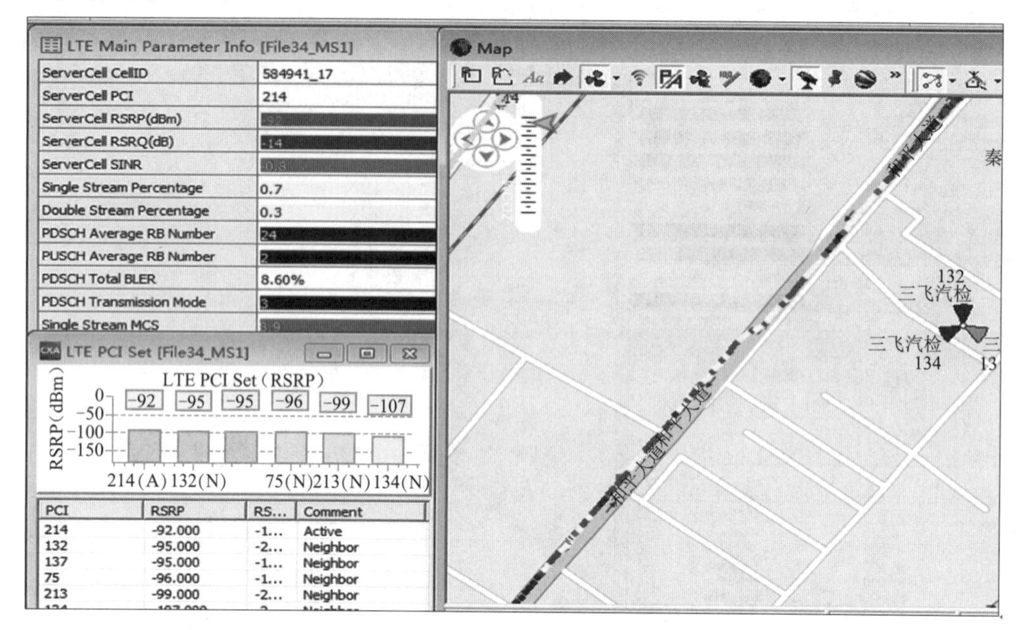

图 8.8 调整前的 SINR 状态

解决方案:58 493 316 和 58 494 117 添加邻区,58 497 616 功率降 3,58 494 116、17 功率降 2。

复测结果:经以上调整后,对原路段进行复测,指标有较大提升,如图 8.9 所示。

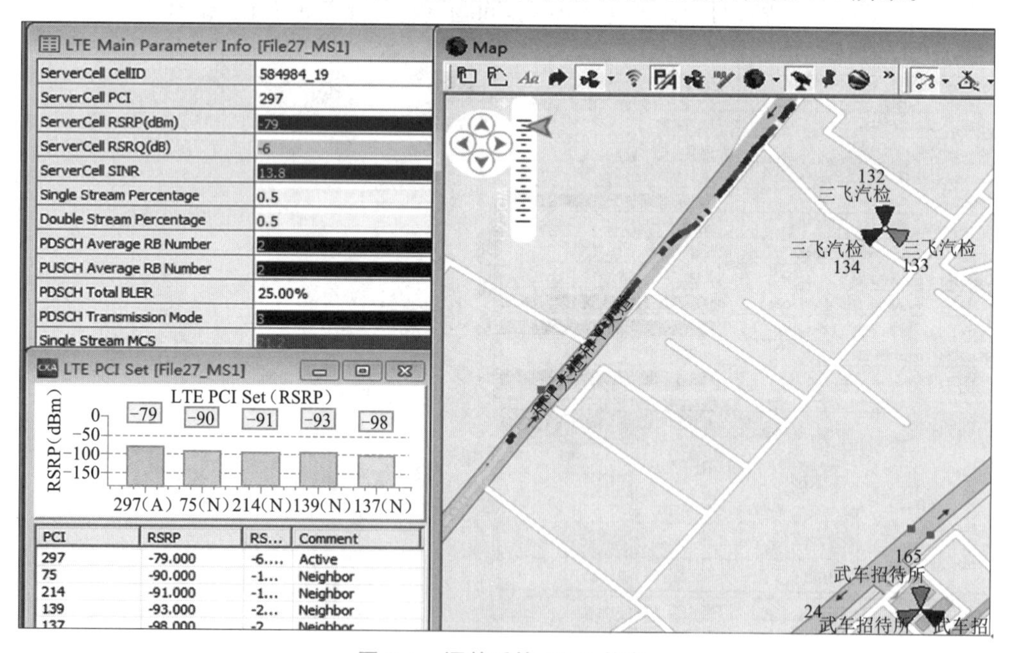

图 8.9 调整后的 SINR 状态

任务小结

本任务以一个实际工程簇优化案例,全面介绍了簇优化的流程和工作内容,通过本任务的学习,应熟悉 LTE 簇优化的流程,掌握簇的划分原则与方法,具备测试路线规划、簇测试数据的采集以及测试数据分析与报告撰写的能力。

项目九 LTE网络测试事件分析

任务 实施LTE网络测试事件分析

任务描述

本任务通过实际工程案例，对移动网络优化中常见的覆盖问题、切换问题和干扰问题进行了分析讲解。

任务实施

一、分析覆盖问题案例

1)弱覆盖问题分析

问题描述：测试车辆延长安街由东向西行驶，终端发起业务占用京西大厦1小区(PCI=132)进行业务，测试车辆继续向东行驶，行驶至柳林路口RSRP值降至－90 dBm以下，出现弱覆盖区域，如图9.1所示。

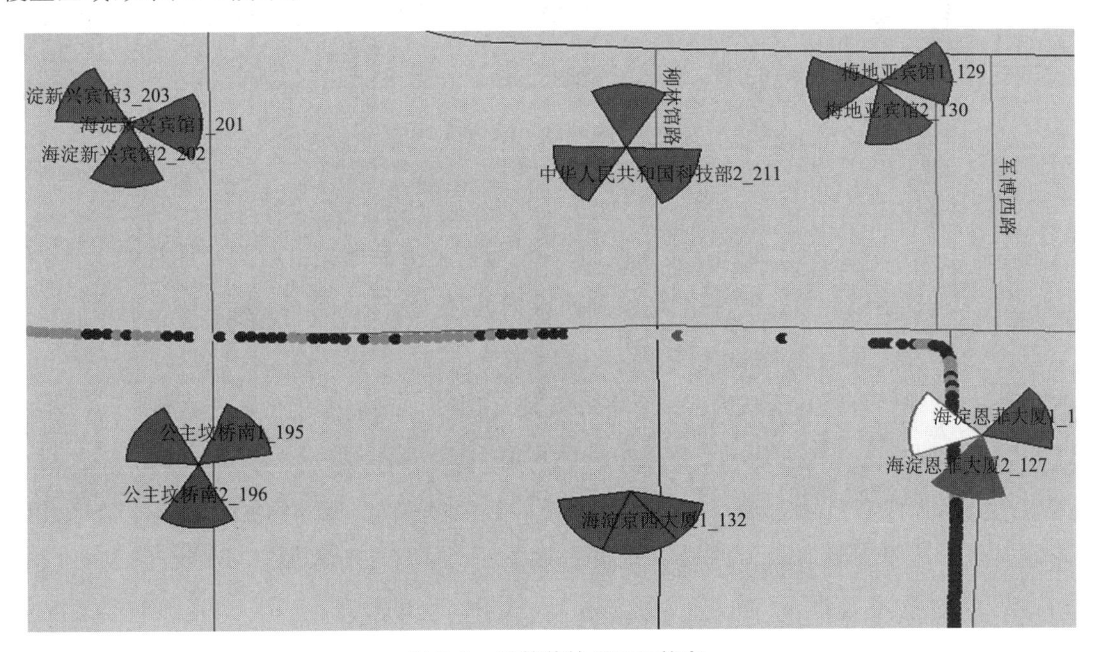

图9.1 调整前的RSRP状态

问题分析:观察该路段 RSRP 值分布发现,柳林路口路段 RSRP 值分布较差,均值在 −90 dBm以下,主要由京西大厦 1 小区(PCI=132)覆盖。观察京西大厦距离该路段约 200 m,理论上可以对柳林路口进行有效覆盖。

通过实地观察京西大厦站点天馈系统发现,京西大厦 1 小区天线方位角为 120°,主要覆盖长安街柳林路口向南路段。建议调整其天线朝向以对柳林路口路段加强覆盖。

调整建议:京西大厦 1 小区天线方位角由原 120°调整为 20°,机械下倾角由原 6°调整为 5°。

调整结果:调整完成后,柳林路口 RSRP 值有所改善。具体情况如图 9.2 所示。

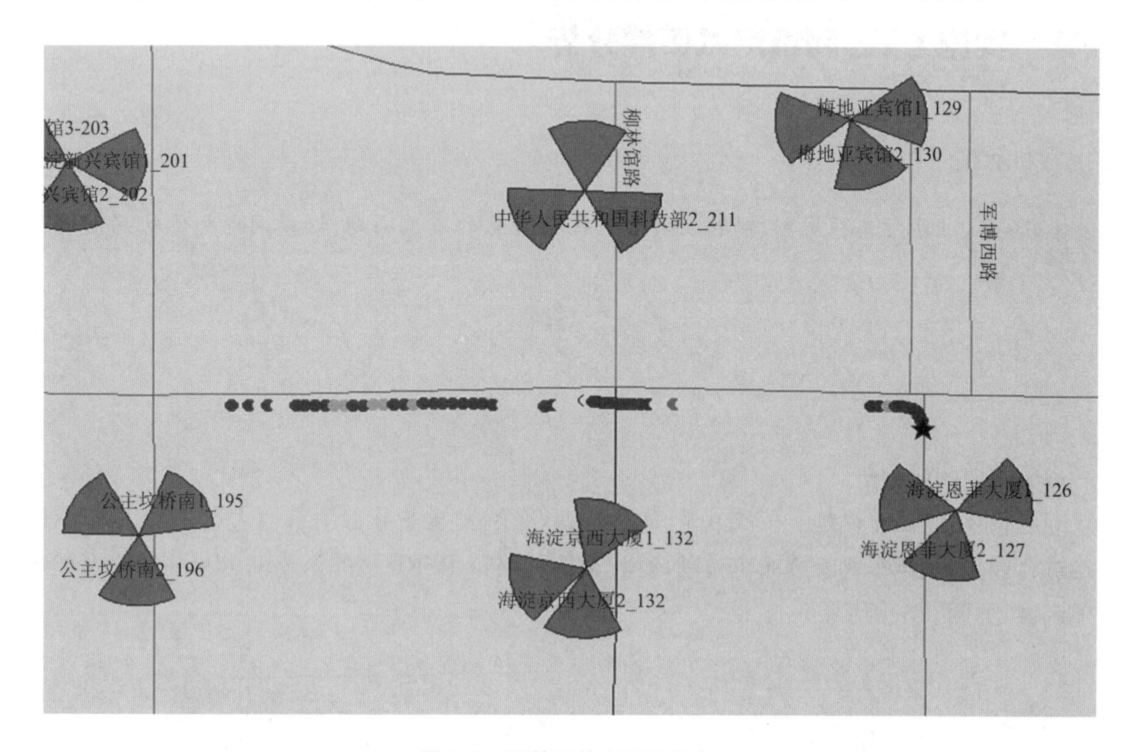

图 9.2 调整后的 RSRP 状态

2)越区覆盖

问题描述:测试车辆延月坛南街由东向西行驶,发起业务后首先占用西城月新大厦 3 小区(PCI=122),车辆继续向西行驶,终端切换到西城三里河一区 2 小区(PCI=115),切换后速率由原 30 Mbit/s 降低到 5 Mbit/s。

问题分析:观察该路段无线环境,速率降低到 5 Mbit/s 时,占用西城三里河一区 2 小区(PCI=115)RSRP 为 −64 dBm 覆盖良好,SINR 值为 2.7 时导致速率下降。观察邻区列表中次服务小区为西城月新大厦 3 小区(PCI=122)RSRP 为 −78 dBm,同样对该路段有良好覆盖。介于速率下降地点为西城三里河一区站下,西城月新大厦 3 小区在其站下应具有相对较好的覆盖效果,形成越区覆盖导致 SINR 环境恶劣,速率下降。具体情况如图 9.3所示。

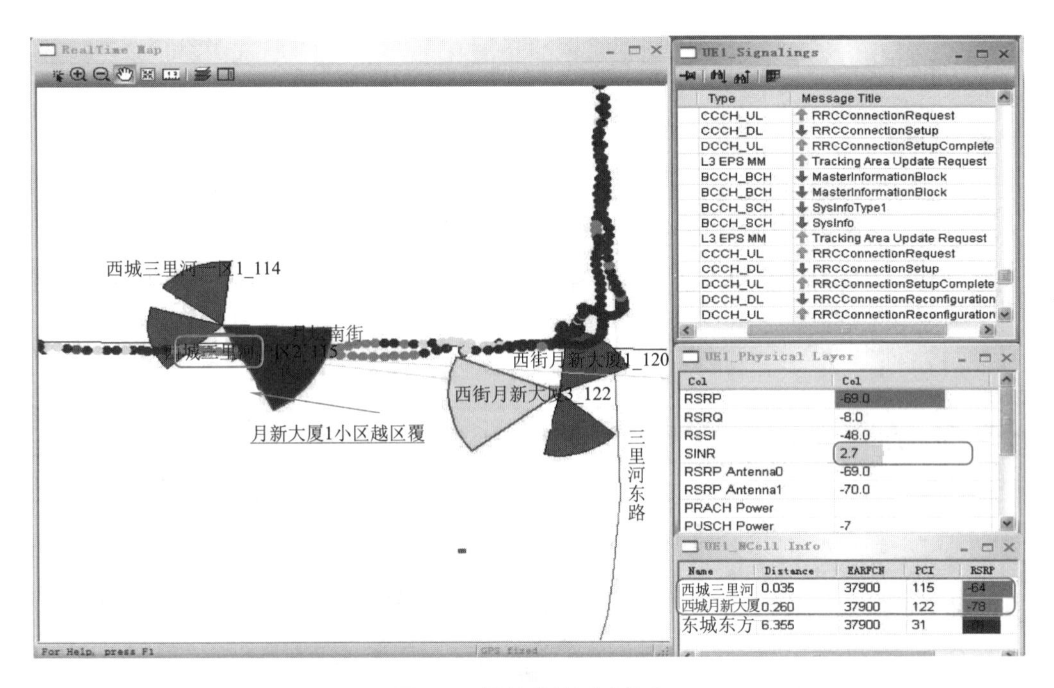

图 9.3　调整前的测试状态

调整建议：为避免西城月新大厦 3 小区越区覆盖，建议将西城月新大厦 3 小区方位角由原 270°调整至 250°，下倾角由原 6°调整为 10°。

调整结果：西城三里河一区站下仅有该站内小区信号，并且 SINR 提升到 15 以上，无线环境有明显提升，如图 9.4 所示。

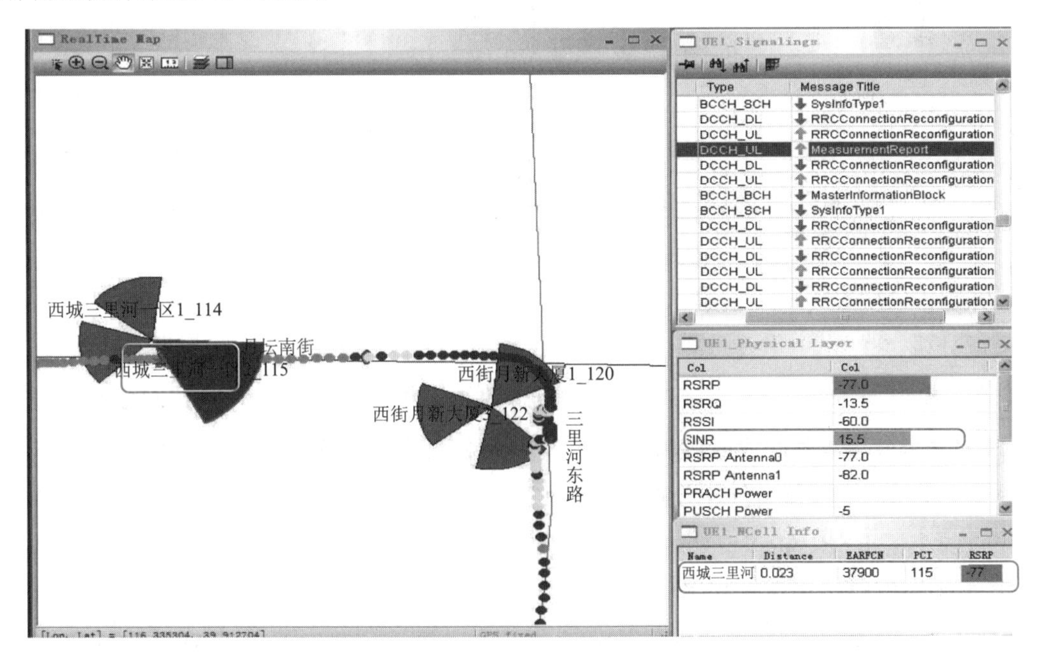

图 9.4　调整后的测试状态

二、分析切换问题案例

1)邻区漏配

问题描述:测试车辆沿长安街由东向西行驶,终端占用中华人民共和国科技部 2(PCI=211)小区进行业务,车辆继续向西行驶,终端开始频繁上发测量报告,但没有收到网络侧下发的切换命令,导致 UE 掉话,终端掉话后重选至新兴宾馆 1 小区(PCI=201)。具体情况如图 9.5 所示。

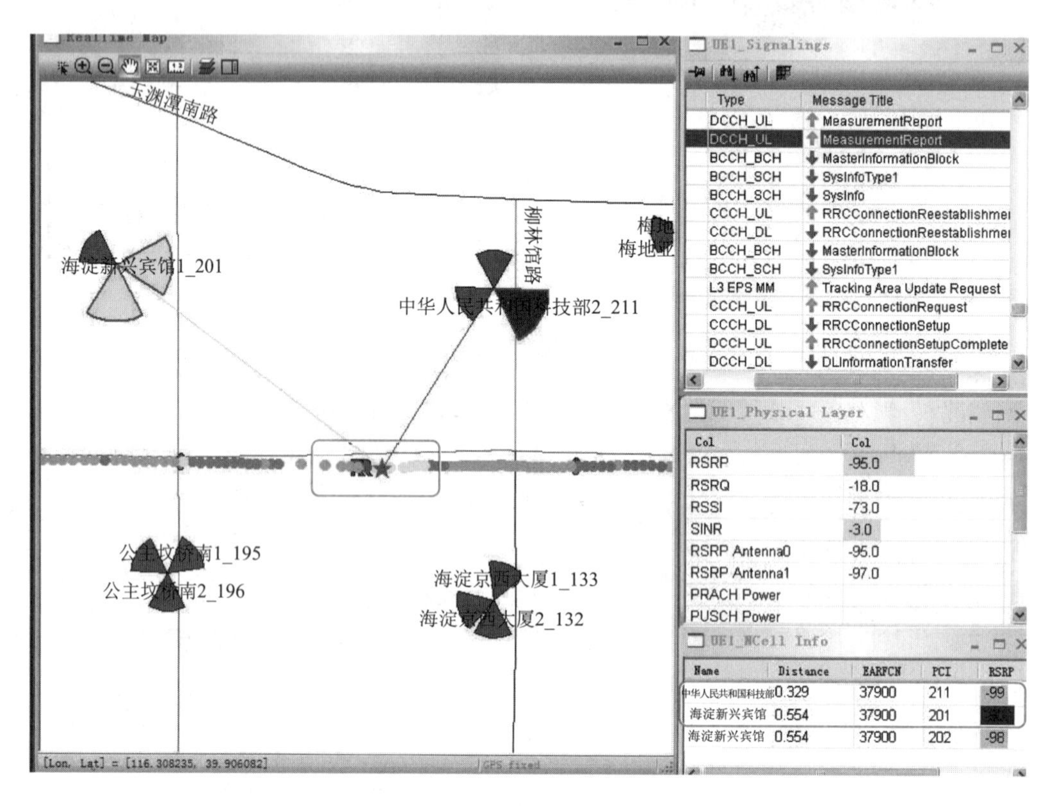

图 9.5 调整前的测试状态

问题分析:终端由中华人民共和国科技部 2 小区(PCI=211)开始正常业务,随后频繁上发测量报告,测量目标小区为海淀新兴宾馆 1 小区(PCI=201),但始终没有收到网络侧下发的切换命令,最终导致 UE 拖死掉话。观察当时无线环境,掉话地点中华人民共和国科技部 2 小区(PCI=211)RSRP 为-99 dBm,测量目标小区为海淀新兴宾馆 1 小区(PCI=201)RSRP 为-90 dBm,两小区 RSRP 相差 9 dBm,以满足切换判决条件,但未发生切换关系。怀疑导致该现象发生的原因为中华人民共和国科技部 2 小区(PCI=211)并未添加海淀新兴宾馆 1 小区(PCI=201)的邻区关系。检查基站小区配置文件后,中华人民共和国科技部 2 小区(PCI=211)与海淀新兴宾馆 1 小区(PCI=201)并没有相互邻区关系,使终端无法切换导致掉话。

调整建议：添加中华人民共和国科技部 2 小区（PCI＝211）与海淀新兴宾馆 1 小区（PCI＝201）双向邻区关系。

调整结果：调整后，中华人民共和国科技部 2 小区（PCI＝211）与海淀新兴宾馆 1 小区（PCI＝201）顺利进行切换。

2）乒乓切换

问题描述：测试车辆沿复兴门外大街由西向东行驶，发起业务后首先占用恩菲大厦 3 小区（PCI＝128），车辆继续向东行驶，终端切换到梅地亚宾馆 2 小区（PCI＝130），随后又在恩菲大厦 3 小区（PCI＝128）与梅地亚宾馆 2 小区（PCI＝130）乒乓切换一次，导致终端异常。具体情况如图 9.6 所示。

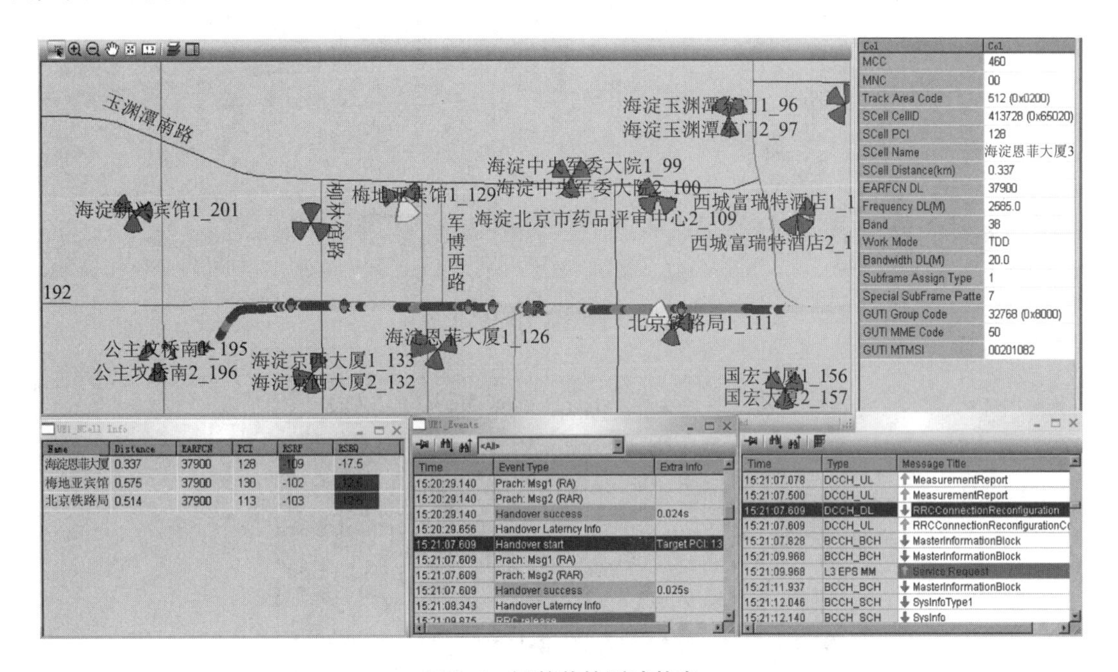

图 9.6 调整前的测试状态

问题分析：观察该路段周围站点分布，正常站点间切换顺序应为恩菲大厦 3 小区（PCI＝128）→梅地亚宾馆 2 小区（PCI＝130）→北京铁路局 3 小区（PCI＝113）。在测试过程中出现恩菲大厦 3 小区（PCI＝128）与梅地亚宾馆 2 小区（PCI＝130）回切情况。调整前的测试状态如图 9.7 所示。

由于恩菲大厦正北方向有高层建筑无遮挡，在建筑间缝隙会泄漏出较强的信号覆盖到长安街，形成尖峰覆盖（见图 9.8），导致乒乓切换。

调整建议：恩菲大厦站点天馈系统被高层建筑遮挡，若调整其天馈系统就会影响长安街覆盖，所以考虑调整恩菲大厦 3 小区向梅地亚宾馆 2 小区切换相关参数值，避免乒乓切换情况。具体调整参数如表 9.1 所示。

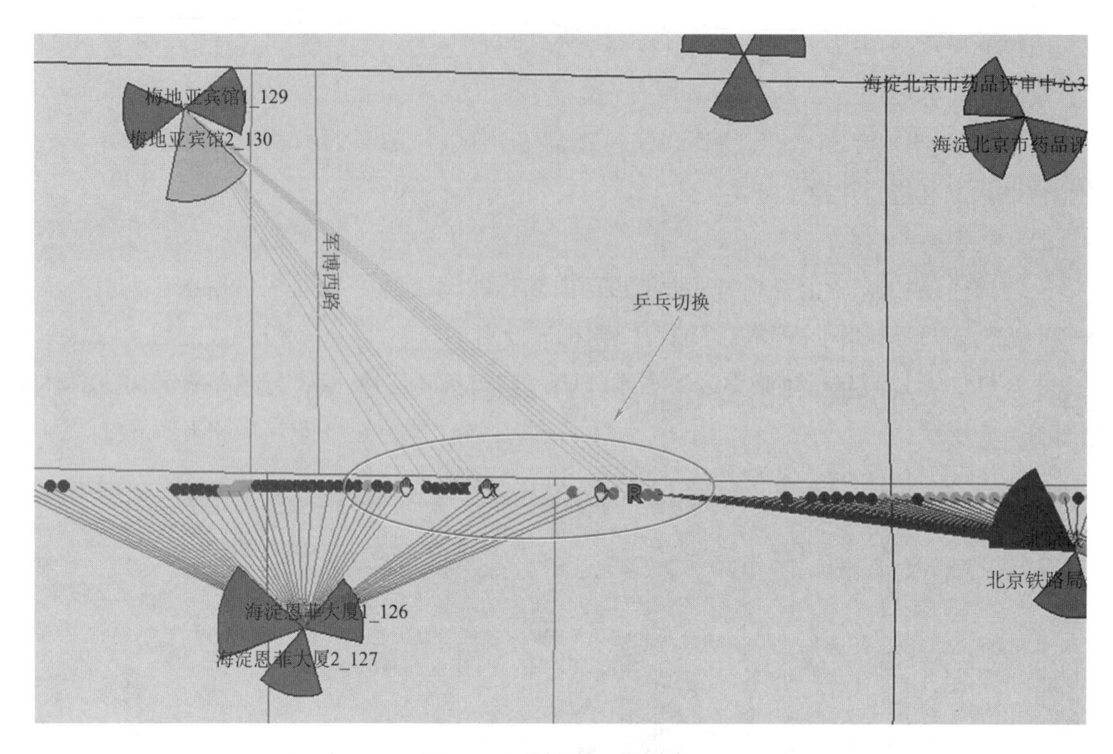

图 9.7　调整前的测试状态

图 9.8　周围建筑物环境

表 9.1　调整参数表

参数名称	参数位置	原始值	目标值
事件触发滞后因子(dB)	小区→小区测量→A3 事件配置	2	3
事件触发持续时间(ms)	小区→小区测量→A3 事件配置	512	1 024
邻小区个性化偏移(dB)	小区→邻小区关系	0	−4

调整结果:乒乓切换现象消失。调整后的测试状态如图 9.9 和图 9.10 所示。

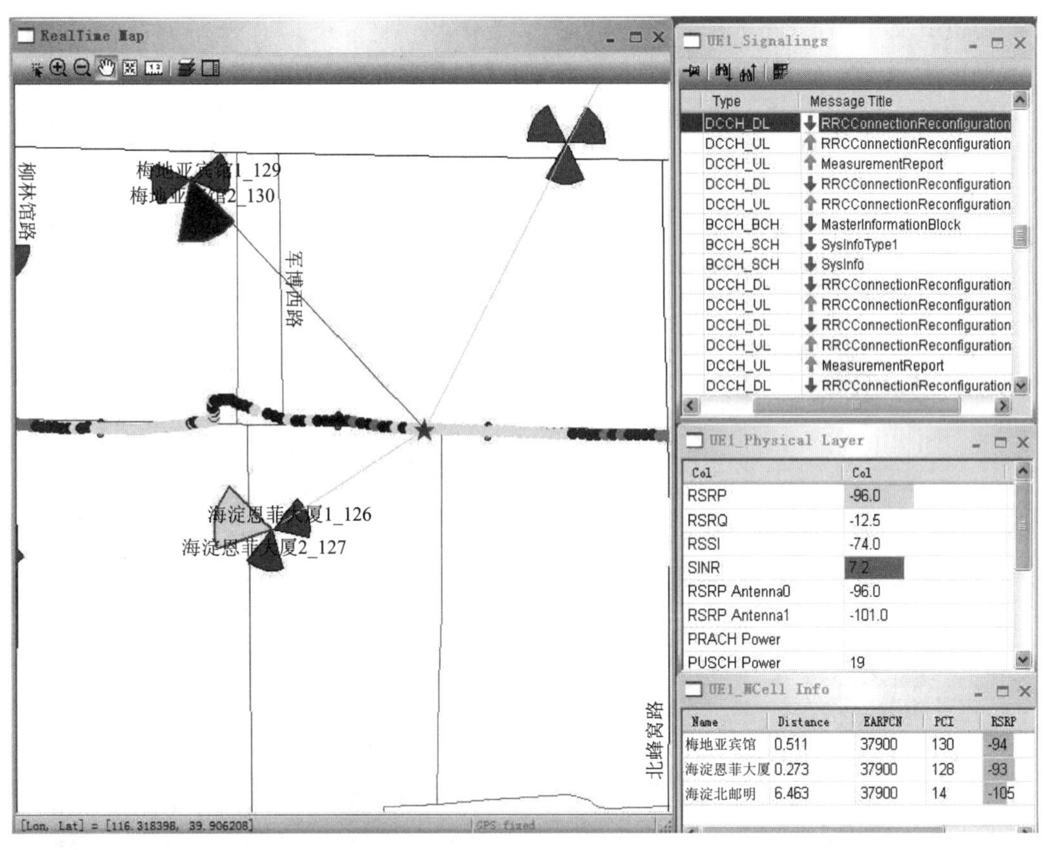

图 9.9　调整后的测试状态(1)

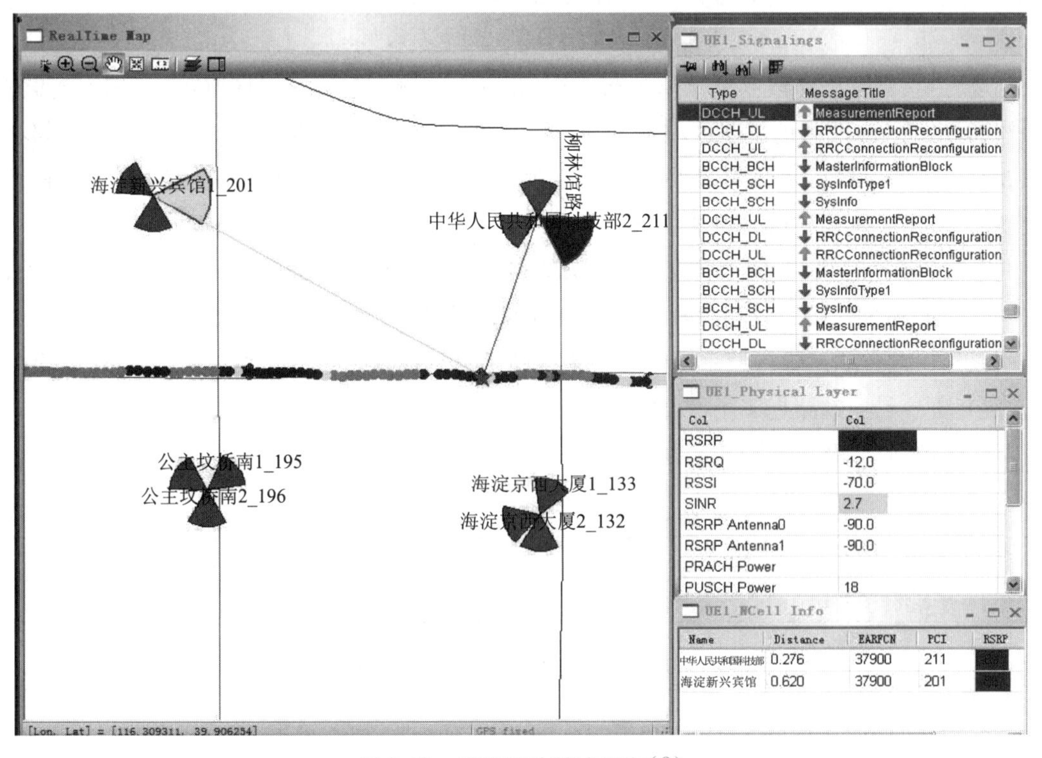

图 9.10　调整后的测试状态(2)

3)切换不及时

问题描述:测试车辆沿长安街由东向西行驶,终端发起业务占用北京银行燕京支行 2 小区(PCI=211),车辆继续向西行驶,RSRP 从－90 dBm 降至－100 dBm 以下,出现掉话。具体情况如图 9.11所示。

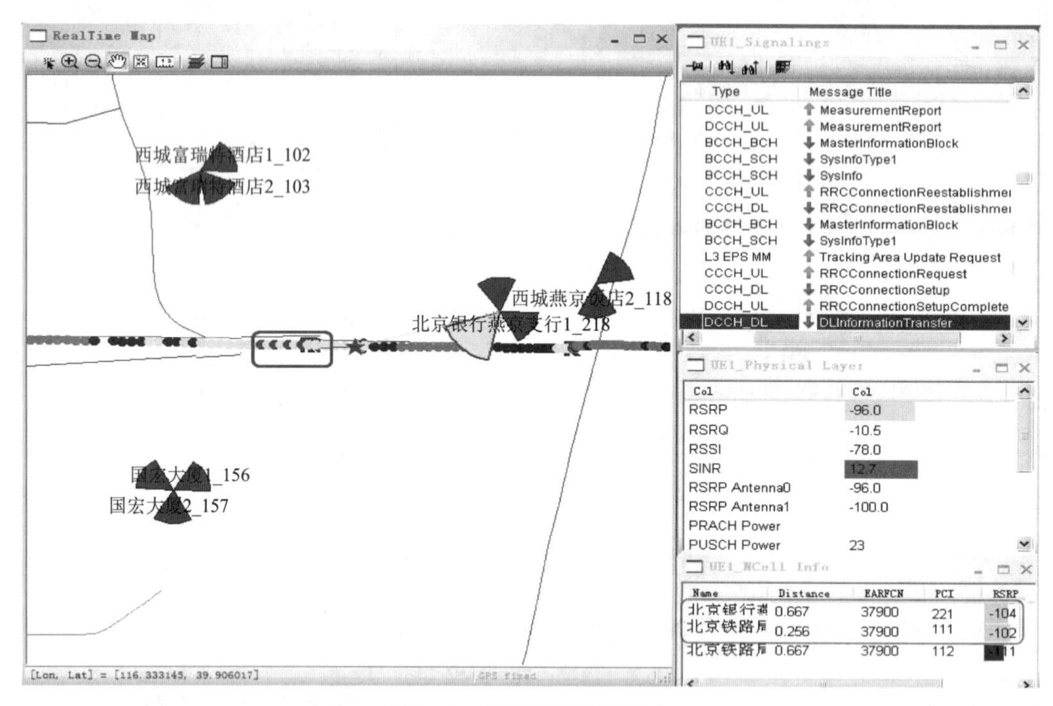

图 9.11　调整前的测试状态

问题分析:观察该路段 RSRP 值分布发现,北京银行燕京支行 2 小区(PCI=221)覆盖方向向西约200 m后,出现黄色覆盖区域,RSRP 为－100 dBm 以下,邻区列表中测量到最强邻小区北京铁路局 1 小区(PCI=111)RSRP 也是－100 dBm 以下,且两小区 RSRP 值相近,一直无法满足切换判决条件,当测试车辆继续向西行驶时,无线环境继续恶劣导致掉话。

北京银行燕京支行 2 小区(PCI=211)天线向西方向有高层建筑遮挡天馈系统无法调整,另北京铁路局 1 小区(PCI=111)距离掉话区域 650 m 左右,调整其天馈系统不会产生太大的改善。所以建议调整北京银行燕京支行 2 小区(PCI=211)向铁路局 1 小区(PCI=111)切换的迟滞量,使其更容易向铁路局 1 小区(PCI=111)切换以避免掉话。

调整建议:具体调整参数如表 9.2 所示。

表 9.2　调整参数表

参数名称	参数位置	原始值	目标值
邻小区个性化偏移(dB)	小区→邻小区关系	0	3

调整结果:调整完成后,使终端提早切换至北京铁路局 1 小区(PCI=111),避免了终端掉话的风险。调整后的测试状态如图 9.12 所示。

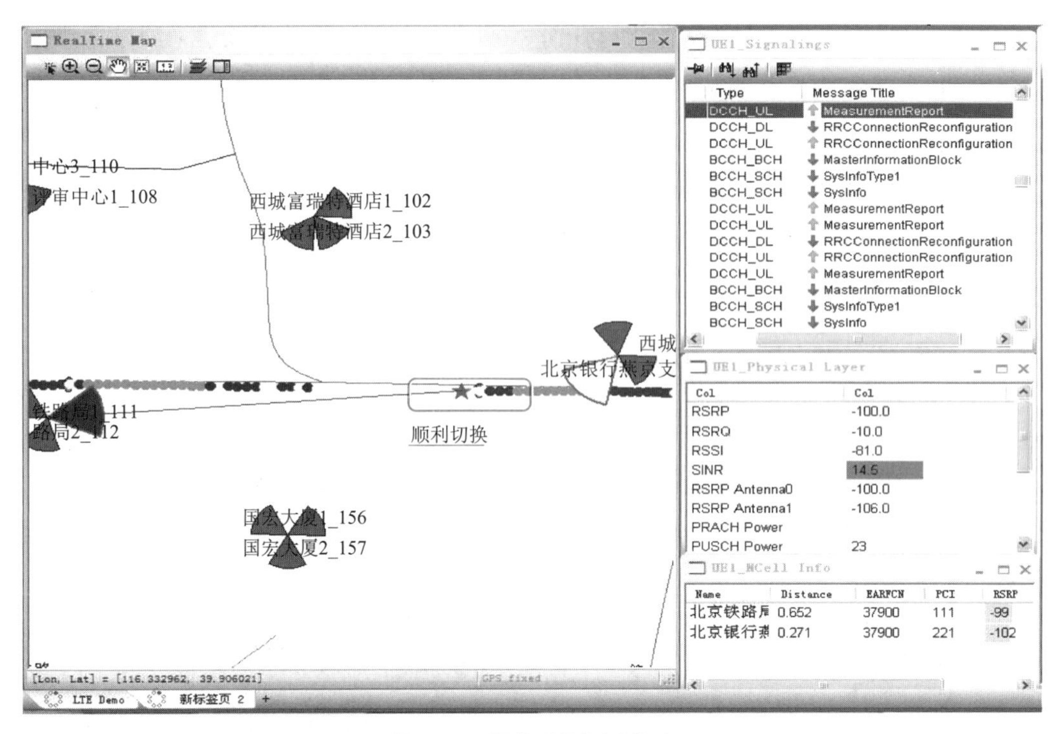

图 9.12　调整后的测试状态

4)UE 未启动同频测量

问题描述:UE 从江宁 T 的 446 小区向旭海宾馆的 449 移动过程中,切换失败:UE 没有上报测量报告,直接失步回到 Idle 态。调整前的测试状态如图 9.13 所示。

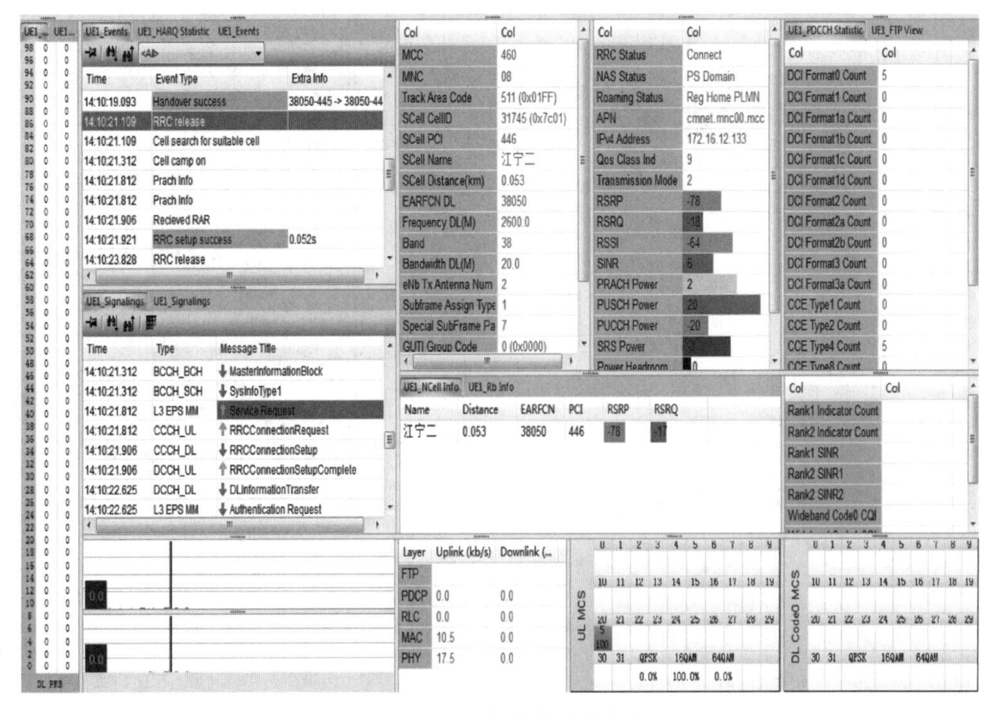

图 9.13　调整前的测试状态

问题分析:UE 的邻区测量列表中没有任何邻区的测量信息,因此应该是未测量到邻区;结合基站分布和扫频信息,该区域应该可以测量到邻区。查看重配置消息的邻区参数配置,正确;查看重配置消息中的 s-Measure 配置为 20(实际值为协议值－141),UE 需要在 RSRP 小于－121 dBm以下才会启动测量,参数取值不合理。

解决措施:将小区 446 的 s-Measure 改为 97(最大值)。

处理效果:参数修改后,重新验证,问题解决。

三、分析干扰问题案例

1)PCI 干扰

问题描述:测试车辆沿长安街由西向东行驶,终端占用北京银行燕京支行 2 小区(PCI＝214)进行业务,随后切换至西城燕京饭店 2 小区(PCI＝118),SINR 值较差。调整前的测试状态如图 9.14 所示。

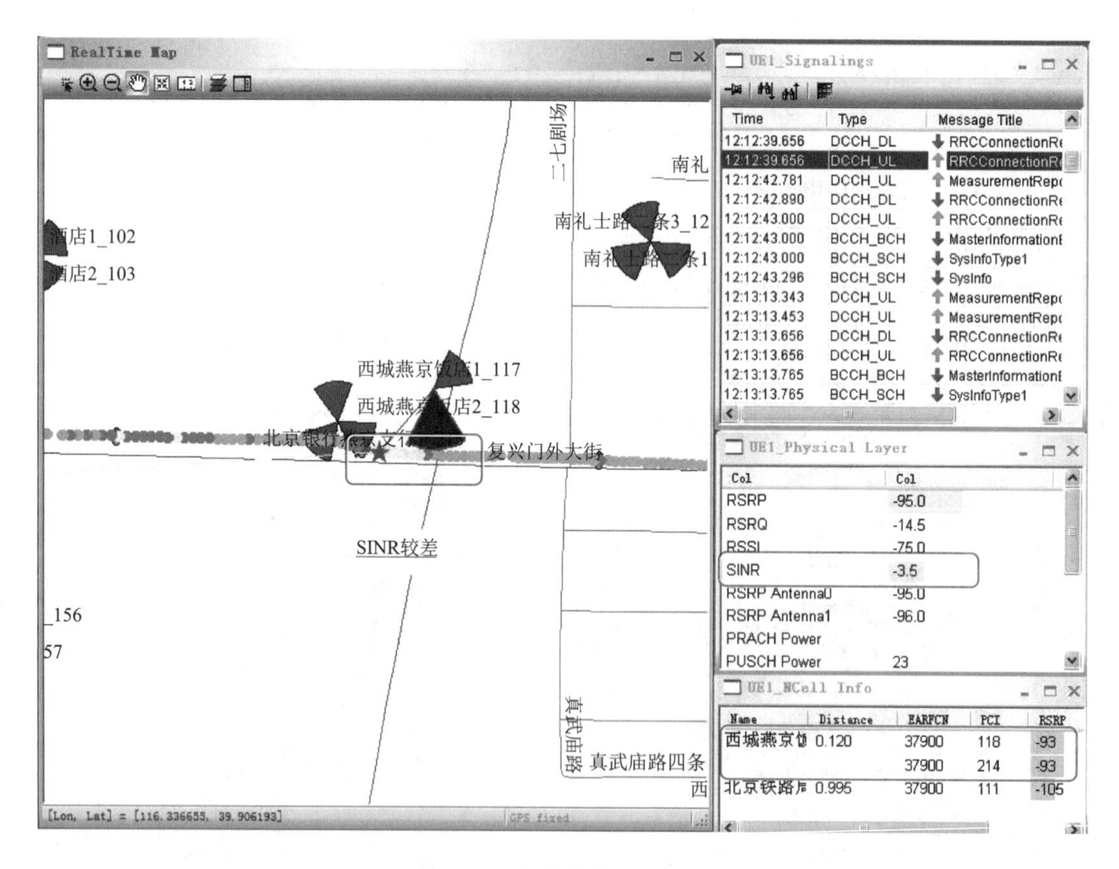

图 9.14 调整前的测试状态

问题分析:北京银行燕京支行与西城燕京饭店两站点之间距离较近,发现北京银行燕京支行 2 小区(PCI＝214),西城燕京饭店 2 小区(PCI＝118),PCI 造成模 3 干扰,导致两小区切换带 SINR 值较差。

调整建议:将北京银行燕京支行 2 小区原 PCI 214 调整为 221,以解决两小区之间模 3 干扰问题。

调整结果:修改后 SINR 有明显改善。调整后的测试状态如图 9.15 所示。

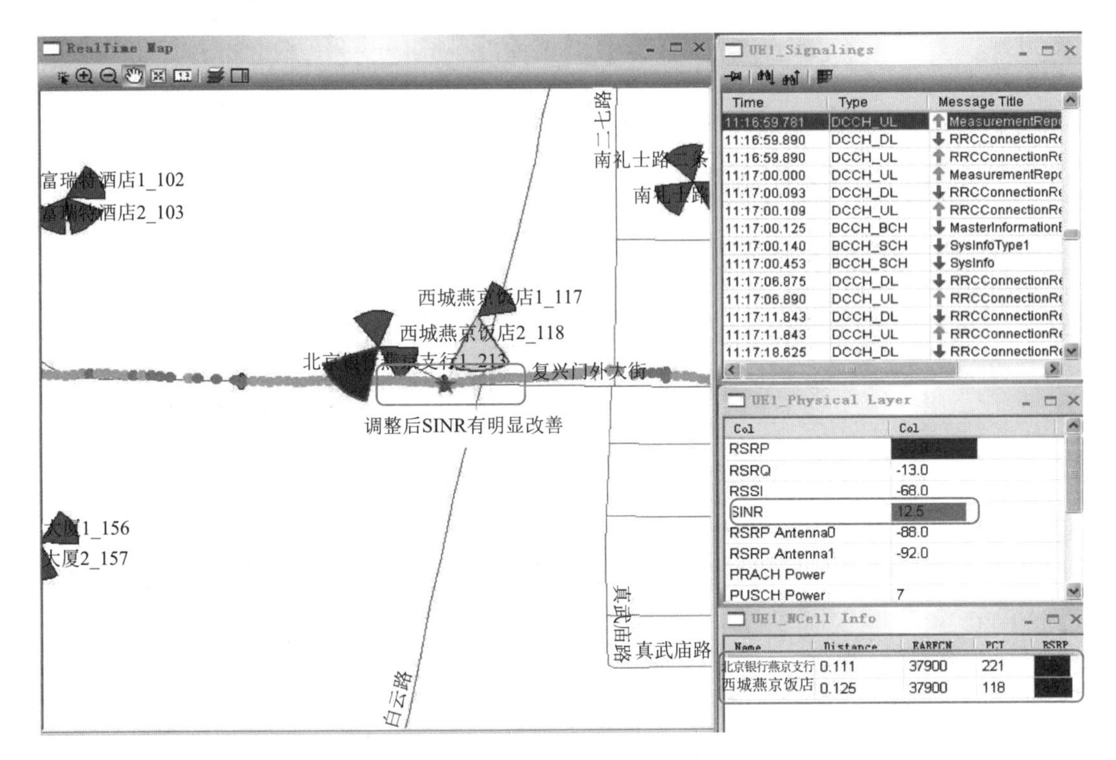

图 9.15　调整后的测试状态

2)重叠覆盖干扰

问题描述:测试车辆沿长安街由西向东行驶,终端占用中华人民共和国科技部 2 小区(PC=211)进行业务,随后切换至海淀京西大厦 1(PC=133)小区,业务正常保持。车辆继续向东行驶,终端又回切至中华人民共和国科技部 2 小区(PC=211)发生掉话。

问题分析:观察该路段切换过程,终端由中华人民共和国科技部 2 小区(PC=211)正常切换至海淀京西大厦 2 小区后又出现回切情况导致掉话。两小区 RSRP 值相近,相差 3 dBm 以内,造成该路段为无主覆盖路段,发生频繁切换最终导致掉话。

调整建议:针对该路段无主覆盖问题,建议调整京西大厦 2 小区功率由原 15 降低为 5,使其不会对长安街路段实行有效覆盖。调整前后的测试状态如图 9.16 所示。

调整结果:调整后,SINR 值有明显改善,保持在 20 左右,多次测试该路段不会出现频繁切换情况,避免掉话等异常事件发生。调整后的测试状态如图 9.17 所示。

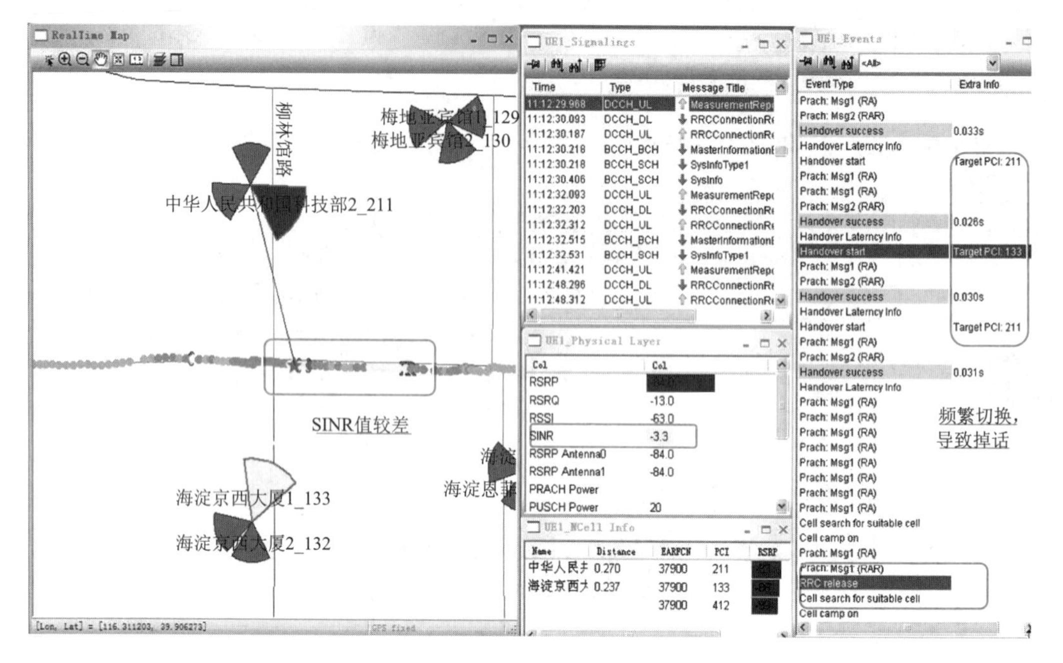

图 9.16 调整前的测试状态

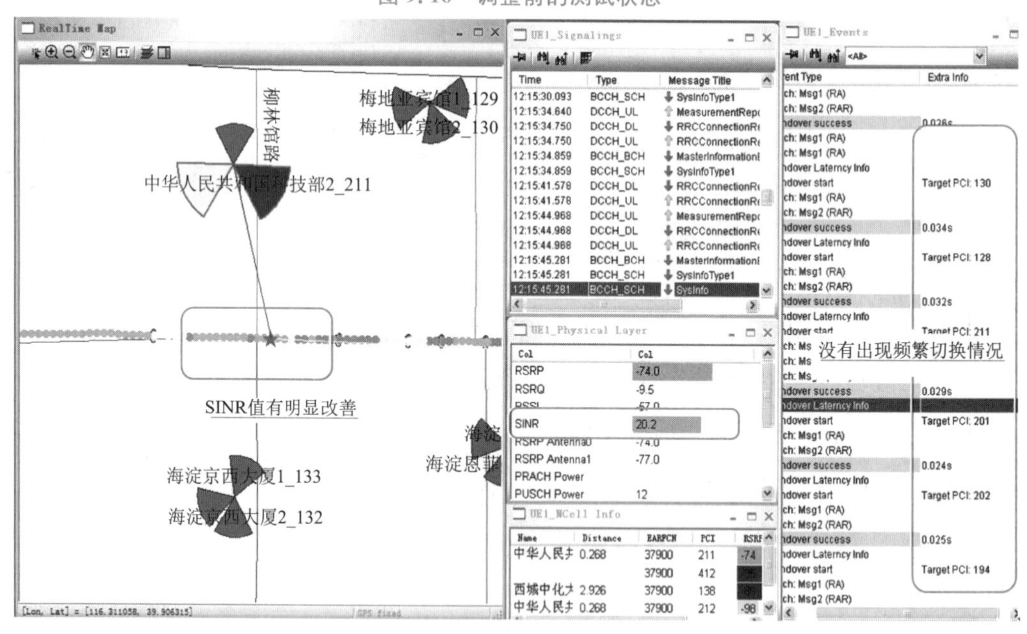

图 9.17 调整后的测试状态

任务小结

本任务通过实际工程案例，对移动网络优化中常见的覆盖问题、切换问题和干扰问题进行了分析讲解。通过本任务的学习，应对实际移动网络优化工程中，如何进行问题分析与解决思路有初步的认识，以及具备独立解决弱覆盖、越区覆盖、邻区漏配问题、乒乓切换、切换不及时问题、UE 未启动同频测量、PCI 干扰问题和叠覆盖干扰问题的能力。

附录A 测试分析报告模板

（地点）LTE 网优测试分析报告

班　级：

组　号：

姓　名：

学　号：

日　期：

第1章　网络概况

1.1　网络基本情况

本网系统制式为：

本次测试对象为：

1.2　站点分布图

本次测试涉及室内分布图如下所示：

ZXPOS：：Map＄Map Layout （贴入测试点的电子地图）

第2章 CXT测试数据

2.1 CSFB语音测试

1. 配置模型

[贴入配置模型(Port Configuration 窗口、Command Sequence 窗口)截图。]

2. 测试路线打点路径(预定义路径)

(贴入 CXT 软件的 Route Map 窗口打点路径截图。)

3. 测试过程中 CXT 测试状态界面

(贴入 CXT 软件的测试界面图,要求同时显示 4 个窗口:Route Map 窗口、Layer 3 Message窗口、GSM Line Chart 窗口、Serving Cell 窗口。)

2.2 Attach、PING 测试

1. 配置模型

[贴入配置模型(Port Configuration 窗口、Command Sequence 窗口)截图。]

2. 测试过程中测试状态界面

(贴入 Ping 窗口、Attach/Detach 窗口。)

2.3 FTP 上传下载测试(定点测试)

1. 配置模型

[贴入配置模型(Port Configuration 窗口、Command Sequence 窗口)截图。]

2. 测试配置界面

(贴入测试配置界面图,要求同时显示 NetMeter 窗口、FileZillaPortable 窗口。)

3. 测试过程中 CXT 测试状态界面

(贴入 CXT 软件的测试界面图,要求同时显示 4 个窗口:Server Cell Information、LTE Cell Information、LTE PCI RSRP/RSRQ 窗口、LTE Main Parameter Information 窗口。)

第 3 章　CXA 数据统计分析

实操说明：

需要输入测试数据文件为“中兴路测数据 1”目录下的测试数据、电子地图、基站信息文件。

3.1　输出数据测试报告

任务步骤：

1. 打开 CXA 软件，导入路测数据、工参表、地图。

2. 输出 1 份 Word 测试报告，要求以“＊＊学号＊＊姓名 Word 报告. DOC”命名。

3. 将输出的 Word 报告插入本试卷中。(4 分)

4. 输出 1 份 Excel 测试报告，注意：该报告的输出条件，无线覆盖率采样点设置为：RSRP>－100 dBm 且 SINR>3 dB 采样点，要求以“＊＊学号＊＊姓名 Excel 报告. xls”命名。

5. 将输出的 Excel 报告插入本试卷中。(4 分)

3.2　测试覆盖路测图

1. Server Cell RSRP 路测图、统计表

(贴入 Server Cell RSRP 路测图、统计表。)

2. Server Cell RSRQ 路测图、统计表：

(贴入 Server Cell RSRQ 路测图、统计表。)

3. Server Cell SINR 路测图、统计表：

(贴入 Server Cell SINR 路测图、统计表。)

4. KPI 统计表(完成下表的填写)

KPI Type	Correspond	Attempt	Ratio(%)
LTE Random Access Success[%]			
LTE RRC Connect Success[%]			
LTE Initial Access Success[%]			
LTE E-RAB Connect Success[%]			
LTE Call Drop[%]			
LTE HO Success[%]			
LTE Access Success[%]			
LTE TAU RRC Connect Success[%]			
LTE Service RRC Connect Success[%]			
LTE Attach RRC Connect Success[%]			
LTE Detach RRC Connect Success[%]			
LTE EPS Bearer Activation Success[%]			
LTE TAU Success[%]			

3.3 输出统计分析表

利用 CXA 软件对给出的路测数据进行统计分析，完成下表的填写：

序号	簇编号	
	测试指标如下：	
1	平均 RSRP 值	
2	平均 RSRQ 值	
3	平均 SINR 值	
4	RSRP>－100 dBm 且 SINR>3 dB 采样点比例（%）	
5	RSRP>－100 dBm 采样值点比例（%）	
6	SINR>－1 dB 采样点比例（%）	
7	PDCP 下行低于 4 Mbit/s 比例（%）	
8	PDCP 层下载平均速率（Mbit/s）	
9	PDCP 层上传平均速率（Mbit/s）	
10	掉话次数	
11	接入失败次数	
12	切换失败次数	

3.4 分析结论

（针对上述统计数据情况对覆盖情况进行简单分析。）

附录B 缩略语

缩写	英文全称	中文全称
3GPP	Third Generation Partnership Project	第三代合作伙伴计划
ARIB	Association of Radio Industries and Businesses	无线工业及商贸联合会
ARQ	Automatic Repeat-re Quest	自动重传请求
ATIS	The Alliance for Telecommunications Industry Solutions	世界无线通信解决方案联盟
BBU	Building Baseband Unit	室内基带处理单元
BLER	block error rate	误块率
BWA	Broadband Wireless Access	宽带无线接入
BHSA	Busy Hour Session Attempts for single user	单用户忙时会话尝试
CAPEX	Capital Expenditure	资本性支出
CCCH	common control channel	公共控制信道
CCSA	China Communications Standards Association	中国通信标准化协会
CDMA	Code Division Multiple Access	码分多址
CIO	Cell Ind Offset	小区个体偏移
CQI	Chartered Quality Institute	特许质量协会
CQT	Call Quality Test	呼叫质量拨打测试
CS	Circuit Switched	电路交换
CSFB	Circuit Switched Fallback	电路域回落
DBMS	Database Management System	数据库管理系统
DRB	data radio bearer	据无线承载
DT	Driving Test	路测
DCS1800	Digital Cellular System at 1 800 MHz	1 800 MHz 数字蜂窝系统
EIRP	Effective Isotropic Radiated Power	有效全向辐射功率
EMM	Enterprise Mobility Management	企业移动管理
EPC	Evolved Packet Core	核心网
EPS	Evolved Packet System	演进分组系统
E-RAB	Evolved Radio Access Bearer	演进的无线接入承载
ETSI	European Telecommunications Sdandards Institute	欧洲电信标准协会
ETWS	Earthquake and Tsunami Warning System	地震和海啸预警系统
FDD	Frequency Division Duplexing	频分双工
FPLMTS	Future Public Land Mobile Telecommunication System	未来公共陆地移动通信系统

续表

缩写	英文全称	中文全称
FTP	File Transfer Protocol	文件传输协议
GBR	Guaranteed Bit Rate	保证比特速率
GE	Google Earth	谷歌地球
GPS	Global Positioning System	全球定位系统
GSM	Global System for Mobile communications	全球移动通信系统
HSDPA	High Speed Downlink Packet Access	高速下行分组接入
HSS	Home Subscriber Server	归属用户服务器
HTTP	Hyper Text Transfer Protocol	超文本传输协议
HARQ	Hybrid Automatic Repeat Request	混合自动重传请求
ICIC	Inter-cell Interface Coordination	小区间干扰消除技术
IMS	IP Multimedia Subsystem	IP 多媒体子系统
IMSI	International Mobile Subscriber Identification Number	国际移动用户识别码
IP	Internet Protocol	网际协议
ITU	International Telecommunication Union	国际电信联盟
JT	Joint Transmission Scheme	联合传输技术
LTE	Long Term Evolution	长期演进
LAC	location area code	位置区域码
MAC	Media Access Control	媒体访问控制
MAPL	Maximum Allowed Path Loss	最大允许路径损耗
MIB	master information block	主系统模块
MIMO	Multiple-Input Multiple-Output	多入多出技术
MME	Mobility Management Entity	负责信令处理部分
MR	Measurement Report	测量报告
NAS	Network Attached Storage	网络附属存储
OFDM	Orthogonal Frequency Division Multiplexing	正交频分复用技术
OP	Organizational Partners	合作伙伴
OPEX	Operating Expense	日常开支
P2P	peer-to-peer	伙伴对伙伴
PBCH	Physical Broadcast Channel	物理广播信道
PCFICH	Physical control format indicator channel	物理下行控制信道
PCG	Project Coordination Group	项目协调组
PCRF	Policy and charging Rules Function	策略与计费规则功能单元
PDCCH	Physical Downlink Control Channel	物理下行控制信道
PDCP	Packet Data Convergence Protocol	分组数据汇聚协议
PDN	Public Data Network	公用数据网
PDSCH	Physical Downlink Shared Channel	物理下行共享信道
P-GW	PDN Gateway	负责用户数据包与其他网络的处理
PHICH	Physical Hybrid ARQ Indicator Channel	物理混合自动重传指示信道
PPP	Point to Point Protocol	点对点协议
PRACH	Physical Random Access Channel	物理随机接入信道
PS	Packet Switching	指分组交换

续表

缩写	英文全称	中文全称
PUSCH	Physical Uplink Shared Channel	物理上行共享信道
PCI	Physical Cell Identifier	物理小区标识
PLMN	Public Land Mobile Network	公共陆地移动网络
PRACH	Physical Random Access Channel	物理随机接入信道
QAM	Quadrature Amplitude Modulation	正交振幅调制
QoS	Quality of Service	服务质量
RAN	Radio Access Network	无线接入网
RAR	Random Access Response	随机访问响应
RF	Radio Frequency	射频
RL	Return Loss	回波损耗
RLC	Radio Link Control	无线链路层控制协议
RLF	Radio Link Failure	无线电链路故障
RNC	Radio Network Controller	无线网络控制器
RNTI	Radio Network Tempory Identity	无线网络临时标识
RRC	Radio Resource Control	无线资源控制
RSCP	Receive Signal Channel Power	导频信道
RSRQ	Reference Signal Receiving Quality	参考信号接收质量
RSSI	Received Signal Strength Indication	接收的信号强度
RRU	Remote Radio Unit	远端射频模块
RSRP	Reference Signal Receiving Power	参考信号接收功率
SAE	System Architecture Evolution	系统架构演进
SGSN	Serving GPRS Support Node	服务 GPRS 支持节点
S-GW	Serving Gateway	负责本地网络用户数据处理部分
SI	Study Item	研究阶段
SIB	System Information Blocks	系统信息块
SINR	Signal to Interference plus Noise Ratio	信号与干扰加噪声比
SON	Self-OrganizedNetwork	自组织网络
SON-CCO	Coverage & Capacity Optimization	自组织网络-覆盖与容量优化
SRB	signaling radio bearer	信令无线承载
TA	Tracking Area	跟踪区
TAU	Tracking Area Update	跟踪区更新
TDD	Time Division Duplexing	时分双工
TD-SCDMA	Time Division - Synchronous Code Division Multiple Access	时分-同步码分多址
TR	Research report	研究报告
TS	Technical specification	技术规范
TSG	Technical Specification Group	技术规范组
TTA	Telecommunications Technology Association	电信技术协会
TTC	Telecommunications Technology Committee	电信技术委员会
TTT	Time to Trigger	触发事件

续表

缩写	英文全称	中文全称
USB	Universal Serial Bus	通用串行总线
UTRAN	UMTS Terrestrial Radio Access Network	UMTS的陆地无线接入网
VSWR	Voltage Standing Wave Ratio	天线驻波比
WCDMA	Wideband Code Division Multiple Access	宽带码分多址
WG	Working Croup	工作组
WI	Work Item	工作阶段
WiMAX	Worldwide Interoperability for Microwave Access	全球微波接入互操作

参考文献

[1] 明艳,王月海.LTE无线网络优化项目教程[M].北京:人民邮电出版社,2016.

[2] 张敏.LTE无线网络优化[M].北京:人民邮电出版社,2015.

[3] 丁胜高.LTE无线网络优化[M].北京:机械工业出版社,2016.